Christian Schlieder

Autodesk® Inventor® 2016
Grundlagen in Theorie und Praxis

Viele praktische Übungen am
Konstruktionsobjekt 4-Takt-Motor

Christian Schlieder

Autodesk® Inventor® 2016
Grundlagen in Theorie und Praxis

Viele praktische Übungen am
Konstruktionsobjekt 4-Takt-Motor

Verfügbare Literatur

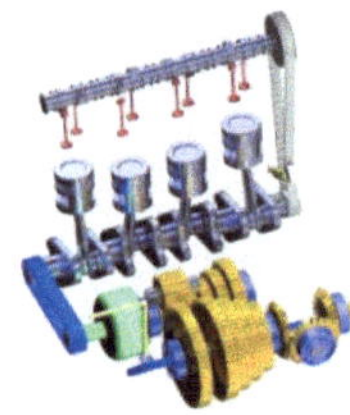

Autodesk® Inventor® - Aufbaukurs KONSTRUKTION

Dieses Buch ist ein Aufbaukurs für Fortgeschrittene, die mit den Grundlagen des Programms bereits vertraut sind. In einem komplexen Übungsbeispiel wird der 4-Takt-Motor aus dem Grundlagenbuch um ein komplettes Getriebe erweitert.

Autodesk® Inventor® - Tutorial HYBRIDJACHT

In diesem Tutorial werden eine Motorjacht und ein Segelboot konstruiert. Das Buch ist für Neueinsteiger geschrieben worden. Inhalt: Projektverwaltung, Skizzen, Modelle, Baugruppen, Inhaltscenter.

Autodesk® Inventor® - Tutorial HUBSCHRAUBER

In diesem Tutorial wird ein Hubschrauber konstruiert. Das Buch ist für Neueinsteiger geschrieben worden. Inhalt: Projektverwaltung, Skizzen, Modelle, Baugruppen, Inhaltscenter.

Autodesk® Inventor® - Tutorial HOLZRÜCKMASCHINE

In diesem Tutorial wird eine Holzrückmaschine konstruiert. Das Buch ist für Neueinsteiger geschrieben worden. Inhalt: Projektverwaltung, Skizzen, Modelle, Baugruppen, Inhaltscenter.

Autodesk® AutoCAD® - Grundlagen in Theorie und Praxis

Mit diesem Buch wird der Leser anhand des komplexen Übungsbeispiels Digitale Fabrikplanung das Programm Autodesk® AutoCAD® kennenlernen. Das Projekt wird im 2D-Bereich gezeichnet und danach in den 3D-Bereich übertragen.

Mehr im Internet unter:

http://www.cad-trainings.de/html/Literatur.html

ISBN

9-783-7386-1089-5

IMPRESSUM

Dipl.- Ing. Christian Schlieder
www.cad-trainings.de
Fax: +49 (0) 3212 - 1122290

HERSTELLUNG UND VERLAG

Books on Demand GmbH, Norderstedt
www.BoD.de

INHALTSVERZEICHNIS

1 Grundlegendes zum Buch

1.1 Zielgruppe und Aufbau des Buches

Dieses Übungsbuch für **Autodesk® Inventor® 2016** richtet sich an alle interessierten Personen, die den Umgang mit dieser Software von Grund auf erlernen möchten. Die Bereiche 2D-Skizze, 3D-Modell, Baugruppe (Zusammenfügen), Zeichnungserstellung (Ansichten platzieren, Mit Anmerkung versehen) und Präsentation werden ausführlich behandelt.

Viele wichtige Befehle des Programms werden erläutert und in kleinen Schritten praktisch gefestigt. Als Übungsbeispiel dient ein Viertaktmotor, dessen Bauteile schrittweise erzeugt und später in einer Hauptbaugruppe miteinander verbunden werden.

1.2 Erzeugen des Projektordners/ Herunterladen der Übungsdateien

Bevor Sie mit der Umsetzung des Projekts beginnen, sollten die folgenden Arbeiten erledigt werden:

Erzeugen eines neuen Projektordners

Erstellen Sie auf Ihrem PC an geeigneter Stelle einen neuen Ordner:

> *Inventor-2016-Übung-4-Takt-Motor*

Herunterladen der Übungsdateien

Besuchen Sie im Internet die folgende Website:

> *http://www.cad-trainings.de/html/Download.html*

Suchen Sie das passende Buch und klicken Sie auf den nebenstehenden Link, um die zum Buch gehörende Übungsdatei (ZIP-Format) auf Ihrem PC zu speichern. Speichern Sie die Datei in dem vorher erzeugten Projektordner **Inventor-2016-Übung-4-Takt-Motor** und entpacken Sie die Datei dort hinein. Die darin enthaltenen Dateien werden später benötigt.

2 Installation von Autodesk® Inventor® 2016

2.1 Systemanforderungen

Die folgenden von Autodesk® empfohlenen Systemanforderungen gelten für Bauteile und Baugruppen mit weniger als 1000 Bauteilen:

Betriebssystem	Mindestens: 32-Bit Microsoft® Windows® 7 mit Service Pack 1 Empfohlen: 64-Bit-Microsoft® Windows® 7 mit Service Pack 1 oder Windows 8. 1
CPU-Typ	Mindestens: 64-Bit Intel® oder AMD® mit 2 GHz Empfohlen: Intel® Xeon® E3 oder Core® i7 oder min. 3 GHz
Arbeitsspeicher	Mindestens: 8 GB RAM Empfohlen: 16 GB Ram oder mehr
Festplatte	Mindestens: 100 GB freier Festplattenspeicher Empfohlen: 250 GB freier Festplattenspeicher oder mehr
Grafikkarte	Mindestens: Microsoft® Direct3D 10 fähige Grafikkarte Empfohlen: Microsoft® Direct3D 11 fähige Grafikkarte
Sonstiges	DVD-ROM oder USB, 1280 x 1024 oder höhere Bildschirmauflösung, Internetverbindung für Autodesk® 360-Funktionalität, Web-Downloads und Zugriff auf die Subskriptionsüberprüfung, Adobe® Flash® Player 15, Microsoft® Internet Explorer® 8 oder höher, Microsoft® Excel® 2007, 2010 oder 2013 für iFeatures, iParts, iAssemblies, Gewindeanpassungen, globale Stückliste, Teilelisten, Revisionstabellen und tabellenbasierte Konstruktionen, 64-Bit-Microsoft® Office® Access® 2007, -dBase IV, Text und CSV-Format, Microsoft® .NET Framework 4. 5

2.2 Anforderungen an das Betriebssystem

Die Installation von Autodesk® Inventor® 2016 erfordert ein Windows® Betriebssystem. Nutzer eines Apple® Betriebssystems, können das Programm mithilfe von Boot Camp® oder Parallels Desktop® unter Beachtung der folgenden Systemvoraussetzungen installieren:

Betriebssystem	Mindestens: Mac OS® X 10.9.x
	Empfohlen: Mac OS® X 10. 10.x
CPU-Typ	Mindestens: Intel® Core 2 Duo (3 GHz oder höher)
Arbeitsspeicher	Mindestens: 8 GB RAM
	Empfohlen: 16 GB Ram oder mehr
Partitionsgröße	Mindestens: 100 GB freier Festplattenspeicher
Partitionsgröße	Empfohlen: 250 GB freier Festplattenspeicher oder mehr
Betriebssystem	Empfohlen: Microsoft® 64-Bit-Windows® 7 mit Service Pack 1, Windows® 8. 1

2.3 Download des Programms

Sollten Sie die Software nicht bereits per DVD besitzen, haben Sie die folgenden Möglichkeiten, Autodesk®-Produkte unter den folgenden Links herunterzuladen:

Autodesk® Store	Wenn Sie die Programmversion kaufen möchten:
	➢ http://www.autodesk.com/store/storeselect.htm
Autodesk®-Konto	Als Subscription-Kunde bei Ihrem Autodesk® Konto:
	➢ https://accounts.autodesk.com/
Education Community	Als Mitglied der Education Community:
	➢ http://www.autodesk.com/education/free-software/all
Kostenlose Testversionen	Als kostenlose Testversion mit 30 Tagen Laufzeit:
	➢ http://www.autodesk.com/free-trials

Unter dem folgenden Link finden Sie weitere Informationen zu kostenlosen Programmversionen von Autodesk® für Studenten und Lehrkräfte:

> ➢ *http://help.autodesk.com/view/INVNTOR/2016/DEU/?guid=GUID-32F591DA-32BF-42F2-8FAC-DF215412D1C3*

2.4 Installationsvoraussetzungen

Zugriffsrechte

Sie müssen über lokale Benutzer-Administratorrechte verfügen.

> ➢ *Systemsteuerung > Benutzerkonten > Benutzerkonten verwalten*

System-Updates/ Antivirenprogramm

Vor der Installation von Autodesk® Inventor® 2016 sollten eventuell noch ausstehende Updates von Windows® durchgeführt werden. Starten Sie den Rechner danach neu. Antivirenprogramme müssen während der Installation eventuell vorübergehend deaktiviert werden.

Language Packs

Prüfen Sie vor der Installation von Autodesk® Inventor® 2016, ob die heruntergeladene Programmversion in der richtigen Sprache vorhanden ist. Eventuell muss vorab ein Sprachpaket heruntergeladen und installiert werden.

Seriennummer/ Produktschlüssel

Vor der Installation sollten Seriennummer und Produktschlüssel in Erfahrung gebracht werden. Diese werden bereits während der Installation benötigt (Ausnahme: kostenlose Testversion). Weitere Informationen zum Thema finden Sie unter dem Link:

> *http://help.autodesk.com/cloudhelp/2016/DEU/Autodesk-Installaton/files/*
> *find_your_serial_number_and_product_key_evergreeninstall_to1.htm*

Beenden anderer Programme

Beenden Sie alle anderen Programme vor der Installation von Autodesk® Inventor® 2016.

2.5 Installation von Autodesk® Inventor® 2016

Stellen Sie vor der Installation von Autodesk® Inventor® 2016 sicher, dass alle Teile des Programms vollständig vorhanden sind. Wurden diese vollständig heruntergeladen (Schritt entfällt, wenn die Software auf DVD vorhanden ist), kann mit der Installation begonnen werden. Sollte das Installationsprogramm noch nicht geöffnet sein, starten Sie dieses. Sie finden es für gewöhnlich im Pfad:

> *C:\Autodesk\Inventor_2016_...\Setup.exe*

Nachdem Sie die Lizenzvereinbarung gelesen und akzeptiert haben, muss im Dropdown-Menü mit den Produktsprachen einer der folgenden Schritte durchgeführt werden:

1) Wählen Sie eine Sprache aus.
2) Wählen Sie unter Lizenztyp die Option *Einzelplatz*.
3) Geben Sie Seriennummer und Produktschlüssel ein (falls erforderlich).
4) Bestimmen Sie den Installationspfad (dieser Pfad darf maximal 260 Zeichen lang sein).
5) Übernehmen Sie die vorgegebene Konfiguration oder passen Sie die Installation an (weitere Informationen zur Konfiguration finden Sie in der Produktdokumentation).
6) Klicken Sie auf *Installieren*.
7) Nach der Installation: Klicken Sie auf *Fertig stellen*.

2.6   Aktivierung von Autodesk® Inventor® 2016

Online aktivieren und registrieren

Sobald Autodesk® Inventor® 2016 das erste Mal gestartet wurden, startet auch automatisch der Aktivierungsvorgang. Sollte der PC über eine bestehende Internetverbindung verfügen, führen Sie die folgenden Schritte aus:

1) Achten Sie darauf, dass Ihre Firewall den Datenaustausch zwischen Autodesk® Inventor® 2016 und dem Server von Autodesk® nicht unterbricht.
2) Starten Sie Autodesk® Inventor® 2016.
3) Stimmen Sie den Datenschutzrichtlinien zu.
4) Klicken Sie auf *Aktivieren*.
5) Geben Sie den Produktschlüssel ein, wenn Sie dazu aufgefordert werden sollten. Melden Sie sich an und registrieren Sie das Produkt.

Autodesk® überprüft jetzt die Berechtigungsinformationen, wie z. B. Ihre Seriennummer. Wenn Sie die Aktivierungsaufforderung sehen und keine Verbindung mit dem Internet herstellen können, ist die Aktivierung manuell vorzunehmen.

Manuelles Aktivieren und Registrieren (offline)

Sollte der PC über keine bestehende Internetverbindung verfügen, führen Sie die folgenden Schritte aus:

1) Starten Sie Autodesk® Inventor® 2016.
2) Stimmen Sie den Datenschutzrichtlinien zu.
3) Klicken Sie auf **Aktivieren**.
4) Wählen Sie Aktivierungscode **Mit einer Offlinemethode anfordern**.
5) Klicken Sie auf **Weiter**.
6) Notieren Sie die Aktivierungsinformationen, die auf dem Bildschirm angezeigt werden, einschließlich der URL.
7) Starten Sie ein Gerät mit einer bestehenden Internetverbindung.
8) Öffnen Sie die URL aus Punkt (6). Melden Sie sich an und registrieren Sie das Produkt.
9) Notieren Sie den Aktivierungscode.
10) Starten Sie Autodesk® Inventor® 2016.
11) Klicken Sie auf **Aktivieren**.
12) Wählen Sie die Option **Ich habe einen Aktivierungscode von Autodesk**.
13) Kopieren Sie den Aktivierungscode, und fügen Sie ihn in das erste Feld ein, um automatisch die anderen Felder auszufüllen.
14) Klicken Sie auf **Weiter**.

Weitere Informationen zu Installation und Aktivierung erhalten Sie unter dem folgenden Link:

> ***http://knowledge.autodesk.com/customer-service/installation-activation-licensing***

3 Programmaufbau und Programmoberfläche

3.1 Programmaufbau

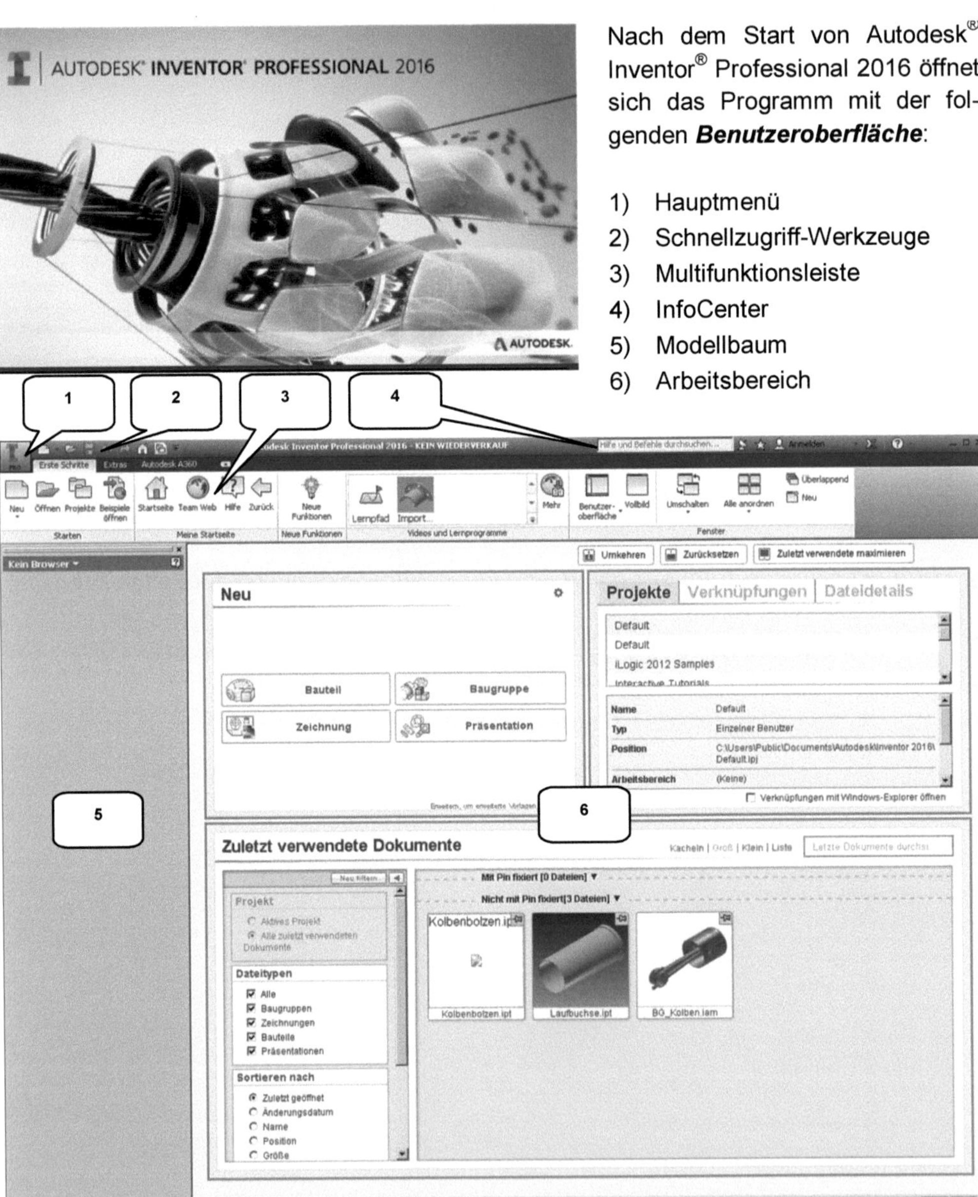

Nach dem Start von Autodesk® Inventor® Professional 2016 öffnet sich das Programm mit der folgenden **Benutzeroberfläche**:

1) Hauptmenü
2) Schnellzugriff-Werkzeuge
3) Multifunktionsleiste
4) InfoCenter
5) Modellbaum
6) Arbeitsbereich

3.2   Hauptmenü

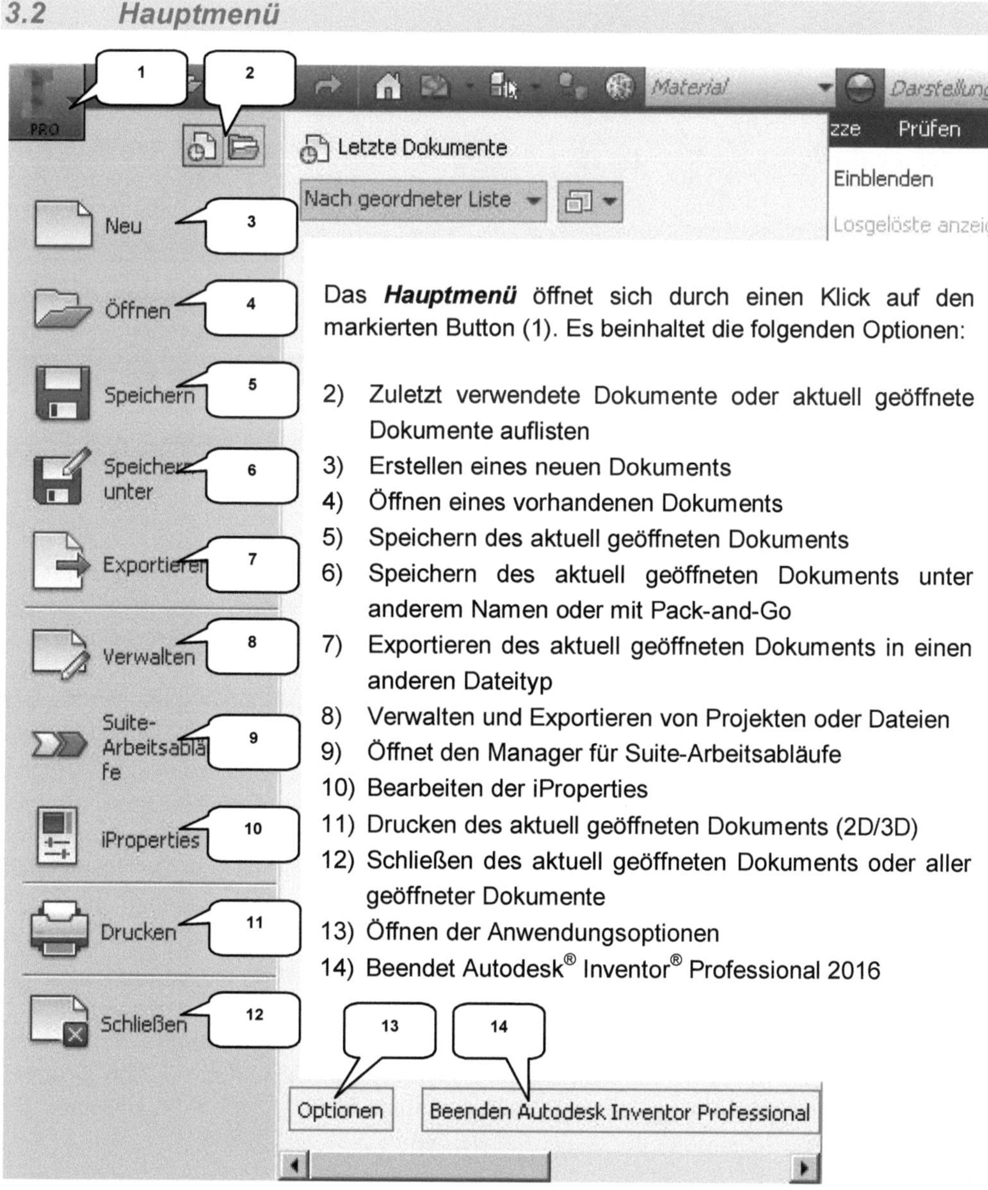

Das **Hauptmenü** öffnet sich durch einen Klick auf den markierten Button (1). Es beinhaltet die folgenden Optionen:

2) Zuletzt verwendete Dokumente oder aktuell geöffnete Dokumente auflisten

3) Erstellen eines neuen Dokuments

4) Öffnen eines vorhandenen Dokuments

5) Speichern des aktuell geöffneten Dokuments

6) Speichern des aktuell geöffneten Dokuments unter anderem Namen oder mit Pack-and-Go

7) Exportieren des aktuell geöffneten Dokuments in einen anderen Dateityp

8) Verwalten und Exportieren von Projekten oder Dateien

9) Öffnet den Manager für Suite-Arbeitsabläufe

10) Bearbeiten der iProperties

11) Drucken des aktuell geöffneten Dokuments (2D/3D)

12) Schließen des aktuell geöffneten Dokuments oder aller geöffneter Dokumente

13) Öffnen der Anwendungsoptionen

14) Beendet Autodesk® Inventor® Professional 2016

HINWEIS: Bleiben Sie mit dem Mauspfeil auf einem der Befehle (3...12) stehen, erscheinen dem Hauptbefehl zugeordnete weitere Befehle.

3.3 Schnellzugriff-Werkzeuge

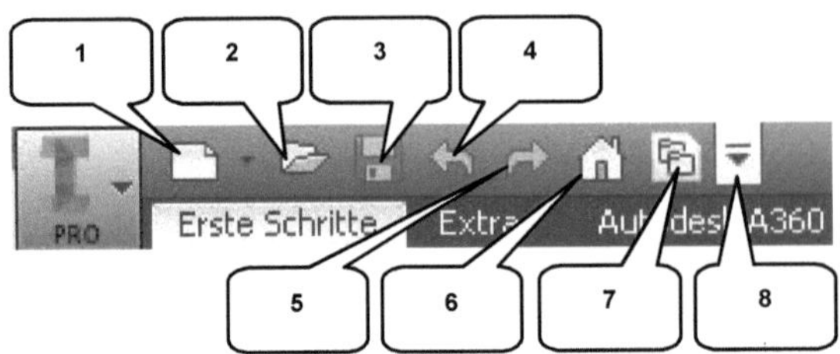

Die **Schnellzugriff-Werkzeuge** sind eine Ansammlung wichtiger und häufig verwendeter Befehle, welche einzeln ein- oder ausgeblendet werden können. Die folgenden Befehle befinden sich darin:

1) Erstellen einer neuen Datei
2) Öffnen einer vorhandenen Datei
3) Speichern der aktuell geöffneten Datei
4) Einen Arbeitsschritt zurück

5) Einen Arbeitsschritt vorwärts
6) Aktiviert die Startseite
7) Öffnet die Projektverwaltung
8) Schnellzugriff-Werkzeuge anpassen

3.4 Multifunktionsleiste

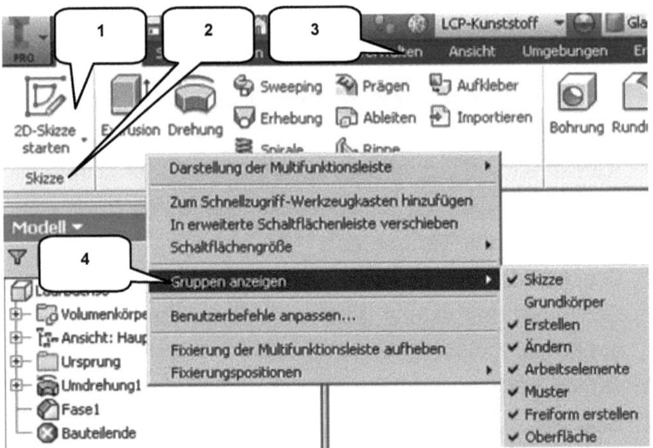

Die **Multifunktionsleiste** (1) befindet sich im oberen Bereich des Programms und beinhaltet verschiedene Befehlsgruppen (2), deren Inhalt entsprechend der Auswahl einer der verfügbaren Registerkarten (3) variiert. Jede Registerkarte enthält diverse Befehlsgruppen, welche beliebig ein- oder ausgeblendet werden können.

Um Befehlsgruppen ein- oder auszublenden, muss mit der **rechten Maustaste** auf einen beliebigen Punkt im Bereich der Multifunktionsleiste (1) geklickt und die Option **Gruppen anzeigen** (4) gewählt werden. In der erweiterten Auswahl (5), können die einzelnen Befehlsgruppen danach aktiviert oder deaktiviert werden.

HINWEIS: Sollten in diesem Buch Befehle verwendet werden, die Sie in Ihrer Multifunktionsleiste im entsprechenden Arbeitsbereich nicht finden können, kontrollieren Sie bitte, ob die entsprechende Befehlsgruppe aktiviert ist.

3.5 Modellbaum (Browser)

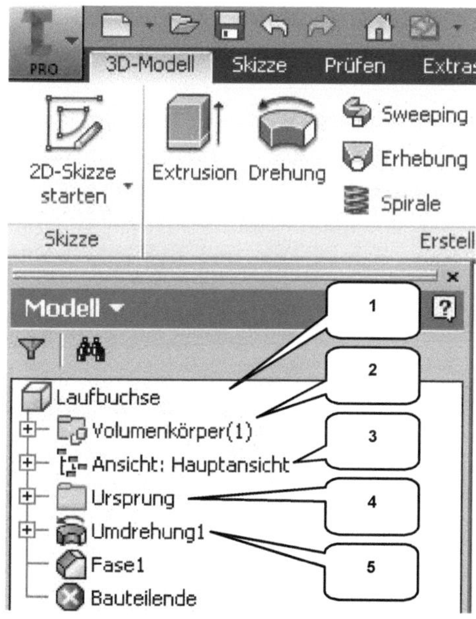

Der **Modellbaum** (Browser) (1) spiegelt den grundlegenden Aufbau eines Objekts wieder. Je nach Arbeitsbereich kann dieser inhaltlich variieren:

> **Bauteil-Browser**

Im Bauteil-Browser befinden sich der Ordner **Volumenkörper** (2) (listet die Anzahl der einzelnen Volumenkörper eines Bauteils auf), der Ordner **Ansicht** (3) (speichert verschiedene Ansichten eines Bauteils) und der Ordner **Ursprung** (4) (beinhaltet die Achsen und Ebenen des Bauteils). Außerdem werden alle bereits am Bauteil vorgenommenen **Arbeitsschritte** (5) chronologisch aufgelistet und können hier bearbeitet oder gelöscht werden.

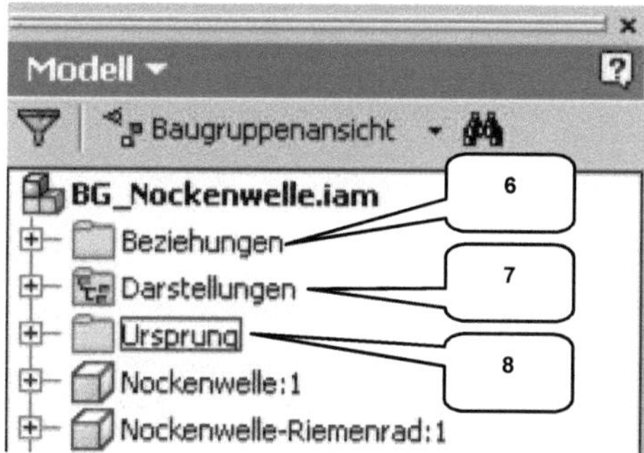

> **Baugruppen-Browser**

Im Baugruppen-Browser befinden sich der Ordner **Beziehungen** (6) (listet alle in einer Baugruppe vorhandenen Abhängigkeiten auf), der Ordner **Darstellungen** (7) (beinhaltet Ansichten, Positionen und Detailgenauigkeiten) und der Ordner **Ursprung** (8). Außerdem werden alle in der Baugruppe vorhandenen Komponenten aufgelistet.

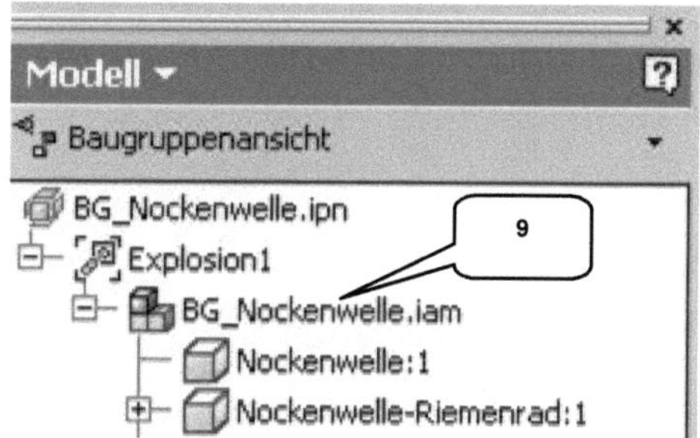

> **Präsentations-Browser**

Im Präsentations-Browser ist die dargestellte Baugruppe (9) aufgelistet. Jedes in der Präsentation animierte Bauteil wird zusätzlich um die hinzugefügten Animationspfade ergänzt.

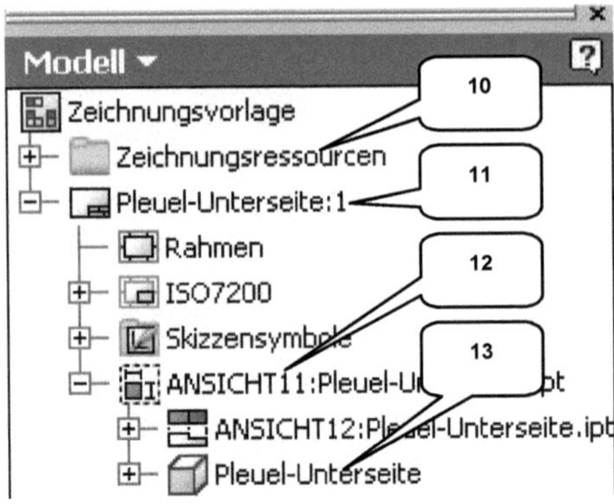

> ### *Zeichnungs-Browser*

Der Zeichnungs-Browser enthält den Ordner *Zeichnungsressorcen* (10) (beinhaltet Arbeitsblattformate, Ränder, Schriftfelder und vordefinierte Symbole) und alle, in der Datei vorhandenen *Zeichnungsblätter* (11). Jedes Zeichnungsblatt beinhaltet die dem Blatt zugeordneten Arbeitsblattformate, Ränder, Schriftfelder und Symbole sowie dargestellten Ansichten (12) mit den darin abgebildeten Komponenten (13).

3.6   Arbeitsbereich
3.6.1   Startbildschirm

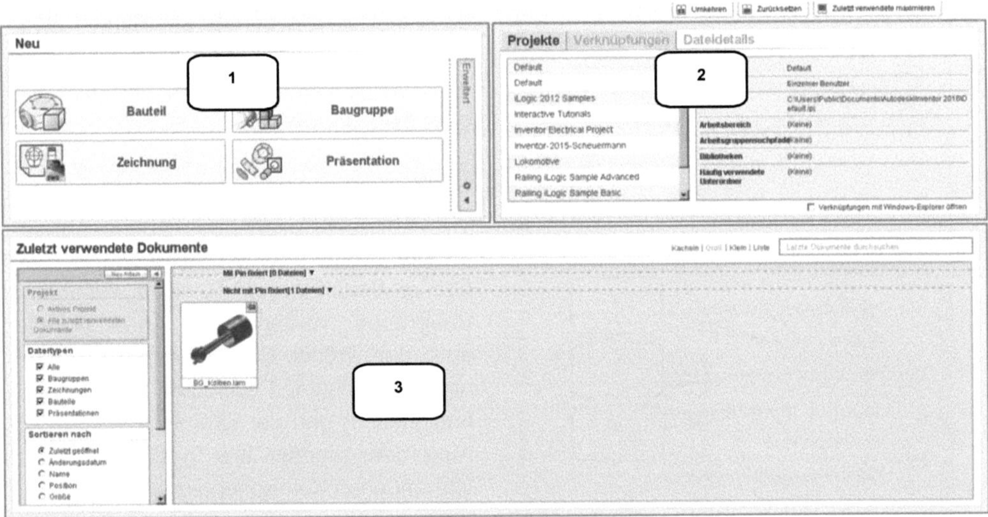

Nach dem Start von Autodesk® Inventor® Professional 2016 wird dem Benutzer ein *Startbildschirm* mit den folgenden Inhalten angeboten:

1)   Erstellen einer neuen Datei
2)   Aktivieren vorhandener Projekte und Darstellen zugehöriger Verknüpfungen und Details
3)   Darstellen zuletzt verwendeter Dokumente mit zusätzlichen Filteroptionen

4 Die ersten Schritte

4.1 Programmhilfe und Neue Funktionen

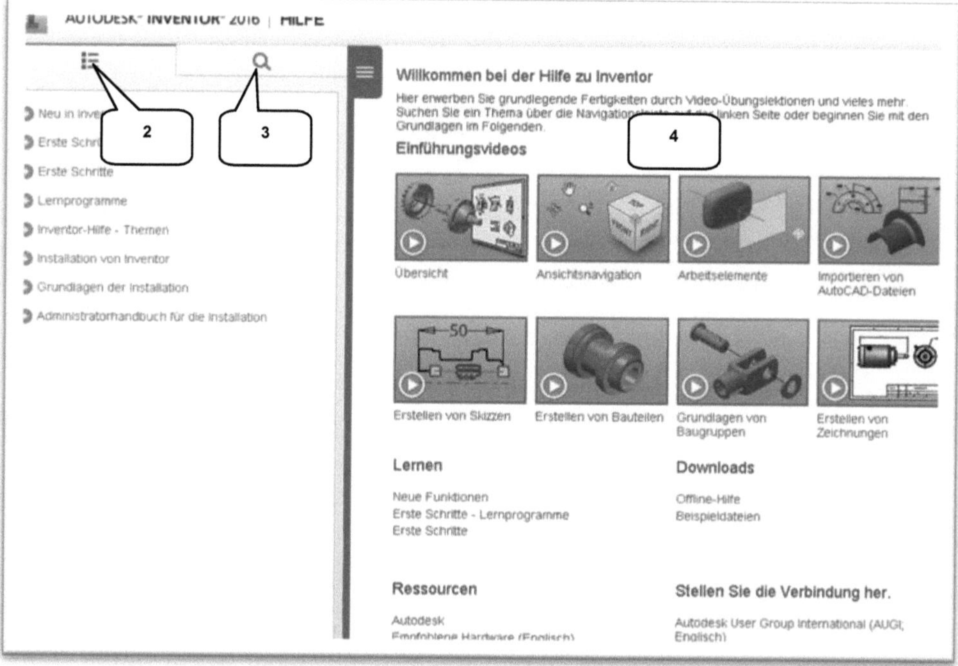

Im Register **Erste Schritte** (Befehlsgruppe **Meine Startseite**) befindet sich der Befehl **Hilfe** (1). Ein Klick darauf öffnet im Arbeitsbereich die Autodesk® Inventor® Professional 2016 Hilfe.

Hier können Sie entweder in der **Inhaltsübersicht** (2) aus einem der angebotenen Themengebiete auswählen, oder bestimme Befehle oder Begriffe direkt **suchen** (3). Im **Ausgabebereich** (4) werden die jeweiligen Ergebnisse angezeigt. Zusätzlich können Sie den Befehl **Neue Funktionen** (5) starten, um sich die Unterschiede zur Programmversion 2015 aufzeigen zu lassen.

4.2 Videos und Lernprogramme

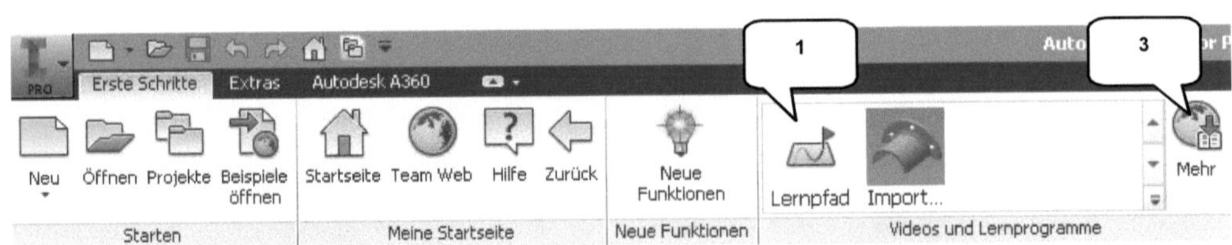

Im Register **Erste Schritte** (Befehlsgruppe **Videos und Lernprogramme**) befindet sich der Befehl ⬜ `Lernpfad` (1). Ein Klick darauf öffnet im Arbeitsbereich eine interaktive Lernumgebung (2), in der Sie schrittweise nützliche Hinweise im Umgang mit der Software erlernen und verschiedene Lernprogramme starten können.

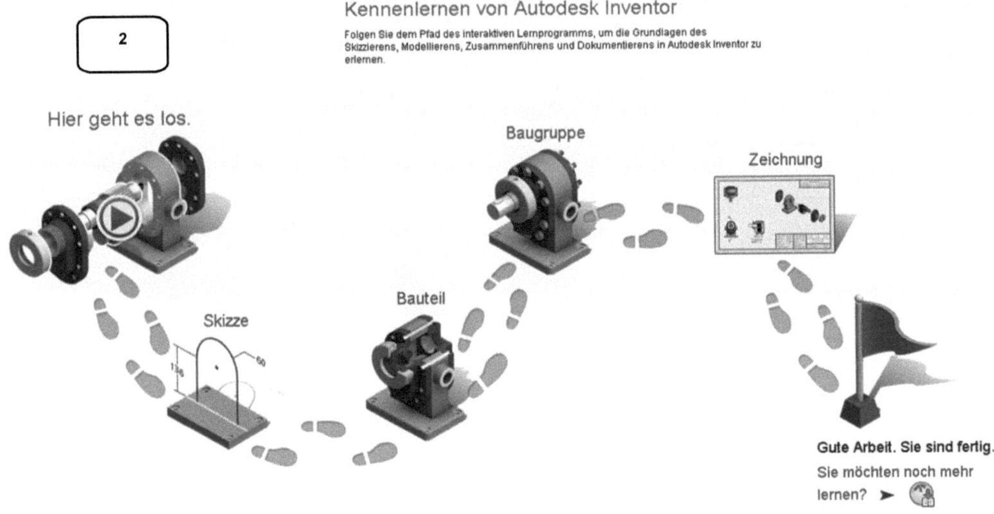

Mit dem Befehl 🌐 `Mehr` (3) öffnet sich im Arbeitsbereich eine Übersicht, weiterer verfügbarer Lernprogramme (4), welche Sie zusätzlich herunterladen können.

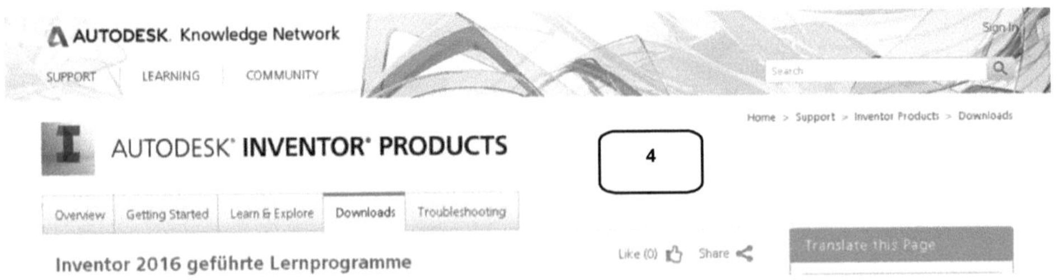

4.3 Zusatzmodule (empfohlene Einstellungen)

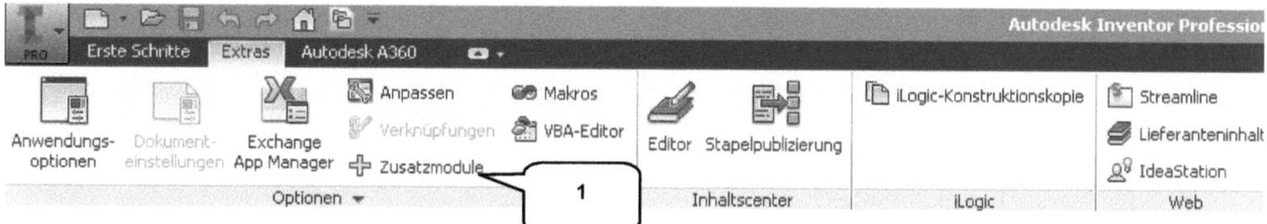

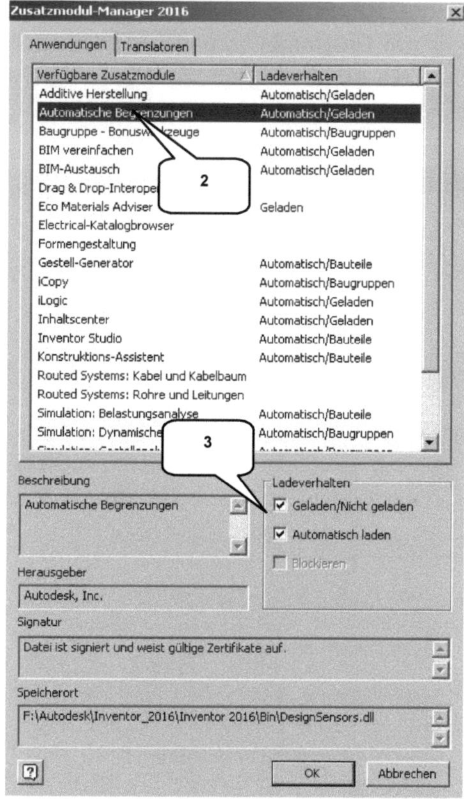

Im Register **Extras** (Befehlsgruppe **Optionen**) befindet sich der Befehl ⊹ **Zusatzmodule** (1). Ein Klick darauf öffnet den **Zusatzmodul-Manager**. Mit diesem Befehl können die automatisch beim Programmstart zu startenden Zusatzmodule definiert werden. Um ein Modul automatisch laden zu lassen, muss dieses in der **Liste** (2) aktiviert werden, um anschließend die beiden Haken im Bereich **Ladeverhalten** (3) zu setzen. Um ein Modul nicht automatisch bei Programmstart laden zu lassen, sind die beiden Haken zu entfernen.

Die Aktivierung der folgenden Module wird empfohlen:

➢ Additive Herstellung
➢ Automatische Begrenzungen
➢ Baugruppe - Bonuswerkzeuge
➢ BIM-Austausch
➢ BIM-Vereinfachen
➢ Gestell-Generator
➢ iCopy
➢ iLogic
➢ Inhaltscenter
➢ Inventor Studio
➢ Konstruktions-Assistent
➢ Simulation: Belastungsanalyse
➢ Simulation: Dynamische Simulation
➢ Simulation: Gestellanalyse

HINWEIS: Je nach Programversion (Inventor® 2016 oder Inventor® Professional 2016) können einige der Module unter Umständen nicht verwendet werden. Bitte beachten Sie, dass eine generelle Aktivierung aller Module die Leistungsfähigkeit Ihres PCs negativ beeinträchtigen kann.

4.4 Anwendungsoptionen (empfohlene Einstellungen)

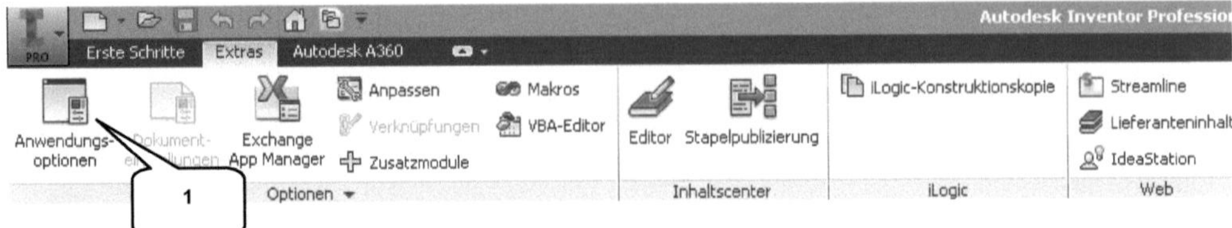

Im Register **Extras** (Befehlsgruppe **Optionen**) befindet sich der Befehl **Anwendungsoptionen** (1). Hier können einige Grundeinstellungen am Programm vorgenommen werden. Die folgenden Einstellungen werden empfohlen, um die Arbeit mit dem Buch zu vereinfachen:

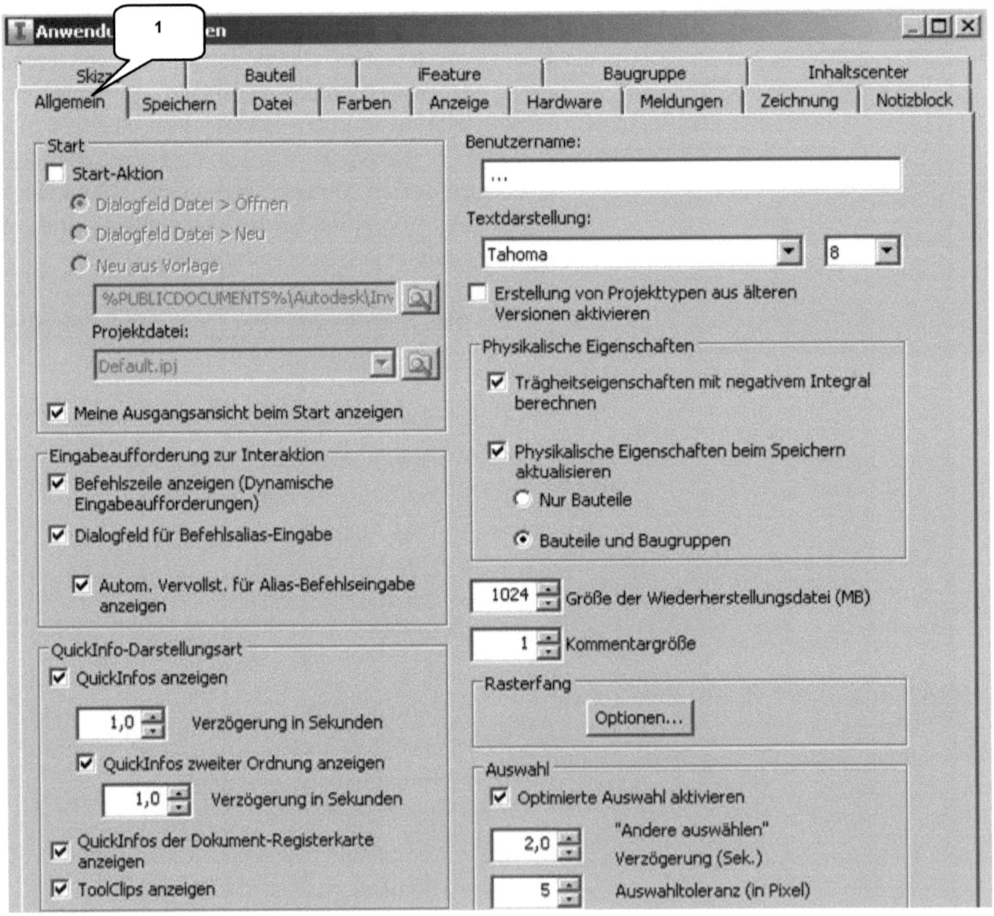

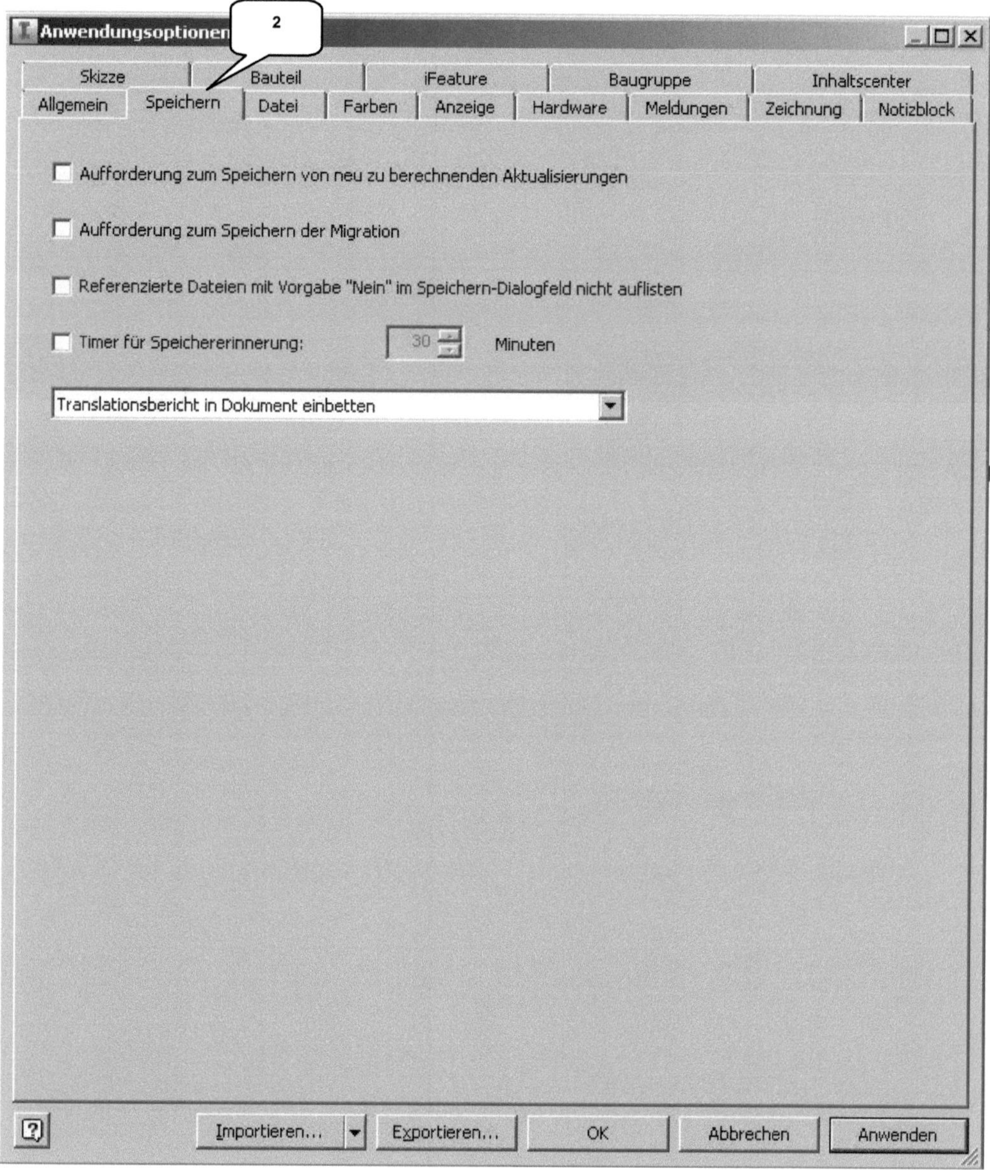
Anwendungsoptionen
2
Skizze
Bauteil
iFeature
Baugruppe
Inhaltscenter
Allgemein
Speichern
Datei
Farben
Anzeige
Hardware
Meldungen
Zeichnung
Notizblock
Aufforderung zum Speichern von neu zu berechnenden Aktualisierungen
Aufforderung zum Speichern der Migration
Referenzierte Dateien mit Vorgabe "Nein" im Speichern-Dialogfeld nicht auflisten
Timer für Speichererinnerung:
30
Minuten
Translationsbericht in Dokument einbetten
Importieren...
Exportieren...
OK
Abbrechen
Anwenden

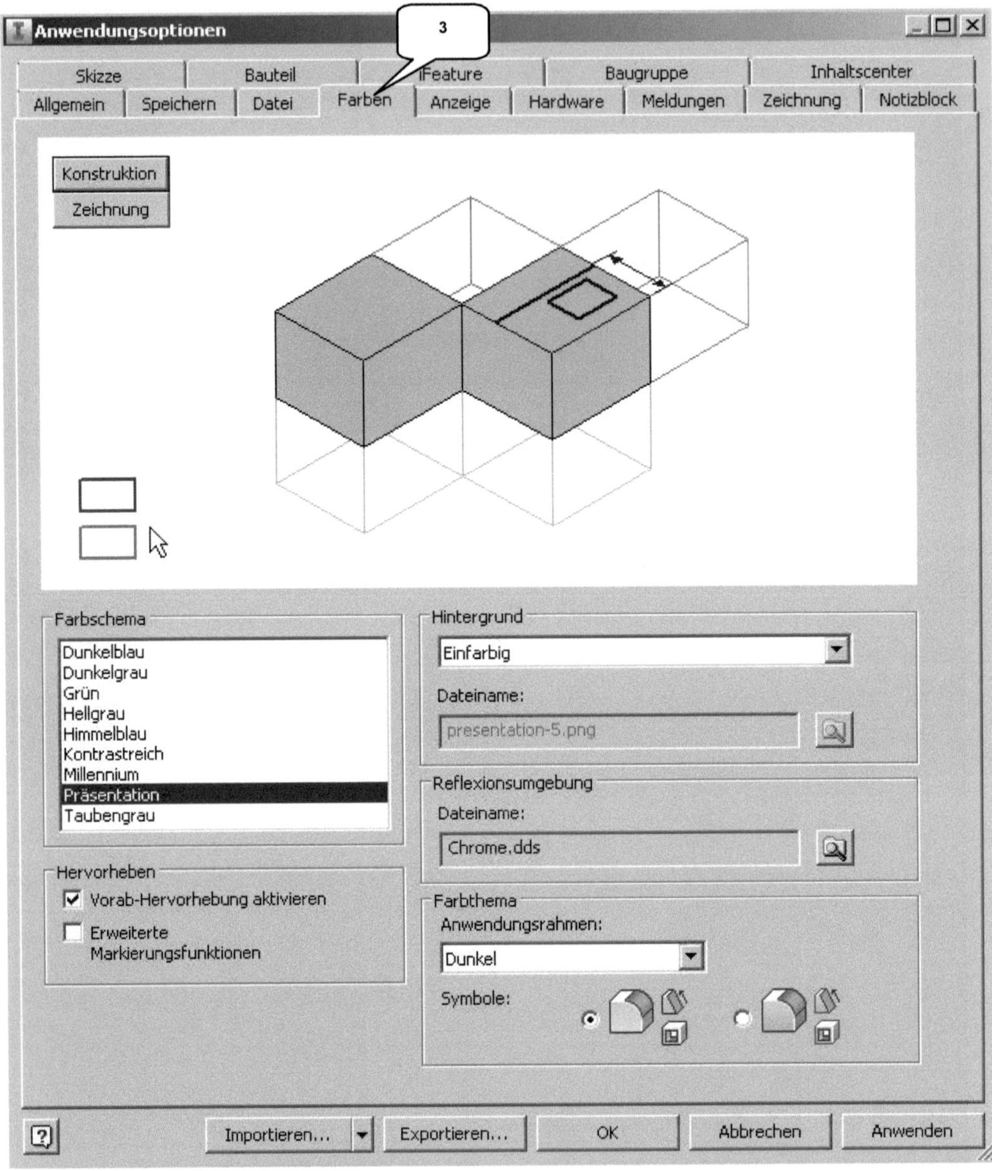
Anwendungsoptionen
3
Skizze
Bauteil
iFeature
Baugruppe
Inhaltscenter
Allgemein
Speichern
Datei
Farben
Anzeige
Hardware
Meldungen
Zeichnung
Notizblock
Konstruktion
Zeichnung
Farbschema
Dunkelblau
Dunkelgrau
Grün
Hellgrau
Himmelblau
Kontrastreich
Millennium
Präsentation
Taubengrau
Hervorheben
Vorab-Hervorhebung aktivieren
Erweiterte
Markierungsfunktionen
Hintergrund
Einfarbig
Dateiname:
presentation-5.png
Reflexionsumgebung
Dateiname:
Chrome.dds
Farbthema
Anwendungsrahmen:
Dunkel
Symbole:
Importieren...
Exportieren...
OK
Abbrechen
Anwenden

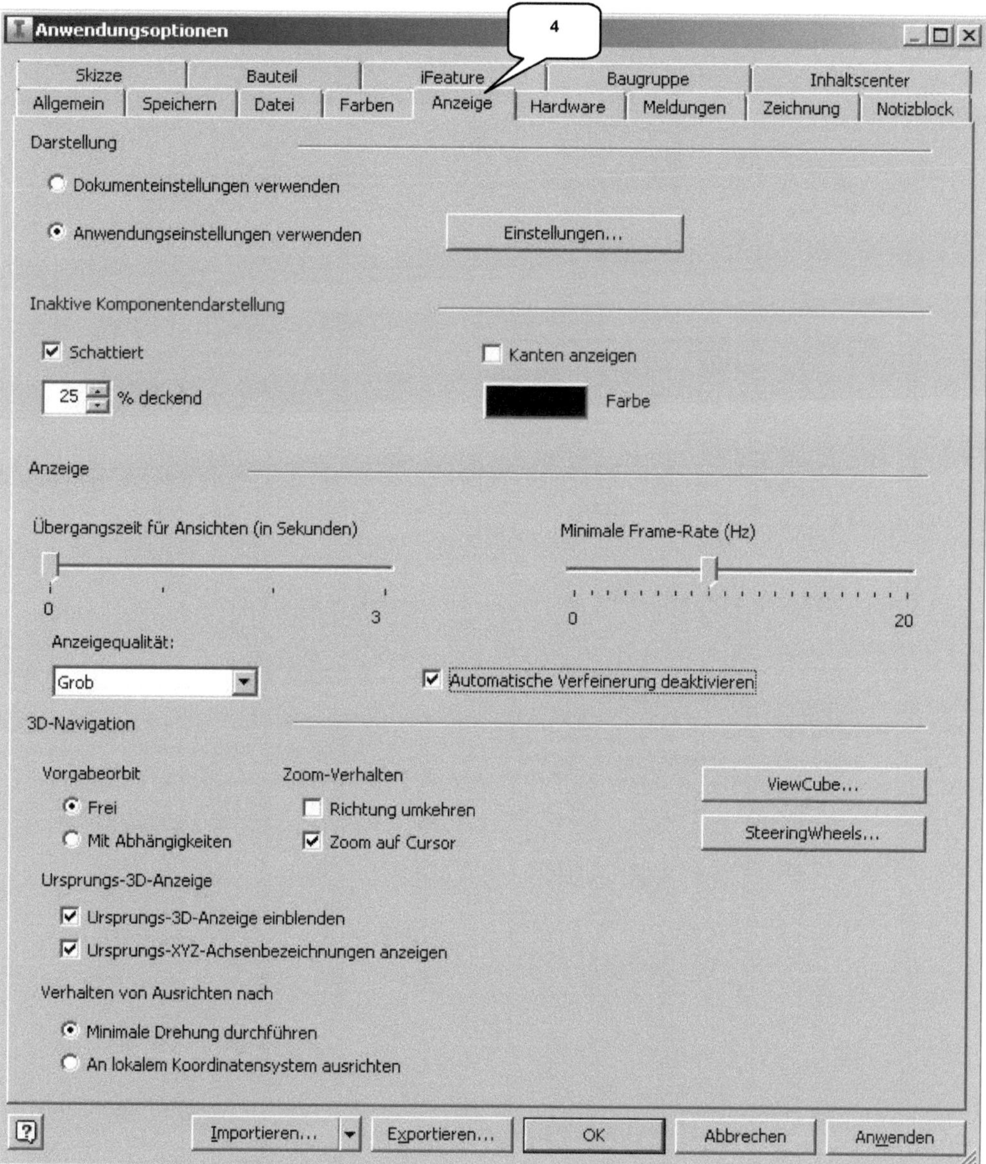
Anwendungsoptionen
4
Skizze
Bauteil
iFeature
Baugruppe
Inhaltscenter
Allgemein
Speichern
Datei
Farben
Anzeige
Hardware
Meldungen
Zeichnung
Notizblock
Darstellung
Dokumenteinstellungen verwenden
Anwendungseinstellungen verwenden
Einstellungen...
Inaktive Komponentendarstellung
Schattiert
Kanten anzeigen
25 % deckend
Farbe
Anzeige
Übergangszeit für Ansichten (in Sekunden)
Minimale Frame-Rate (Hz)
0
3
0
20
Anzeigequalität:
Grob
Automatische Verfeinerung deaktivieren
3D-Navigation
Vorgabeorbit
Zoom-Verhalten
ViewCube...
Frei
Richtung umkehren
Mit Abhängigkeiten
Zoom auf Cursor
SteeringWheels...
Ursprungs-3D-Anzeige
Ursprungs-3D-Anzeige einblenden
Ursprungs-XYZ-Achsenbezeichnungen anzeigen
Verhalten von Ausrichten nach
Minimale Drehung durchführen
An lokalem Koordinatensystem ausrichten
Importieren...
Exportieren...
OK
Abbrechen
Anwenden

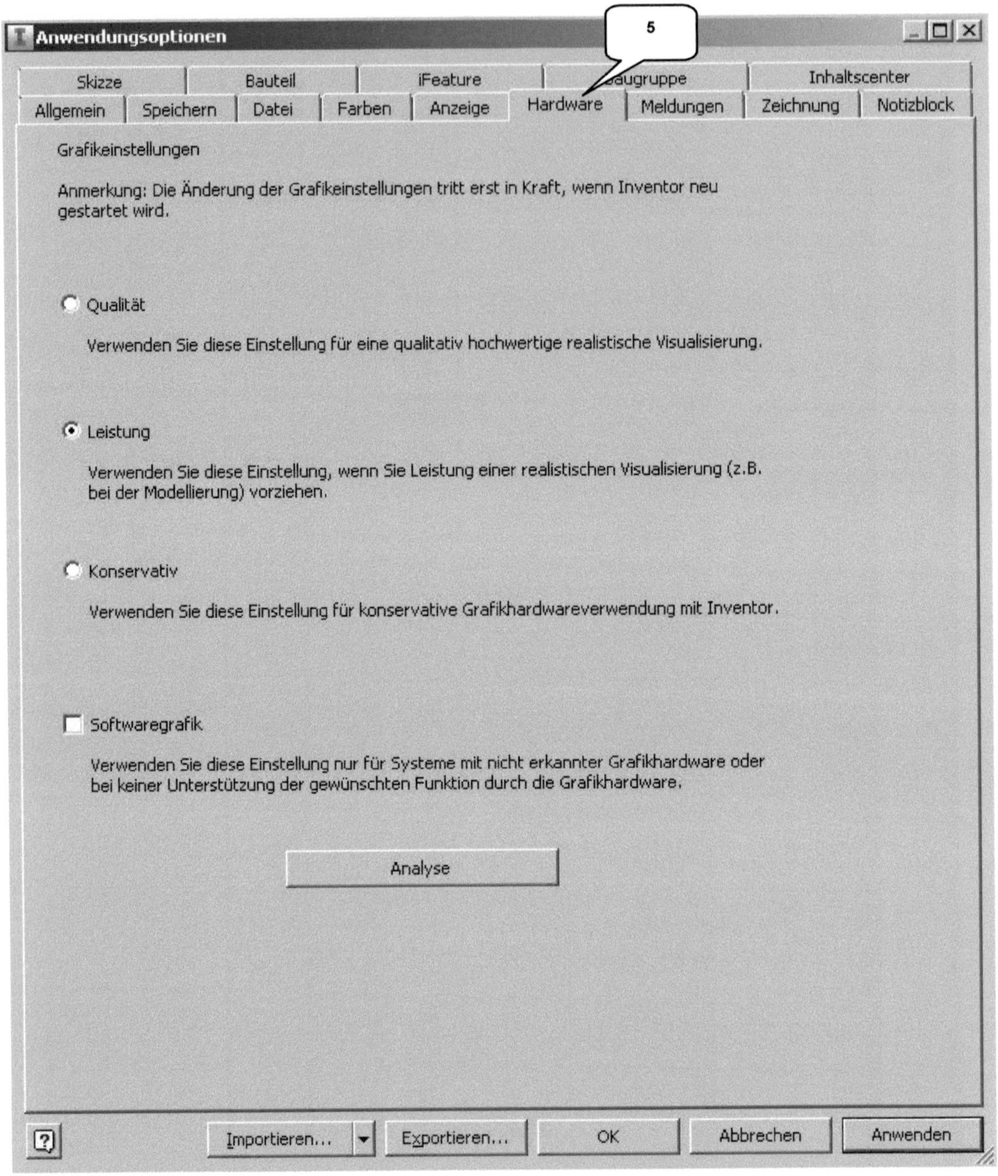

Anwendungsoptionen

| Skizze | Bauteil | iFeature | Baugruppe | Inhaltscenter |

| Allgemein | Speichern | Datei | Farben | Anzeige | Hardware | Meldungen | Zeichnung | Notizblock |

Grafikeinstellungen

Anmerkung: Die Änderung der Grafikeinstellungen tritt erst in Kraft, wenn Inventor neu gestartet wird.

○ Qualität

Verwenden Sie diese Einstellung für eine qualitativ hochwertige realistische Visualisierung.

◉ Leistung

Verwenden Sie diese Einstellung, wenn Sie Leistung einer realistischen Visualisierung (z.B. bei der Modellierung) vorziehen.

○ Konservativ

Verwenden Sie diese Einstellung für konservative Grafikhardwareverwendung mit Inventor.

☐ Softwaregrafik

Verwenden Sie diese Einstellung nur für Systeme mit nicht erkannter Grafikhardware oder bei keiner Unterstützung der gewünschten Funktion durch die Grafikhardware.

[Analyse]

[Importieren... ▼] [Exportieren...] [OK] [Abbrechen] [Anwenden]

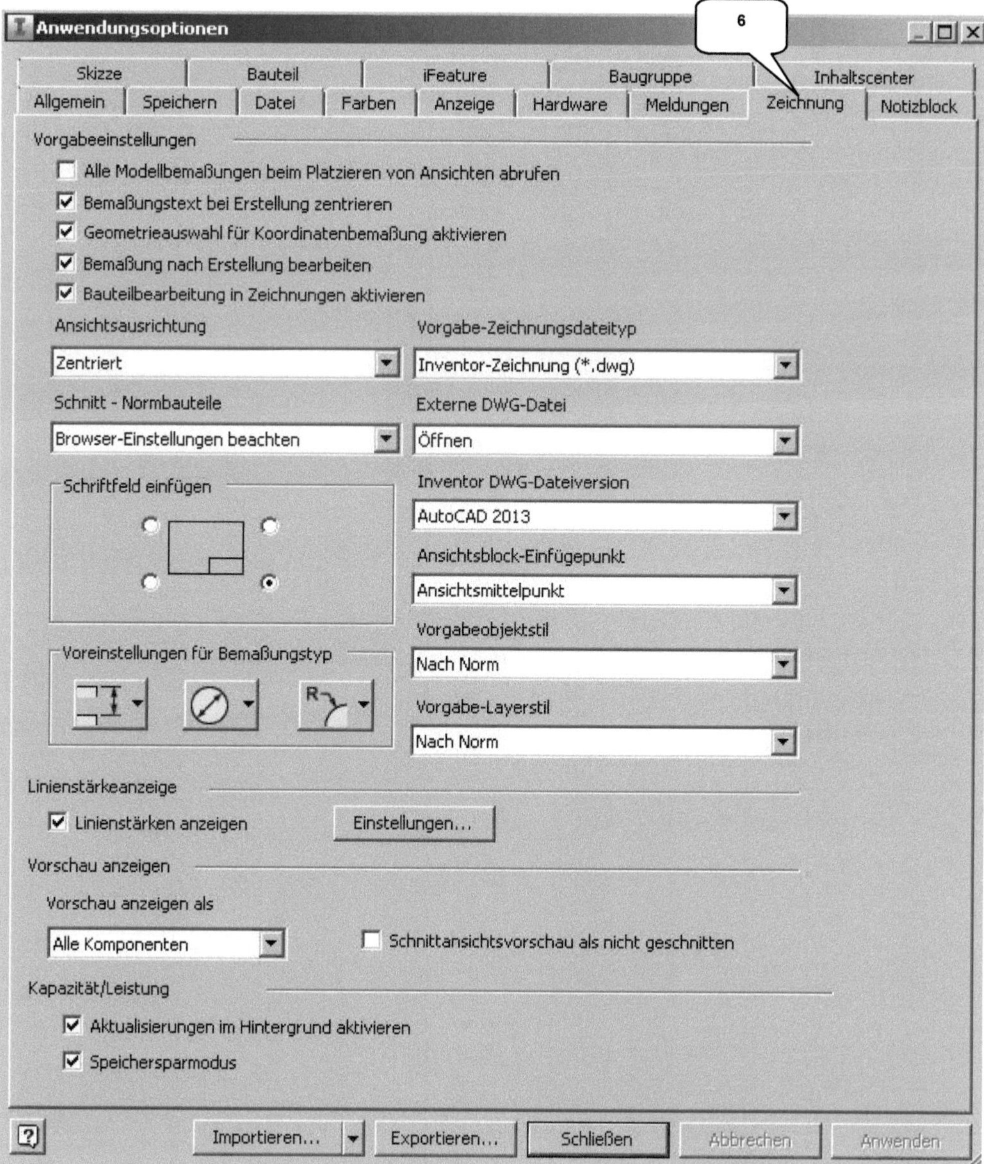
Anwendungsoptionen

6

Skizze   Bauteil   iFeature   Baugruppe   Inhaltscenter
Allgemein   Speichern   Datei   Farben   Anzeige   Hardware   Meldungen   Zeichnung   Notizblock

Vorgabeeinstellungen

Alle Modellbemaßungen beim Platzieren von Ansichten abrufen
Bemaßungstext bei Erstellung zentrieren
Geometrieauswahl für Koordinatenbemaßung aktivieren
Bemaßung nach Erstellung bearbeiten
Bauteilbearbeitung in Zeichnungen aktivieren

Ansichtsausrichtung
Zentriert

Schnitt - Normbauteile
Browser-Einstellungen beachten

Schriftfeld einfügen

Voreinstellungen für Bemaßungstyp
R

Vorgabe-Zeichnungsdateityp
Inventor-Zeichnung (*.dwg)

Externe DWG-Datei
Öffnen

Inventor DWG-Dateiversion
AutoCAD 2013

Ansichtsblock-Einfügepunkt
Ansichtsmittelpunkt

Vorgabeobjektstil
Nach Norm

Vorgabe-Layerstil
Nach Norm

Linienstärkeanzeige
Linienstärken anzeigen   Einstellungen...

Vorschau anzeigen
Vorschau anzeigen als
Alle Komponenten   Schnittansichtsvorschau als nicht geschnitten

Kapazität/Leistung
Aktualisierungen im Hintergrund aktivieren
Speichersparmodus

Importieren...   Exportieren...   Schließen   Abbrechen   Anwenden

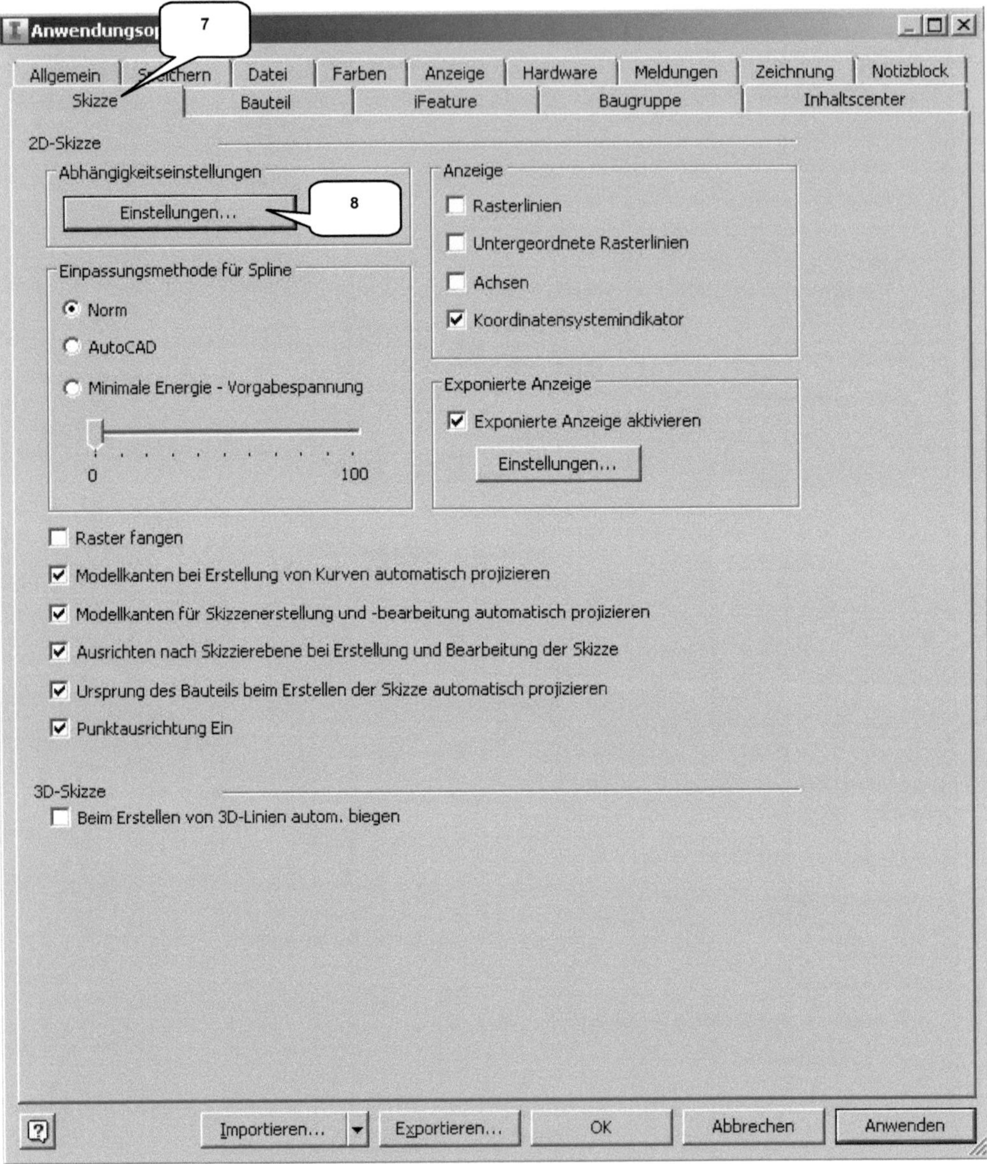
Anwendungsop
7
8
Allgemein | Speichern | Datei | Farben | Anzeige | Hardware | Meldungen | Zeichnung | Notizblock
Skizze | Bauteil | iFeature | Baugruppe | Inhaltscenter
2D-Skizze
Abhängigkeitseinstellungen
Einstellungen...
Einpassungsmethode für Spline
Norm
AutoCAD
Minimale Energie - Vorgabespannung
0   100
Anzeige
Rasterlinien
Untergeordnete Rasterlinien
Achsen
Koordinatensystemindikator
Exponierte Anzeige
Exponierte Anzeige aktivieren
Einstellungen...
Raster fangen
Modellkanten bei Erstellung von Kurven automatisch projizieren
Modellkanten für Skizzenerstellung und -bearbeitung automatisch projizieren
Ausrichten nach Skizzierebene bei Erstellung und Bearbeitung der Skizze
Ursprung des Bauteils beim Erstellen der Skizze automatisch projizieren
Punktausrichtung Ein
3D-Skizze
Beim Erstellen von 3D-Linien autom. biegen
Importieren... ▼ Exportieren... OK Abbrechen Anwenden

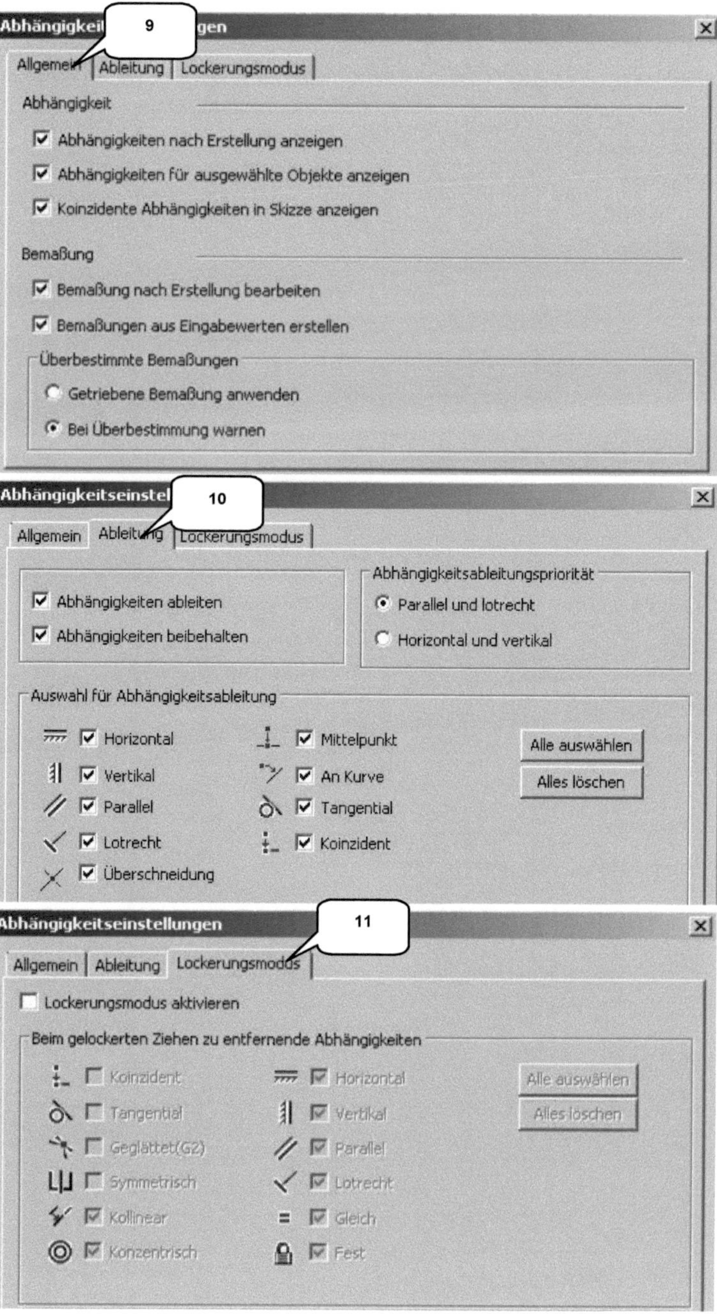
Abhängigkei... ...gen
9
Allgemein | Ableitung | Lockerungsmodus |
Abhängigkeit
Abhängigkeiten nach Erstellung anzeigen
Abhängigkeiten für ausgewählte Objekte anzeigen
Koinzidente Abhängigkeiten in Skizze anzeigen
Bemaßung
Bemaßung nach Erstellung bearbeiten
Bemaßungen aus Eingabewerten erstellen
Überbestimmte Bemaßungen
Getriebene Bemaßung anwenden
Bei Überbestimmung warnen
Abhängigkeitseinstel...
10
Allgemein | Ableitung | Lockerungsmodus |
Abhängigkeiten ableiten
Abhängigkeiten beibehalten
Abhängigkeitsableitungspriorität
Parallel und lotrecht
Horizontal und vertikal
Auswahl für Abhängigkeitsableitung
Horizontal
Vertikal
Parallel
Lotrecht
Überschneidung
Mittelpunkt
An Kurve
Tangential
Koinzident
Alle auswählen
Alles löschen
Abhängigkeitseinstellungen
11
Allgemein | Ableitung | Lockerungsmodus |
Lockerungsmodus aktivieren
Beim gelockerten Ziehen zu entfernende Abhängigkeiten
Koinzident
Tangential
Geglättet(G2)
Symmetrisch
Kollinear
Konzentrisch
Horizontal
Vertikal
Parallel
Lotrecht
Gleich
Fest
Alle auswählen
Alles löschen

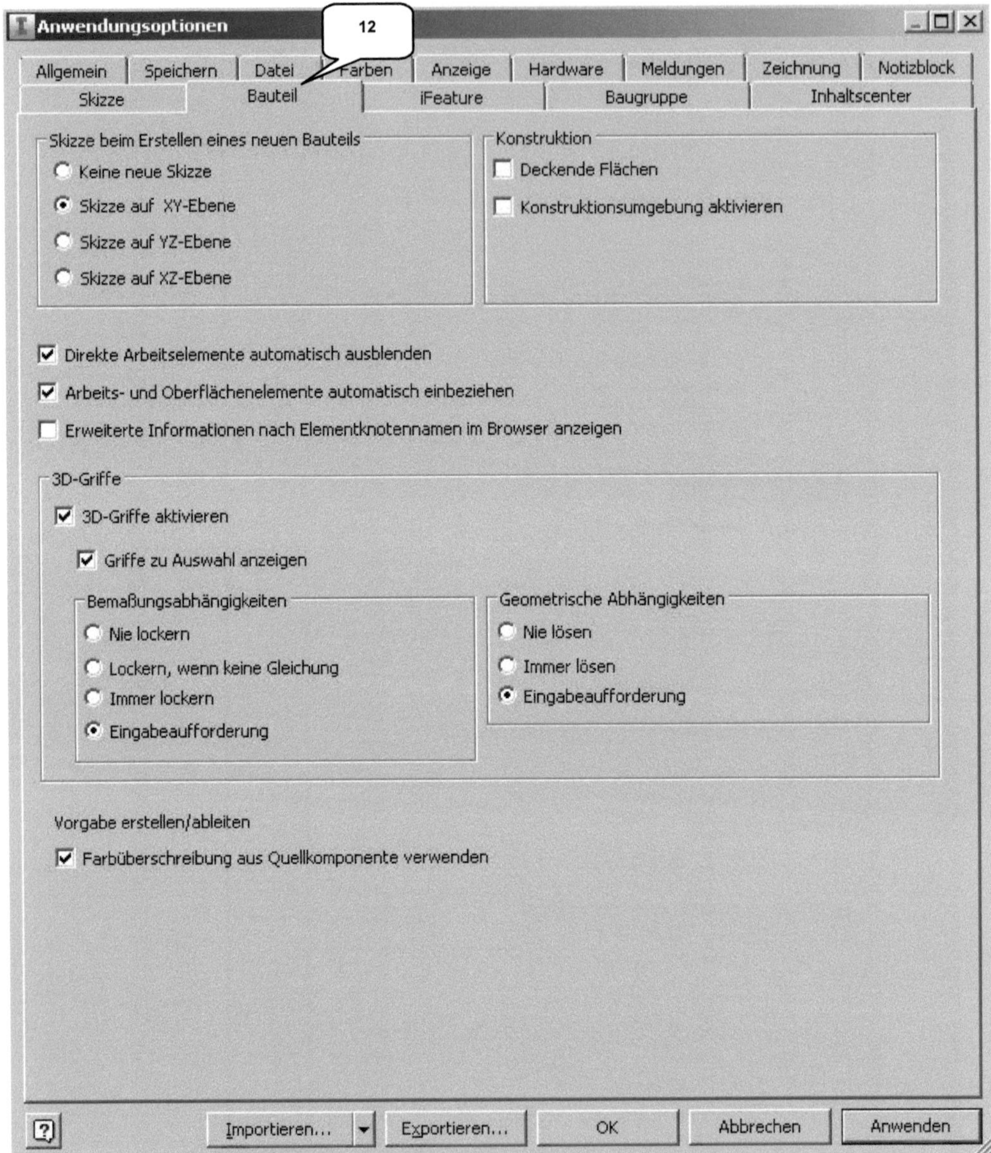
Anwendungsoptionen
12
Allgemein   Speichern   Datei   Farben   Anzeige   Hardware   Meldungen   Zeichnung   Notizblock
Skizze   Bauteil   iFeature   Baugruppe   Inhaltscenter
Skizze beim Erstellen eines neuen Bauteils
Keine neue Skizze
Skizze auf XY-Ebene
Skizze auf YZ-Ebene
Skizze auf XZ-Ebene
Konstruktion
Deckende Flächen
Konstruktionsumgebung aktivieren
Direkte Arbeitselemente automatisch ausblenden
Arbeits- und Oberflächenelemente automatisch einbeziehen
Erweiterte Informationen nach Elementknotennamen im Browser anzeigen
3D-Griffe
3D-Griffe aktivieren
Griffe zu Auswahl anzeigen
Bemaßungsabhängigkeiten
Nie lockern
Lockern, wenn keine Gleichung
Immer lockern
Eingabeaufforderung
Geometrische Abhängigkeiten
Nie lösen
Immer lösen
Eingabeaufforderung
Vorgabe erstellen/ableiten
Farbüberschreibung aus Quellkomponente verwenden
Importieren...   Exportieren...   OK   Abbrechen   Anwenden

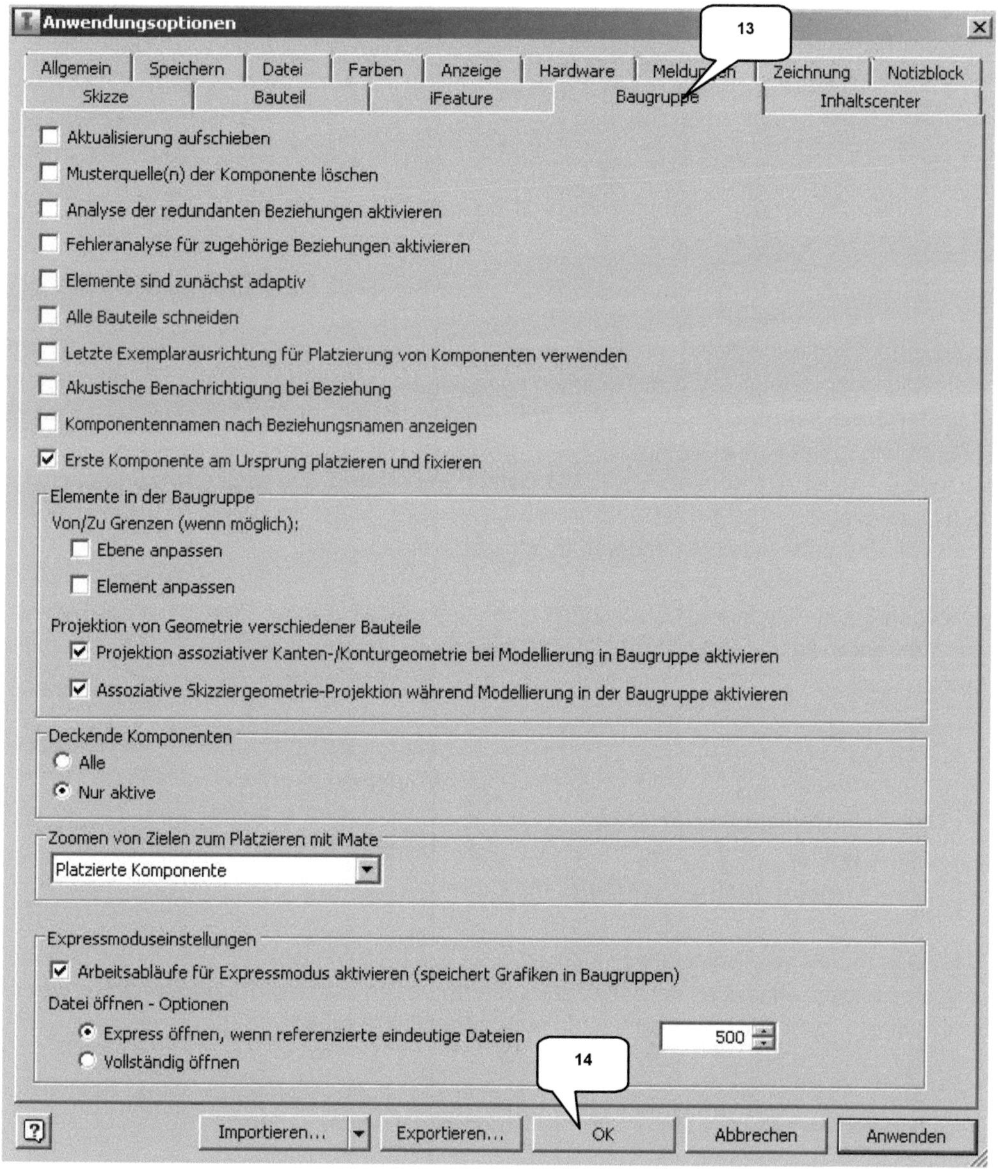

Anwendungsoptionen

13

| Allgemein | Speichern | Datei | Farben | Anzeige | Hardware | Meldungen | Zeichnung | Notizblock |

| Skizze | Bauteil | iFeature | Baugruppe | Inhaltscenter |

☐ Aktualisierung aufschieben

☐ Musterquelle(n) der Komponente löschen

☐ Analyse der redundanten Beziehungen aktivieren

☐ Fehleranalyse für zugehörige Beziehungen aktivieren

☐ Elemente sind zunächst adaptiv

☐ Alle Bauteile schneiden

☐ Letzte Exemplarausrichtung für Platzierung von Komponenten verwenden

☐ Akustische Benachrichtigung bei Beziehung

☐ Komponentennamen nach Beziehungsnamen anzeigen

☑ Erste Komponente am Ursprung platzieren und fixieren

Elemente in der Baugruppe

Von/Zu Grenzen (wenn möglich):

☐ Ebene anpassen

☐ Element anpassen

Projektion von Geometrie verschiedener Bauteile

☑ Projektion assoziativer Kanten-/Konturgeometrie bei Modellierung in Baugruppe aktivieren

☑ Assoziative Skizziergeometrie-Projektion während Modellierung in der Baugruppe aktivieren

Deckende Komponenten

○ Alle

● Nur aktive

Zoomen von Zielen zum Platzieren mit iMate

[Platzierte Komponente ▼]

Expressmoduseinstellungen

☑ Arbeitsabläufe für Expressmodus aktivieren (speichert Grafiken in Baugruppen)

Datei öffnen - Optionen

● Express öffnen, wenn referenzierte eindeutige Dateien [500]

○ Vollständig öffnen

14

[?]   Importieren... ▼   Exportieren...   OK   Abbrechen   Anwenden

5 Erstellen eines Einzelbenutzerprojekts

In Inventor® sollte möglichst in Projekten gearbeitet werden, um die Koordination zusammenhängender Dateien und Einstellungen zu vereinfachen. Hierfür bietet das Programm im Register **Erste Schritte** (Befehlsgruppe **Starten**) den Befehl **Projekte** (1).

Zu jedem Projekt wird eine eigene Projektdatei (*.ipj) erzeugt. Sie sichert alle Informationen und Querverweise eines Projekts. Das ist wichtig, wenn später komplexe Projekte archiviert oder von einem PC auf einen anderen übertragen werden sollen.

Erzeugen Sie im folgenden Arbeitsschritt ein neues Einzelbenutzer-Projekt mit der Bezeichnung **Inventor-2016-4-Takt-Motor**. Das Projekt sollte im gleichnamigen Projektordner gespeichert werden.

> **Projekte** (1)
> Neu **Neu** (2)
> Option: **Einzelbenutzer-Projekt**
> Weiter **Weiter**
> Name: **Inventor-2016-4-Takt-Motor** (3)

> ⋯ Projektordner: Ordner **Inventor-2016-Übung-4-Takt-Motor** wählen (4)
> Fertig stellen **Fertig stellen** (5)
> Fertig **Fertig** (6)

Das neue Projekt wird automatisch aktiviert, was durch einen kleinen Haken in der Zeile des aktiven Projekts signalisiert wird. Bei der späteren Arbeit mit dem Programm sollte das jeweils aktive Projekt nach Programmstart stets kontrolliert werden.

So kann vermieden werden, dass Dateien unbeabsichtigt an einem falschen Speicherort gesichert und damit einem anderen Projekt zugeordnet werden.

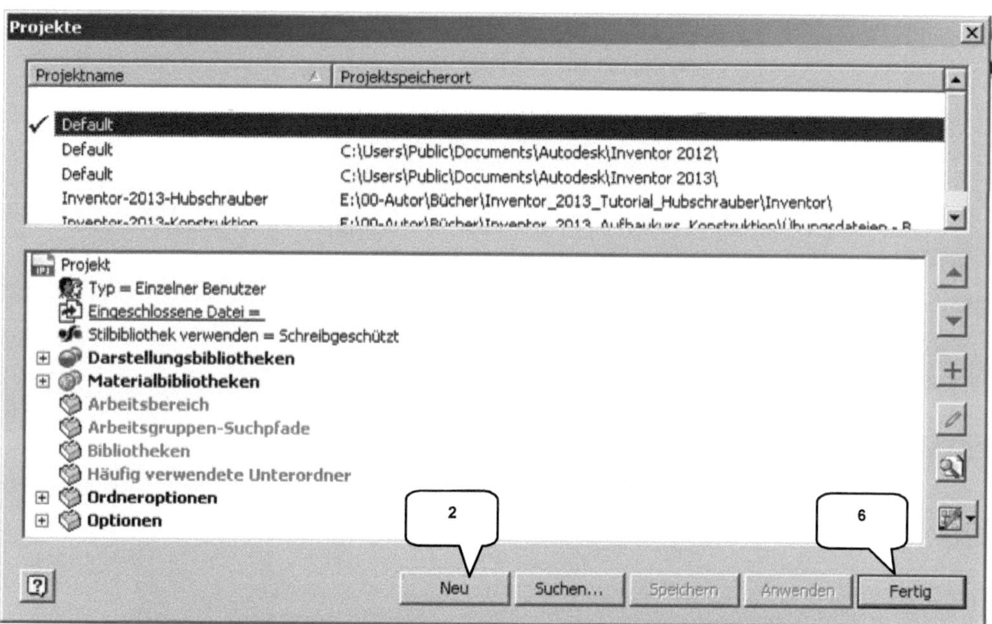

Projekte
Projektname
Projektspeicherort
Default
Default
C:\Users\Public\Documents\Autodesk\Inventor 2012\
Default
C:\Users\Public\Documents\Autodesk\Inventor 2013\
Inventor-2013-Hubschrauber
E:\00-Autor\Bücher\Inventor_2013_Tutorial_Hubschrauber\Inventor\
Inventor-2013-Konstruktion
E:\00-Autor\Bücher\Inventor_2013_Aufbaukurs_Konstruktion\Übungsdateien - B
Projekt
Typ = Einzelner Benutzer
Eingeschlossene Datei =
Stilbibliothek verwenden = Schreibgeschützt
Darstellungsbibliotheken
Materialbibliotheken
Arbeitsbereich
Arbeitsgruppen-Suchpfade
Bibliotheken
Häufig verwendete Unterordner
Ordneroptionen
Optionen
2
6
Neu
Suchen...
Speichern
Anwenden
Fertig

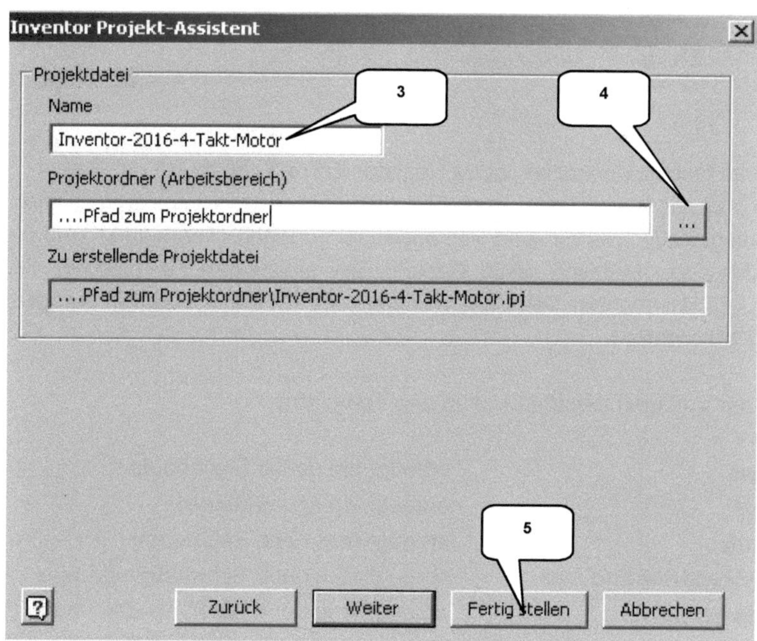

Inventor Projekt-Assistent
Projektdatei
Name
3
Inventor-2016-4-Takt-Motor
4
Projektordner (Arbeitsbereich)
....Pfad zum Projektordner
...
Zu erstellende Projektdatei
....Pfad zum Projektordner\Inventor-2016-4-Takt-Motor.ipj
5
Zurück
Weiter
Fertig stellen
Abbrechen

6 SKIZZEN und BAUTEILE

6.1 Bauteil: Ventil

6.1.1 Erstellen einer neuen Datei

Um eine neue Datei zu erstellen, ist im Register **Erste Schritte** (1) der Befehl **Neu** (2) zu starten. Im Fenster **Neue Datei erstellen** (3) können dann verschiede Datei-Typen und Vorlagen ausgewählt werden. Alle vorhandenen Vorlagen (Templates) sind hier in Ordner eingeteilt (Englisch, Metrisch, Mold Design). Bei aktiviertem Hauptordner **Templates** (4) erscheinen auf der rechten Seite des Fensters die Bereiche **Bauteil**, **Baugruppe**, **Zeichnung** und **Präsentation**.

Die folgenden Vorlagen befinden sich in den Templates:

- ➤ **Blech.ipt**   erzeugt ein neues Blechbauteil
- ➤ **Norm.ipt**   erzeugt ein neues Bauteil
- ➤ **Norm.iam**   erzeugt eine neue Baugruppe
- ➤ **Schweißkonstruktion.iam**   erzeugt eine neue Schweißbaugruppe
- ➤ **Norm.dwg**   erzeugt eine neue AutoCAD-Zeichnung (*.dwg)
- ➤ **Norm.idw**   erzeugt eine neue Inventor®-Zeichnung (*.idw)
- ➤ **Norm.ipn**   erzeugt eine neue Präsentation (Sprengbild)

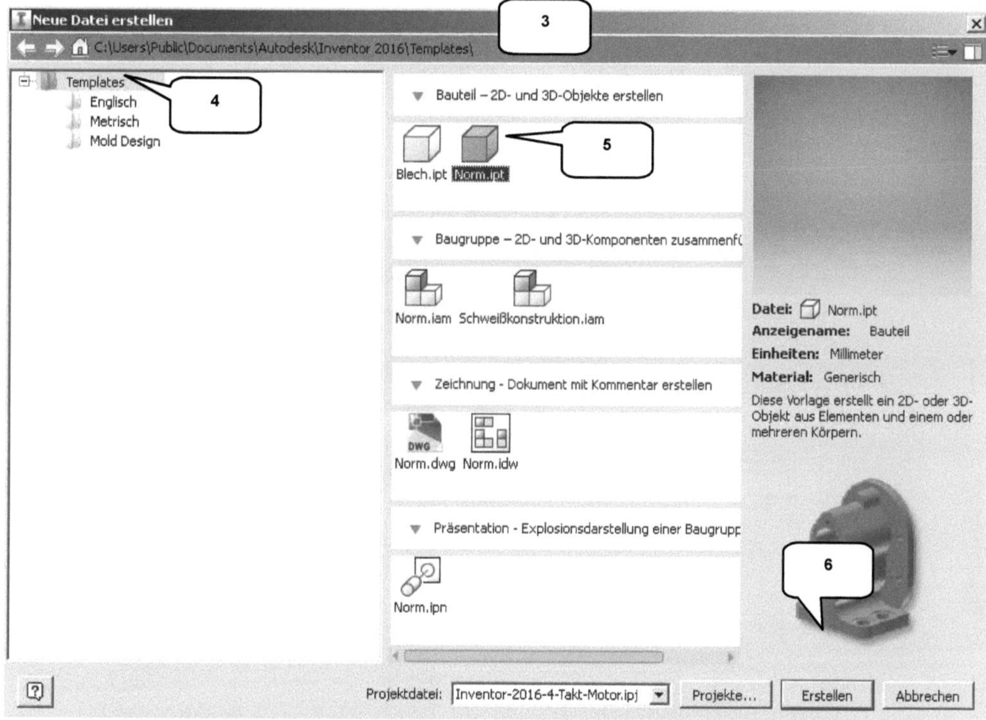

Wählen Sie im die Vorlage  **Norm.ipt** (5) und erzeugen Sie ein neues Bauteil.

> Neu (2)
> Templates (4)

> **Norm.ipt** (5)
> Erstellen **Erstellen** (6)

Durch die angepassten Voreinstellungen in den Anwendungsoptionen (vergangene Kapitel) erzeugt das Programm auf der XY-Ebene automatisch eine neue 2D-Skizze und wechselt danach in den Skizzenbereich.

6.1.2   Projizieren der drei Hauptachsen

Jedes Bauteil verfügt über drei **Hauptachsen** (X, Y, Z) und drei **Hauptebenen** (XY, XZ, YZ). Auf den Ebenen können neue Skizzen erzeugt werden, die Achsen dienen u.a. zur Ausrichtung der geometrischen Zeichenelemente im Skizzenbereich. Grundlegend sollten im Skizzenbereich gezeichnete Objekte am Koordinatensystem ausgerichtet und auch möglichst symmetrisch zu diesem gezeichnet werden. Dies vereinfacht die Konstruktion eines Bauteils und eröffnet dem Anwender in späteren Konstruktionsschritten viele neue Möglichkeiten.

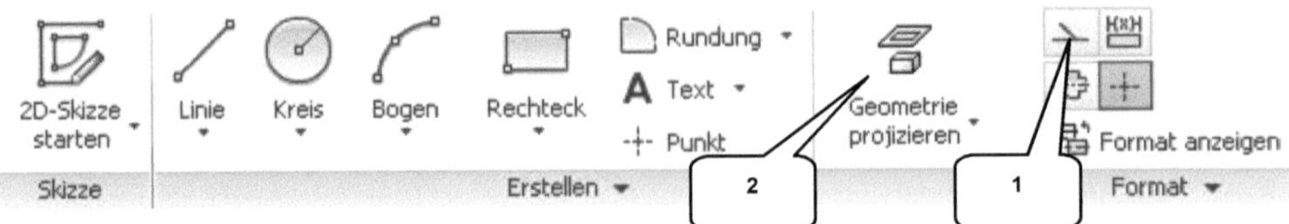

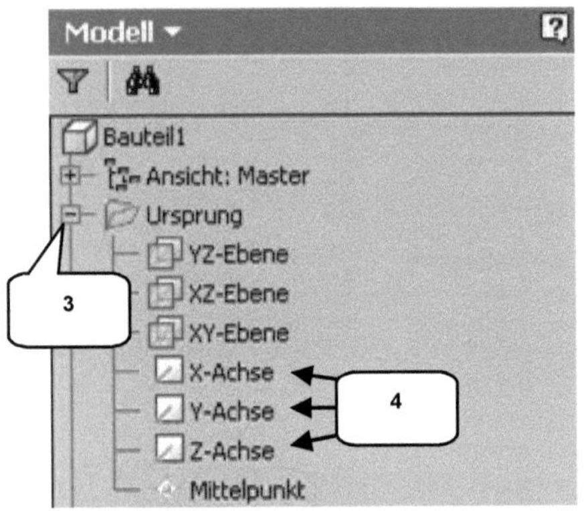

Bauteile verfügen über eigene Koordinatensysteme, die allerdings nicht sofort im Skizzenbereich verwendet werden können. Zuerst muss es dorthin übertragen werden. Es sollte als Hilfslinie (Konstruktionslinie) in die Skizze übernommen werden, um später im 3D-Bereich keine Probleme bei der Erkennung der eigentlichen Zeichengeometrie zu bereiten. Folgen Sie jetzt Schritt für Schritt der nachfolgenden Befehlskette, um das Koordinatensystem in den Skizzenbereich zu übernehmen und die entstandenen Linien als Hilfslinien (Konstruktionslinien) zu definieren.

> ⟍ **Konstruktion** aktivieren (1)
> ⬚ **Geometrie projizieren** (2)
> Ordner *Ursprung* aufklappen (3)
> 3 Achsen nacheinander anklicken (4)

> Taste: **ESC** drücken (Beendet den Befehl ⬚ **Geometrie projizieren**)
> ⟍ **Konstruktion** deaktivieren (1)

HINWEIS: Dieser erste Schritt (Projizieren des Koordinatensystems in den Skizzenbereich eines Bauteils (⬚ **Geometrie projizieren**) sollte in jeder neuen Skizze angewandt werden. Anschließend ist dringend darauf zu achten, die Option ⟍ **Konstruktion** wieder zu deaktivieren, da ansonsten alle weiteren Zeichenobjekte fehlerhaft erzeugt werden könnten.

6.1.3 Das Register SKIZZE im Überblick

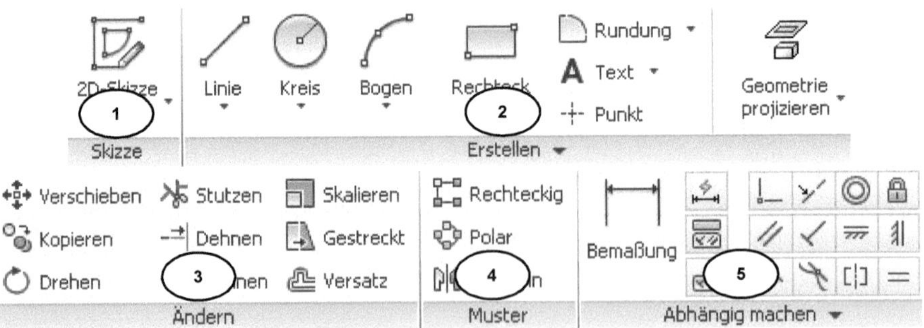

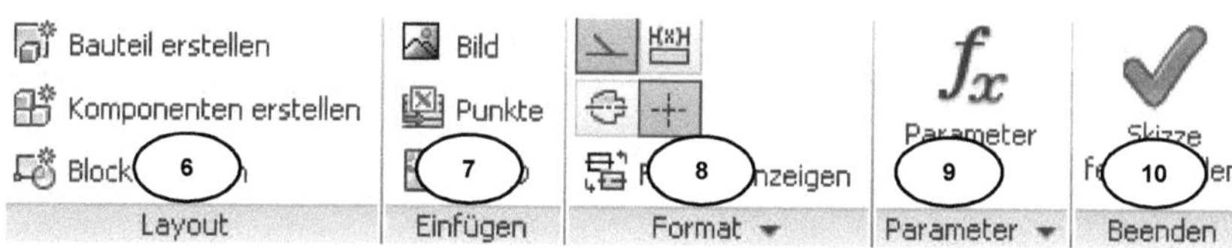

OPTIONEN

1) Erzeugen einer neuen Skizze (2D/3D)
2) Grundzeichenbefehle
3) Bearbeiten vorhandener Objekte
4) Rechteckige, polare oder gespiegelte Kopien erzeugen
5) Bemaßungen und Abhängigkeiten einfügen

6) Objekte als Bauteile, Baugruppen oder Gruppierungen exportieren
7) Bilder, Tabellenpunkte oder AutoCAD-Zeichnungen importieren
8) Eigenschaften von Linien, Punkten und Bemaßungen ändern
9) Parametermanager starten
10) Skizze beenden

6.1.4 Zeichnen der ersten Linien

Nachdem das Koordinatensystem in den Skizzenbereich übernommen wurde, kann mit dem Zeichnen der ersten Linien begonnen werden. Hierfür ist der Befehl ╱ **Linie** (1) zu starten. Es sollte jetzt noch einmal kontrolliert werden, ob die Option ◣ **Konstruktion** (2) wirklich wieder deaktiviert wurde, also nicht blau sondern <u>grau</u> hinterlegt ist.

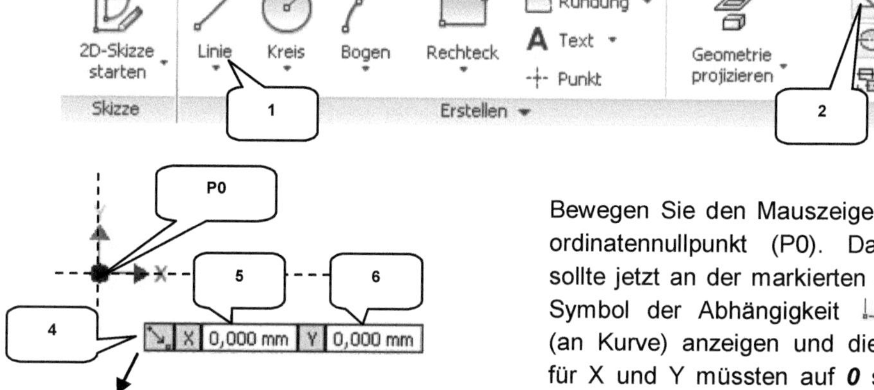

Bewegen Sie den Mauszeiger auf den Koordinatennullpunkt (P0). Das Programm sollte jetzt an der markierten Stelle (4) das Symbol der Abhängigkeit ◣ **Koinzident** (an Kurve) anzeigen und die Koordinaten für X und Y müssten auf **0** stehen (5, 6). Sobald diese Bedingungen erfüllt sind, können Sie den ersten Linienpunkt mit der linken Maustaste bestätigen.

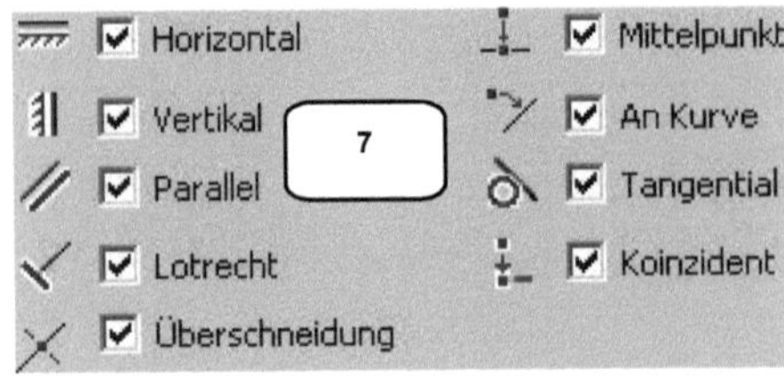

An dieser Stelle folgt ein kurzer Hinweis zu den Abhängigkeiten: Inventor® wird (so wie in den Anwendungsoptionen vorgegeben) alle Abhängigkeiten in den Skizzenbereich übernehmen, wenn diese während des Zeichnens vom Programm erkannt und angezeigt werden (4). Folgende Abhängigkeiten (7) stehen zur Verfügung:

➢ *Horizontal*	eine Linie wird parallel zur X-Achse ausgerichtet
➢ *Vertikal*	eine Linie wird parallel zur Y-Achse ausgerichtet
➢ *Parallel*	zwei Linien werden parallel zueinander ausgerichtet
➢ *Lotrecht*	zwei Linien werden in einem Winkel von 90° zueinander angeordnet
➢ *Überschneidung*	ein Punkt wird am Schnittpunkt zweier Objekte befestigt
➢ *Mittelpunkt*	ein Punkt wird am Mittelpunkt eines Objektes (Linie/ Bogen) befestigt
➢ *An Kurve*	ein Punkt wird auf einen Strahl gelegt
➢ *Tangential*	zwei Objekte werden tangential aneinander befestigt
➢ *Koinzident*	zwei Punkte werden aneinander befestigt

HINWEIS: Beim Zeichnen sollte stets darauf geachtet werden, ob das Programm eine dieser Abhängigkeiten anzeigt. Wird an dieser Stelle nämlich ein Punkt eines Objektes abgelegt (linke Maustaste), wird diese Abhängigkeit automatisch in den Skizzenbereich übernommen. Beim späteren Bemaßen der Zeichenobjekte kann es dann zu Problemen kommen, weil unbeabsichtigt gesetzte Abhängigkeiten in Widerspruch zu den gewollt erzeugten Maßen stehen könnten.

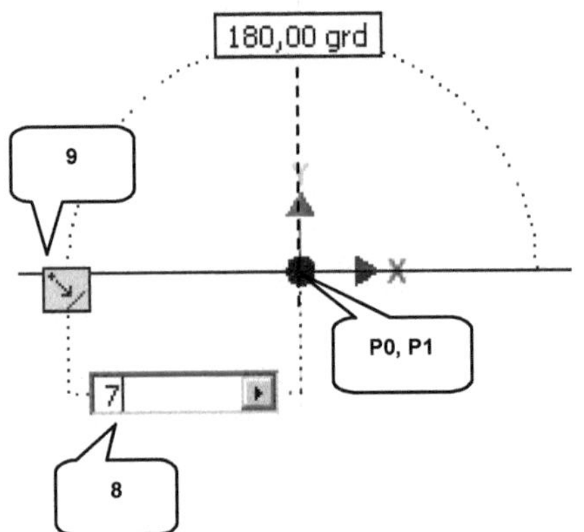

Der erste Punkt der Linie (P1) wurde bereits im Koordinatenursprung abgelegt, und das Programm erwartet jetzt weitere Punkte, um ein Linienobjekt erzeugen zu können. Ziehen Sie die Maus entlang der projizierten X-Achse nach links (die Abhängigkeit └ Koinzident (an Kurve) (9) sollte angezeigt werden) und tragen Sie in das Eingabefeld für die Linienlänge (8) den Wert **7 mm** ein. Bestätigen Sie mit der Taste: **ENTER**. Da es in den Anwendungsoptionen so festgelegt wurde, wird die Bemaßung anschließend automatisch eingefügt.

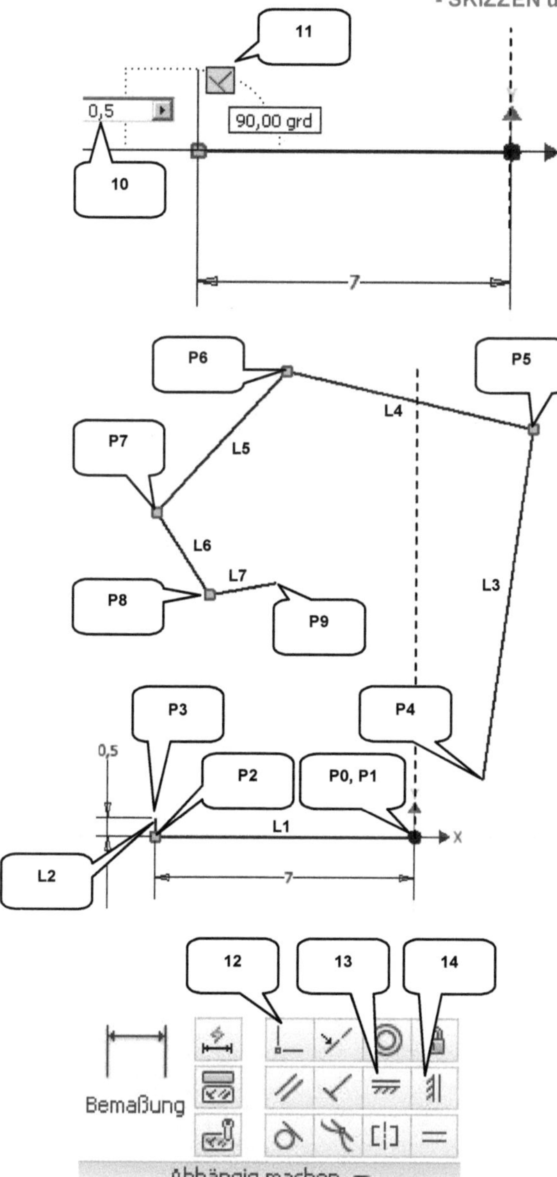

Ziehen Sie die Maus in gerader Linie nach oben und tragen Sie in das Eingabefeld der Linienlänge den Wert **0,5 mm** ein (10). Achten Sie darauf, dass während des Zeichnens die Abhängigkeit ✓ **Lotrecht** (11) angezeigt wird. Bestätigen Sie die Eingabe mit der Taste: **ENTER** und beenden Sie den Zeichenbefehl mit der Taste: **ESC**.

Starten Sie den Linienbefehl erneut und zeichnen Sie fünf zusammenhängende Linien durch Setzen der einzelnen Linienpunkte (P4...P9). Alle Linien sind leicht schräg zu zeichnen, so wie in der linken Abbildung dargestellt. Achten Sie darauf, dass beim Ablegen der Punkte keine Abhängigkeiten angezeigt werden.

➢ / **Linie**
➢ (P4) frei ablegen (linke Maustaste)
➢ (P5) frei ablegen (linke Maustaste)
➢ (P6) frei ablegen (linke Maustaste)
➢ (P7) frei ablegen (linke Maustaste)
➢ (P8) frei ablegen (linke Maustaste)
➢ (P9) frei ablegen (linke Maustaste)
➢ Taste: **ESC**

Abhängigkeiten können bereits während des Zeichnens gesetzt (wie bei den ersten beiden Linien L1, L2) oder nachträglich platziert werden. Um die schrägen Linien (L3...L7) nachträglich in Form zu bringen, soll die zuletzt erwähnte Option verwendet werden.

Starten Sie die Abhängigkeit ∟ **Koinzident** (12), um den Punkt (P4) auf den Koordinatenursprung (P0) zu platzieren.

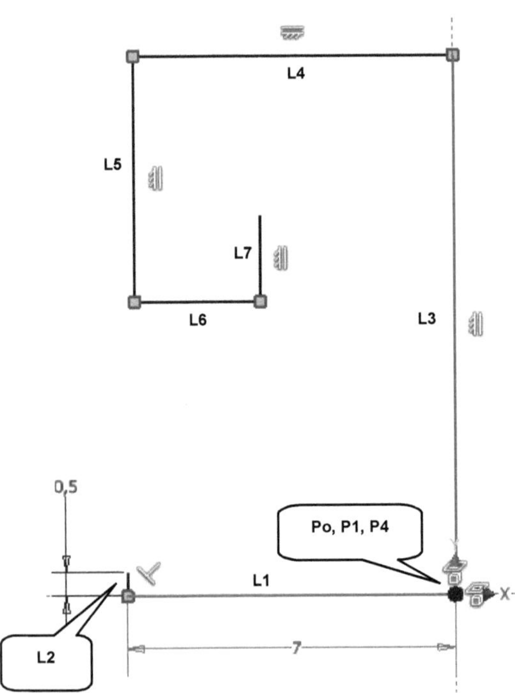

> ⌐ **Koinzident** (12)
> (P0) wählen (linke Maustaste)
> (P4) wählen (linke Maustaste)
> Taste: **ESC**

Mit den Abhängigkeiten ═ **Horizontal** (13) und ∥ **Vertikal** (14) sind die restlichen Linien zu bearbeiten.

> ═ **Horizontal** (13)
> Linien (L4) und (L6) wählen
> Taste: **ESC**

> ∥ **Vertikal** (14)
> Linien (L3), (L5) und (L7) wählen
> Taste: **ESC**

HINWEIS: Alle in einer Skizze existierenden Abhängigkeiten können mit der Taste: **F8** ein- und mit der Taste: **F9** wieder ausgeblendet werden. Die kleinen Symbole deuten die jeweiligen Abhängigkeiten an. Um eine falsch gesetzte Abhängigkeit zu löschen, klicken Sie auf das jeweilige Abhängigkeitssymbol (es wird dann rot dargestellt) und drücken die Taste: **ENTF** (Alternativ: *Rechte Maustaste > Löschen*).

6.1.5 Bemaßung und Bearbeitung von Zeichenelementen

Die ersten beiden Linien (L1, L2), die mit dynamischer Werteeingabe gezeichnet wurden, sind bereits bemaßt. Die restlichen Linien (L3...L7) müssen noch bemaßt werden. Hierfür ist der Befehl ⊓ **Bemaßung** (1) zu verwenden.

Dieser Befehl kann verschiedene Objekte anhand ihrer Eigenschaften bemaßen (Längen, Winkel, Abstände, Radien, Durchmesser, Bogenlängen u. v. m.). Nach der Auswahl des zu bemaßenden Objekts wird in der Regel das Maß selbst abgelegt. Der Klick mit der rechten Maustaste <u>vor</u> dem Ablegen eines Maßes eröffnet weitere Optionen.

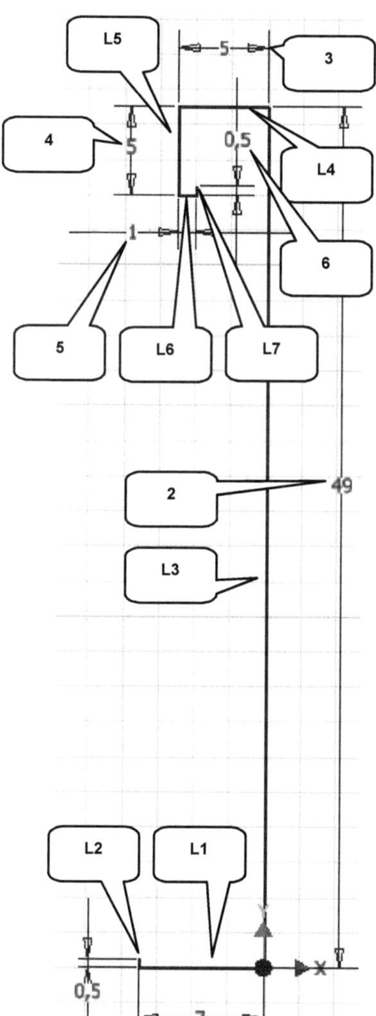

Eine Linie z. B. kann je nach Ausrichtung im Raum horizontal, vertikal oder ausgerichtet bemaßt werden (*rechte Maustaste* vor dem Ablegen des Maßes, um die Optionen zu wählen).

Bemaßen Sie die Linien wie folgt:

> ⊓ **Bemaßung** (1)
> Linie (L1) wählen, dann Linie (L4) wählen und Maß an Pos. (2) ablegen
> Wert eingeben: [49 mm] > Taste: **ENTER**
> Linie (L4) wählen und Maß an Pos. (3) ablegen
> Wert eingeben: [5 mm] > Taste: **ENTER**
> Linie (L5) wählen und Maß an Pos. (4) ablegen
> Wert eingeben: [5 mm] > Taste: **ENTER**
> Linie (L6) wählen und Maß an Pos. (5) ablegen
> Wert eingeben: [1 mm] > Taste: **ENTER**
> Linie (L7) wählen und Maß an Pos. (6) ablegen
> Wert eingeben: [0,5 mm] > Taste: **ENTER**
> Taste: **ESC**

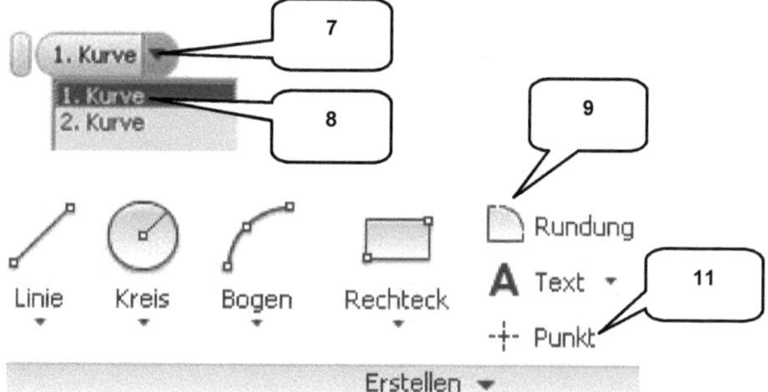

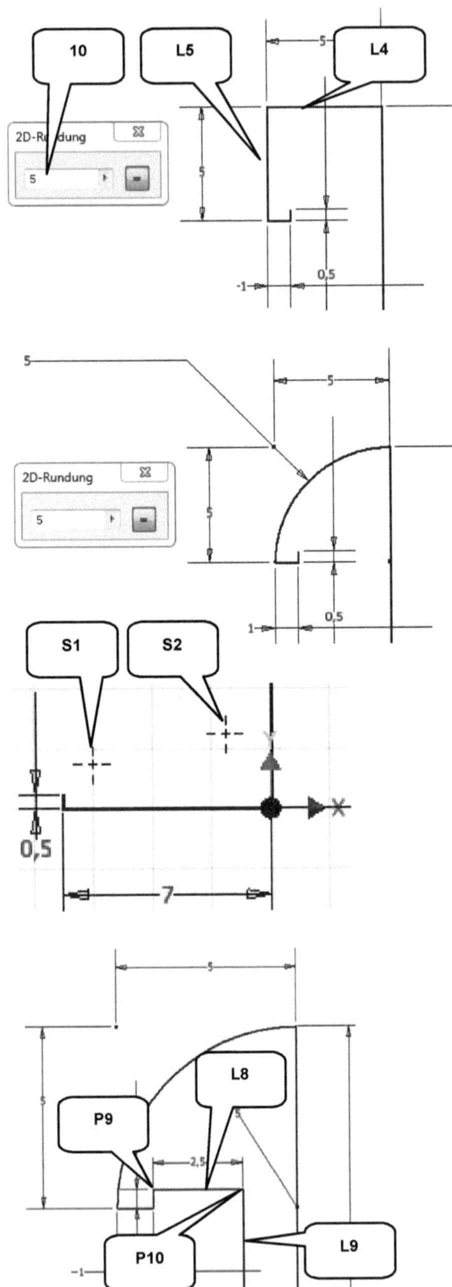

In der folgenden Übung soll das Objekt im oberen Bereich in einem Radius von **5 mm** abgerundet werden.

> 🗋 **Rundung** (9)
> Radius: [5 mm] eingeben (10)
> Linie (L4), dann Linie (L5) wählen
> Taste: **ESC**

Im unteren Bereich der Skizze sollen jetzt zwei Punkte erzeugt werden. Diese sind mittels Koordinateneingabe (per Tastatur) zu positionieren.

> ┼ **Punkt** (11)
> Taste: **TAB** > X-Koordinate: [-6 mm]
> Taste: **TAB** > Y-Koordinate: [1,5 mm]
> Taste: **ENTER**
> Taste: **TAB** > X-Koordinate: [-1,5 mm]
> Taste: **TAB** > Y-Koordinate: [2,5 mm]
> Taste: **ENTER**
> Taste: **ESC**

Erzeugen Sie, beginnend im Punkt (P9) (oberer Teil der Skizzenkontur), zwei weitere Linien (L8) und (L9).

> ╱ **Linie**
> Startpunkt (P9) wählen
> Linie gerade nach rechts ziehen
> Länge eingeben: [2,5 mm]
> Taste: **ENTER**
> Linie gerade nach unten ziehen und auf den Punkt (S2) klicken
> Taste: **ESC**

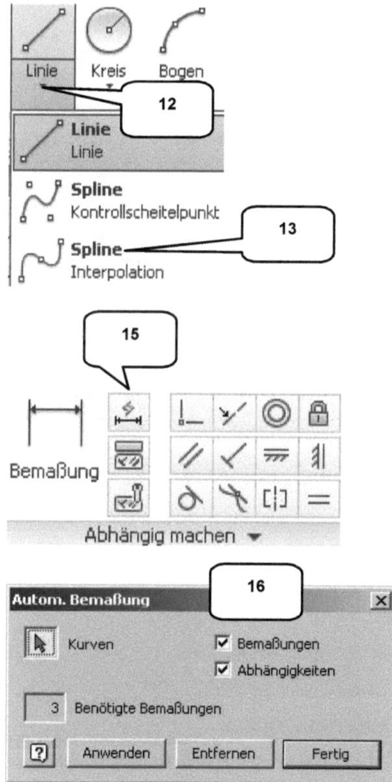

Der untere Teil der Skizzengeometrie muss noch geschlossen werden. Erweitern Sie den Befehl **Linie** durch einen Klick auf das kleine Dreieck (12) und starten Sie den Befehl ∿ Spline Interpolation (13).

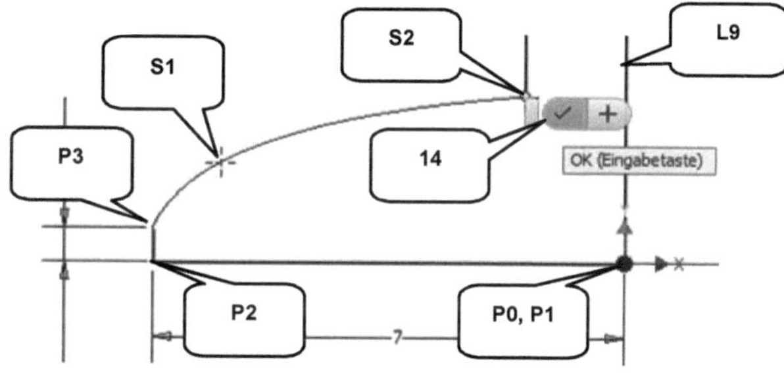

> ∿ Spline Interpolation (13)
> Punkt (P3) wählen
> Punkt (S1) wählen
> Punkt (S2) wählen
> ✓ OK (14)

Fehlende Bemaßungen sollten jetzt automatisch ergänzt werden.

> ⚡ Automatisches Bemaßen (15)
> Einstellungen übernehmen (16)
> Anwenden **Anwenden**
> Fertig **Fertig**

Die Basisskizze wurde um die letzten fehlenden Maße ergänzt und der Skizzenbereich kann geschlossen werden. Mit dem Befehl ✔ Skizze fertig stellen (17) wird der Skizzenbereich verlassen und das Programm wechselt in den Modellbereich.

6.1.6   Das Register 3D-MODELL im Überblick

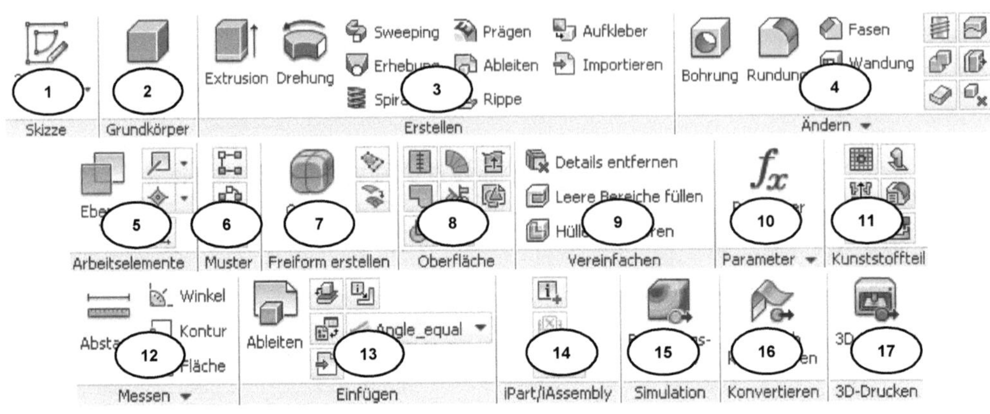

OPTIONEN

1) Neue 2D/ 3D-Skizzen erzeugen

2) Volumenkörper-Basiselemente er-
    zeugen (Quader, Kugel, Zylinder...)

3) Volumen- oder Flächenkörper aus
    Skizzen erzeugen

4) Bearbeiten vorhandener Volumen-
    oder Flächenkörper

5) Arbeitsebenen, -achsen, -punkte

6) Rechteck/ polar anordnen, Spiegel

7) Freiformflächen erstellen/ bearbeiten

8) Oberflächen erstellen/ bearbeiten

9) Konturen vereinfachen

10) Parameter verwalten

11) Kunststoffteile erzeugen

12) Messwerkzeuge

13) Bauteile importieren/ exportieren

14) iPart/ iAssembly

15) Belastungsanalyse

16) Volumen in Blechkörper konvertieren

17) 3D-Drucken

6.1.7   Volumenkörper erzeugen

Nach dem Verlassen des Skizzenbereiches wechselt das Programm ins Register **3D-Modell**. Die soeben erzeugte Skizze (Skizze1) befindet sich links im Modellbaum (1) und kann dort jederzeit geöffnet und bearbeitet werden (**rechte Maustaste > Skizze bearbeiten**). Die gezeichnete Kontur aus dem Skizzenbereich soll jetzt in einen Volumenkörper konvertiert werden.

Starten Sie den Befehl 🔄 **Drehung** (2) und erweitern Sie das Befehlsfenster (3).

Das **Profil** (4) (Kontur aus der Skizze) sollte automatisch erkannt werden. Als **Achse** (5) wählen Sie die projizierte **Y-Achse** der Skizze. Im Auswahlbereich **Größe** ist die Option **Voll** (6) zu wählen. Weitere Einstellungen sind nicht erforderlich, und der Befehl kann durch OK **OK** (7) bestätigt werden.

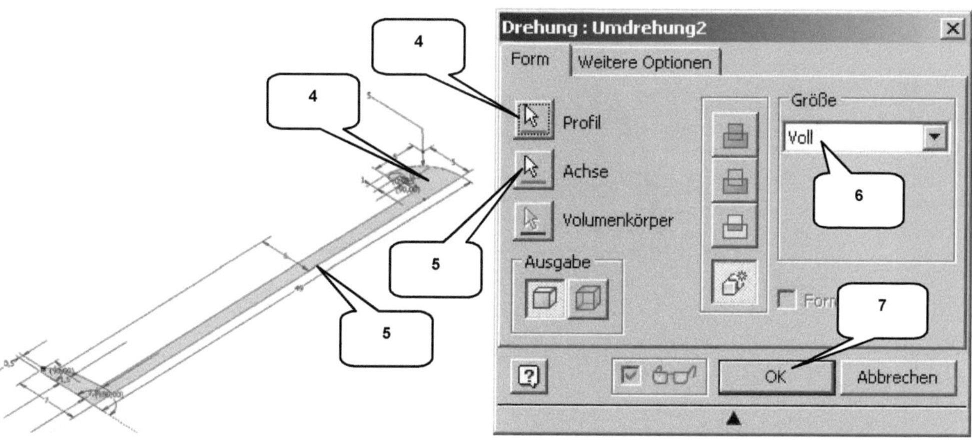

HINWEIS: Sollte das Profil nicht automatisch vom Programm erkannt werden, beenden Sie den Befehl mit der Taste: ESC und öffnen die **Skizze1** (1) im Modellbaum. Markieren Sie eine der gezeichneten Linien, wählen Sie mit der rechten Maustaste darauf die Option **Kontur schließen** und folgen Sie den Anweisungen des Programms.

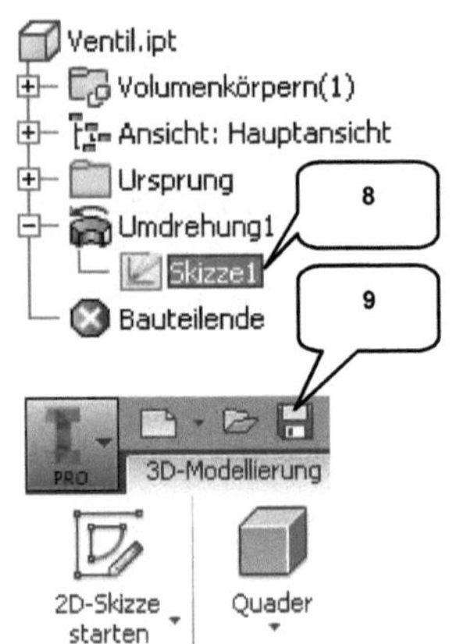

Die Skizze mit der Basisgeometrie wurde in den Befehl **Umdrehung** integriert (8). Um diesen Befehl bearbeiten zu können, muss mit der **rechten Maustaste** darauf geklickt und die Option **Element bearbeiten** gewählt werden. Zur Bearbeitung der Skizze1 ist die Option **Skizze bearbeiten** zu verwenden.

Das Bauteil kann jetzt gespeichert werden. Starten Sie den Befehl ⊟ **Speichern** (9) und verwenden Sie die Bezeichnung **Ventil**. Achten Sie auf den korrekten Speicherort (Ordner **Übung-4-Takt-Motor-2016**).

6.2 Bauteil: Kurbelwelle-Riemenrad

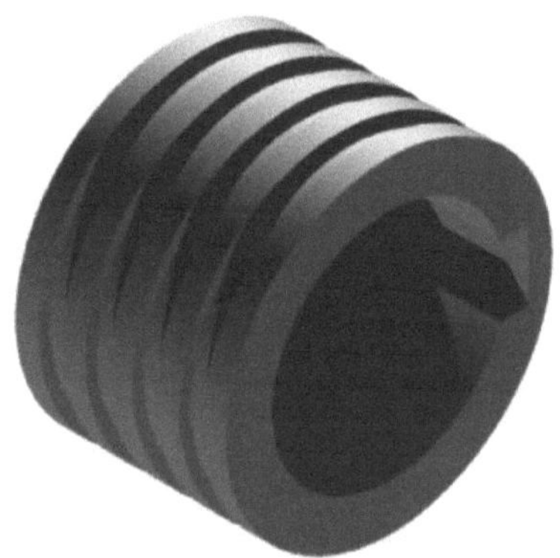

6.2.1 Erzeugen der Basisskizze

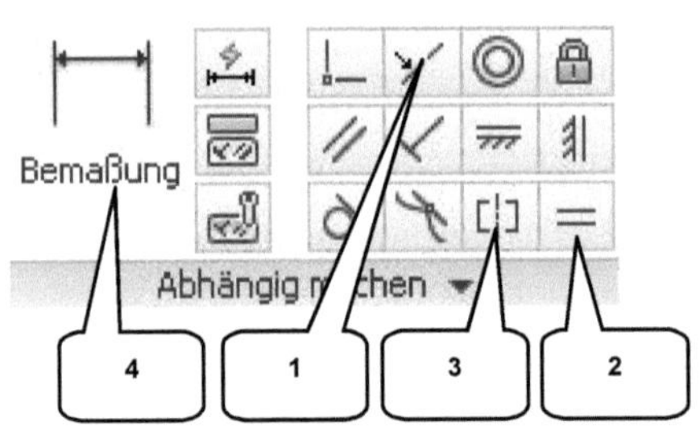

Die Vorgehensweise bei der Konstruktion dieses Bauteils ist der der Konstruktion des vorherigen Bauteils ähnlich. Erzeugen Sie ein neues Bauteil (Norm.ipt) und folgen Sie der Befehlskette:

➤ **Neu**
➤ Norm.ipt
➤ Erstellen **Erstellen**

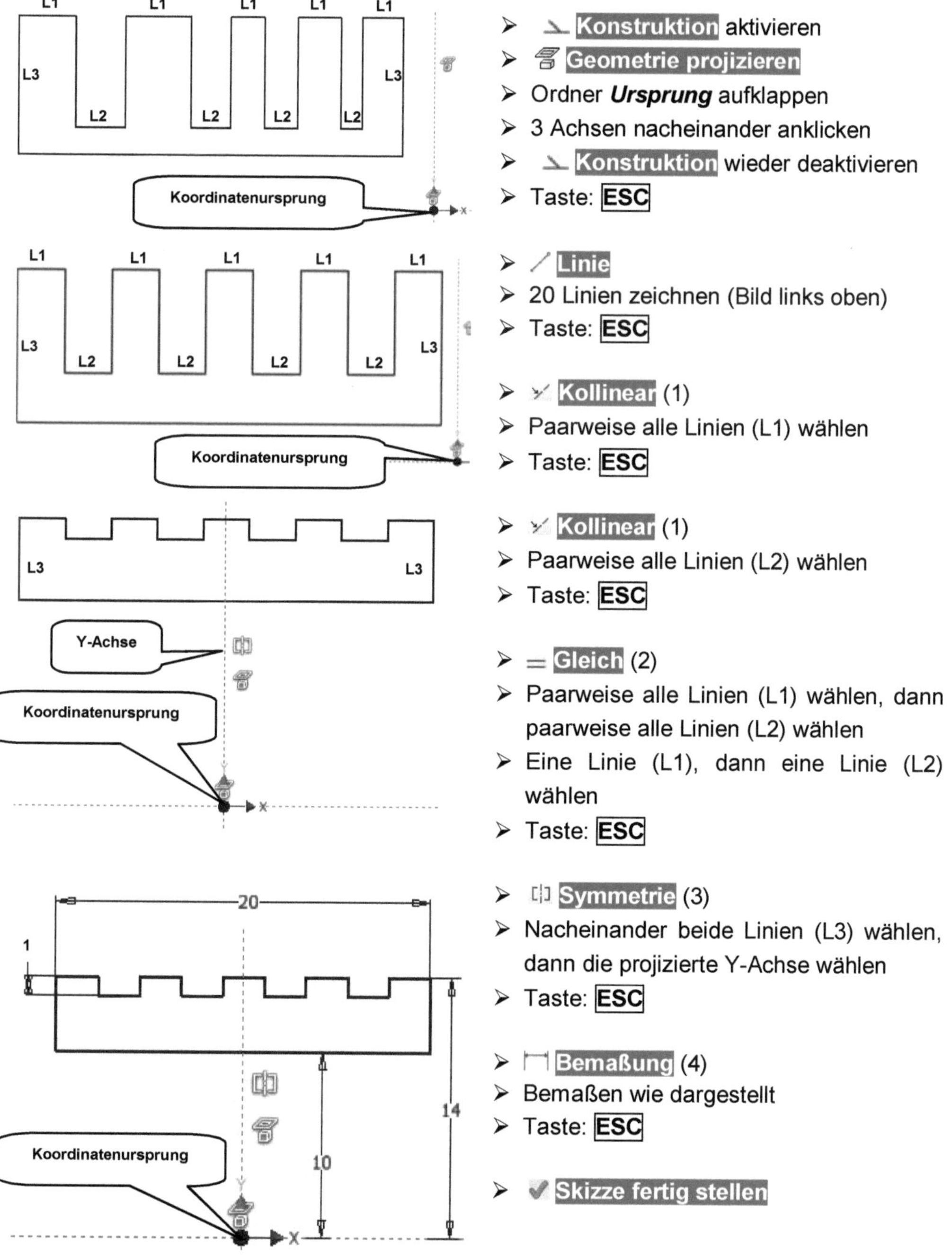

> ➢ 〰 **Konstruktion** aktivieren
> ➢ 🗐 **Geometrie projizieren**
> ➢ Ordner *Ursprung* aufklappen
> ➢ 3 Achsen nacheinander anklicken
> ➢ 〰 **Konstruktion** wieder deaktivieren
> ➢ Taste: **ESC**

> ➢ ╱ **Linie**
> ➢ 20 Linien zeichnen (Bild links oben)
> ➢ Taste: **ESC**

> ➢ ↘ **Kollinear** (1)
> ➢ Paarweise alle Linien (L1) wählen
> ➢ Taste: **ESC**

> ➢ ↘ **Kollinear** (1)
> ➢ Paarweise alle Linien (L2) wählen
> ➢ Taste: **ESC**

> ➢ = **Gleich** (2)
> ➢ Paarweise alle Linien (L1) wählen, dann paarweise alle Linien (L2) wählen
> ➢ Eine Linie (L1), dann eine Linie (L2) wählen
> ➢ Taste: **ESC**

> ➢ ⫐ **Symmetrie** (3)
> ➢ Nacheinander beide Linien (L3) wählen, dann die projizierte Y-Achse wählen
> ➢ Taste: **ESC**

> ➢ ⊓ **Bemaßung** (4)
> ➢ Bemaßen wie dargestellt
> ➢ Taste: **ESC**

> ➢ ✔ **Skizze fertig stellen**

6.2.2 Volumenkörper erzeugen

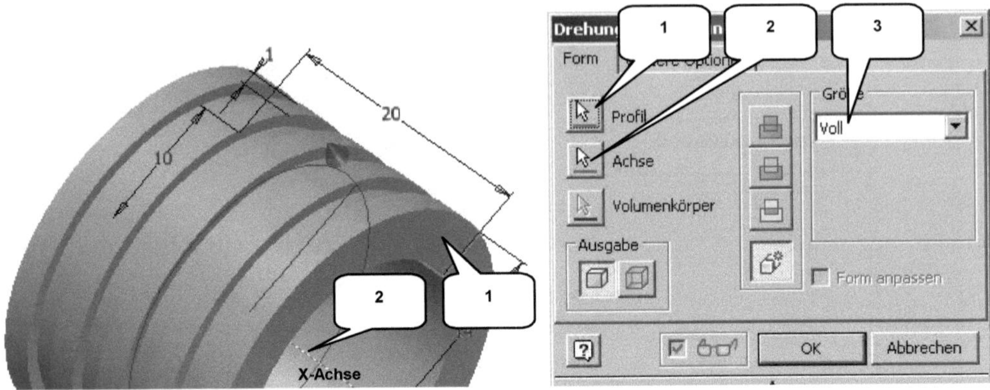

Starten Sie den Befehl 🔒 **Drehung** und übernehmen Sie die oben dargestellten Einstellungen. Wenn die Linienkontur korrekt geschlossen gezeichnet wurde, sollte das **Profil** (1) automatisch erkannt werden. Als **Achse** (2) ist die **X-Achse** zu verwenden, als **Größe** die Option **Voll** (3). Der Befehl kann abschließend mit ⬚ OK ⬚ **OK** bestätigt werden.

6.2.3 Erzeugen einer Passfederaussparung

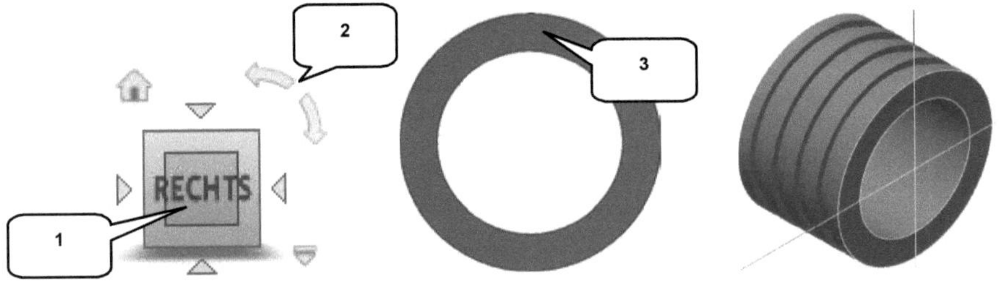

Die Riemenscheibe muss noch um ein Detail ergänzt werden: Um Riemenscheibe und Welle später formschlüssig miteinander verbinden zu können, muss im inneren Bereich der Riemenscheibe Material entfernt werden. Hierfür ist eine weitere Skizze zu erzeugen. Wechseln Sie am **ViewCube** zur Ansicht **RECHTS** (1), um die Seitenansicht der Riemenscheibe zu aktivieren.

HINWEIS: Mit dem **ViewCube** kann die Ansicht auf ein Objekt geändert werden. Ein einfacher Klick auf eine der Seiten, Ecken oder Kanten aktiviert die jeweilige Ansicht. Bei gedrückter linker Maustaste auf den Würfel und zeitgleichem Bewegen der Maus dreht sich die Ansicht stufenlos. Die beiden Pfeile (2) drehen die Ansicht um jeweils 90°.

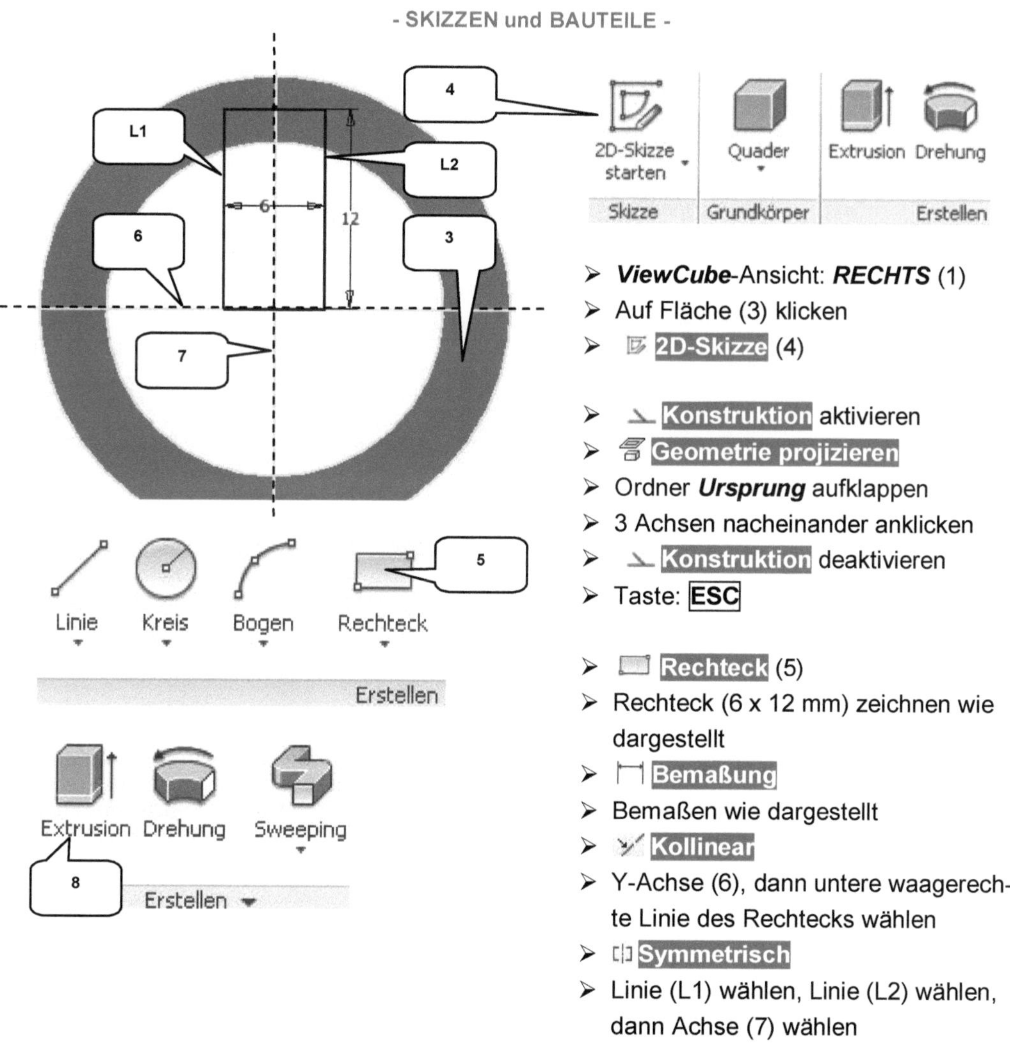

> **ViewCube**-Ansicht: **RECHTS** (1)
> Auf Fläche (3) klicken
> 2D-Skizze (4)

> Konstruktion aktivieren
> Geometrie projizieren
> Ordner **Ursprung** aufklappen
> 3 Achsen nacheinander anklicken
> Konstruktion deaktivieren
> Taste: ESC

> Rechteck (5)
> Rechteck (6 x 12 mm) zeichnen wie dargestellt
> Bemaßung
> Bemaßen wie dargestellt
> Kollinear
> Y-Achse (6), dann untere waagerechte Linie des Rechtecks wählen
> Symmetrisch
> Linie (L1) wählen, Linie (L2) wählen, dann Achse (7) wählen
> Skizze fertig stellen

Im folgenden Schritt soll der Befehl Extrusion verwendet werden, um das Rechteck linear zu extrudieren (auch dieser Befehl muss bei der ersten Verwendung aufgeklappt werden). Verwenden Sie die Option Differenz, um Material in Form des gezeichneten Rechtecks aus dem vorhandenen Volumenkörper zu entfernen.

HINWEIS: Werden in einem Bauteil neue Volumenkörper erstellt, stehen grundsätzlich drei boolesche Operation zur Verfügung: bei der Vereinigung wird bereits vorhandenes Material um weiteres Material ergänzt, bei der Differenz wird vorhandenes Material entfernt, und bei der Schnittmenge bleibt nur die gemeinsame Schnittmenge erhalten.

Als *Profil* ist das *Rechteck* zu wählen, als Option für die boolesche Operation die 🖶 *Differenz* und als *Größe* die Option *Alle*.

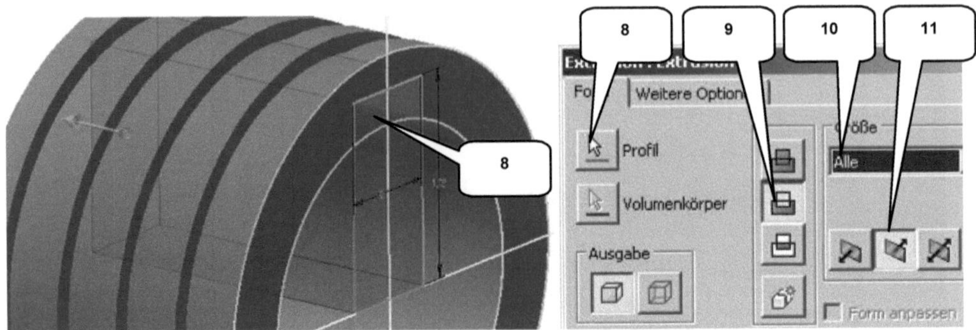

> ➤ 🗍 Extrusion
> ➤ Profil: Rechteck (8)
> ➤ Verfahren: Differenz (9)

> ➤ Größe: Alle (10)
> ➤ Richtung: Richtung 2 (11)
> ➤ [OK] *OK*

Das Bauteil ist im Anschluss als *Kurbelwelle-Riemenrad.ipt* im Projektordner zu speichern. Die Datei soll weiterhin geöffnet bleiben.

HINWEIS: Sollten Sie den Befehl beendet haben und Ihnen im Nachhinein Fehler auffallen, kann die Extrusion durch Doppelklick auf 🗍 *Extrusion1* (Modellbaum) korrigiert werden (alternativ: *rechte Maustaste > Element bearbeiten*).

6.3   Bauteil: Nockenwelle-Riemenrad

6.3.1 Bearbeiten bereits vorhandener Objekte

Das Bauteil muss jetzt erneut gespeichert werden. Erweitern Sie das **Hauptmenü** (1), starten Sie den Befehl **Speichern unter** (2) und speichern Sie das Bauteil als ***Nocken-welle-Riemenrad***.

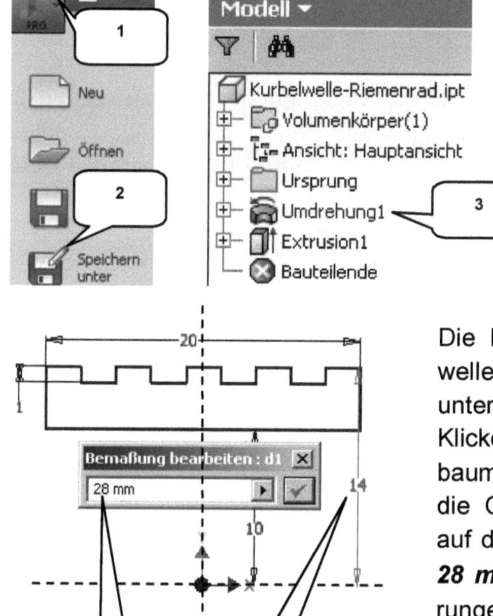

Die Bauteile Nockenwelle-Riemenrad und Kurbel-welle-Riemenrad sind grundsätzlich identisch, sie unterscheiden sich lediglich im Außendurchmesser. Klicken Sie mit der ***rechten Maustaste*** im Modell-baum auf die ***Umdrehung1*** (3) und wählen Sie die Option ***Skizze bearbeiten***. Doppelklicken Sie auf das Maß ***14 mm*** (4) und ändern Sie dieses auf ***28 mm*** (5). Die Taste: **ENTER** bestätigt die Ände-rungen, und ✔ **Skizze fertig stellen** beendet die Skizze. Speichern und schließen Sie die Datei da-nach.

6.4 Bauteil: Zündkerze

6.4.1 Hinzufügen einer Sechskant-Form

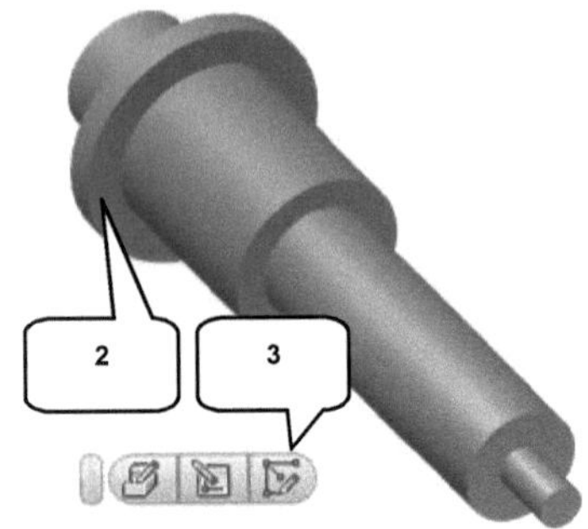

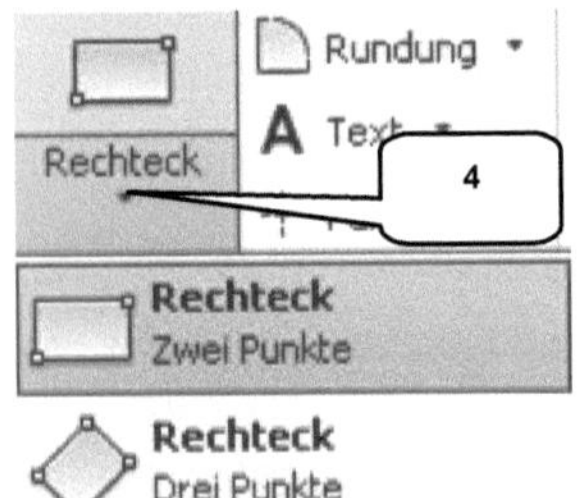

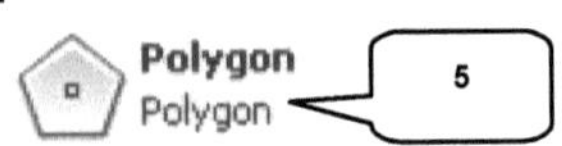

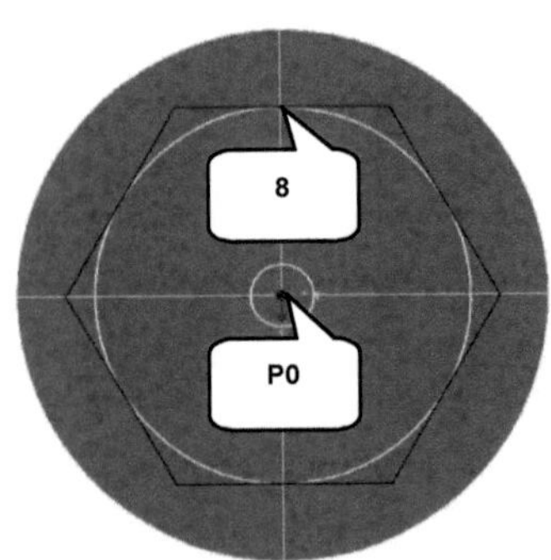

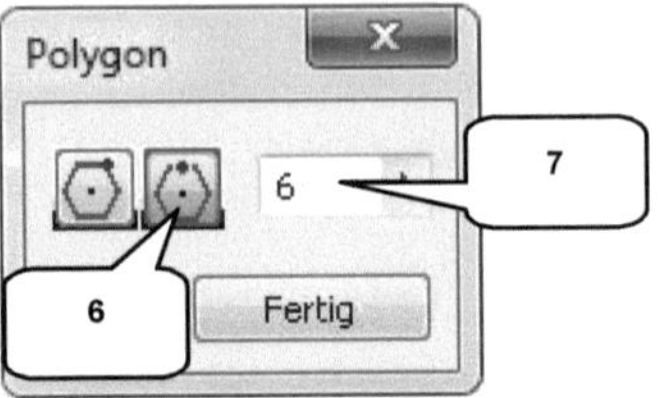

Öffnen Sie im Projektordner die Datei **Zuendkerze.ipt** (vorhandene Übungsdatei, siehe Kapitel 1.2). Erstellen Sie mit der Schnellstartoption auf der markierten Fläche eine neue 2D-Skizze.

> **ViewCube**-Ansicht: **HINTEN** (1)
> Markierte Fläche mit linker Maustaste anklicken (2)
> Option: 2D-Skizze wählen (3)

> Konstruktion aktivieren
> Geometrie projizieren
> Ordner **Ursprung** aufklappen
> 3 Achsen nacheinander anklicken
> Konstruktion deaktivieren
> Taste: ESC
> Taste: F7 (Skizze aufschneiden)

> Befehl Rechteck erweitern (4)
> Polygon (5)
> Option: Umschrieben (6)
> Anzahl der Seiten: [6] (7)
> Mittelpunkt des Polygons mit linker Maustaste im Koordinatenursprung (P0) ablegen
> Zweiten Punkt auf Schnittstelle zwischen dem projizierten Kreis und der X-Achse ablegen (8)
> Skizze fertig stellen

HINWEIS: Mit der Taste: F7 können Sie eine Skizze freischneiden. Wenn Sie z. B. innerhalb eines Volumenkörpers zeichnen wollen, können Sie so den Sichtbereich bis hin zur Skizze ausblenden. Diese Funktion gibt es nur im 2D-Skizzenbereich.

Extrudieren Sie das Polygon jetzt um **10 mm**.

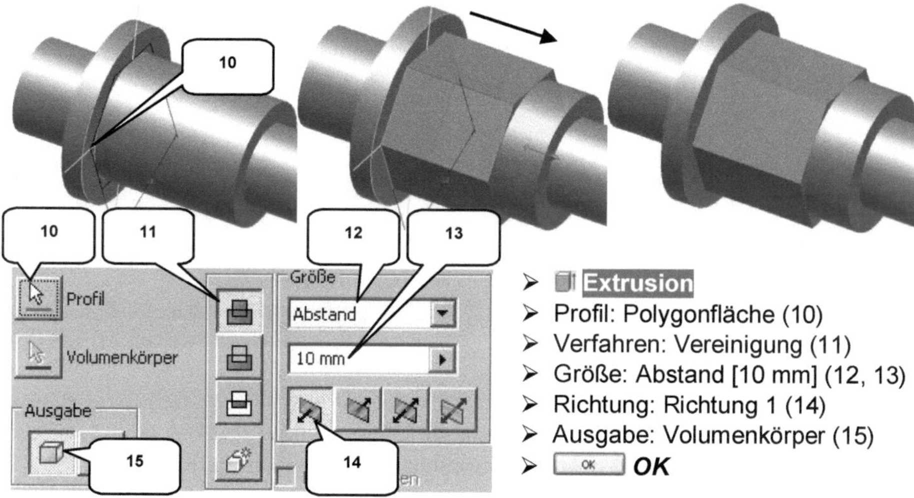

6.4.2 *Abrunden des Isolators*

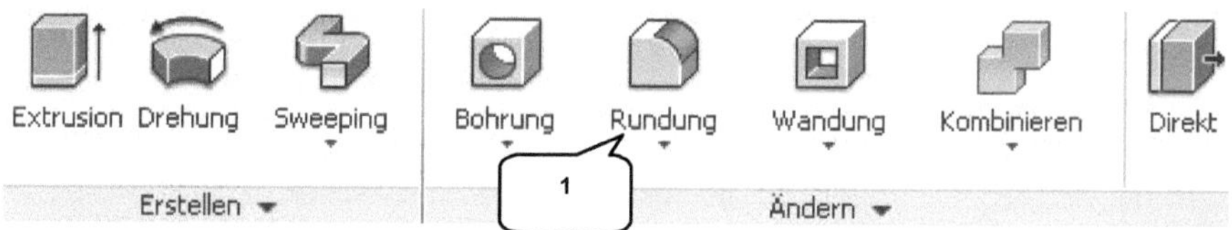

Mit dem Befehl **Rundung** (1) können Kanten/ Ecken mit konstanten oder variablen Rundungen versehen werden. Starten Sie den Befehl und erweitern Sie dessen Befehlsfenster
bei Bedarf (2). Im Eingabebereich ist in der vorhandenen ersten Zeile der Radius **1 mm**
einzutragen und die markierte Kreiskante der Zündkerze zu wählen.

Anschließend ist die Option **Hinzu: Klicken** zu aktivieren und in der dadurch aktivierten
zweiten Zeile ist der Radius **0,5 mm** einzugeben. Als Kante ist die markierte Kreiskante zu
wählen.

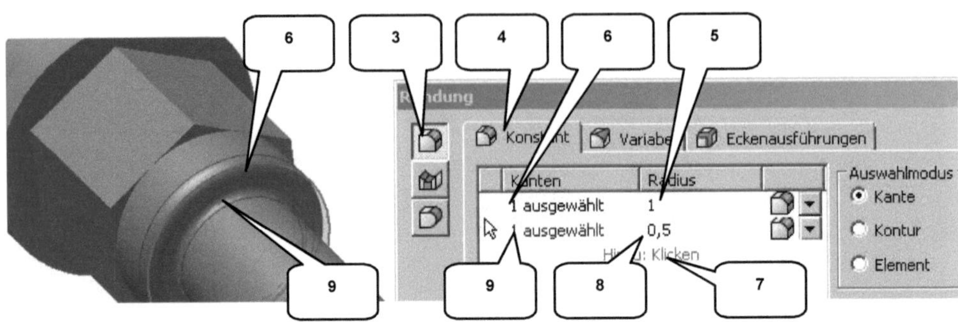

> **Rundung** (1)
> Befehlsfenster ggf. erweitern (2)
> Option: Kantenabrundung (3)
> Reiter: Konstant (4)
> Radius: [1 mm] eintragen (5)

> Kante 1: Kreiskante wählen (6)
> Hinzu: Klicken (7)
> Radius: [0,5 mm] eintragen (8)
> Kante 2: Kreiskante wählen (9)

Der Befehl soll noch geöffnet bleiben. Wählen Sie die Option *Hinzu: Klicken* erneut, tragen Sie in der dritten Zeile den Radius *2 mm* ein und wählen Sie die markierte Kreiskante.

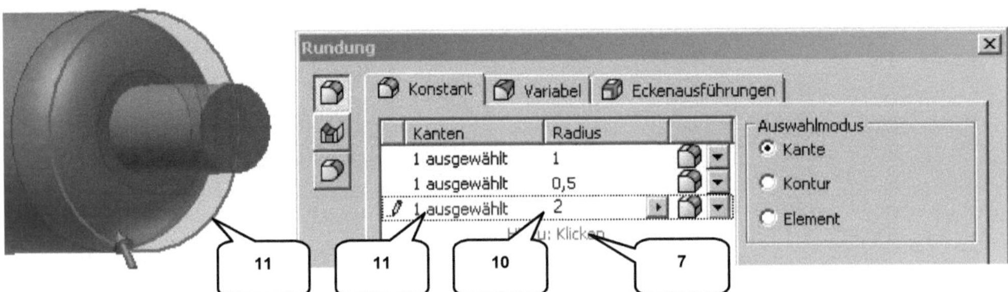

> Hinzu: Klicken (7)
> Radius: [2 mm] eintragen (10)

> Kante 3: Kreiskante wählen (11)
> [OK] *OK*

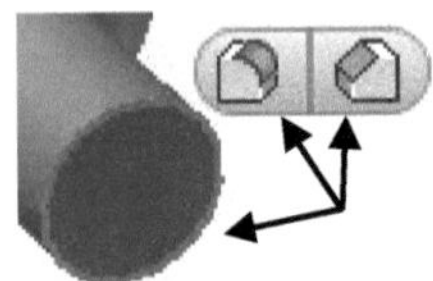

HINWEIS: Der Klick mit der linken Maustaste auf die Kante eines Volumenkörpers oder Flächenelements öffnet eine Schnellauswahl. Hier werden die beiden Befehle **Rundung** und **Fase** angeboten, die darüber direkt gestartet werden können.

6.4.3 Gewinde an vorhandenen Zylinderflächen erzeugen

Starten Sie den Befehl 🎚 **Gewinde** (Befehlsgruppe **Ändern**) (1). Hiermit können zylindrische und kegelförmige Oberflächen um ein Gewinde ergänzt werden.

Anhand der ausgewählten Geometrie von Zylinder oder Kegel ermittelt das Programm automatisch die passende Gewindegröße. Spezifische Daten zum Gewinde (Gewindetyp und -länge, Gewindesteigung, Gewinderichtung) können frei definiert werden. Wählen Sie als **Fläche** die markierte Zylinderfläche. Im Reiter **Spezifikation** sind dann weitere Einstellungen vorzunehmen.

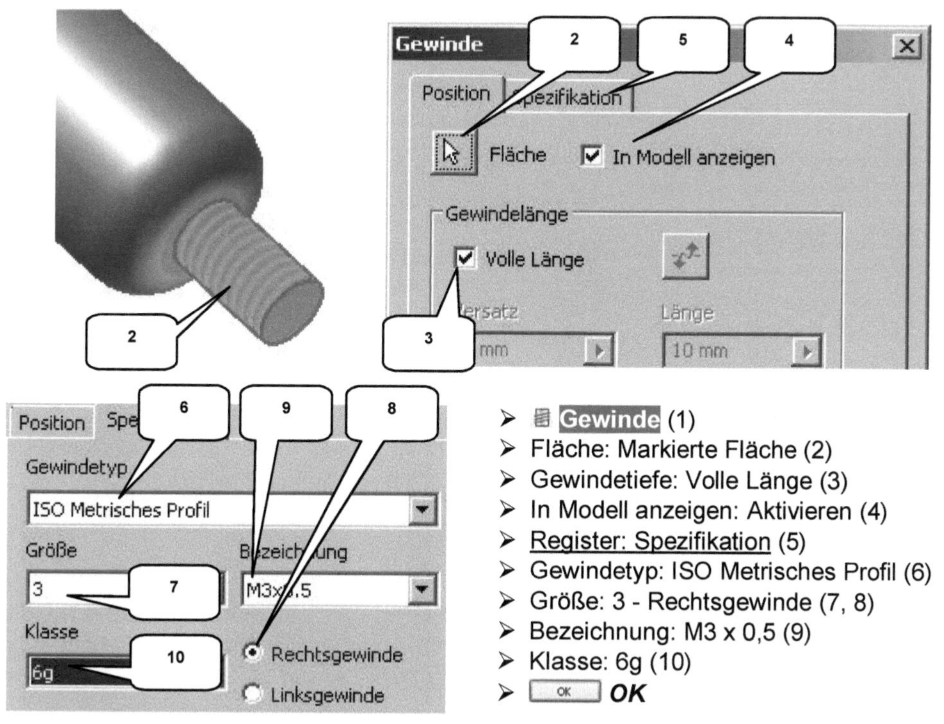

> 🎚 **Gewinde** (1)
> Fläche: Markierte Fläche (2)
> Gewindetiefe: Volle Länge (3)
> In Modell anzeigen: Aktivieren (4)
> Register: Spezifikation (5)
> Gewindetyp: ISO Metrisches Profil (6)
> Größe: 3 - Rechtsgewinde (7, 8)
> Bezeichnung: M3 x 0,5 (9)
> Klasse: 6g (10)
> ⬛ OK ⬛ **OK**

Auf der entgegengesetzten Seite der Zündkerze wird ein weiteres Gewinde benötigt.

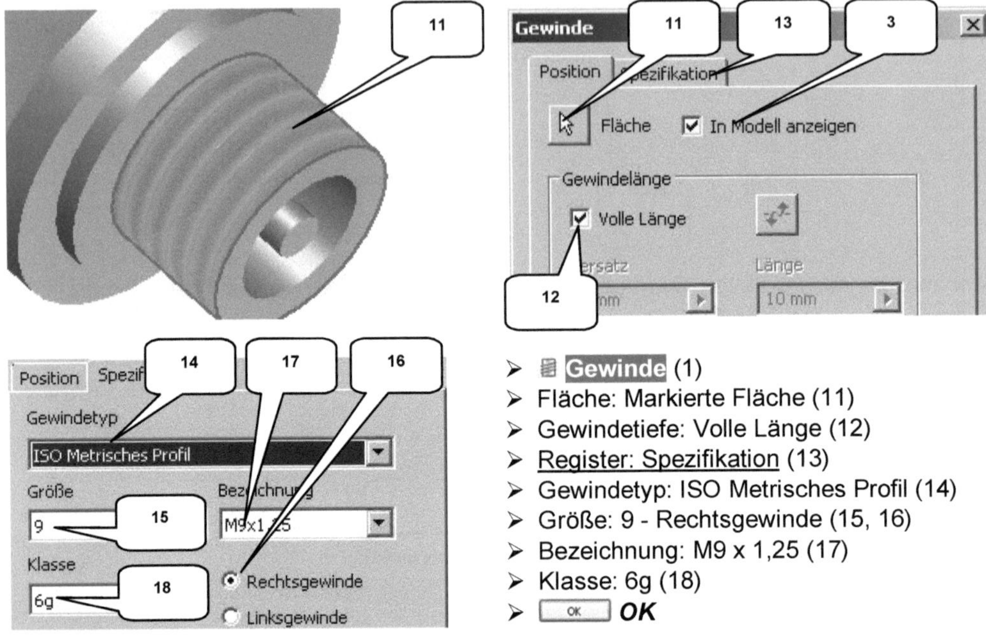

- 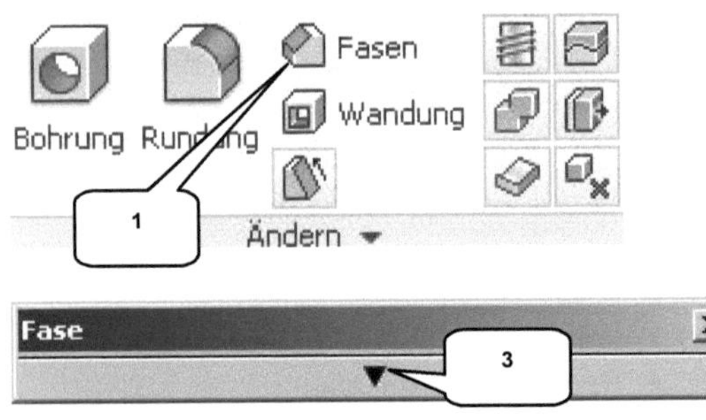 **Gewinde** (1)
- Fläche: Markierte Fläche (11)
- Gewindetiefe: Volle Länge (12)
- Register: Spezifikation (13)
- Gewindetyp: ISO Metrisches Profil (14)
- Größe: 9 - Rechtsgewinde (15, 16)
- Bezeichnung: M9 x 1,25 (17)
- Klasse: 6g (18)
- OK *OK*

6.4.4   Erzeugen einer Fase

Mit dem Befehl **Fase** (Befehlsgruppe *Ändern*) (1) können Volumenkörperkanten mit einer Fase versehen werden. Die Größe der Fase kann entweder durch die Vorgabe zweiter Abstände oder durch Abstand und Winkel definiert werden.

HINWEIS: Nachdem der Befehl **Fase** gestartet wurde, finden Sie an der zu bearbeitenden Kante einen kleinen *Pfeil* (2). Sie haben die Möglichkeit, an diesem Pfeil zu ziehen und die Fase dadurch zu ändern. Diese Option der manuellen Bearbeitung finden Sie auch bei anderen 3D-Befehlen (wie z. B. der Rundung).

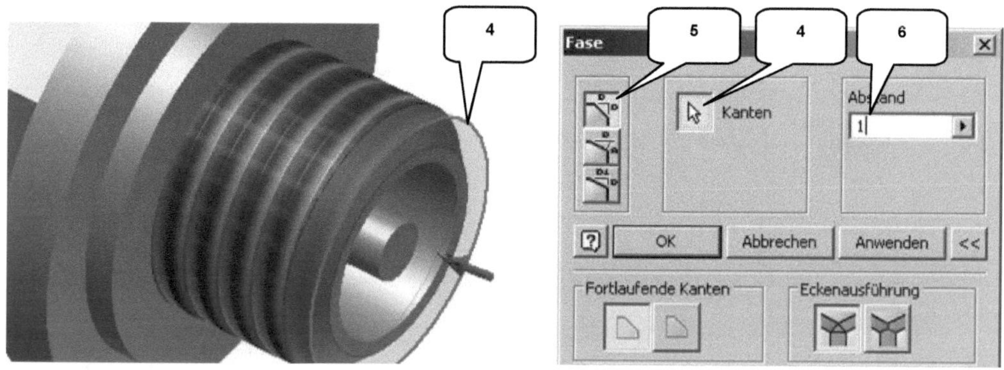

➤ *Fase* (1)
➤ Befehl ggf. erweitern (3)
➤ Kante: Kreiskante wählen (4)

➤ Option: Abstand (5)
➤ Abstand: [1 mm] (6)
➤ OK **OK**

Speichern und schließen Sie die Datei abschließend.

6.5 Bauteil: Kolben

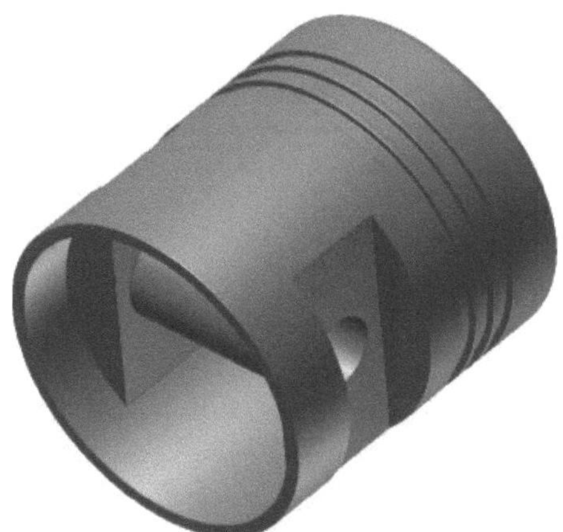

6.5.1 Basisskizze zeichnen und in einen Volumenkörper konvertieren

Der Kolben soll ebenfalls als Rotationsteil konstruiert werden. Starten Sie den Befehl **Neu** (Befehlsgruppe *Starten*) und verwenden Sie die Vorlage **Norm.ipt**.

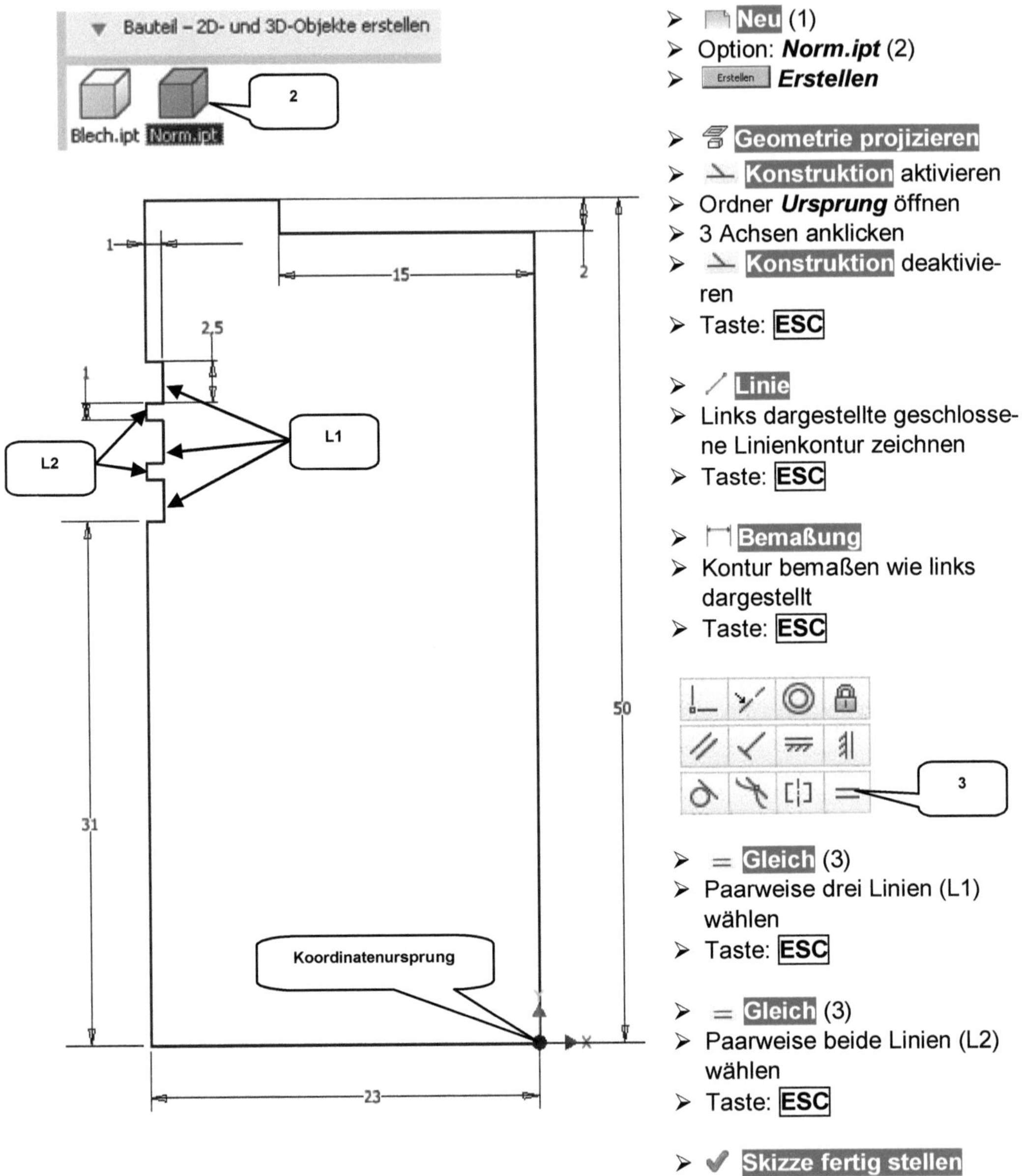

> **Neu** (1)
> Option: **Norm.ipt** (2)
> Erstellen **Erstellen**

> **Geometrie projizieren**
> **Konstruktion** aktivieren
> Ordner **Ursprung** öffnen
> 3 Achsen anklicken
> **Konstruktion** deaktivieren
> Taste: **ESC**

> **Linie**
> Links dargestellte geschlossene Linienkontur zeichnen
> Taste: **ESC**

> **Bemaßung**
> Kontur bemaßen wie links dargestellt
> Taste: **ESC**

> = **Gleich** (3)
> Paarweise drei Linien (L1) wählen
> Taste: **ESC**

> = **Gleich** (3)
> Paarweise beide Linien (L2) wählen
> Taste: **ESC**

> **Skizze fertig stellen**

Zurück im Register **3D-Modell** soll die soeben erzeugte Kontur in einen Volumenkörper konvertiert werden. Übernehmen Sie die folgenden Einstellungen:

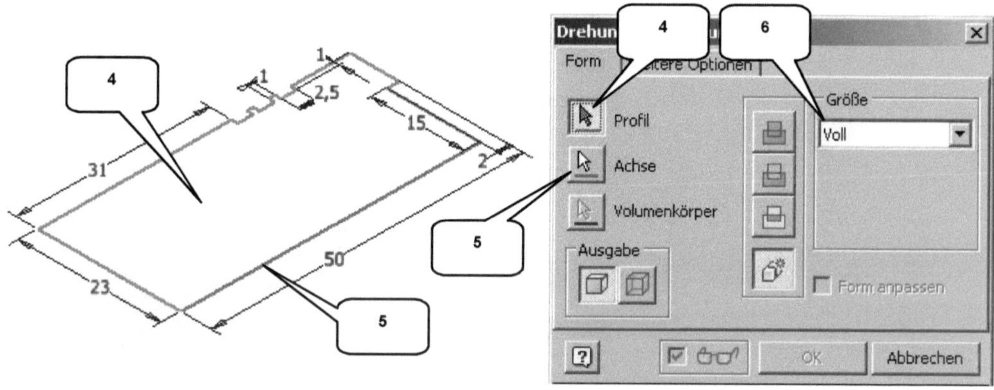

> 🖰 **Drehung**
> Profil: Flächenkontur (4)
> Achse: Markierte Linie (5)

> Größe: Voll (6)
> ⬜ OK **OK**

6.5.2   Aussparungen für den Kolbenbolzen einfügen

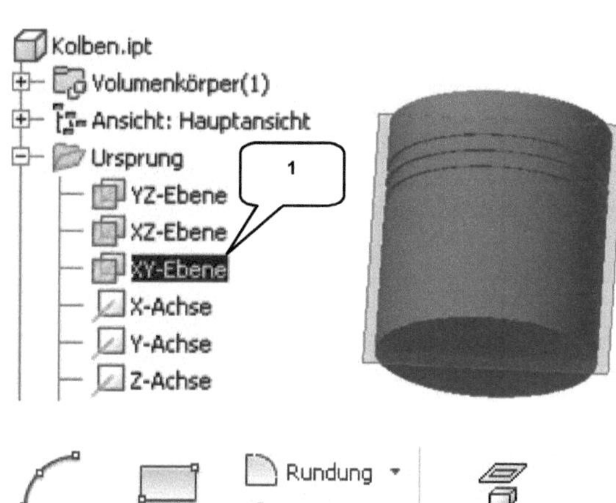

Erstellen Sie auf der **XY-Ebene** eine neue Skizze und zeichnen Sie die folgende Kontur.

> XY-Ebene markieren (1)

> 📝 **2D-Skizze**
> Taste: **F7** (Skizze aufschneiden)

> 📐 **Geometrie projizieren**
> ⬊ **Konstruktion** aktivieren
> Ordner **Ursprung** öffnen
> 3 Achsen anklicken
> ⬊ **Konstruktion** deaktivieren
> Taste: **ESC**

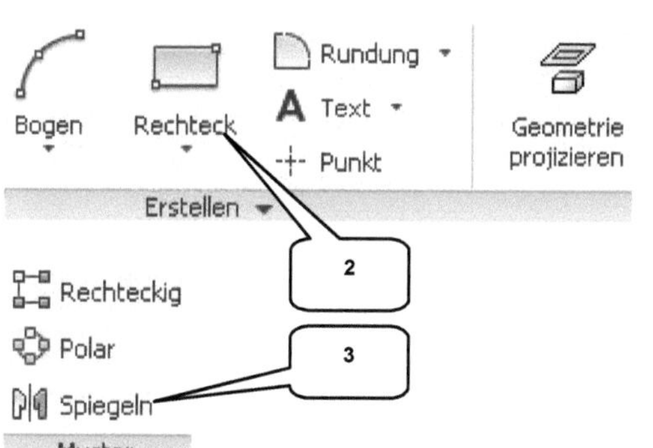

> ⬜ **Rechteck** (2)
> Rechteck zeichnen (15 x 10 mm) mit 10 mm Abstand zur X-Achse und 15 mm Abstand zur Y-Achse

> ✔ **Skizze fertig stellen**

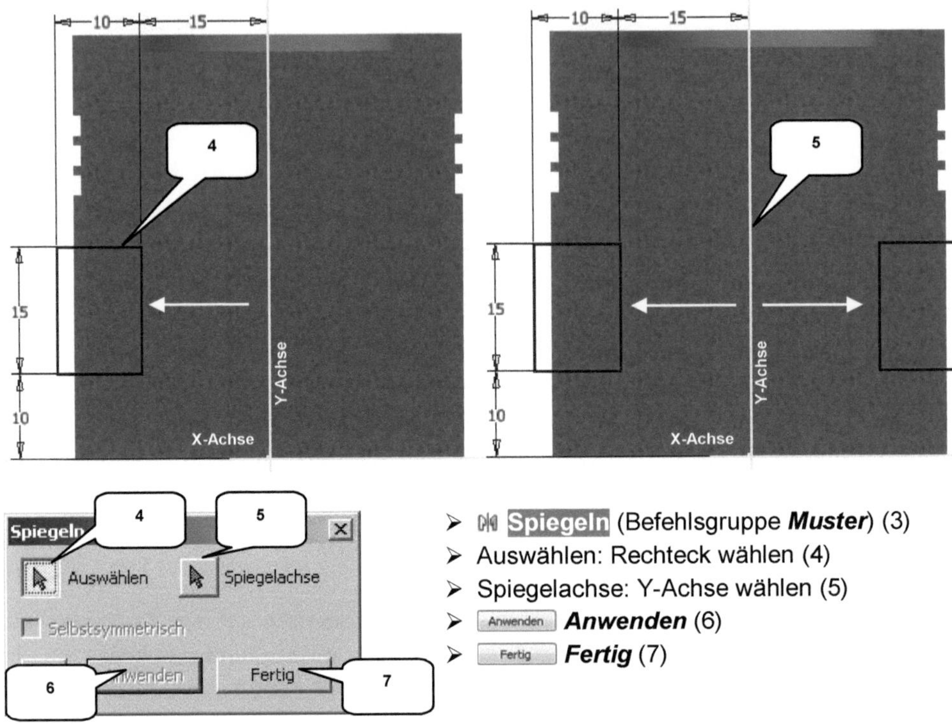

> ⊟ **Spiegeln** (Befehlsgruppe *Muster*) (3)
> Auswählen: Rechteck wählen (4)
> Spiegelachse: Y-Achse wählen (5)
> `Anwenden` **Anwenden** (6)
> `Fertig` **Fertig** (7)

Subtrahieren Sie die beiden Rechtecke vom vorhandenen Volumenkörper.

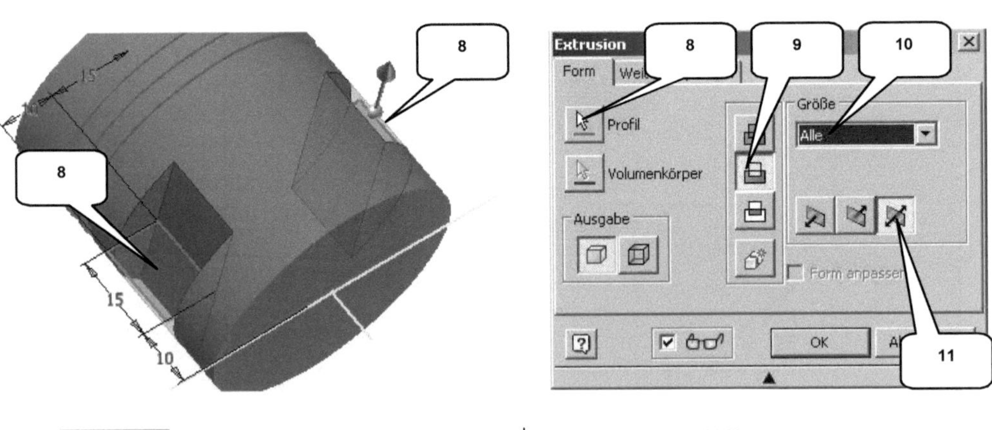

> ⊟ **Extrusion**
> Profil: Beide Rechtecke wählen (8)
> Verfahren: Differenz (9)

> Größe: Alle (10)
> Richtung: Symmetrisch (11)
> `OK` **OK**

6.5.3   Einen Zylinder als Grundkörper erstellen

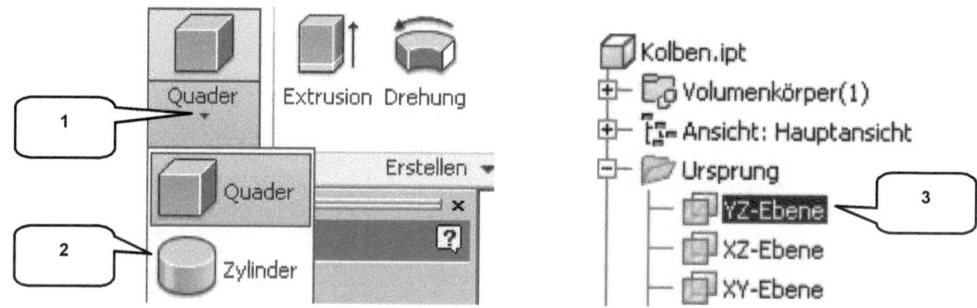

Die Befehle der Befehlsgruppe **Grundkörper** ermöglichen ein vereinfachtes Konstruieren geometrischer Elemente (z. B. Quader, Zylinder, Kugel, Torus). Im folgenden Schritt soll ein Zylinder konstruiert werden, mit dessen Hilfe Material aus dem vorhandenen Volumenkörper entfernt wird. Erweitern Sie den Befehl **Quader** (1) und starten Sie den Befehl **Zylinder** (2).

Um die Startebene zu definieren, klicken Sie im Modellbaum auf die **YZ-Ebene** (3). Der Mittelpunkt des Basiskreises soll per Tastatureingabe (X- und Y- Koordinaten) definiert werden. Mit der Taste: **TAB** gelangen Sie in die beiden Eingabebereiche (X, Y). Mit der Taste: **ENTER** bestätigen Sie den Befehl. Folgen Sie der Befehlskette und geben Sie dem Programm die Koordinaten für Kreismittelpunkt und Durchmesser vor.

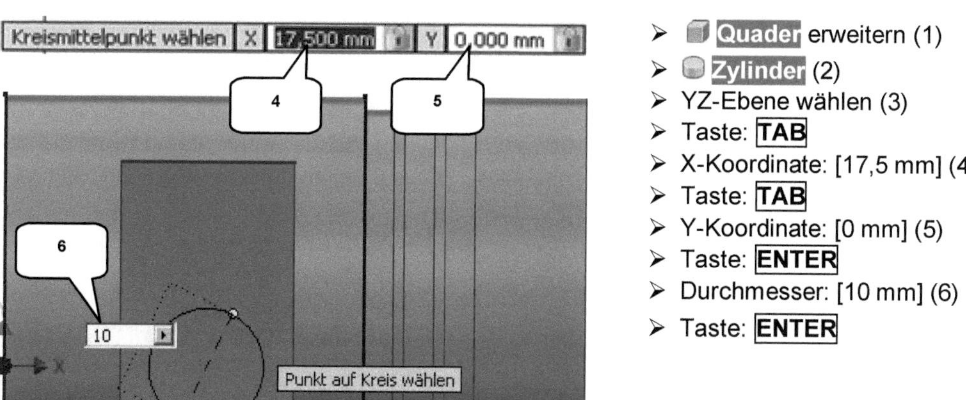

> **Quader** erweitern (1)
> **Zylinder** (2)
> YZ-Ebene wählen (3)
> Taste: **TAB**
> X-Koordinate: [17,5 mm] (4)
> Taste: **TAB**
> Y-Koordinate: [0 mm] (5)
> Taste: **ENTER**
> Durchmesser: [10 mm] (6)
> Taste: **ENTER**

Nach der letzten Eingabe wechselt das Programm automatisch in den 3D-Bereich. Hier soll Material (Zylinder) aus dem vorhandenen Volumenkörper entfernt werden (Verfahren: Differenz).

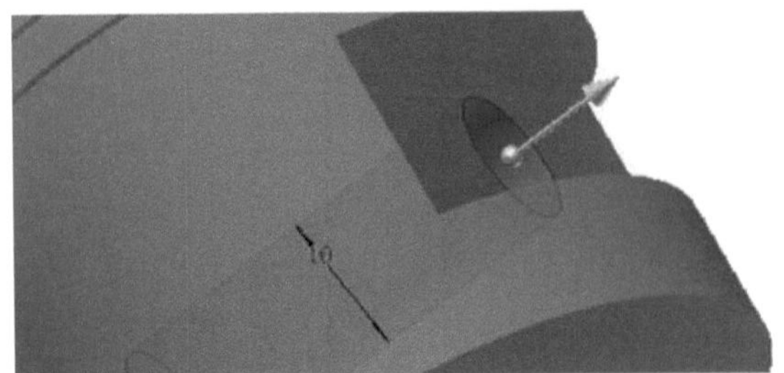

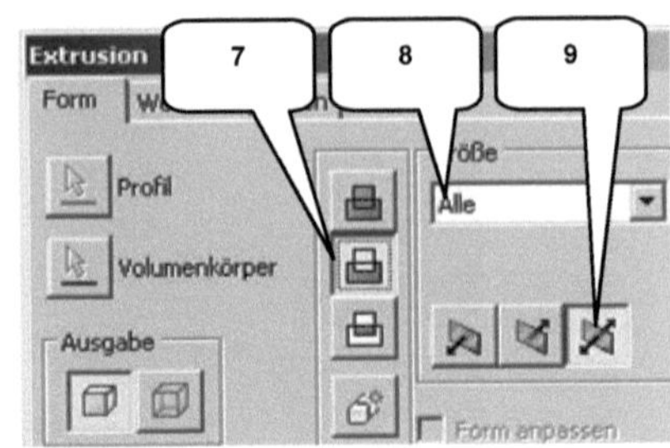

> Profil: (Automatisch)
> Verfahren: Differenz (7)
> Größe: Alle (8)

> Richtung: Symmetrisch (9)
> OK **OK**

6.5.4 Abrunden des oberen Kolbenbereichs

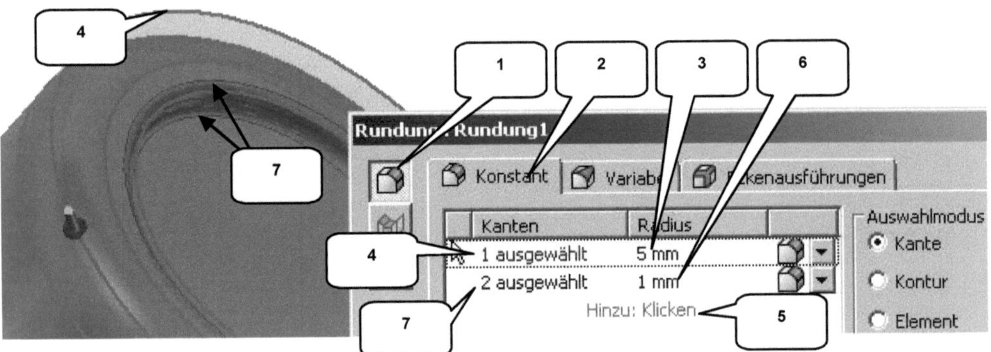

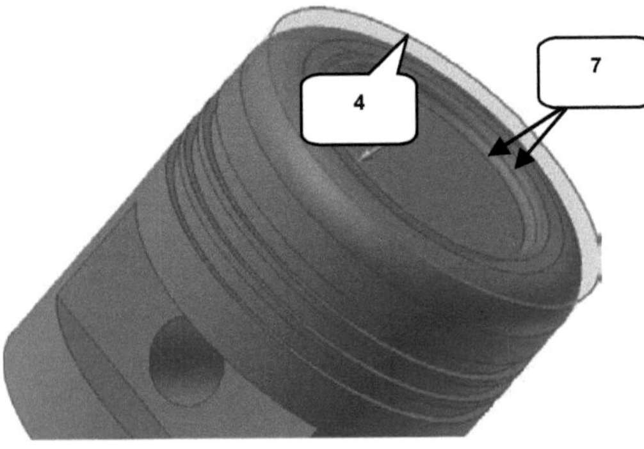

Der Kolben soll im oberen Bereich drei Rundungen erhalten. Verwenden Sie alle Einstellungen der oberen Abbildung.

> **Rundung**
> Kantenabrundung (1)
> Reiter: Konstant (2)
> Erste Zeile: Radius [5 mm] (3)
> Erste Zeile: Markierte Kante wählen (4)
> Hinzu: Klicken (5)
> Zweite Zeile: Radius [1 mm] (6)
> Zweite Zeile: Markierte Kanten (7)
> OK **OK**

6.5.5　Erzeugen einer Wandung

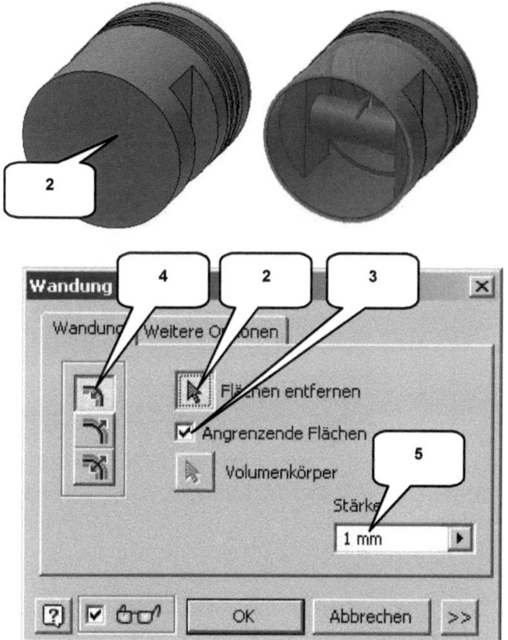

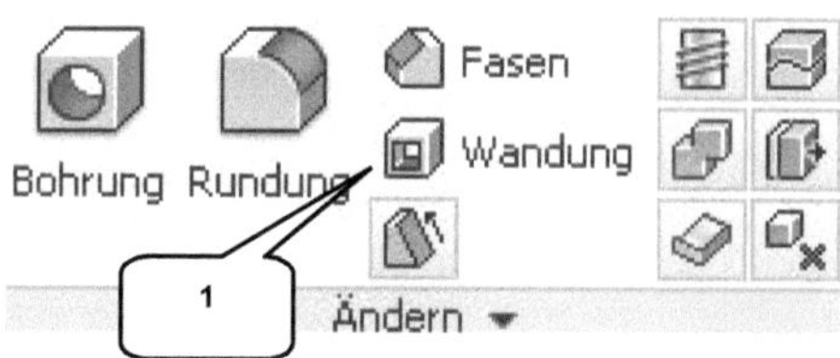

Der Befehl ▣ **Wandung** (1) entfernt Material im Inneren eines Körpers und erzeugt damit einen Hohlkörper. Einzelne Wandstärken können separat definiert, einzelne Flächen komplett entfernt werden. Starten Sie den Befehl und entfernen Sie das Material im Inneren des Kolbens.

> ▣ **Wandung** (1)
> Flächen entfernen: Markierte Fläche wählen (2)
> Aktivieren: Angrenzende Flächen (3)
> Richtung: Innerhalb (4)
> Stärke: [1 mm] (5)
> ☐ OK ☐ **OK**

Da die Querbohrung ebenfalls mit einer Materialstärke versehen wurde, hat dies ein Rohrsegment im Inneren des Kolbens als unerwünschtes Ergebnis zur Folge (6). Um diesen Fehler zu korrigieren, kann ein einfacher Trick angewandt werden.

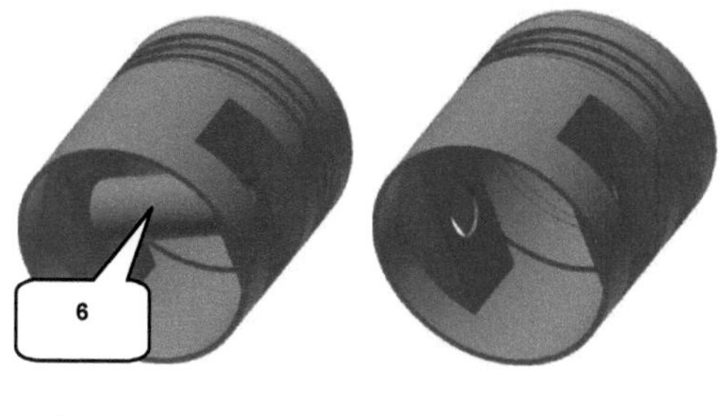

Schieben Sie im Modellbaum die markierte ⬚ **Extrusion2** (7) bei gedrückter linker Maustaste zwischen den Arbeitsschritt ▣ **Wandung** und das ⊗ **Bauteilende** auf Position (8). Das Programm berechnet die neue Konstruktion und entfernt das fehlerhafte Material. Das Bauteil kann jetzt ▣ **gespeichert** (als **Kolben.ipt**) und anschließend geschlossen werden.

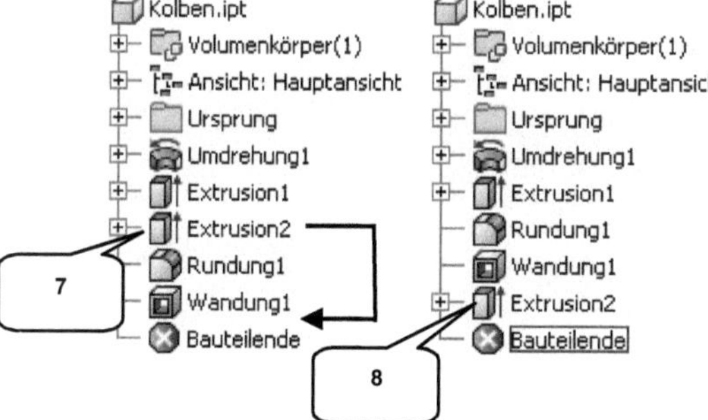

6.6 Bauteile: Pleuel-Oberseite und Pleuel-Unterseite

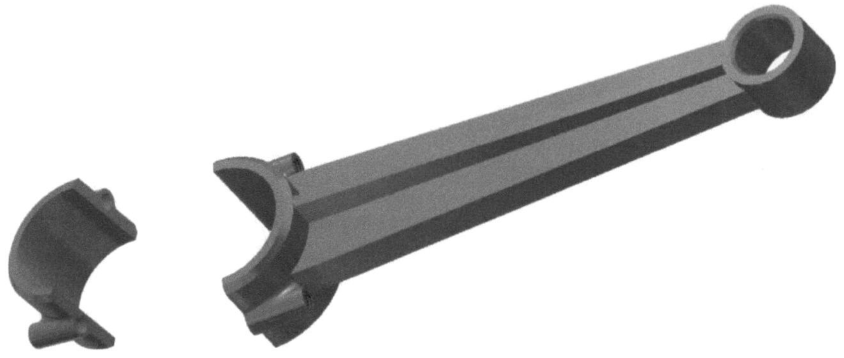

6.6.1 Erzeugen des Basiskörpers

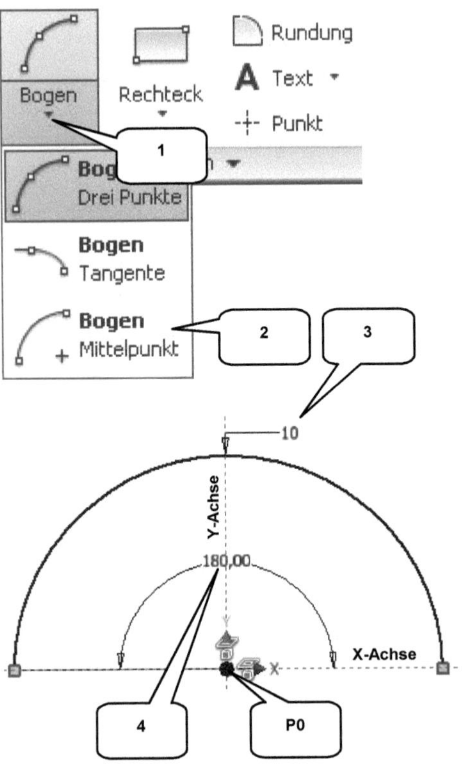

Das *Pleuel* wird aus zwei Bauteilen zusammengesetzt: Pleuel-Unterseite und Pleuel-Oberseite. Beginnen Sie mit der Unterseite des Pleuels.

> 🗋 **Neu**
> 📦 **Norm.ipt**
> Erstellen **Erstellen**

> 🗇 **Geometrie projizieren**
> ⟍ **Konstruktion** aktivieren
> Ordner **Ursprung** öffnen
> 3 Achsen anklicken
> ⟍ **Konstruktion** deaktivieren
> Taste: **ESC**

> Befehl ⌒ **Bogen** erweitern (1)
> ⌒ **Bogen durch Mittelpunkt** (2)
> Auf Koordinatenursprung klicken (P0)
> Maus <u>auf X-Achse nach links</u> ziehen
> Radius: [10 mm] eingeben (3)
> Taste: **ENTER**
> Maus <u>in gerader Linie nach oben</u> ziehen
> Winkel: [180°] eingeben (4)
> Taste: **ENTER**

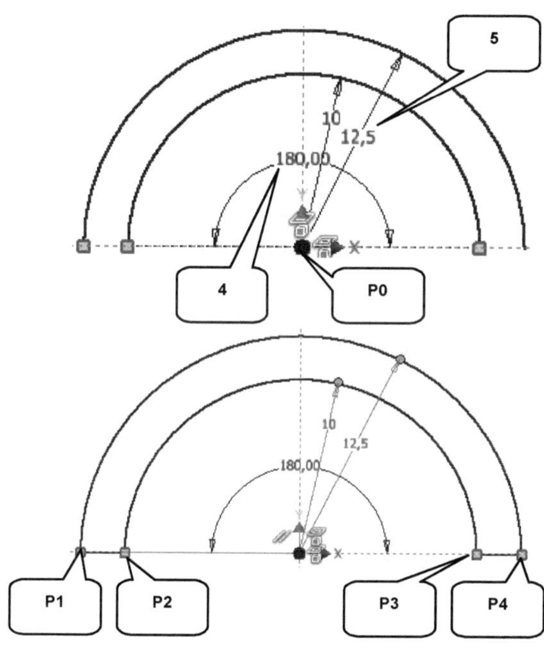

> Bogen durch Mittelpunkt (2)
> Auf Koordinatenursprung klicken (P0)
> Maus <u>auf X-Achse nach links</u> ziehen
> Radius: [12,5 mm] eingeben (5)
> Taste: **ENTER**
> Maus <u>oberhalb der X-Achse</u> positionieren, <u>ohne</u> zu klicken
> Winkel: [180°] eingeben (4)
> Taste: **ENTER**
> Taste: **ESC**

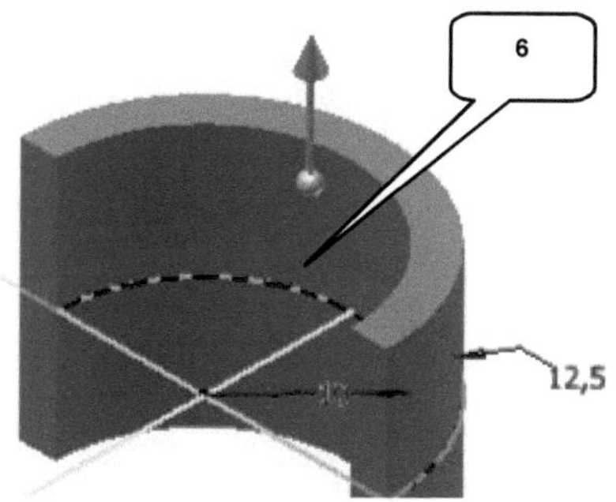

> Linie
> Punkt (P1) anklicken (Start erste Linie)
> Punkt (P2) anklicken (Ende erste Linie)
> Punkt (P3) anklicken (Start zweite Linie)
> Punkt (P4) anklicken (Ende zweite Linie)
> Taste: **ESC**
> Skizze fertig stellen

Zurück im Register **3D-Modell** soll die gezeichnete Fläche symmetrisch um **18 mm** in einen Volumenkörper extrudiert werden. Folgen Sie der Befehlskette und übernehmen Sie die abgebildeten Einstellungen:

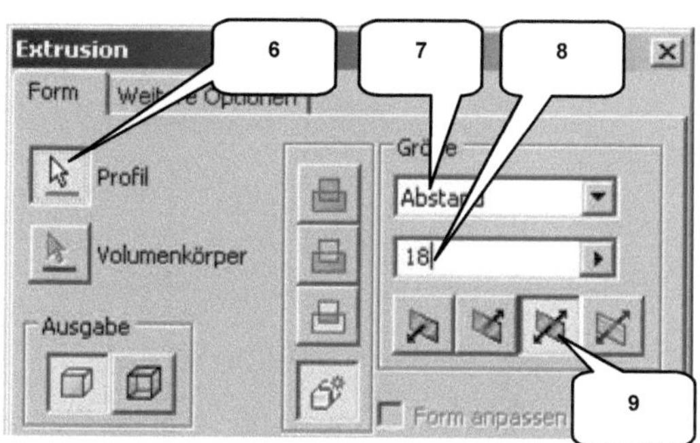

> Extrusion
> Profil: Fläche (6)
> Verfahren: (Automatisch)

> Größe: Abstand [18 mm] (7, 8)
> Richtung: Symmetrisch (9)
> **OK**

6.6.2 Befestigungslaschen für eine Schraubverbindung

Der vorhandene Volumenkörper ist um zwei Befestigungslaschen zu ergänzen.

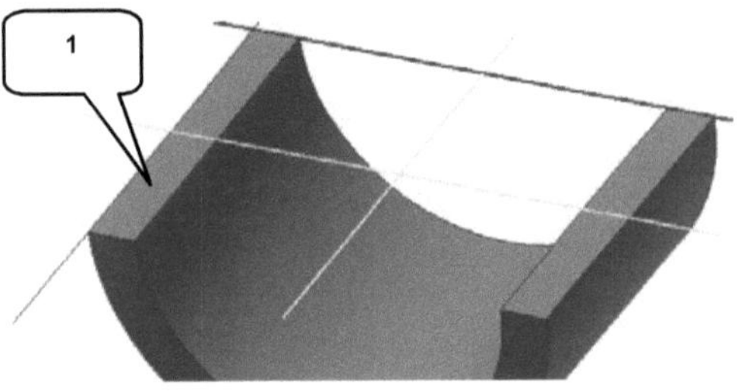

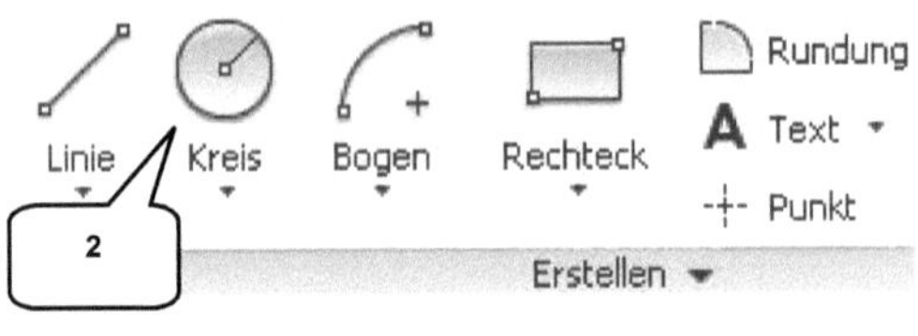

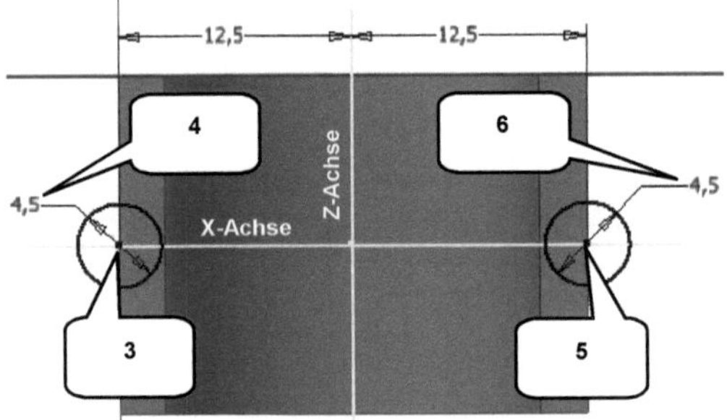

➢ ▣ **2D-Skizze**
➢ Markierte Fläche (1) wählen

➢ ▤ **Geometrie projizieren**
➢ ◿ **Konstruktion** aktivieren
➢ Ordner *Ursprung* öffnen
➢ 3 Achsen anklicken
➢ ◿ **Konstruktion** deaktivieren
➢ Taste: **ESC**

➢ ◉ **Kreis** (2)
➢ 1. Kreismittelpunkt an Pos. (3) ablegen
(Schnittpunkt zwischen linker projizier-
ter Körperkante und X-Achse)
➢ Durchmesser: [4,5 mm] eingeben (4)
➢ Taste: **ENTER**
➢ 2. Kreismittelpunkt an Pos. (5) ablegen
(Schnittpunkt zwischen rechter projizier-
ter Körperkante und X-Achse)
➢ Durchmesser: [4,5 mm] eingeben (6)
➢ Taste: **ENTER**
➢ Taste: **ESC**

➢ ✔ **Skizze fertig stellen**

Extrudieren Sie die beiden Kreise jetzt *10 mm* in die dargestellte Richtung.

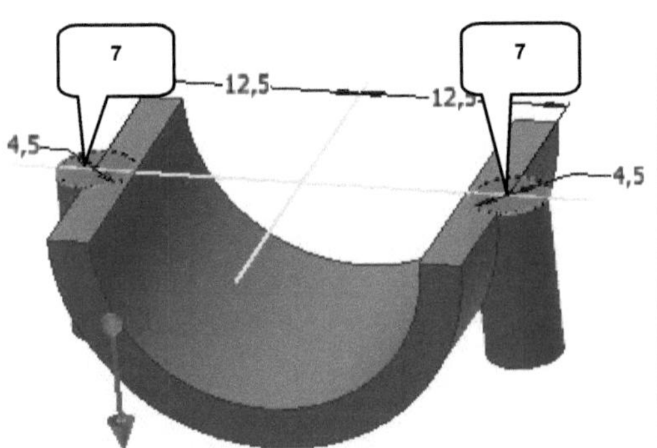

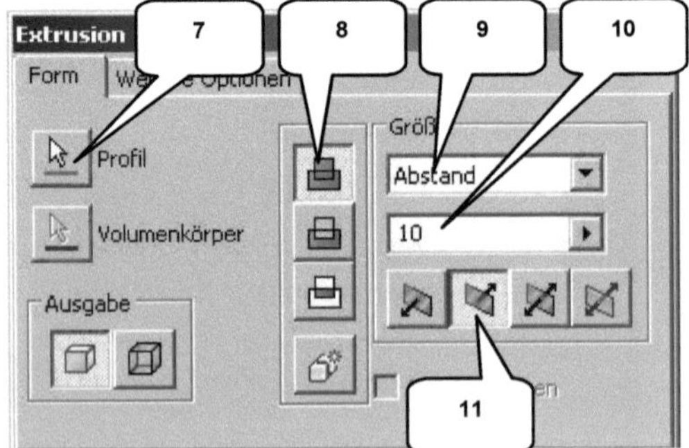

> 🗗 **Extrusion**
> Profil: Beide Kreisflächen wählen (7)
> Verfahren: Vereinigung (8)

> Größe: Abstand [10 mm] (9, 10)
> Richtung: Richtung 2 (11)
> [OK] **OK**

6.6.3 Bohren der ersten Lasche

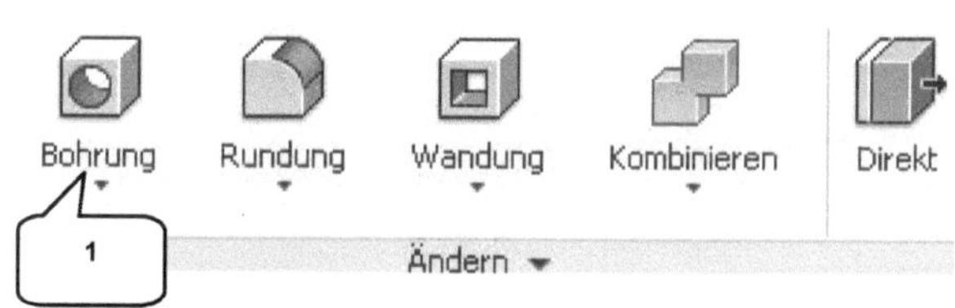

Bohren Sie die beiden zuletzt erstellten Zylinder. Verwenden Sie eine einfache Bohrung ohne Gewinde und einen Bohrungsdurchmesser von **3 mm**.

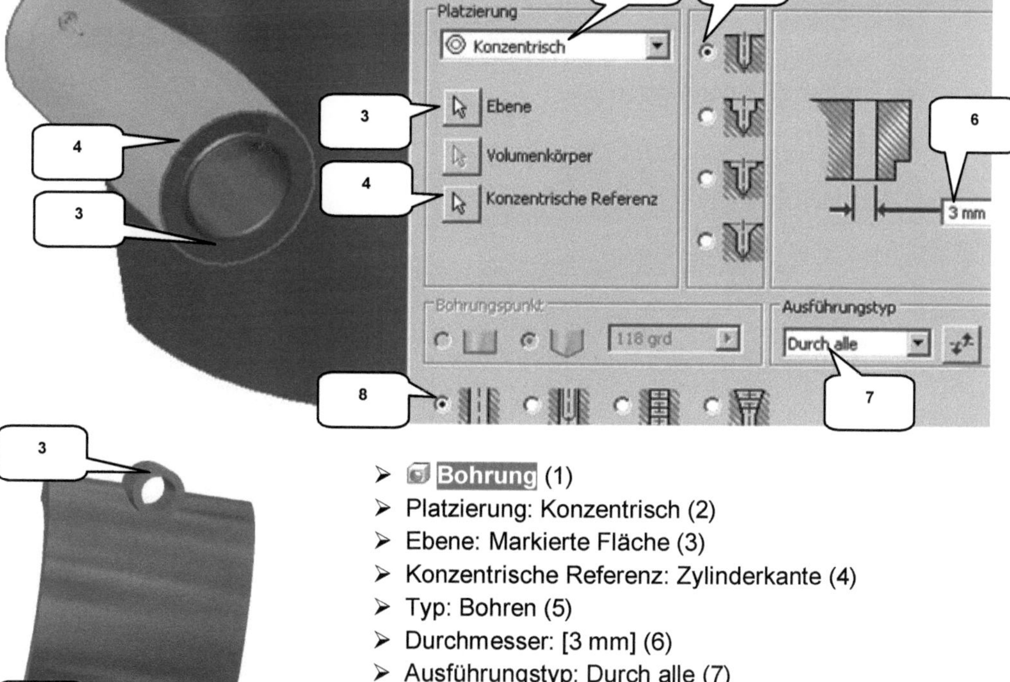

> 🗗 **Bohrung** (1)
> Platzierung: Konzentrisch (2)
> Ebene: Markierte Fläche (3)
> Konzentrische Referenz: Zylinderkante (4)
> Typ: Bohren (5)
> Durchmesser: [3 mm] (6)
> Ausführungstyp: Durch alle (7)
> Gewinde: Nein (einfache Bohrung) (8)
> [OK] **OK**

Eine identische Bohrung ist anschließend im zweiten Zylinder (9) zu erzeugen.

6.6.4 Fasen und Runden der unteren Schale

Die untere Schale des Pleuels soll abschließend gefast und gerundet werden.

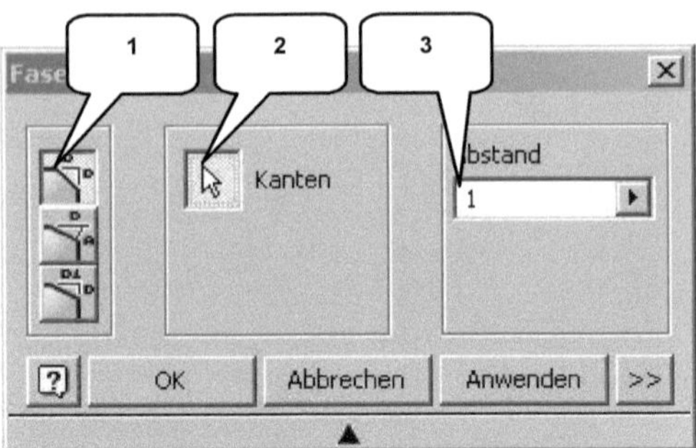

> ➢ ⬦ **Fase**
> ➢ Option: Abstand (1)
> ➢ Kante: Markierte Kanten wählen (2)

> ➢ Abstand: [1 mm] (3)
> ➢ [OK] **OK**

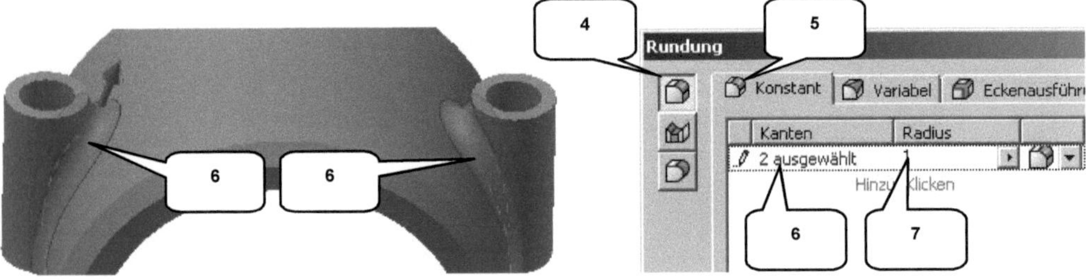

> ➢ ⬦ **Rundung**
> ➢ Typ: Kantenabrundung (4)
> ➢ Option: Konstant (5)

> ➢ Kanten: Beide markierte Kanten (6)
> ➢ Radius: [1 mm] (7)
> ➢ [OK] **OK**

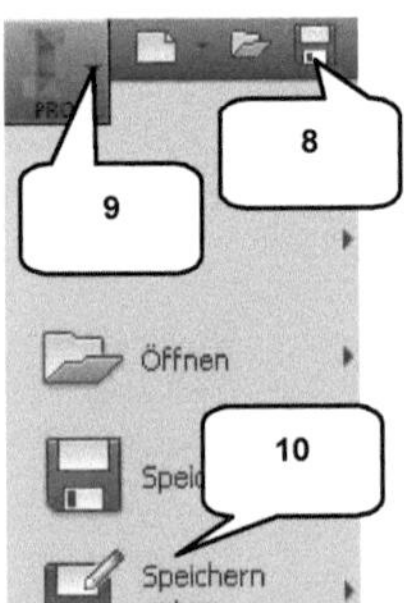

Speichern (8) Sie das Bauteil als *Pleuel-Unterseite*. Aufgrund identischer erster Konstruktionsschritte der beiden Bauteile *Pleuel-Unterseite.ipt* und *Pleuel-Oberseite.ipt*, kann das soeben erstellte Bauteil als Grundkörper für das nächste Bauteil verwendet werden.

Öffnen Sie das ▮ **Hauptmenü** (9) und starten Sie dort den Befehl ▮ **Speichern unter** (10). Verwenden Sie die Bezeichnung *Pleuel-Oberseite*, um damit eine Kopie des bereits vorhandenen Bauteils zu erzeugen.

6.6.5 Bohrung mit Gewinde versehen

Um das Bauteil **Pleuel-Oberseite.ipt** zu vervollständigen, soll im ersten Schritt den beiden vorhandenen Bohrungen jeweils ein Gewinde hinzugefügt werden.

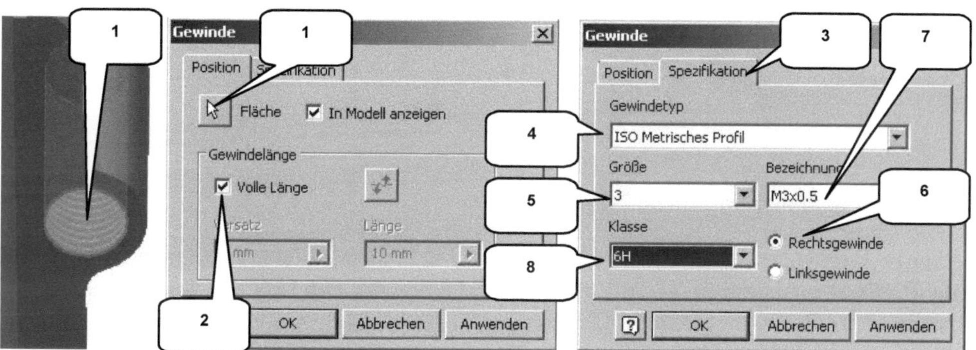

> Gewinde
> Fläche: Markierte Bohrungsfläche (1)
> Gewindetiefe: Volle Länge (2)
> Register: Spezifikation (3)
> Gewindetyp: ISO Metrisches Profil (4)

> Größe: 3 - Rechtsgewinde (5, 6)
> Bezeichnung: M3 x 0,5 (7)
> Klasse: 6H (8)
> OK **OK**

Wiederholen Sie den Befehl bei der zweiten Bohrung auf der gegenüberliegenden Seite.

HINWEIS: Der Befehl Gewinde ermöglicht jeweils nur die Erstellung eines einzelnen Gewindes. Ein gleichzeitiges Erzeugen mehrerer Gewinde ist nicht möglich.

6.6.6 Erzeugen einer neuen Arbeitsebene

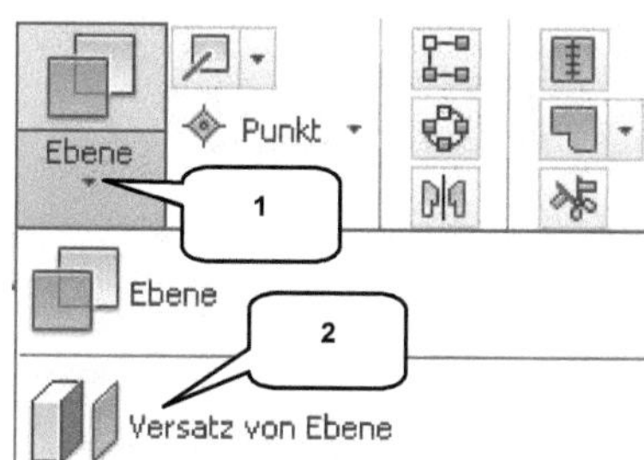

Für den folgenden Arbeitsschritt ist es erforderlich, vorab eine neue Arbeitsebene zu erzeugen. Diese soll die Basis einer neuen Skizze werden.

Erweitern Sie den Befehl Ebene (Befehlsgruppe **Arbeitselemente**) (1) und starten Sie den Befehl Versatz von Ebene (2). Parallel zu einer bereits vorhandenen Fläche des Volumenkörpers soll in einem Abstand von **12,5 mm** eine neue Arbeitsebene erzeugt werden.

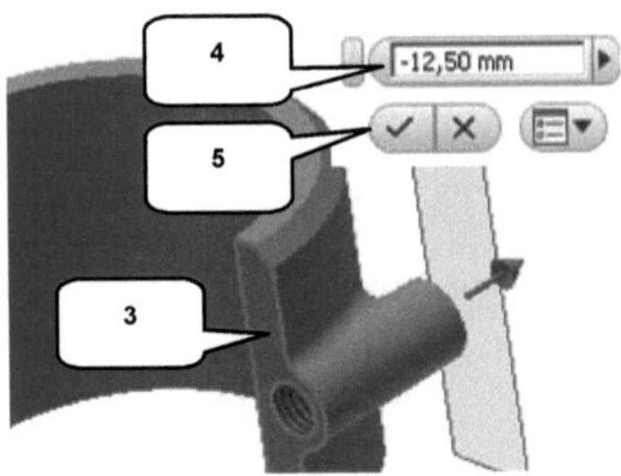

> Befehl ⬛ **Ebene** erweitern (1)
> ⬛ **Versatz von Ebene** (2)
> Markierte Fläche wählen (3)
> Abstand: [-12,5 mm] eingeben (4)
> ✓ **OK** (5)

6.6.7 Unterer Pleuelschaftbereich

Markieren Sie die neu erzeugte Arbeitsebene im Modellbaum und erzeugen Sie darauf eine neue 2D-Skizze. Aktivieren Sie am **ViewCube** die Ansicht **HINTEN** und folgen Sie der Befehlskette.

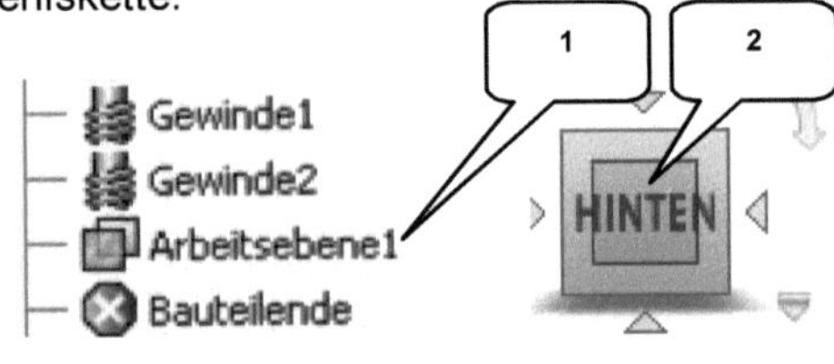

> ⬛ **2D-Skizze**
> **Arbeitsebene1** markieren (1)
> **ViewCube**-Ansicht: **HINTEN** (2)

> ⬛ **Geometrie projizieren**
> ⬛ **Konstruktion** aktivieren
> Ordner **Ursprung** öffnen
> 3 Achsen anklicken
> ⬛ **Konstruktion** deaktivieren
> Taste: **ESC**

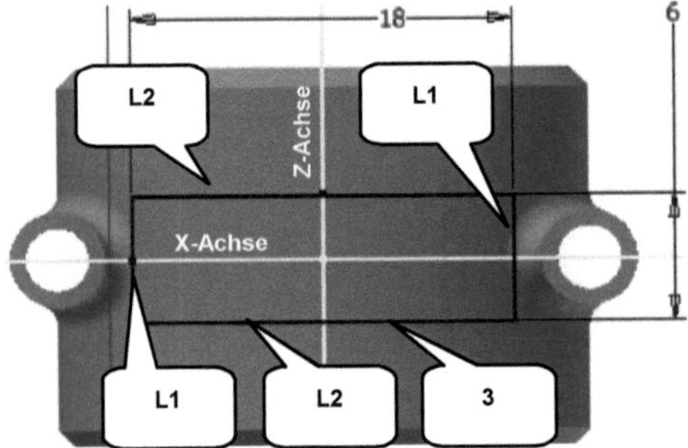

> ⬛ **Rechteck**
> Rechteck (18 x 6 mm) zeichnen (3)

> ⬛ **Symmetrie**
> Nacheinander beide Linien (L1), dann die projizierte Z-Achse wählen
> Taste: **ESC**

> ⬛ **Symmetrie**
> Nacheinander beide Linien (L2), dann die projizierte X-Achse wählen
> Taste: **ESC**

> ✓ **Skizze fertig stellen**

Zurück im Register **3D-Modell** soll das soeben erzeugte Rechteck extrudiert werden.

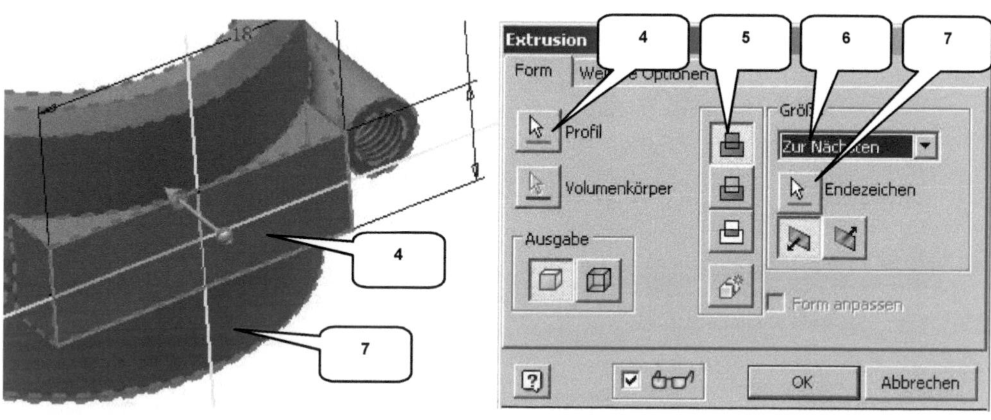

> **Extrusion**
> Profil: Rechteckfläche wählen (4)
> Verfahren: Vereinigung (5)

> Größe: Zur Nächsten (6)
> Endezeichen: Oberfläche (7) wählen
> ☐ OK **OK**

6.6.8 Oberer Pleuelschaft

Für den folgenden Arbeitsschritt wird eine weitere Arbeitsebene benötigt. Als Startfläche dient die markierte Oberfläche. Der Abstand zwischen der Fläche und der neuen Ebene soll **78 mm** betragen.

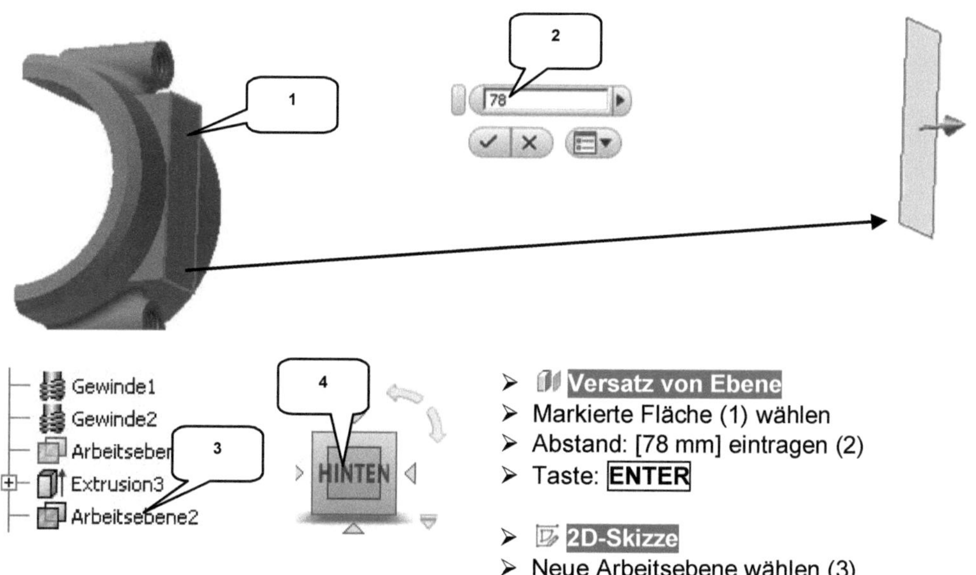

> **Versatz von Ebene**
> Markierte Fläche (1) wählen
> Abstand: [78 mm] eintragen (2)
> Taste: **ENTER**

> **2D-Skizze**
> Neue Arbeitsebene wählen (3)

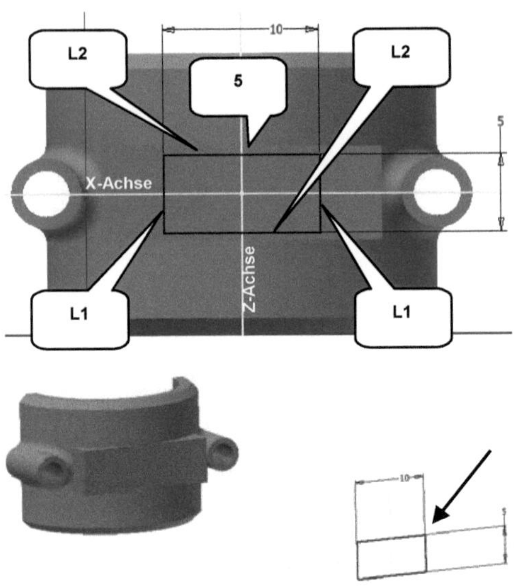

> ➤ **ViewCube**-Ansicht: *HINTEN* (4)

> ➤ **Geometrie projizieren**
> ➤ **Konstruktion** aktivieren
> ➤ Ordner *Ursprung* öffnen
> ➤ 3 Achsen anklicken
> ➤ **Konstruktion** deaktivieren
> ➤ Taste: `ESC`

> ➤ **Rechteck**
> ➤ Rechteck zeichnen (10 x 5 mm) (5)
> ➤ Taste: `ESC`

> ➤ **Symmetrie**
> ➤ Nacheinander beide Linien (L1), dann die projizierte Z-Achse wählen
> ➤ Taste: `ESC`

> ➤ **Symmetrie**
> ➤ Nacheinander beide Linien (L2), dann die projizierte X-Achse wählen
> ➤ Taste: `ESC`

> ➤ **Skizze fertig stellen**

6.6.9   Erstellen einer Erhebung

Extrusion   Drehung   Sweeping   Prägen   Aufkleber
Erhebung   Ableiten   Importieren
Spirale   Rippe
(1)
Erstellen

Starten Sie den Befehl **Erhebung** (1) (Befehlsgruppe *Erstellen*). Er ermöglicht die Verbindung zweier oder mehrerer Oberflächen oder Skizzenkonturen zu einem Volumenkörper.

> ➤ **Erhebung** (1)
> ➤ Auswahl 1: Oberfläche (2) wählen
> ➤ Auswahl 2: Rechteck (3) wählen

> ➤ Verfahren: Vereinigung (4)
> ➤ Typ: Verlaufsführung (5)
> ➤ `OK` *OK*

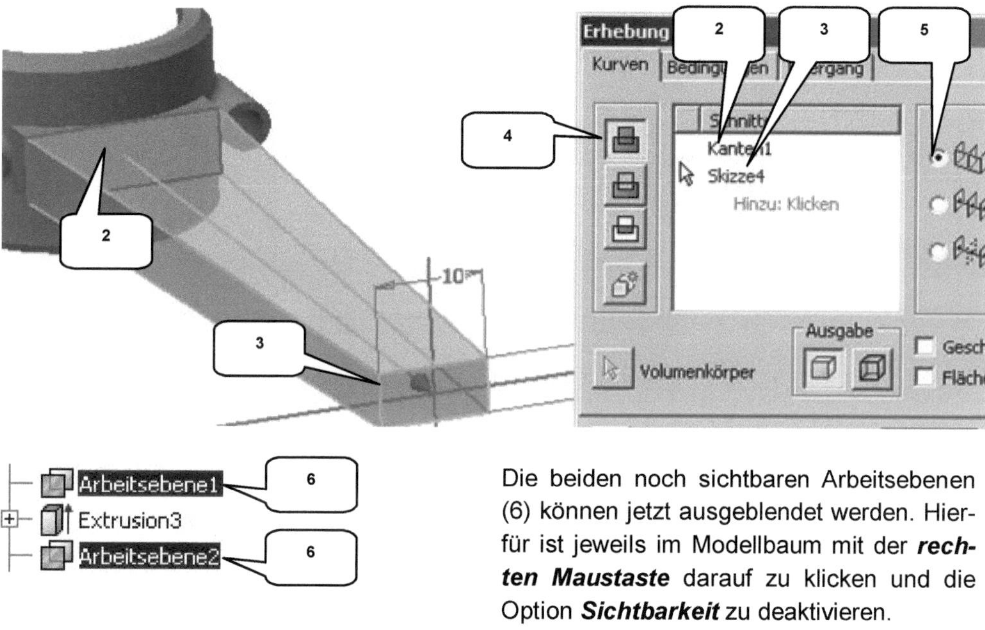

Die beiden noch sichtbaren Arbeitsebenen (6) können jetzt ausgeblendet werden. Hierfür ist jeweils im Modellbaum mit der **rechten Maustaste** darauf zu klicken und die Option **Sichtbarkeit** zu deaktivieren.

6.6.10 Basiskörper des Pleuelauges

Die Oberseite des Pleuels soll mit einem weiteren geometrischen Element versehen werden, dem Pleuelauge. Hierfür ist ein Zylinder zu erzeugen.

Als Referenzfläche soll die **XY-Ebene** verwendet werden. Der Mittelpunkt des Basiskreises soll per Tastatureingabe definiert werden. Der Durchmesser beträgt **14 mm**. Nachdem Position und Durchmesser des Kreises definiert wurden, wechselt das Programm automatisch in den Extrusionsbereich.

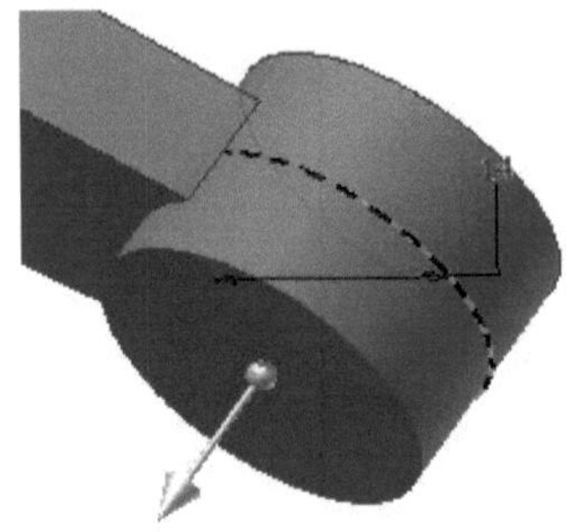

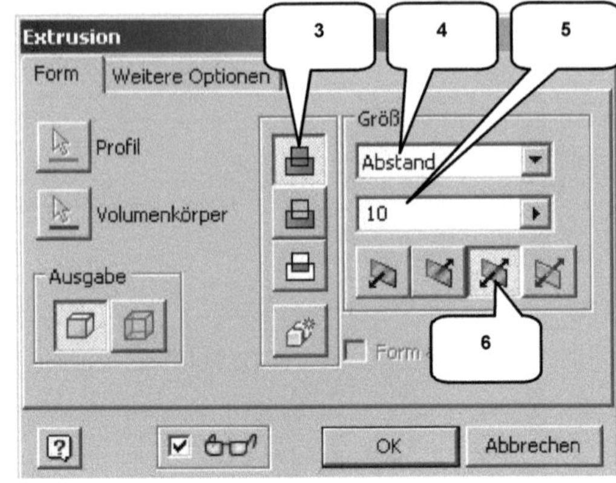

> ⬭ **Zylinder**
> XY-Ebene wählen (Modellbaum)
> Taste: **TAB**
> X-Koordinate: [0 mm] (1)
> Taste: **TAB**
> Y-Koordinate: [90,5 mm] (2)
> Taste: **ENTER**
> Durchmesser: [14 mm]

> Taste: **ENTER**
> Im Befehlsfenster: Extrusion
> Profil: (Automatisch)
> Verfahren: Vereinigung (3)
> Größe: Abstand [10 mm] (4, 5)
> Richtung: Symmetrisch (6)
> ☐ **OK** *OK*

6.6.11 Erzeugen einer Rippe

Erzeugen Sie auf der **YZ-Ebene** (Modellbaum) eine neue 2D-Skizze und projizieren Sie darin die beiden Kanten (K1) und (K2) des vorhandenen Volumenkörpers. Diesmal sind die zu projizierenden Linien <u>nicht</u> als Konstruktionslinien zu definieren. Die oberen Endpunkte der projizierten Kanten sind abschließend durch eine Linie zu verbinden.

Wurden diese Schritte erfolgreich umgesetzt, kann aus der offen Linienkontur eine Rippe erzeugt werden.

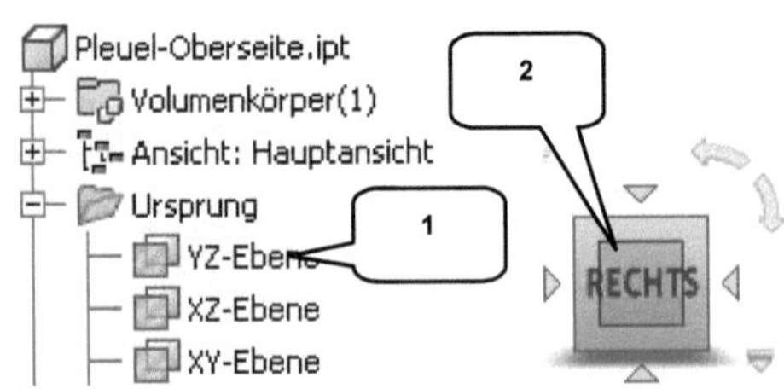

> ▨ **2D-Skizze**
> Ordner **Ursprung** aufklappen
> YZ-Ebene wählen (1)
> Taste: **F7** (Skizze schneiden)
> **ViewCube**-Ansicht: **RECHTS** (2)

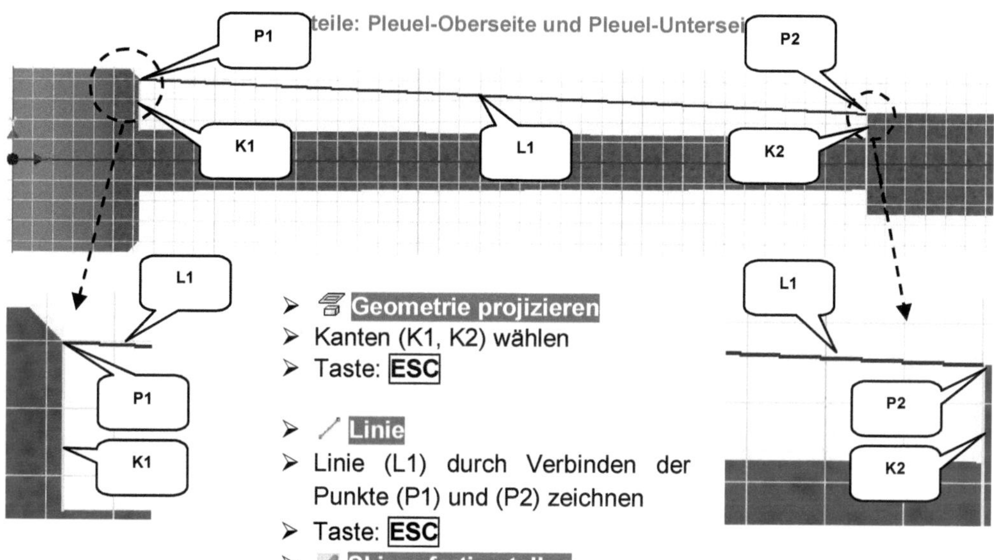

> ⬛ **Geometrie projizieren**
> Kanten (K1, K2) wählen
> Taste: **ESC**

> ✏ **Linie**
> Linie (L1) durch Verbinden der Punkte (P1) und (P2) zeichnen
> Taste: **ESC**
> ✔ **Skizze fertig stellen**

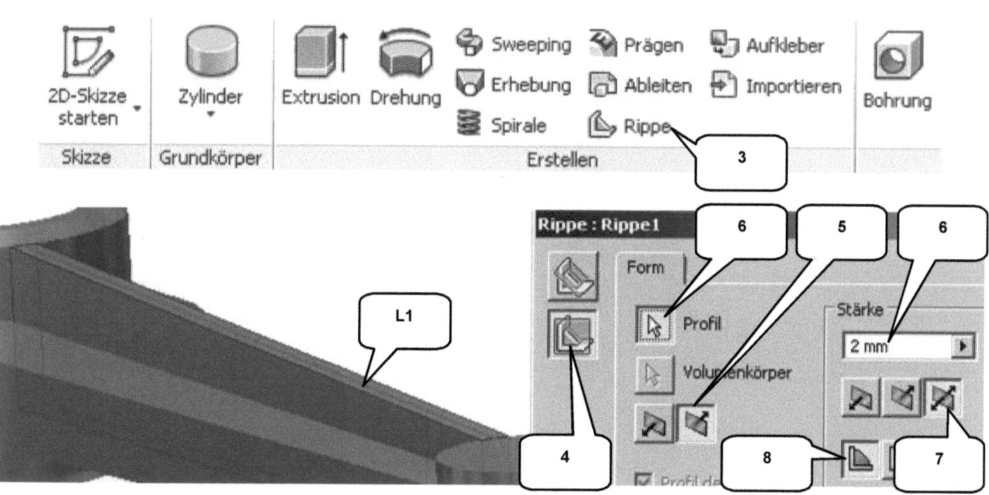

> ⬛ **Rippe** (3)
> Option: Parallel zur Skizzierebene (4)
> Profil: Linie (L1) wählen
> Richtung (Profil): ⬛ Richtung 2 (5)

> Stärke: [2 mm] (6)
> Richtung (Stärke): Symmetrisch (7)
> Option: ⬛ Zur Nächsten (8)
> ⬛ *OK*

6.6.12 Spiegeln der Rippe

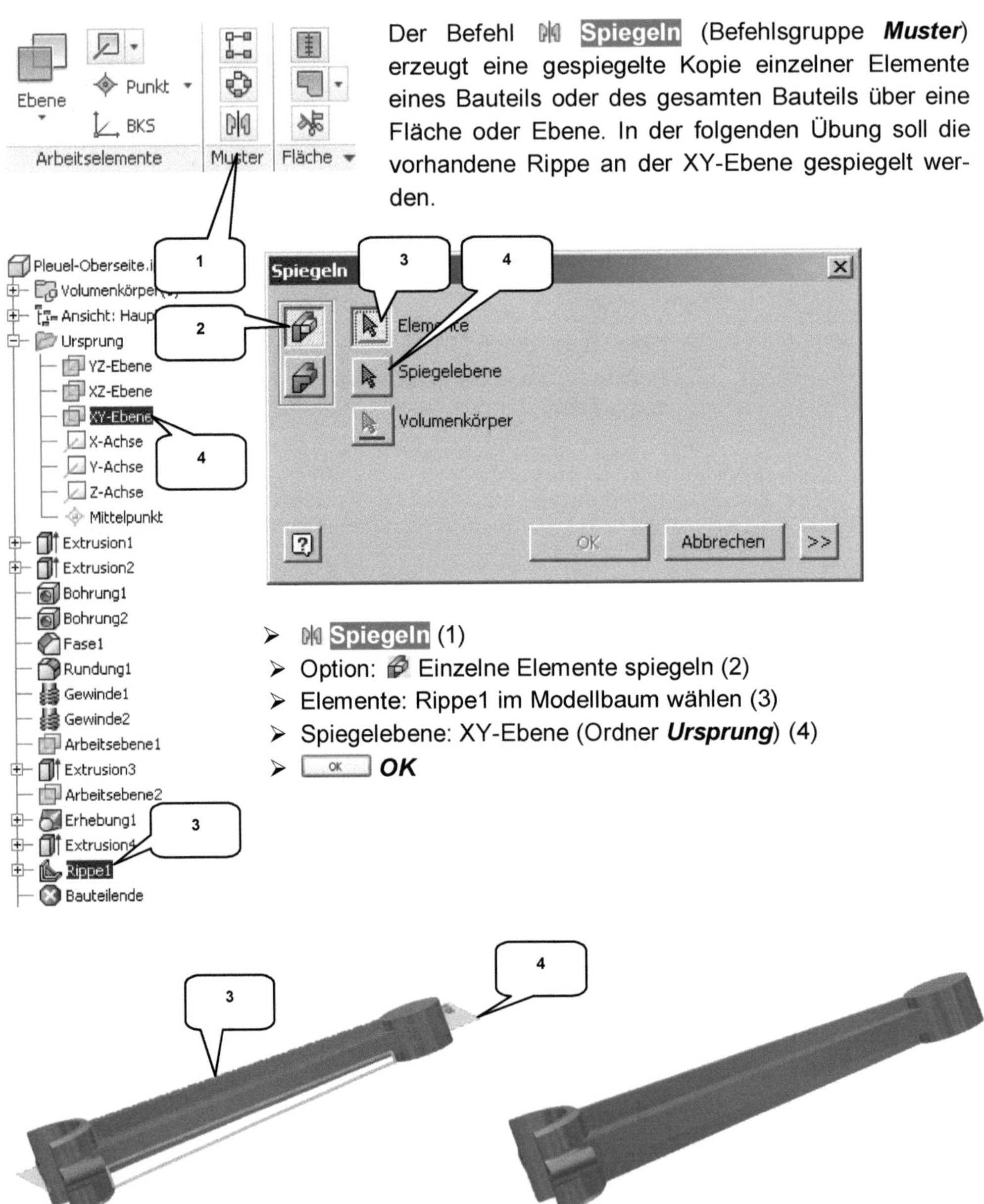

Der Befehl ⋈ **Spiegeln** (Befehlsgruppe *Muster*) erzeugt eine gespiegelte Kopie einzelner Elemente eines Bauteils oder des gesamten Bauteils über eine Fläche oder Ebene. In der folgenden Übung soll die vorhandene Rippe an der XY-Ebene gespiegelt werden.

> ⋈ **Spiegeln** (1)
> Option: 🗗 Einzelne Elemente spiegeln (2)
> Elemente: Rippe1 im Modellbaum wählen (3)
> Spiegelebene: XY-Ebene (Ordner *Ursprung*) (4)
> ⬚ OK ⬚ *OK*

6.6.13 Bohren, Fasen und Runden

Wiederholen Sie das Bohren, Fasen und Runden. Achten Sie beim Bohren auf eine kon-
zentrische Platzierung.

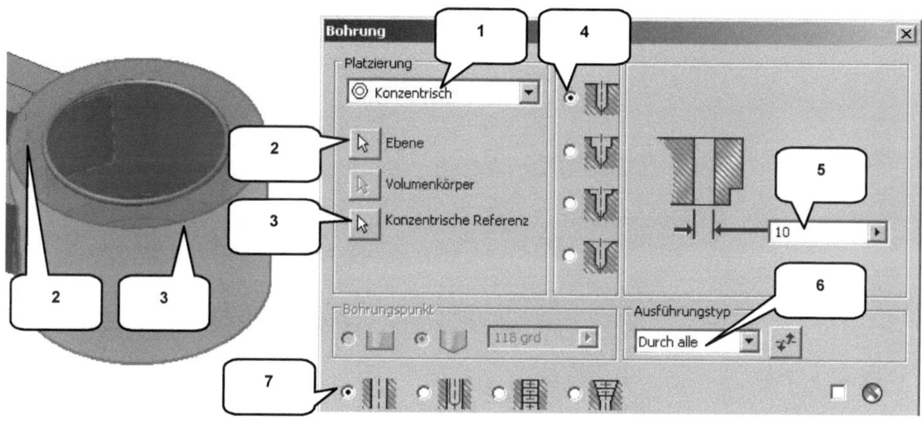

> ⊙ **Bohrung**
> Platzierung: Konzentrisch (1)
> Ebene: Markierte Fläche (2)
> Konz. Referenz: Zylinderfläche (3)
> Typ: Bohren (4)

> Durchmesser: [10 mm] (5)
> Ausführungstyp: Durch alle (6)
> Gewinde: Ohne (7)
> ⬚ OK ⬚ **OK**

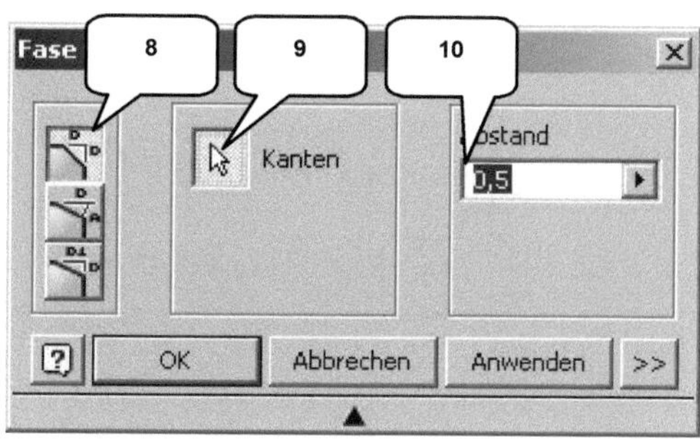

> ⬠ **Fase**
> Option: Abstand (8)
> Kante: Markierte Kante (9)

> Abstand: [0,5 mm] (10)
> ⬚ OK ⬚ **OK**

Wiederholen Sie das Fasen auf der gegenüberliegenden Seite der Bohrung. Das Bauteil
kann im Anschluss daran gespeichert und geschlossen werden.

6.7 Bauteil: Motorgehäuse

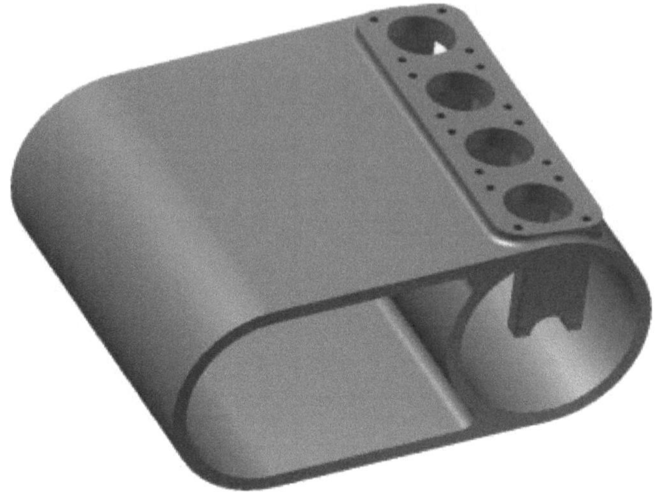

6.7.1 Konstruktion des Basiskörpers

Das Motorgehäuse wird in mehreren Konstruktionsschritten erzeugt und erfordert verschiedene Skizzen und 3D-Befehle. In der folgenden Übung soll das Bauteil Schritt für Schritt erzeugt und komplettiert werden. Erzeugen Sie ein neues Bauteil (Norm.ipt) und folgen Sie der Befehlskette.

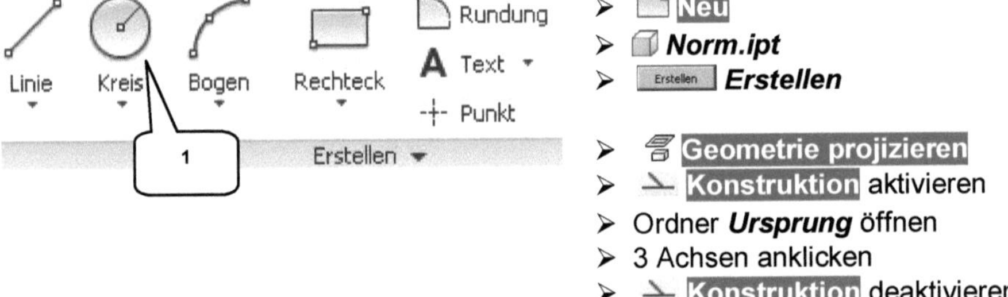

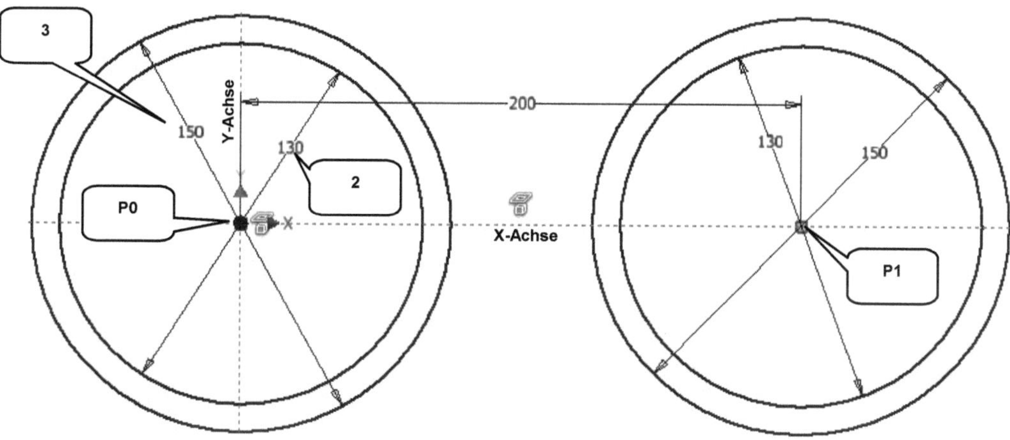

> ⊙ **Kreis** (1)
> 1. Kreis:
> Kreismittelpunkt im Koordinaten-
>   ursprung (P0) ablegen
> Durchmesser: [130 mm] (2) eingeben
> Taste: **ENTER**

> 2. Kreis:
> Kreismittelpunkt im Koordinaten-
>   ursprung (P0) ablegen
> Durchmesser: [150 mm] (3) eingeben
> Taste: **ENTER**
> Taste: **ESC**

Zwei weitere Kreise sollen als Kopie erzeugt werden. Der Abstand zwischen den Mittelpunkten der Kreise ist mit **200 mm** zu definieren.

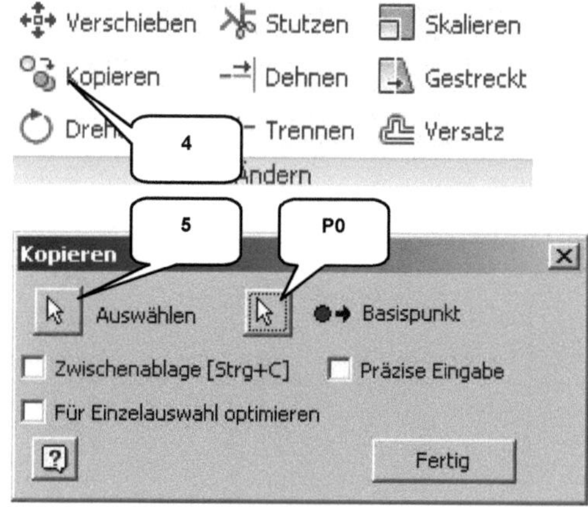

> ⊙ **Kopieren** (4)
> Auswählen: Beide Kreise bei gedrückter
>   Taste: **STRG** markieren (5)
> Basispunkt: Punkt (P0) wählen
> Maus <u>in gerader Linie nach rechts</u> zie-
>   hen und in etwa auf Position (P1) auf
>   der projizierten X-Achse ablegen
> Fertig **Fertig**

> ⊓ **Bemaßung**
> Punkt (P0) wählen, dann Punkt (P1)
>   wählen
> Maß ablegen
> Abstand: [200 mm] eintragen
> Taste: **ENTER**

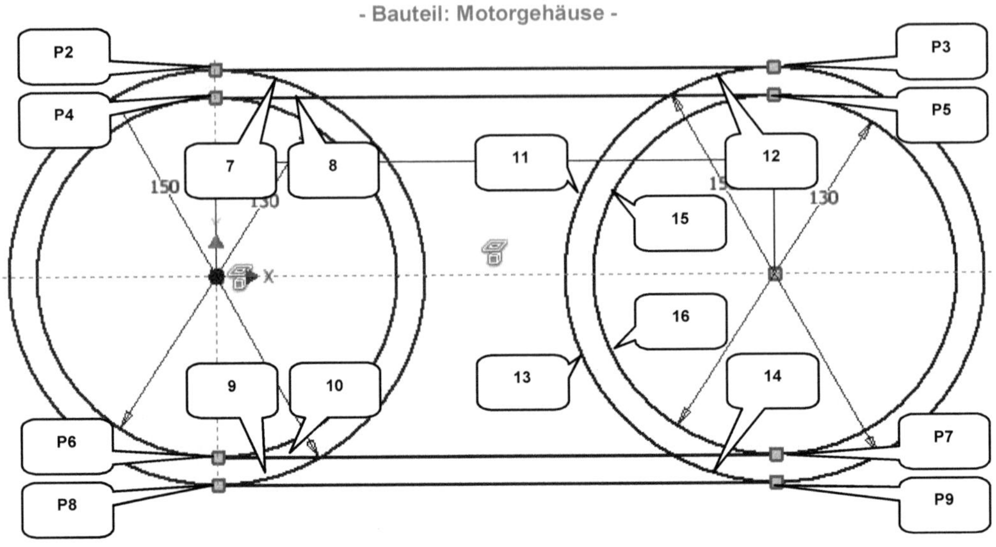

> ✏ **Linie**
> Punkte (P2) und (P3) verbinden
> Punkte (P4) und (P5) verbinden
> Punkte (P6) und (P7) verbinden
> Punkte (P8) und (P9) verbinden
> Taste: **ESC**

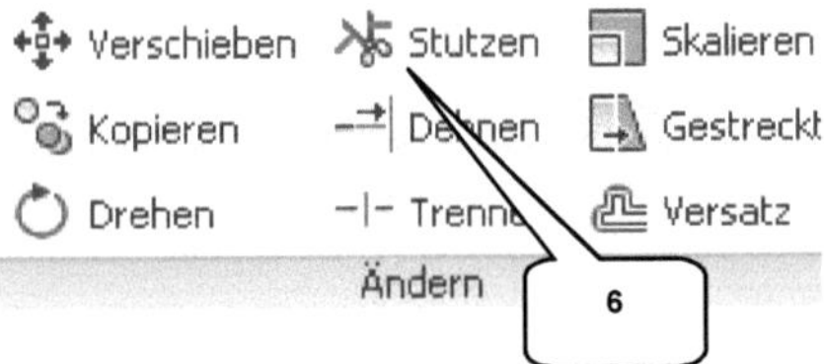

> ✂ **Stutzen** (6)
> Liniensegmente 7 bis 16 nacheinander entfernen
> Taste: **ESC**

2D-Rundung

| 10,000 mm ▶ | = |

17

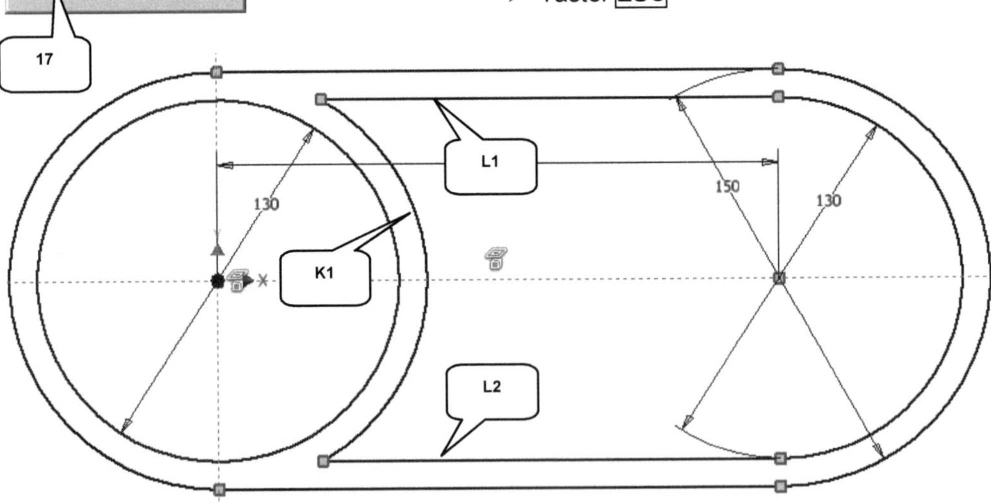

- ▷ ◰ **Rundung**
- ▷ Radius: [10 mm] eingeben (17)
- ▷ Linie (L1) und Kreis (K1) wählen
- ▷ Linie (L2) und Kreis (K1) wählen
- ▷ Taste: **ESC**

- ▷ ◰ **Automatisches Bemaßen** (18)
- ▷ Aktivieren: Bemaßungen, Abhängigkeiten (19)
- ▷ Anwenden **Anwenden**
- ▷ Fertig **Fertig**
- ▷ ✔ **Skizze fertig stellen**

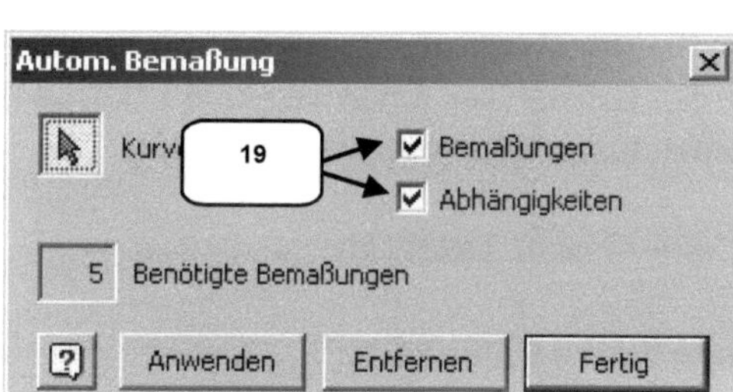

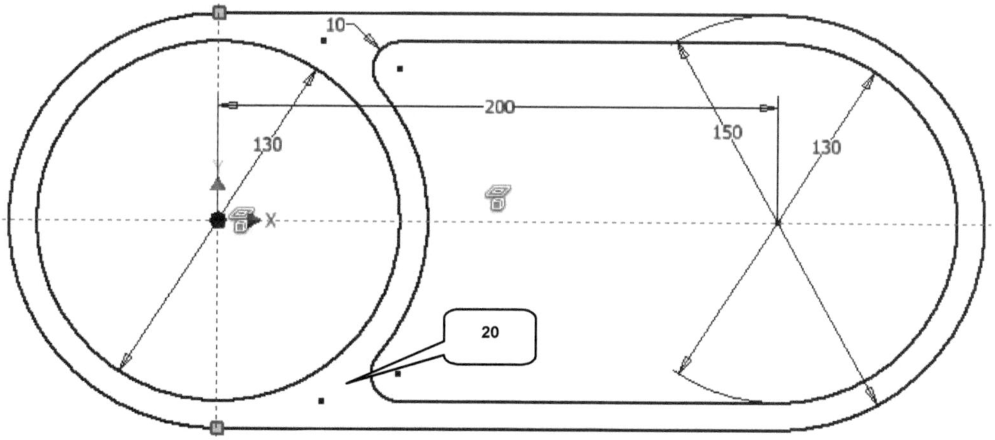

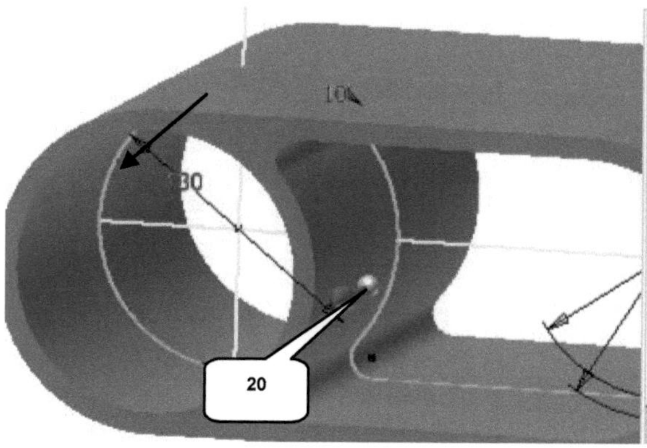

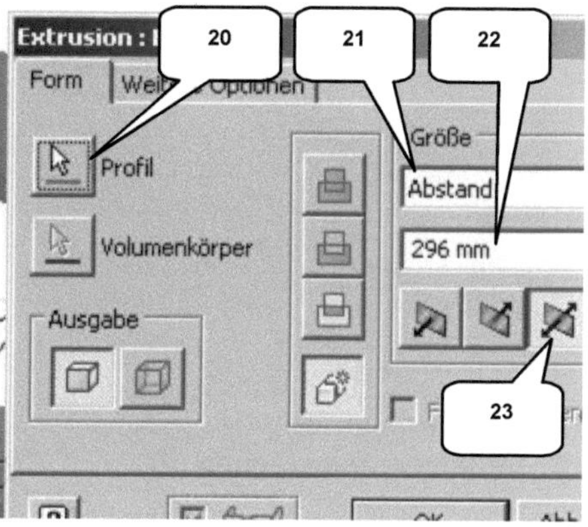

>   🗐 **Extrusion**
> Profil: Kontur (20)
> Verfahren: (Automatisch)

> Größe: Abstand [296 mm] (21, 22)
> Richtung: Symmetrisch (23)
> [OK] **OK**

6.7.2 Grundkörper der Kurbelwellenlagerung konstruieren

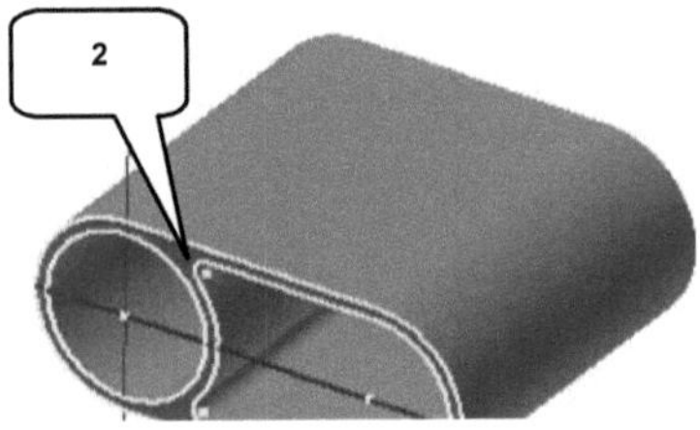

Wechseln Sie am *ViewCube* zur Ansicht *OBEN* und erzeugen Sie auf der vor Ihnen liegenden Stirnseite des Motorgehäuses eine neue 2D-Skizze.

> *ViewCube*-Ansicht: *OBEN* (1)
> 📝 **2D-Skizze**
> Markierte Fläche wählen (2)

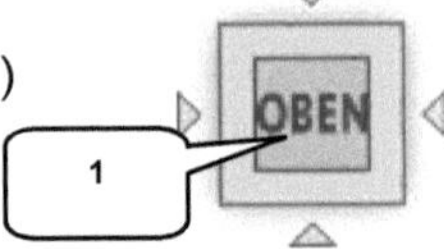

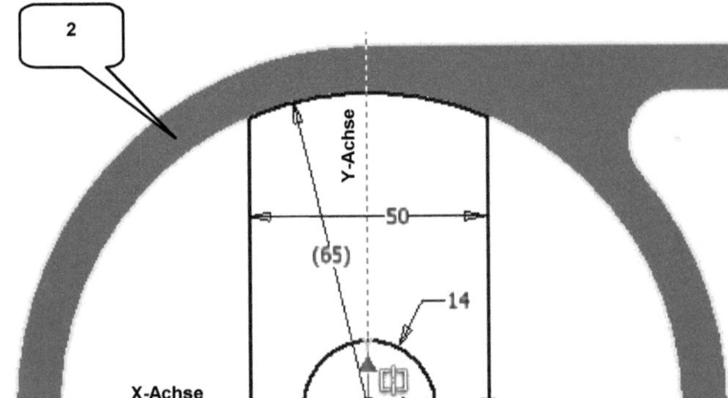

> 🗐 **Geometrie projiz.**
> ⟍ **Konstruktion** akt.
> Ordner *Ursprung* öffnen
> 3 Achsen wählen
> Mark. Fläche wählen (2)
> ⟍ **Konstruktion** deakt.
> Taste: **ESC**

Zeichnen Sie die nebenstehende Kontur aus 4 ╱ **Linien** und 2 ⌒ **Bögen**.

Bemaßen und beenden Sie die Skizze und extrudieren Sie dann um **16 mm**.

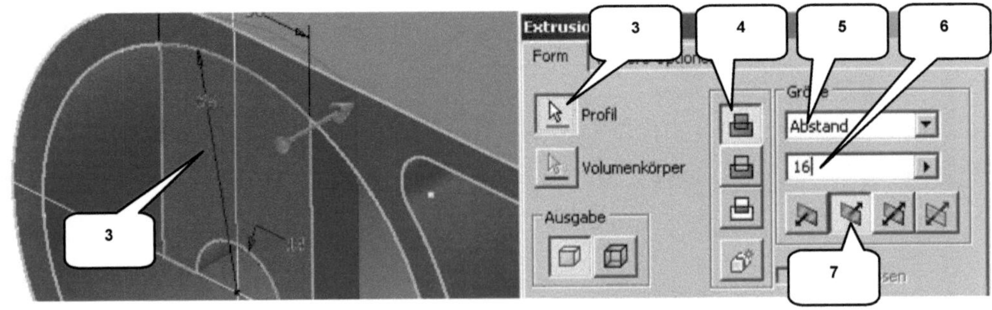

> 🗐 **Extrusion**
> Profil: Kontur (3)
> Verfahren: Vereinigung (4)

> Größe: Abstand [16 mm] (5, 6)
> Richtung: Richtung 2 (7)
> [OK] **OK**

6.7.3 Gewindebohrungen mit linearen Referenzen einfügen

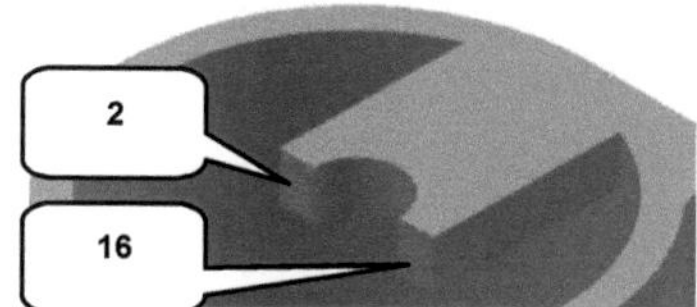

Erzeugen Sie auf den Oberflächen (2) und (16) Gewindebohrungen mit dem *Platzierungstyp Linear*. Beachten Sie, dass die Abstände zu den Referenzkanten (3) und (4) <u>nicht</u> mit der Taste: **ENTER** bestätigt werden sollten, da sich der Befehl ansonsten beendet.

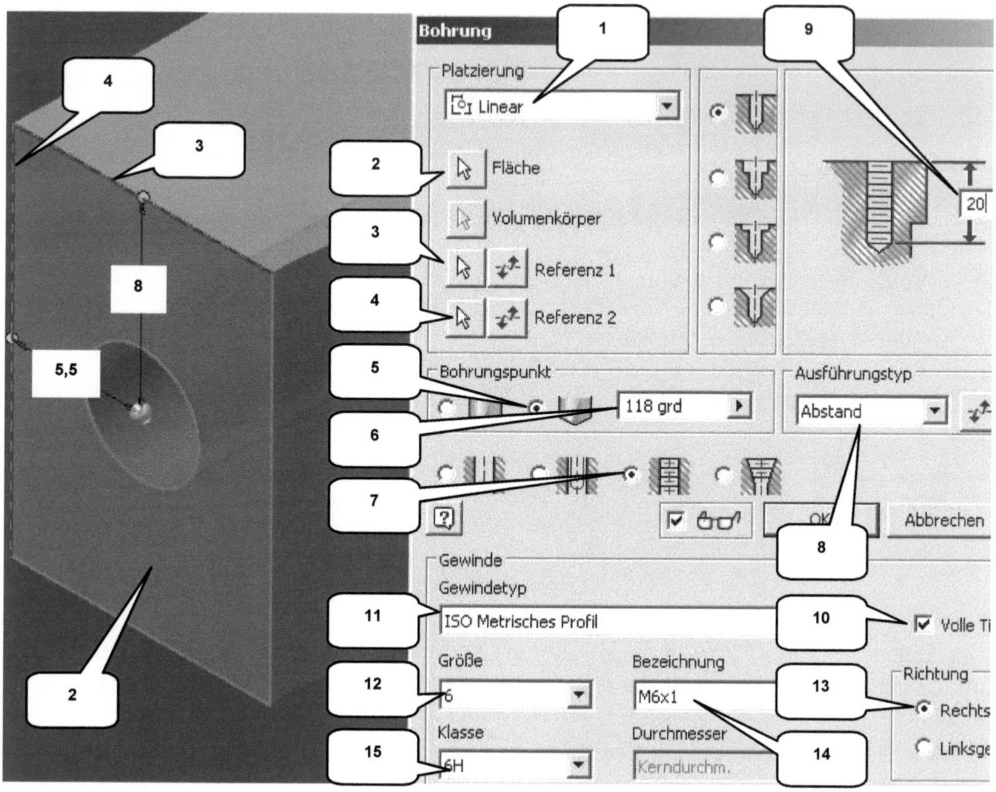

> 🔲 **Bohrung**
> Platzierung: Linear (1)
> Fläche: Markierte Fläche (2)
> Referenz 1: Kante [8 mm] (3)
> Referenz 2: Kante [5,5 mm] (4)
> Bohrungsspitze: Winkel [118°] (5, 6)
> Typ: Gewindebohrung (7)
> Ausführung: Abstand [20 mm] (8, 9)

> Gewindetiefe: Volle Tiefe (10)
> Gewindetyp: ISO Metrisches Prof. (11)
> Größe: 6 - Rechtsgewinde (12, 13)
> Bezeichnung: M6 x 1 (14)
> Klasse: 6H (15)
> Anwenden **Anwenden**

> Bohrung an Fläche (16) wiederholen

6.7.4 Fasen der Kurbelwellenlagerung

Fasen Sie die 4 markierten Kanten mit einem Kantenabstand von **2 mm**.

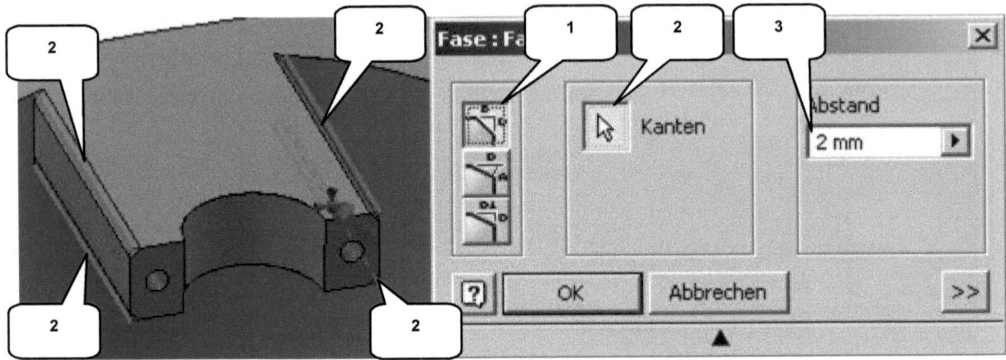

> ⬡ **Fase**
> Option: Abstand (1)
> Kanten: 4 markierte Kanten wählen (2)

> Abstand: [2 mm] (3)
> [OK] **OK**

6.7.5 Elemente mittels rechteckiger Anordnung kopieren

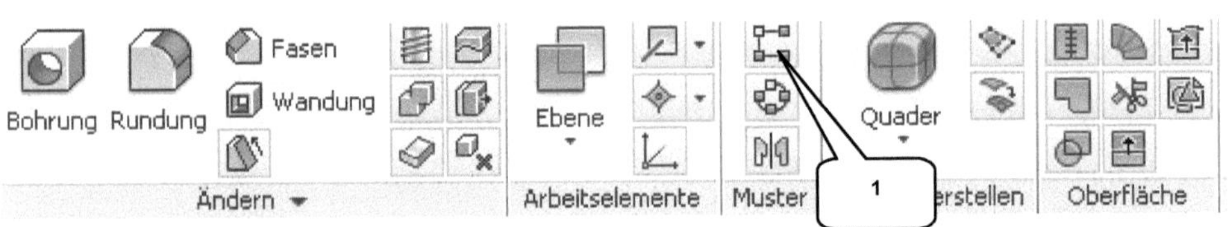

Der Befehl ⬚ **Rechteckige Anordnung** (1) ermöglicht das Kopieren geometrischer Elemente entlang eines linearen oder nichtlinearen Pfades in eine oder zwei Richtungen.

Starten Sie den Befehl und aktivieren Sie die Option ⬡ **Einzelne Elemente anordnen**. Als **Elemente** markieren Sie im Modellbaum nacheinander bei gedrückter Taste: **STRG** die letzte Extrusion (Lagerung der Kurbelwelle), beide Bohrungen und die zuletzt erzeugten Fasen. Beachten Sie hierbei unbedingt die Reihenfolge! Als Referenz für **Richtung 1** soll im Modellbaum der Ordner **Ursprung** aufgeklappt und hier die **Z-Achse** gewählt werden.

Es ist darauf zu achten, dass die Kopien in Richtung Motorgehäuse erzeugt werden. Sollte dies bei Ihnen nicht der Fall sein, muss mittels ⬡ **Umschalten** die Richtung gewechselt werden.

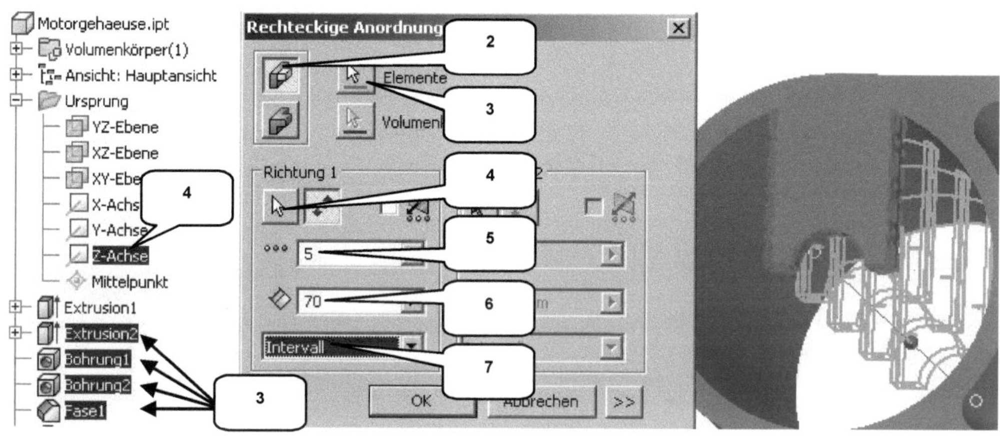

> ⊞ **Rechteckige Anordnung** (1)
> Einzelne Elemente anordnen (2)
> Elemente: Markierte Elemente (3)
> Richtung 1: Z-Achse (4)

> Anzahl: [5] (5)
> Abstand: [70 mm] (6)
> Typ: Intervall (7)
> ⟦ OK ⟧ **OK**

Die letzte Kurbelwellenlagerung sollte jetzt sauber mit der gegenüberliegenden Stirnseite des Motorgehäuses abschließen. Prüfen Sie, ob alle Kurbelwellenlagerungen mit Fasen und Bohrungen versehen sind.

6.7.6 Dichtungsflansch zum Zylinderkopf

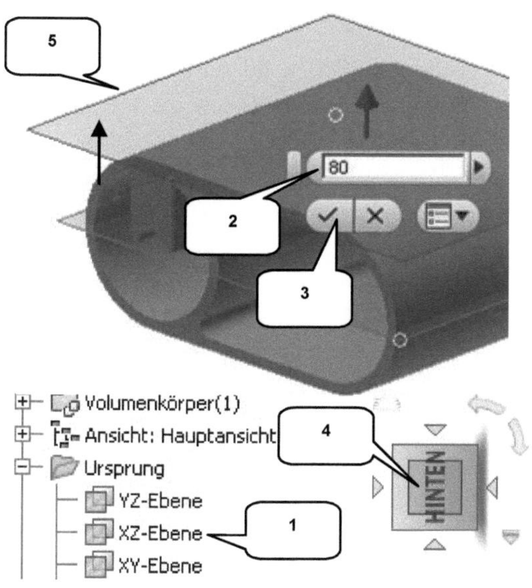

In der folgenden Übung soll ein Dichtungsflansch erzeugt werden. Starten Sie den Befehl ⟦ **Versatz von Ebene** und erzeugen Sie eine neue Arbeitsebene in einem Versatz von **80 mm** zur **XZ-Ebene** und in die in der nebenstehenden Grafik dargestellte Richtung. Am **ViewCube** soll die Ansicht **HINTEN** eingestellt und dann um **90°** gegen den Uhrzeigersinn gedreht werden.

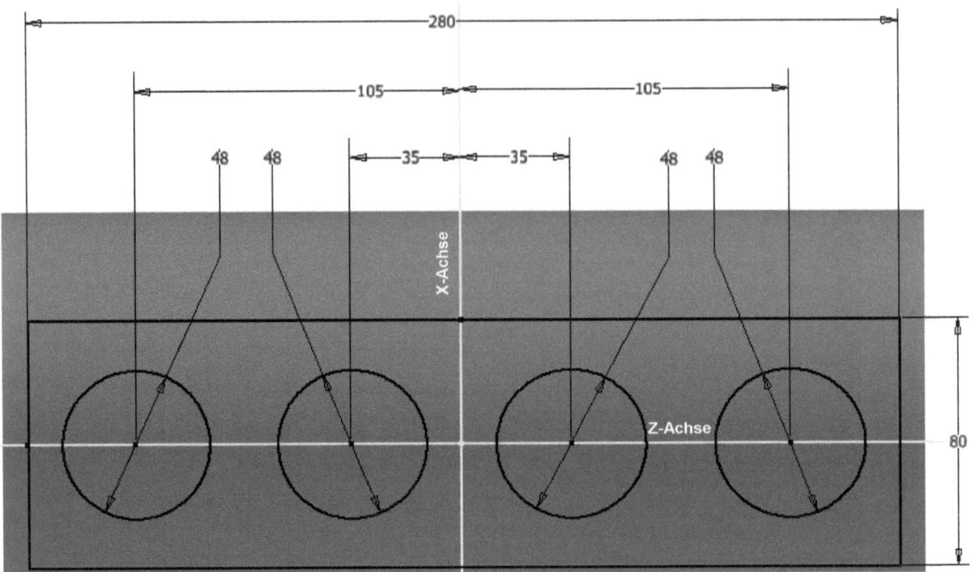

> **Versatz von Ebene**
> Ordner *Ursprung* öffnen
> XZ-Ebene (1) wählen
> Abstand: [80 mm] eintragen (2)
> ✅ *OK* (3)

> *ViewCube*-Ansicht: *HINTEN* (90° gegen UZS gedreht) (4)

> **2D-Skizze**
> Neue Arbeitsebene an Kante wählen (5)

> **Geometrie projizieren**
> **Konstruktion** aktivieren
> Ordner *Ursprung* öffnen
> 3 Achsen wählen
> **Konstruktion** deaktivieren
> Taste: ESC

> **Kreis**
> 4 Kreise (D = 48 mm) zeichnen wie dargestellt (Mittelpunkte befinden sich jeweils auf der projizierten Z-Achse)
> Taste: ESC

> **Rechteck**
> Rechteck (280 x 80 mm) zeichnen wie dargestellt (symmetrisch zu X- und Z-Achse)
> Taste: ESC

> **Bemaßung**
> Maße übernehmen wie dargestellt
> Taste: ESC

> ✅ **Skizze fertig stellen**

Extrudieren Sie die Kontur danach mit der Option *Zur Nächsten* bis an den vorhandenen Volumenkörper heran.

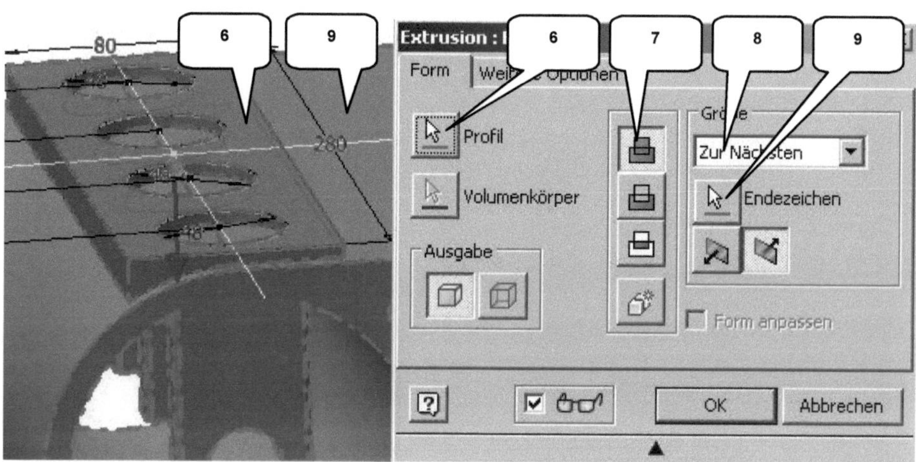

> 📋 **Extrusion**
> Profil: Kontur (ohne Kreise!) (6)
> Verfahren: Vereinigung (7)

> Größe: Zur Nächsten (8)
> Endezeichen: Volumenkörper (9)
> ⬚ OK **OK**

6.7.7 Bohrungen nach Skizze einfügen

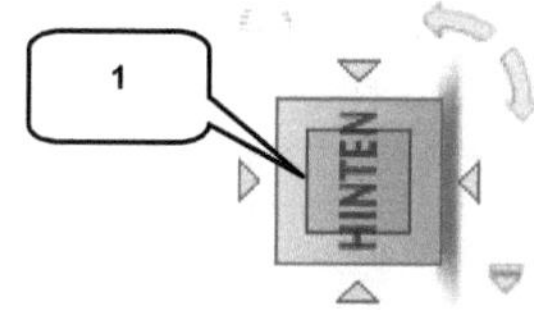

Das Motorgehäuse soll jetzt mit verschiedenen Bohrungen versehen werden. Vorab ist eine 2D-Skizze auf der neu entstandenen Oberfläche (2) zu erzeugen, in welcher die für den Bohrungsbefehl notwendigen Punkte zu setzen sind.

> **ViewCube**-Ansicht: **HINTEN** (90° gegen UZS gedreht) (1)

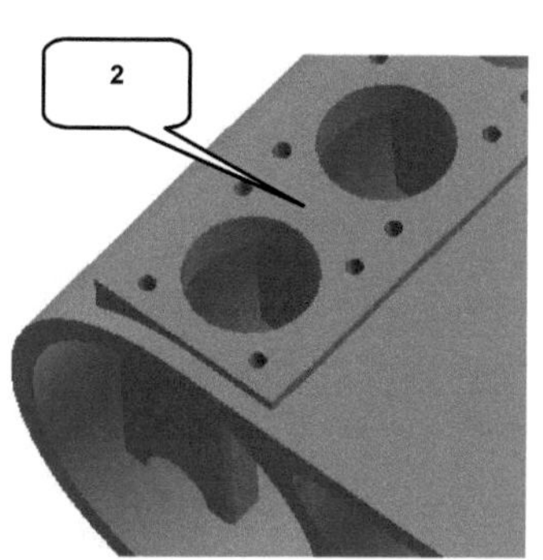

> 📝 **2D-Skizze**
> Markierte Fläche wählen (2)

> ⧉ **Geometrie projizieren**
> ⟋ **Konstruktion** aktivieren
> Ordner **Ursprung** öffnen
> 3 Achsen wählen
> Markierte Fläche wählen (2)
> ⟋ **Konstruktion** deaktivieren
> Taste: **ESC**

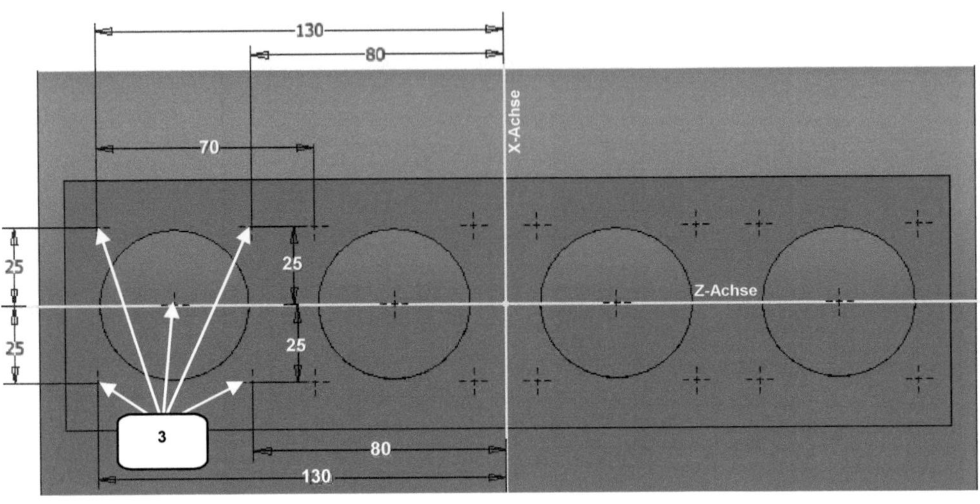

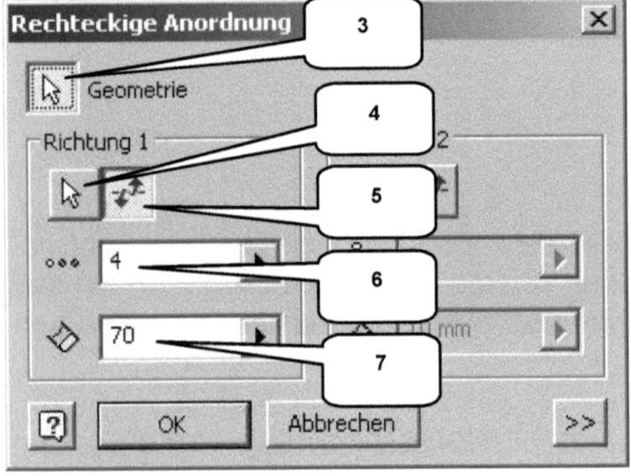

> -+- **Punkt**
> 5 Punkte am linken Kreis setzen wie markiert (3)
> Taste: **ESC**

> ⌐¬ **Bemaßung**
> Punkte bemaßen wie dargestellt
> Taste: **ESC**

> **Rechteckige Anordnung**
> Geometrie: 5 Punkte wählen (3)
> Richtung: Z-Achse wählen (4)
> Richtung umschalten (5)
> Anzahl: [4] (6)
> Abstand: [70 mm] (7)
> ⎯OK⎯ *OK*

> ✔ **Skizze fertig stellen**

HINWEIS: Sollten die neuen Punkte nicht wie oben dargestellt angeordnet werden, ist die Option ⤸ **Umschalten** (5) wieder zu deaktivieren.

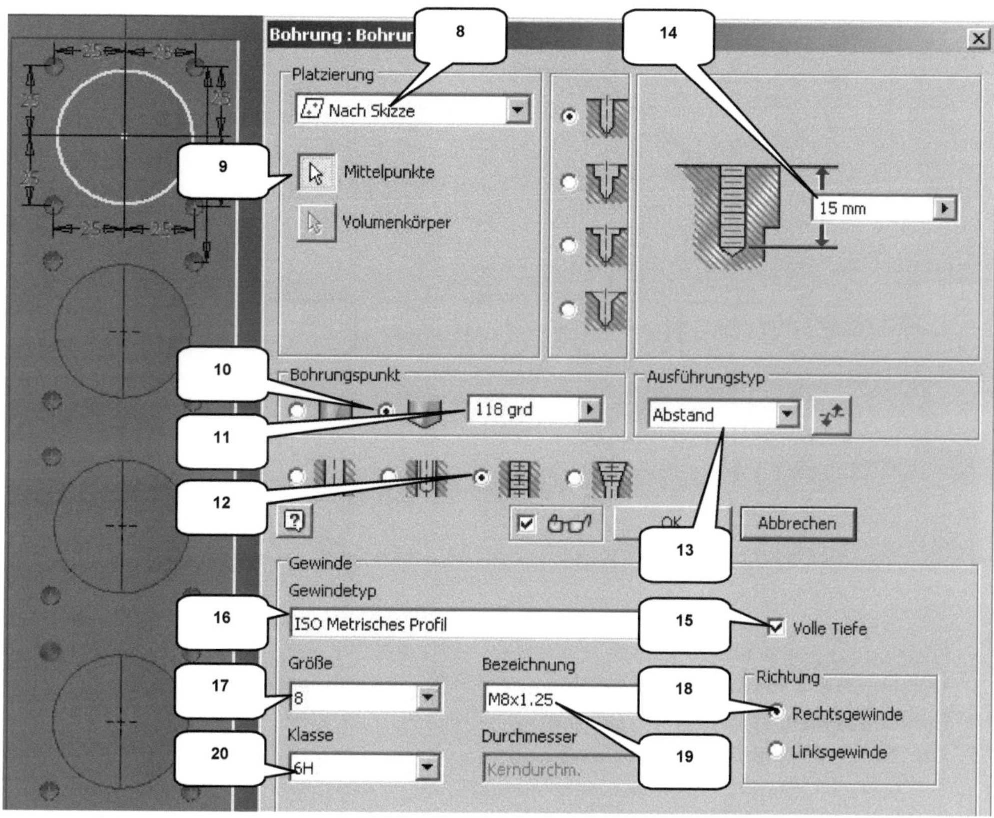

> **Bohrung**
> Platzierung: Nach Skizze (8)
> Mittelpunkte: Alle Punkte der letzten Skizze (Automatisch) (9)
> Bohrungsspitze: Winkel [118°] (10, 11)
> Typ: Gewindebohrung (12)
> Ausführung: Abstand [15 mm] (13, 14)

> Gewindetiefe: Volle Tiefe (15)
> Gewindetyp: ISO Metrisches Prof. (16)
> Größe: 8 - Rechtsgewinde (17, 18)
> Bezeichnung: M8 x 1,25 (19)
> Klasse: 6H (20)
> **OK**

HINWEIS: Nach der Bestätigung des Bohrunsbefehls berechnet das Programm die Bohrungen, und die zuvor erstellte Skizze mit den Punkten wird in den Bohrungsbefehl integriert. Da sie für weitere Bohrungen benötigt wird, muss sie reaktiviert werden. Klappen Sie im Modellbaum die zuletzt erzeugte Bohrung auf und markieren Sie die darin enthaltene Skizze. Klicken Sie mit der ***rechten Maustaste*** auf diese Skizze und wählen Sie die Option ***Skizze wieder verwenden***. Die Skizze reaktiviert sich und erscheint erneut im Modellbaum. Jetzt können weitere Bohrungen erzeugt werden.

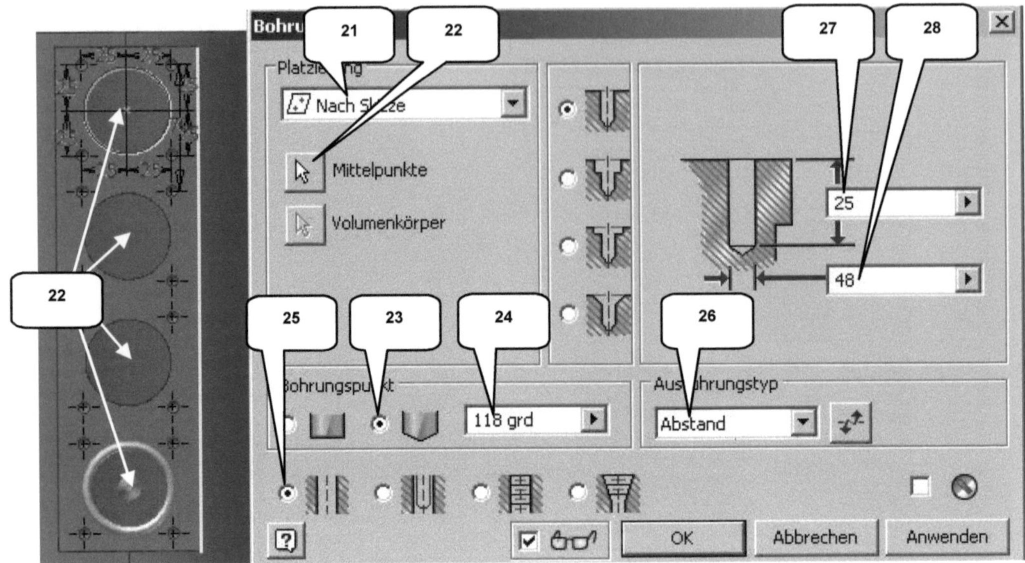

> ☑ **Bohrung**
> Platzierung: Nach Skizze (21)
> Mittelpunkte: 4 Punkte wählen (22)
> Bohrungsspitze: Winkel [118°] (23, 24)
> Typ: Bohren (ohne Gewinde) (25)

> Ausführungstyp: Abstand [25 mm] (26, 27)
> Durchmesser: [48 mm] (28)
> ⬜ OK ⬜ **OK**

Die zuletzt reaktivierte Skizze und auch die eventuell noch aktive Arbeitsebene können jetzt wieder ausgeblendet werden. Hier sind beide Objekte bei gedrückter Taste: **STRG** mit der **linken Maustaste** zu markieren und dann mit der **rechten Maustaste** darauf die Option **Sichtbarkeit** zu deaktivieren.

HINWEIS: Nachdem eine Skizze durch die Option **Skizze wieder verwenden** reaktiviert wurde, bleibt sie so lange sichtbar, bis die Sichtbarkeit manuell entfernt wird. Klicken Sie hierfür im Modellbaum mit der **rechten Maustaste** auf die Skizze und entfernen Sie den Haken bei der Option **Sichtbarkeit**.

6.7.8 Übergangsbereich zum Flansch abrunden

Mit einigen Rundungen soll der Anschlussflansch am Motorgehäuse seine endgültige Form erhalten. Achten Sie darauf, dass die Rundung der ersten vier Kanten (R = 20 mm) zuerst mit ⬜ Anwenden **Anwenden** bestätigt werden muss, bevor die umlaufende Kante (R = 5 mm) gerundet werden kann.

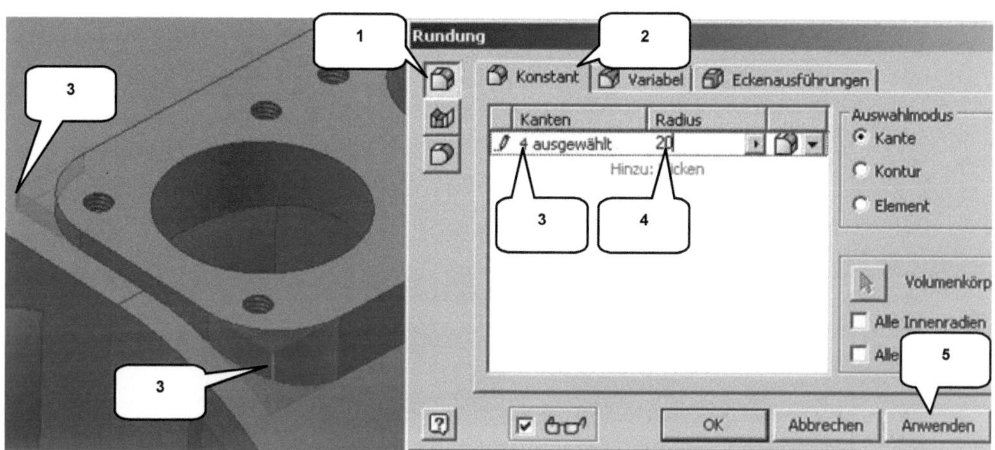

> **Rundung**
> Typ: Kantenabrundung (1)
> Option: Konstant (2)

> Kanten: Vier Kanten (beide markierte Kanten (3) und die Kanten auf der gegenüberliegenden Seite) wählen
> Radius: [20 mm] (4)
> Anwenden **Anwenden** (5)

> Kante: Markierte umlaufende Kante (6)

> Radius: [5 mm] (7)
> OK **OK**

Das Bauteil kann jetzt als **Motorgehaeuse.ipt** gespeichert und danach geschlossen werden.

6.8 Bauteil: Zylinderblock

6.8.1 Kühlrippen sweepen

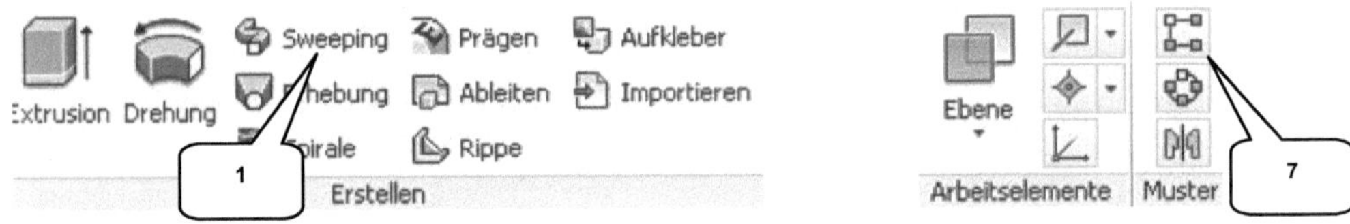

Der Befehl 🌀 **Sweeping** (1) ermöglicht das Extrudieren einer 2D-Kontur entlang eines nicht-linearen Pfades, um daraus einen Volumenkörper zu erzeugen. Er erfordert eine 2D-Skizze mit einem geschlossenen Profil und einen Pfad (als Skizzenkontur oder Kante). Öffnen Sie die vorhandene Datei **Zylinderblock.ipt** aus dem Projektordner. Der Zylinderblock wurde in seiner grundlegenden Form bereits konstruiert und soll jetzt durch abschließende Arbeiten fertiggestellt werden.

- 🌀 **Sweeping** (1)
- Profil: Kontur aus Skizze 3 (2)
- Pfad: Umlaufende Körperkante (3)
- Verfahren: Differenz (4)
- Typ: Pfad (5)

- Ausrichtung: Pfad (6)
- ▢ OK ▢ **OK**
- ▢ Ja ▢ **Ja** (Pfad schneidet Kontur nicht)

HINWEIS: Die Meldung **Pfad schneidet Profil nicht** kann durch ▢ Ja ▢ **JA** bestätigt werden. Das Programm weist lediglich darauf hin, dass Pfad und Profil keinen gemeinsamen Schnittpunkt aufweisen, was für den Befehl selbst allerdings nicht relevant ist.

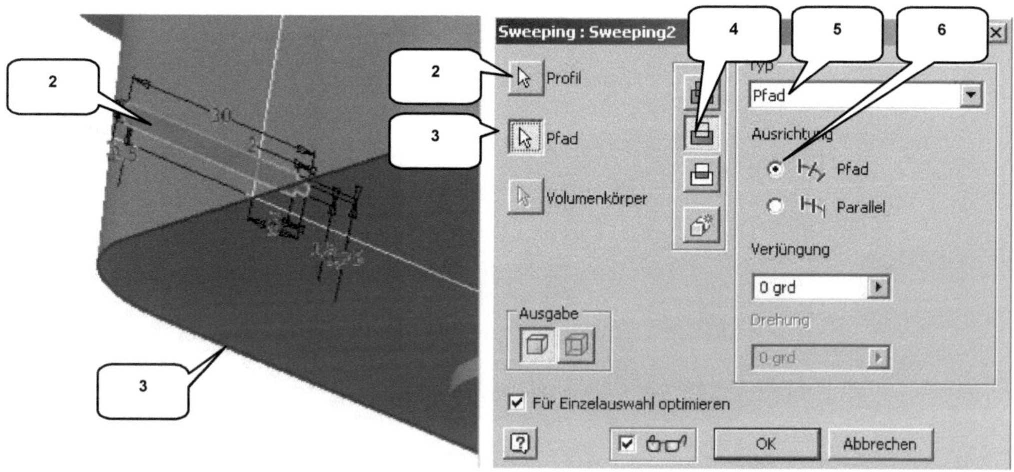

Der letzte Befehl soll als rechteckige Anordnung vervielfacht werden.

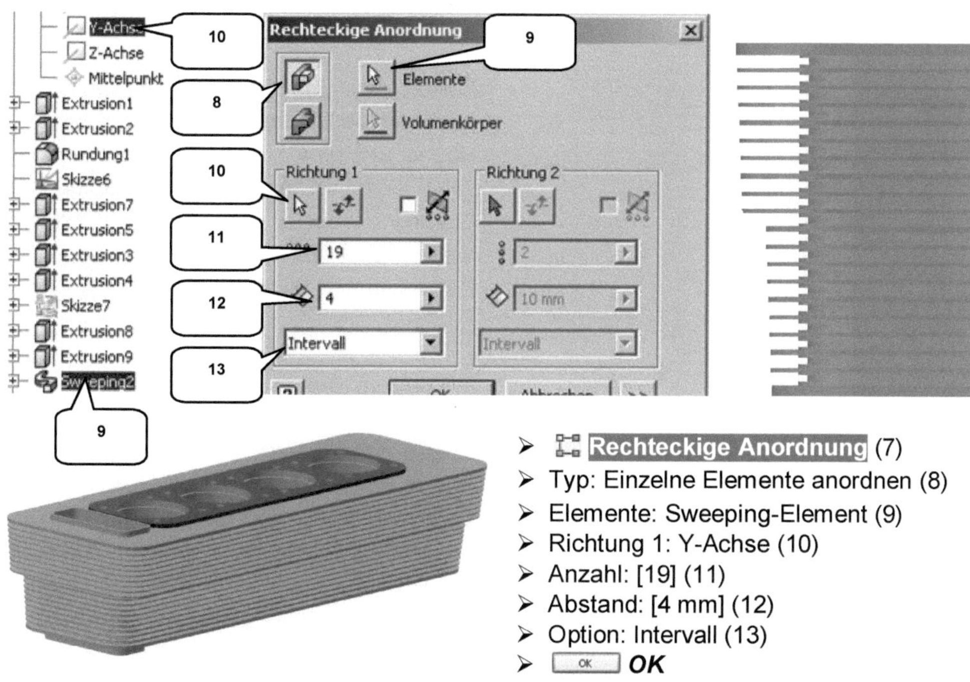

> **Rechteckige Anordnung** (7)
> Typ: Einzelne Elemente anordnen (8)
> Elemente: Sweeping-Element (9)
> Richtung 1: Y-Achse (10)
> Anzahl: [19] (11)
> Abstand: [4 mm] (12)
> Option: Intervall (13)
> OK **OK**

Weitere Änderungen am Bauteil sind nicht erforderlich. Speichern Sie die Datei und schließen Sie sie anschließend.

6.9 Bauteil: Zylinderkopf

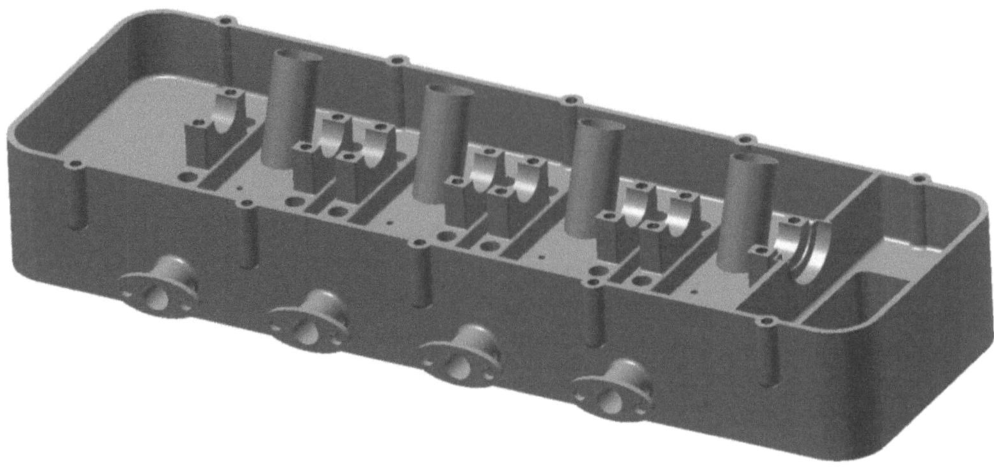

6.9.1 Einfügen einer geneigten Ebene

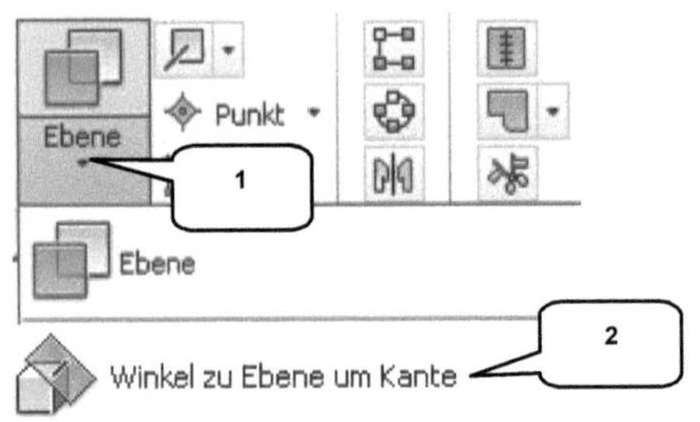

Öffnen Sie das Bauteil **Zylinderkopf.ipt** (vorhandene Übungsdatei). In der folgenden Übung soll eine schräge Arbeitsebene erzeugt werden. Diese wird als Grundlage zur Erstellung weiterer geometrischer Elemente dienen. Erweitern Sie den Befehl **Ebene** (1) und starten Sie den Befehl **Winkel zu Ebene um Kante** (2).

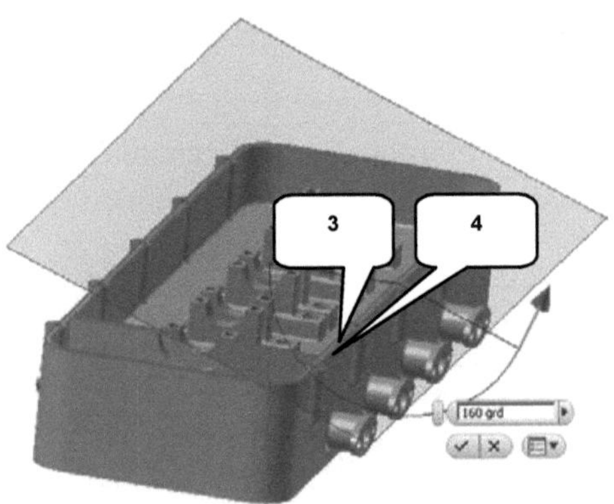

Mit diesem Befehl kann eine neue Arbeitsebene, basierend auf einer vorhandenen Ebene oder Fläche und geneigt um eine Achse oder Kante erzeugt werden. Nach Befehlsstart sind nacheinander die markierte Fläche (3) und die markierte Kante (4) anzuklicken. Als Winkel der Neigung soll der Wert **160°** eingegeben werden (5). Sollte Ihre Ebene nach Winkeleingabe anders ausgerichtet sein als in der linken Abbildung zu sehen, muss das Vorzeichen des Drehwinkels geändert werden (-160°).

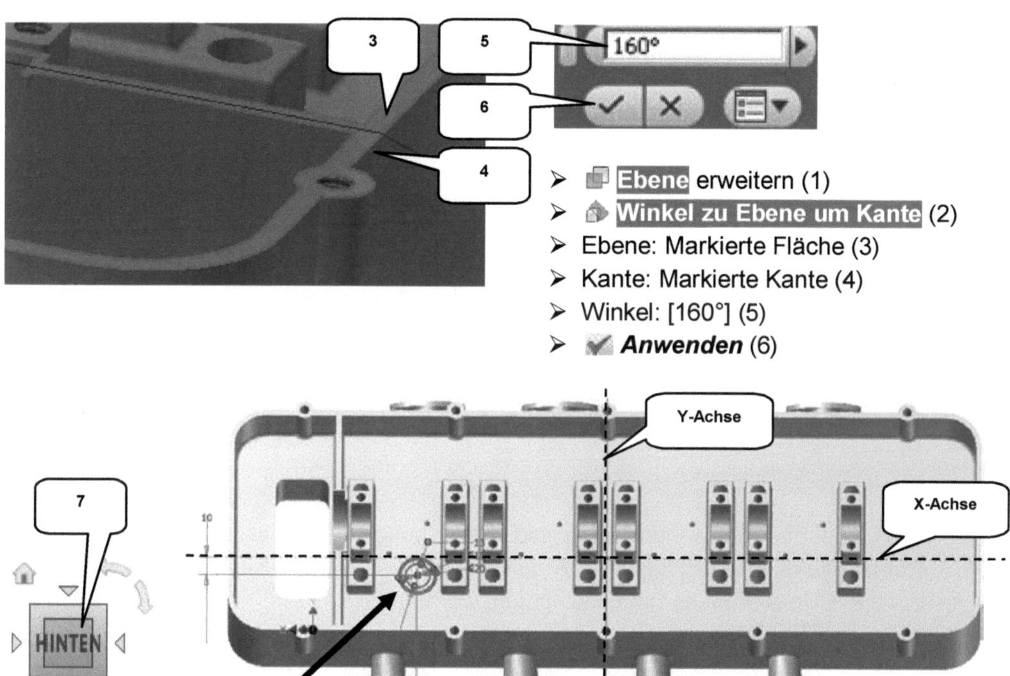

> ⬛ **Ebene** erweitern (1)
> ⬛ **Winkel zu Ebene um Kante** (2)
> Ebene: Markierte Fläche (3)
> Kante: Markierte Kante (4)
> Winkel: [160°] (5)
> ✅ *Anwenden* (6)

Aktivieren Sie am *ViewCube* die Ansicht *HINTEN* (7), markieren Sie im Modellbaum die zuletzt erzeugte Arbeitsebene und erzeugen Sie darauf eine neue 2D-Skizze.

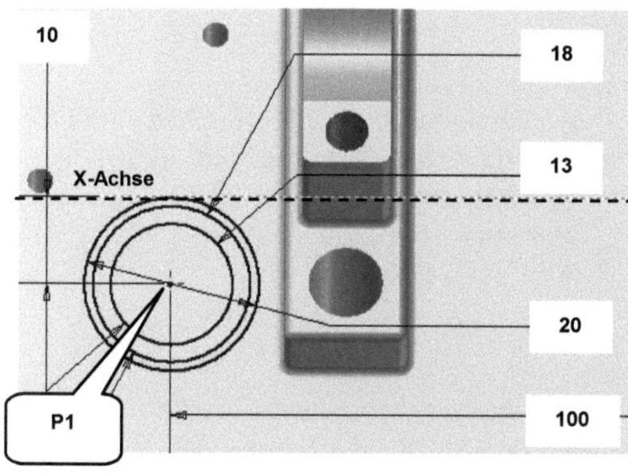

> *ViewCube*-Ansicht: *HINTEN* (7)

> Zuletzt erzeugte Arbeitsebene im Modellbaum markieren

> ⬛ **2D-Skizze**

> ⬛ **Geometrie projizieren**
> ⬛ **Konstruktion** aktivieren
> Ordner *Ursprung* öffnen
> 3 Achsen wählen
> ⬛ **Konstruktion** deaktivieren
> Taste: **ESC**

> ⊹ **Punkt**
> Punkt (P1) unterhalb der projizierten X-Achse und links neben der projizierten Y-Achse frei ablegen
> Taste: **ESC**

> ⊙ **Kreis**
> 3 Kreise zeichnen, deren Kreismittelpunkte auf dem Punkt (P1) liegen
> Durchmesser: [13, 18 und 20 mm]
> Taste: **ESC**

> ⊓ **Bemaßung**
> Abstand (P1) zur projizierten X-Achse: [10 mm]
> Taste: **ENTER**
> Abstand (P1) zur projizierten Y-Achse: [100 mm]
> Taste: **ENTER**
> Taste: **ESC**

> ✔ **Skizze fertig stellen**

6.9.2 Zündkerzeneinsätze bohren und extrudieren

Die zuletzt erzeugte Arbeitsebene kann jetzt wieder ausgeblendet werden (*rechte Maustaste > Sichtbarkeit*). In den folgenden Arbeitsschritten sollen insgesamt eine Gewindebohrung und drei Extrusionen ins Bauteil eingefügt werden.

Starten Sie den Befehl 🔘 **Bohrung** und aktivieren Sie die Option *Nach Skizze*.

Der *Bohrungspunkt* sollte automatisch erkannt werden. Sie benötigen eine *Gewindebohrung* mit dem Ausführungstyp *Durch alle*. Die Bohrung muss in Richtung Volumenkörper zeigen. Sollte dies bei Ihnen nicht der Fall sein, wechseln Sie die Richtung (🔄 *Umschalten*). Übernehmen Sie die restlichen Einstellungen aus der folgenden Abbildung und bestätigen Sie anschließend den Befehl.

> 🔘 **Bohrung**
> Platzierung: Nach Skizze (1)
> Mittelpunkte: Markierter Punkt (2) (P1)
> Typ: Gewindebohrung (3)
> Ausführungstyp: Durch alle (4)
> Gewindetiefe: Volle Tiefe (5)

> Gewindetyp: ISO Metrisches Profil (6)
> Größe: 9 - Rechtsgewinde (7, 8)
> Bezeichnung: M9 x 1,25 (9)
> Klasse: 6H (10)
> ⬜ OK *OK*

Da die Skizze noch für die Extrusionen benötigt wird, muss sie reaktiviert werden. Klappen Sie hierfür im Modellbaum die letzte Bohrung auf, markieren Sie die darunterliegende Skizze und wählen Sie mit der *rechten Maustaste* darauf die Option *Skizze wieder verwenden*. Folgen Sie der nachstehenden Befehlskette, um die Bohrung und die drei Extrusionen nacheinander umzusetzen.

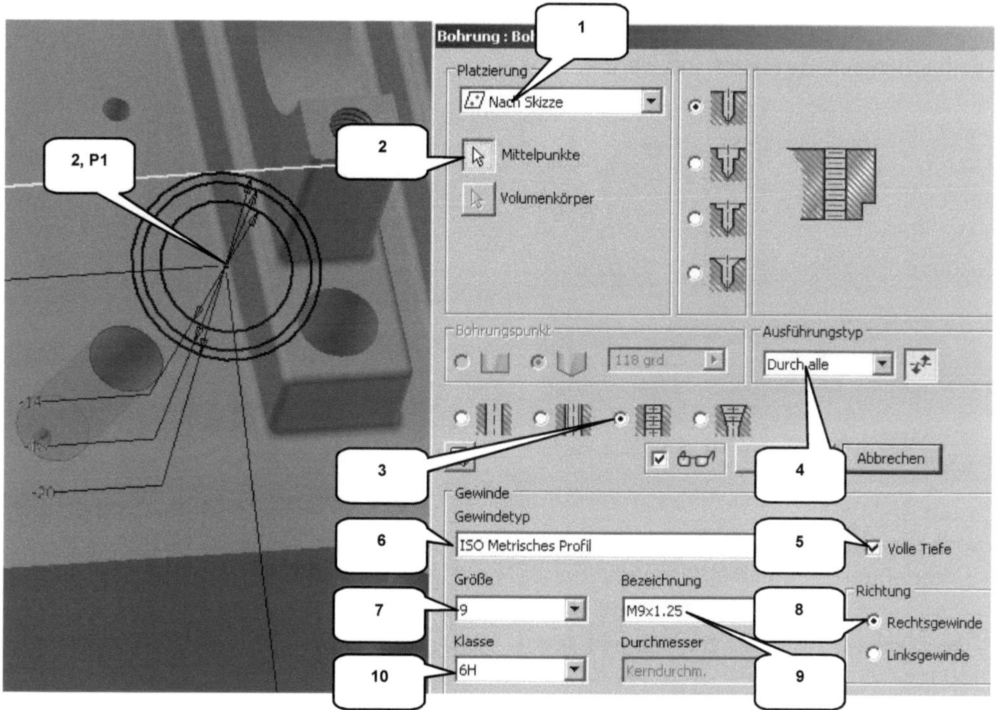

Der kleinste Kreis (D = 13 mm) ist jetzt mit einer Tiefe von **68 mm** vom vorhandenen Material zu subtrahieren.

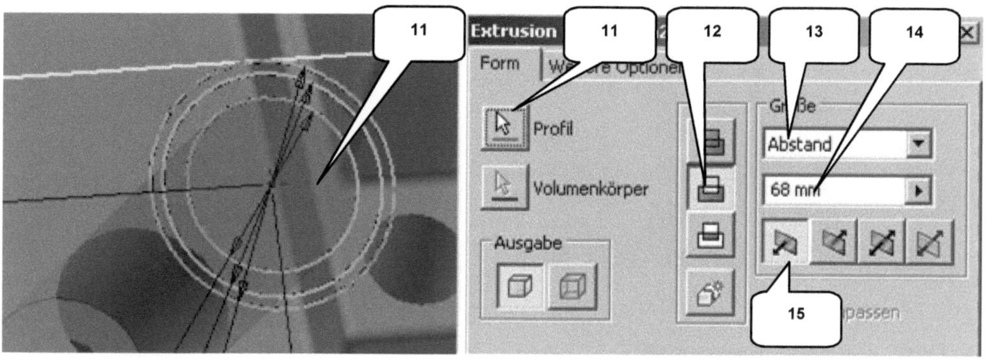

> **Extrusion**
> Profil: Markierte Kreisfläche (11)
> Verfahren: Differenz (12)
> Größe: Abstand [68 mm] (13, 14)

> Richtung: Richtung 1 (15)
> OK **OK**

Der Kreisring zwischen D = 14 mm und D = 18 mm soll mit einer Tiefe von **67 mm** vom vorhandenen Material entfernt werden.

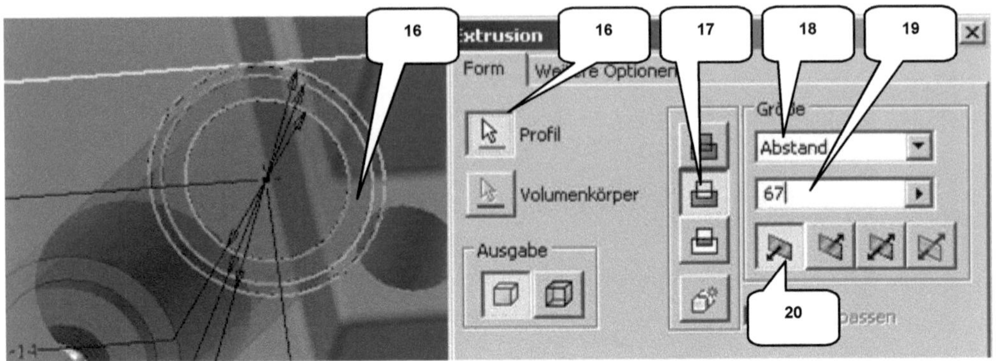

> 📦 Extrusion
> Profil: Markierter Kreisring (16)
> Verfahren: Differenz (17)

> Größe: Abstand [67 mm] (18, 19)
> Richtung: Richtung 1 (20)
> OK **OK**

Der Kreisring zwischen D = 18 mm und D = 20 mm soll bis zum Zylinderkopf extrudiert werden.

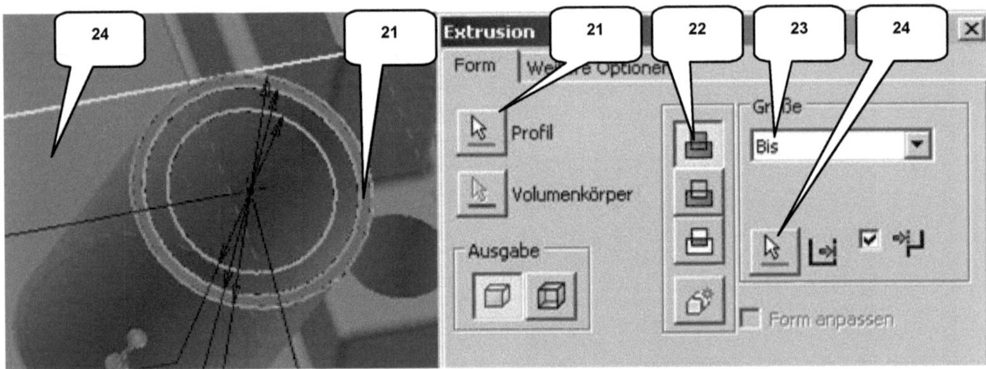

> 📦 Extrusion
> Profil: Markierter Kreisring (21)
> Verfahren: Vereinigung (22)

> Größe: Bis (23)
> Bis: Markierte Fläche (24)
> OK **OK**

6.9.3 Vorhandene Anordnungen erweitern

Die reaktivierte Skizze ist wieder auszublenden (**rechte Maustaste > Sichtbarkeit**). Um die letzten vier Arbeitsschritte (eine Bohrung, drei Extrusionen) nicht manuell wiederholen zu müssen, sollen diese linear vervielfacht werden. Hier kann eine bereits vorhandene Anordnung benutzt und um die neuen Elemente erweitert werden.

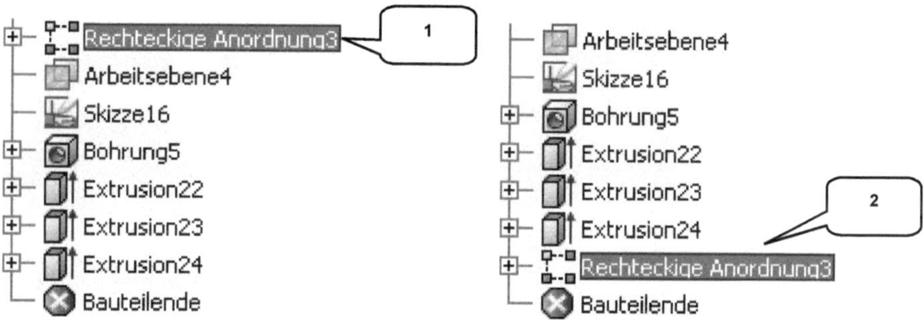

Im Modellbaum finden Sie eine **Rechteckige Anordnung** (1). Schieben Sie diese bei gedrückter linker Maustaste zwischen die letzte Extrusion und das ⊗ **Bauteilende** auf Position (2). Dieser Zwischenschritt ist erforderlich, um die zuletzt erzeugten Elemente in diese Anordnung integrieren zu können. Klicken Sie jetzt mit der **rechten Maustaste** auf die Rechteckige Anordnung (2) und wählen Sie die Option **Element bearbeiten**.

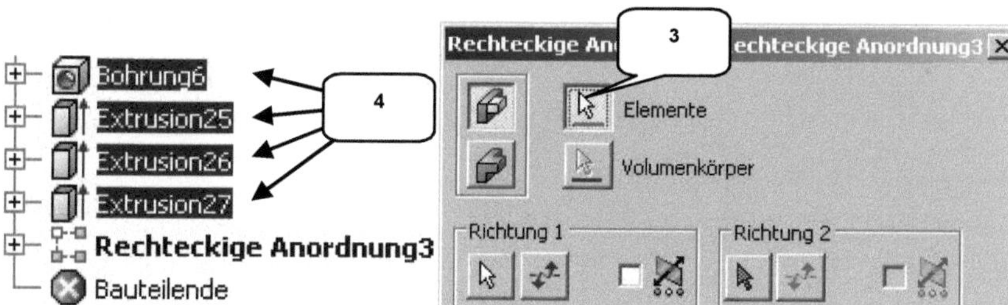

Aktivieren Sie die Option **Elemente** (3) und klicken Sie dann bei gedrückter Taste: STRG mit der linken Maustaste nacheinander auf die vier markierten Elemente (4) im Modellbaum (1 x Bohrung, 3 x Extrusion). Der Befehl kann dann mit ⌷ OK ⌷ **OK** bestätigt werden.

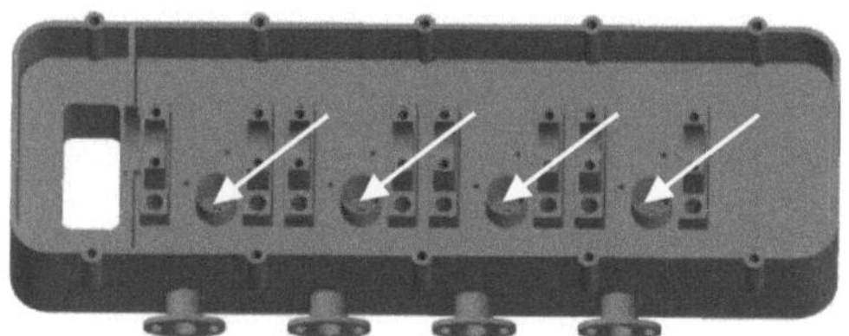

Jeder Zylinder sollte jetzt mit einer eigenen Zündkerzenfassung versehen sein. Speichern und schließen Sie die Datei abschließend.

6.10 Bauteil: Nockenwelle

6.10.1 Passfederaussparung und Gewindebohrung am Wellenende

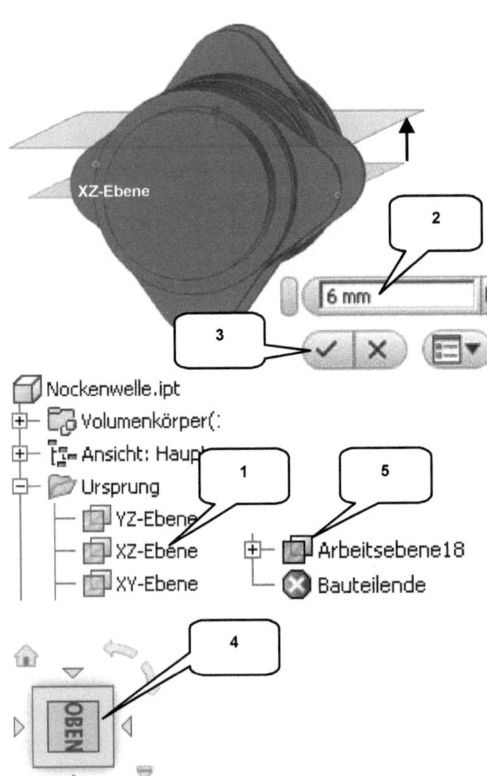

Öffnen Sie das Bauteil **Nockenwelle.ipt** (vorhandene Übungsdatei) und erzeugen Sie eine neue Arbeitsebene mit einem Versatz von **6 mm** zur **XZ-Ebene**, um darauf eine neue 2D-Skizze zu erstellen.

- ➤ **Versatz von Ebene**
- ➤ XZ-Ebene (Modellbaum) wählen (1)
- ➤ Abstand: [6 mm] (2)
- ➤ *Anwenden* (3)

- ➤ *ViewCube*-Ansicht: *OBEN* (90° im UZS gedreht) (4)

- ➤ **2D-Skizze**
- ➤ Neue Arbeitsebene wählen (5)
- ➤ Taste: F7 (Skizze aufschneiden)

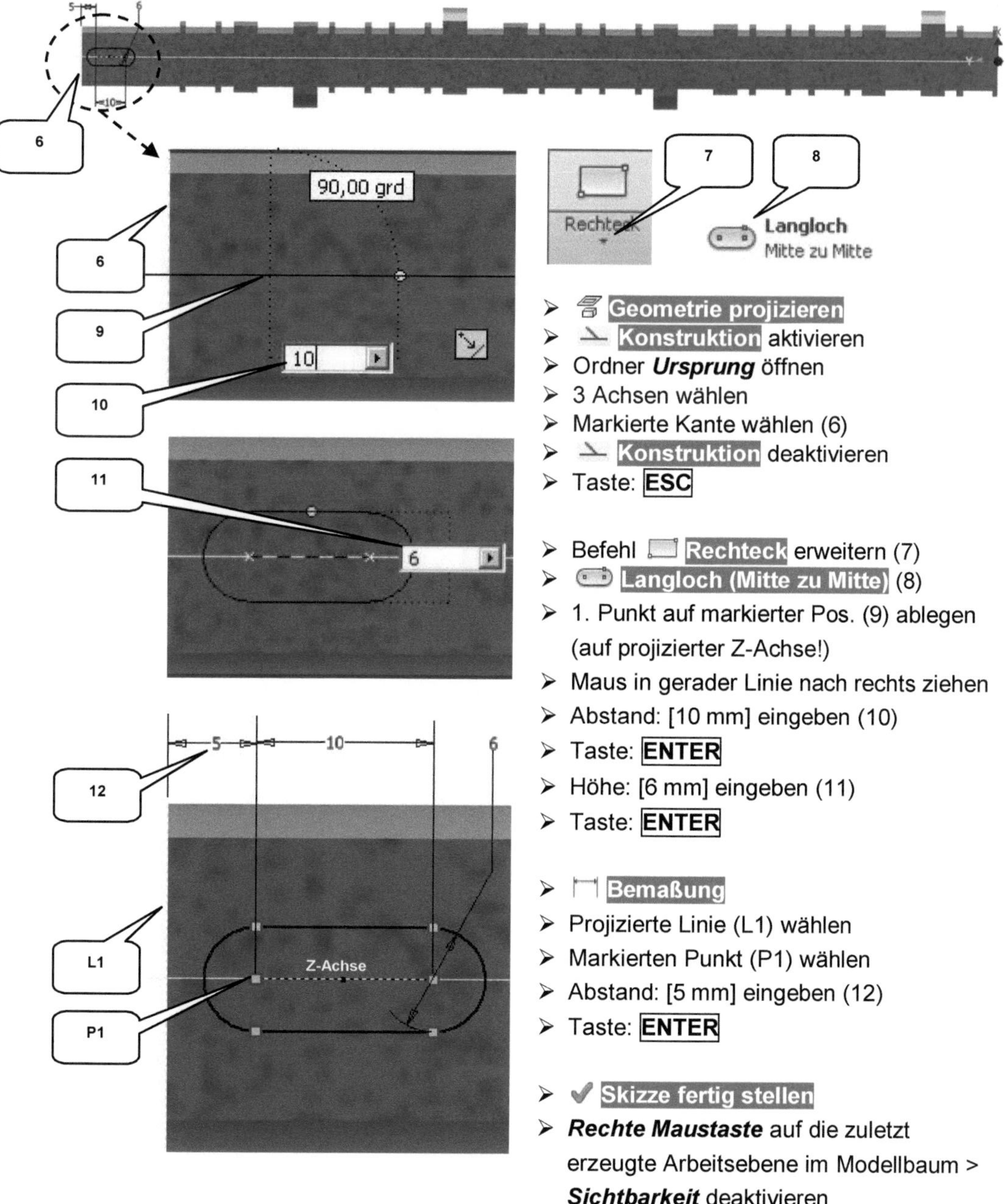

> ⊟ **Geometrie projizieren**
> ⊾ **Konstruktion** aktivieren
> Ordner *Ursprung* öffnen
> 3 Achsen wählen
> Markierte Kante wählen (6)
> ⊾ **Konstruktion** deaktivieren
> Taste: **ESC**

> Befehl ▭ **Rechteck** erweitern (7)
> ⊂⊃ **Langloch (Mitte zu Mitte)** (8)
> 1. Punkt auf markierter Pos. (9) ablegen
> (auf projizierter Z-Achse!)
> Maus in gerader Linie nach rechts ziehen
> Abstand: [10 mm] eingeben (10)
> Taste: **ENTER**
> Höhe: [6 mm] eingeben (11)
> Taste: **ENTER**

> ⊓ **Bemaßung**
> Projizierte Linie (L1) wählen
> Markierten Punkt (P1) wählen
> Abstand: [5 mm] eingeben (12)
> Taste: **ENTER**

> ✔ **Skizze fertig stellen**
> *Rechte Maustaste* auf die zuletzt
> erzeugte Arbeitsebene im Modellbaum >
> *Sichtbarkeit* deaktivieren

Zurück im 3D-Modellbereich soll das Langloch extrudiert werden.

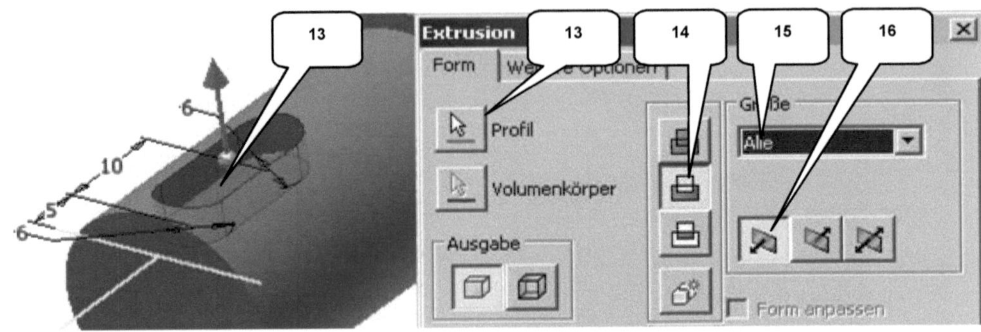

> 🗔 **Extrusion**
> Profil: Langloch (13)
> Verfahren: Differenz (14)

> Größe: Alle (15)
> Richtung: Richtung 1 (16)
> ⬚ OK ⬚ *OK*

Auf derselben Seite der Nockenwelle soll an der Stirnseite zusätzlich eine Gewindebohrung erzeugt werden. Verwenden Sie den Platzierungstyp **Konzentrisch**.

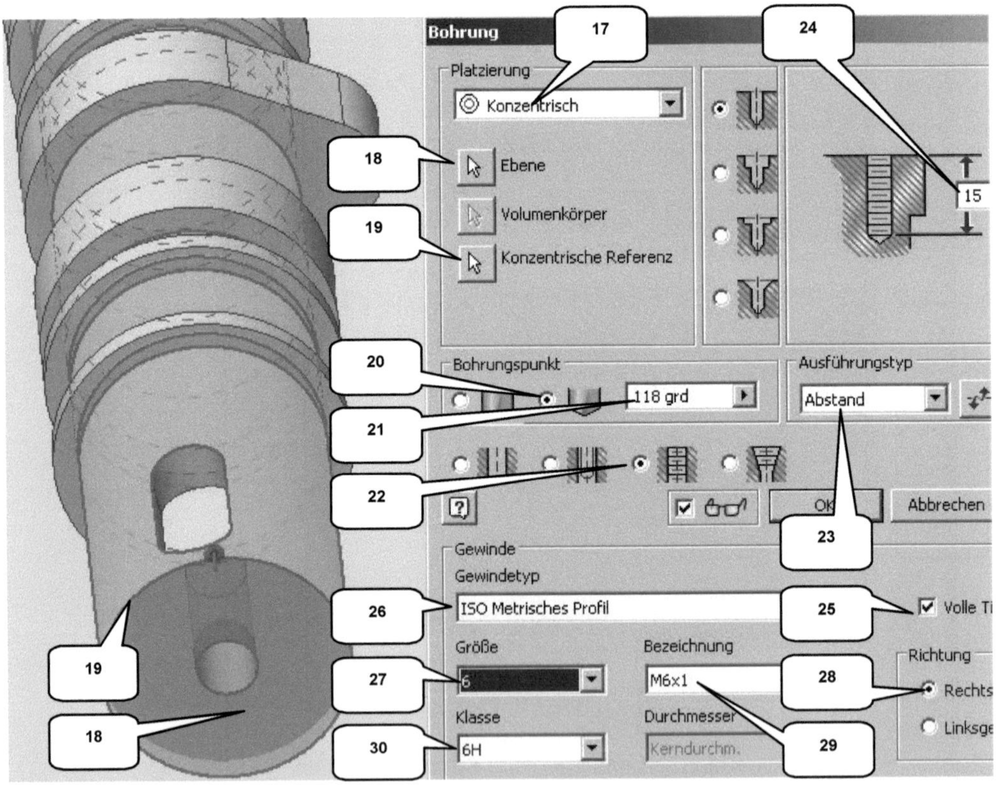

> ➢ 🖉 **Bohrung**
> ➢ Platzierung: Konzentrisch (17)
> ➢ Ebene: Markierte Fläche (18)
> ➢ Konzentrische Referenz: Kreiskante (19)
> ➢ Bohrungsspitze: Winkel [118°] (20, 21)
> ➢ Typ: Gewindebohrung (22)

> ➢ Ausführungstyp: Abstand [15 mm] (23, 24)
> ➢ Gewindetiefe: Volle Tiefe (25)
> ➢ Gewindetyp: ISO Metrisches Profil (26)
> ➢ Größe: 6 - Rechtsgewinde (27, 28)
> ➢ Bezeichnung: M6 x 1 (29)
> ➢ Klasse: 6H (30)
> ➢ [OK] *OK*

Weitere Änderungen am Bauteil sind nicht erforderlich. Speichern Sie die Datei und schließen Sie sie anschließend.

6.11 Bauteil: Kurbelwelle

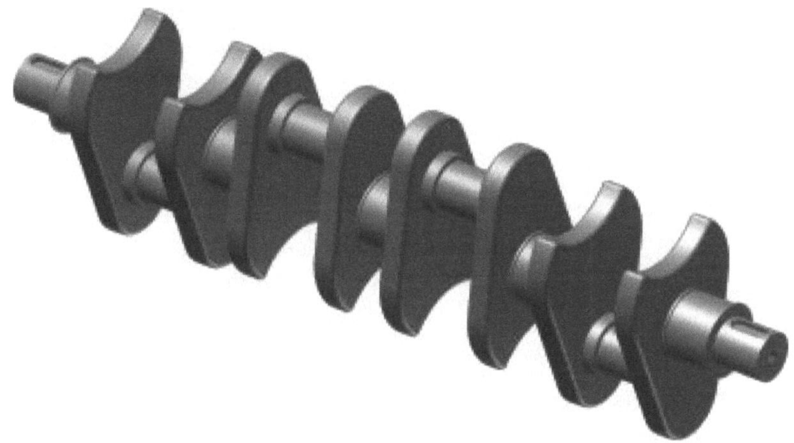

6.11.1 Kurbelwangen zeichnen, extrudieren und kopieren

Erstellen Sie ein neues Bauteil (Norm.ipt) und projizieren Sie die Achsen. Zeichnen Sie die folgende Kontur (Kurbelwange) und bemaßen Sie sie anschließend. Achten Sie darauf, dass die drei Mittelpunkte (M1...3) der Bogensegmente auf der projizierten Y-Achse liegen und die Übergänge der beiden Liniensegmente tangential in die angrenzenden Bogensegmente übergehen.

Die gesamte Kontur muss geschlossen sein. Beenden Sie die Skizze danach und extrudieren Sie die Kontur symmetrisch um *10 mm*.

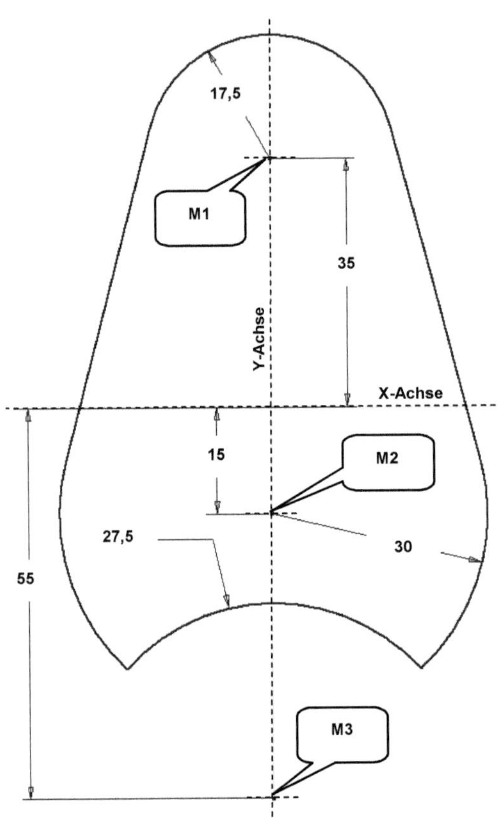

> ☐ **Neu**
> ⬜ *Norm.ipt*
> [Erstellen] *Erstellen*

> 🗗 **Geometrie projizieren**
> ⟋ **Konstruktion** aktivieren
> Ordner *Ursprung* öffnen
> 3 Achsen anklicken
> ⟋ **Konstruktion** deaktivieren
> Taste: **ESC**

Zeichnen Sie die nebenstehende Kontur aus 4 Bögen und zwei tangential anliegenden Linien.

> 🗌 **Extrusion**
> Profil: Kontur (1)
> Größe: Abstand [10 mm] (2, 3)
> Richtung: Symmetrisch (4)
> [OK] *OK*

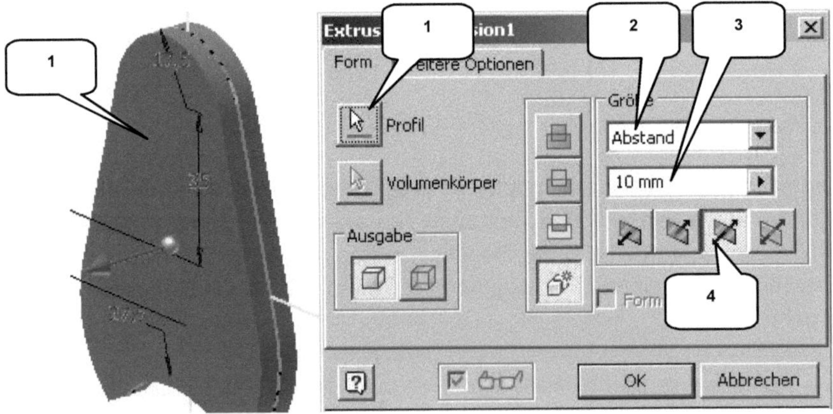

Die Kurbelwange soll jetzt einmal kopiert und entlang der **Z-Achse** angeordnet werden.

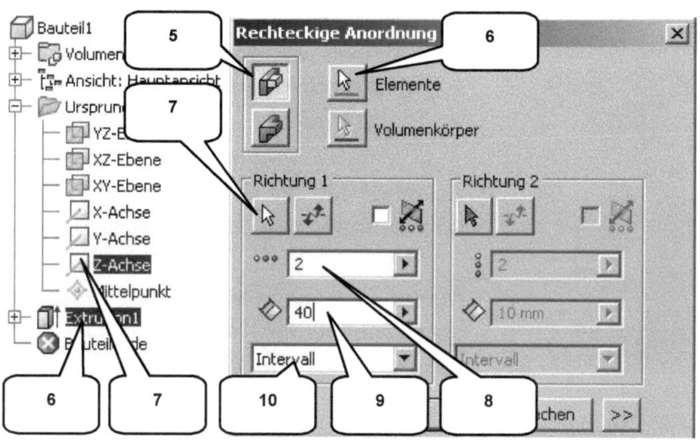

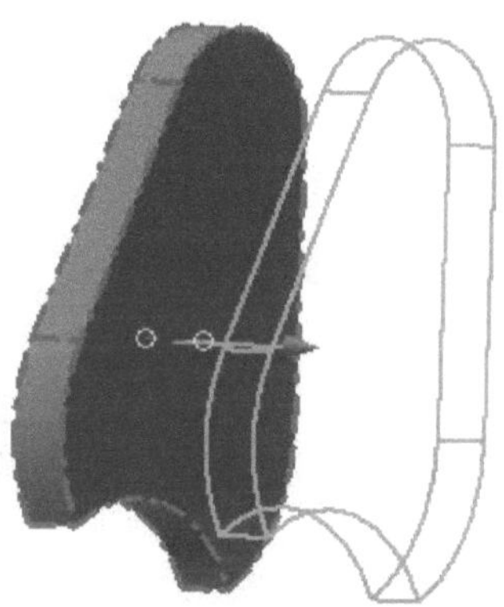

> ⊞ **Rechteckige Anordnung**
> Einzelne Elemente (5)
> Elemente: Extrusion1 (6)
> Richtung 1: Z-Achse (7)

> Anzahl: [2] (8)
> Abstand: [40 mm] (9)
> Typ: Intervall (10)
> ☐ OK ☐ **OK**

Die dritte Kurbelwange erfordert etwas mehr Vorarbeit. Hierfür muss zuerst eine neue Ebene erzeugt und darauf eine neue 2D-Skizze erstellt werden.

> ⬚ **Versatz von Ebene**
> XY-Ebene im Modellbaum wählen
> Versatz: [70 mm] (11)
> ✔ **Anwenden** (12)

> ✎ **2D-Skizze**
> Neue Arbeitsebene im Modellbaum wählen

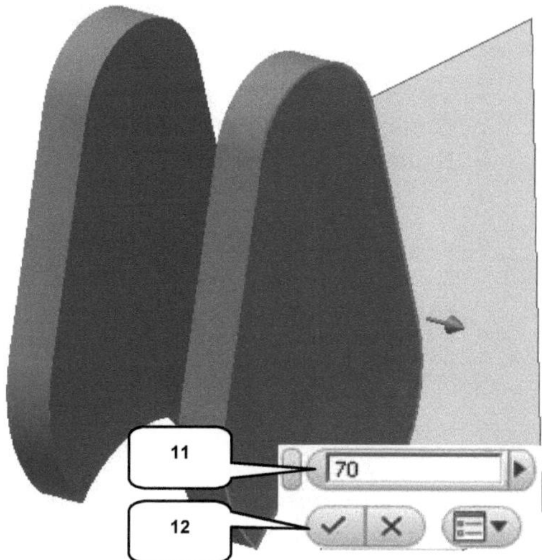

Die neue Arbeitsebene kann bereits wieder ausgeblendet werden (**rechte Maustaste** > **Sichtbarkeit**).

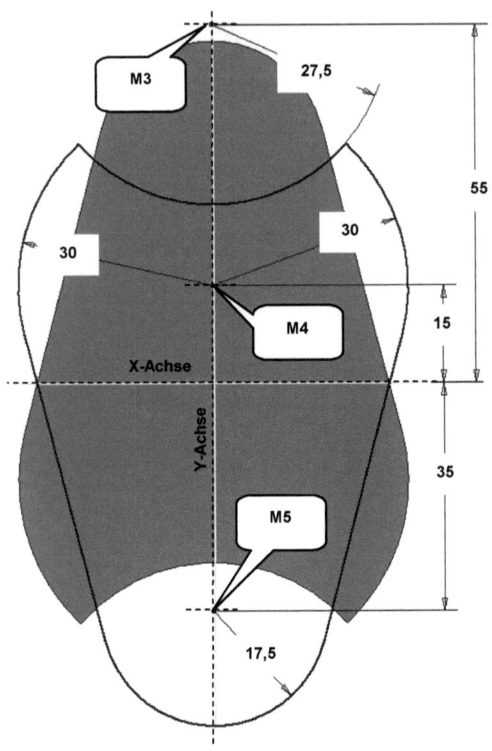

> ≋ **Geometrie projizieren**
> ↘ **Konstruktion** aktivieren
> Ordner *Ursprung* öffnen
> 3 Achsen wählen
> ↘ *Konstruktion* deaktivieren
> Taste: **ESC**

Zeichnen Sie die nebenstehende Kontur und bemaßen Sie diese anschließend.

Achten Sie auch hier darauf, dass die drei Mittelpunkte (M4...5) der Bogensegmente auf der projizierten Y-Achse liegen und die Übergänge der beiden Liniensegmente tangential in die angrenzenden Bogensegmente übergehen. Die gesamte Kontur muss geschlossen sein. Beenden Sie die Skizze danach und extrudieren Sie die Kontur symmetrisch um *10 mm*.

> 📖 **Extrusion**
> Profil: Kontur (13)
> Verfahren: Vereinigung (14)
> Größe: Abstand [10 mm] (15, 16)
> Richtung: Symmetrisch (17)
> ⌐ OK ⌐ *OK*

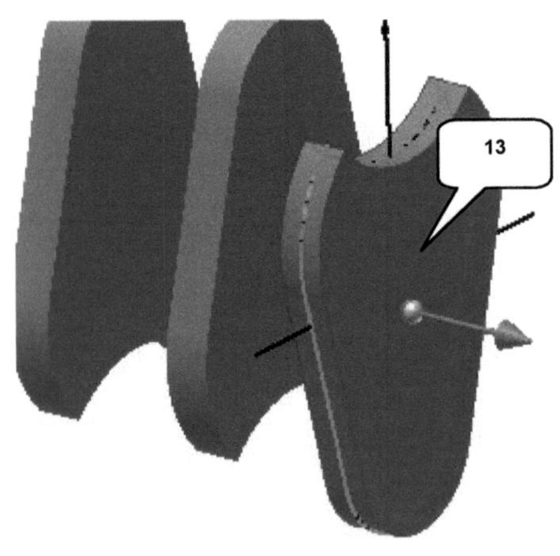

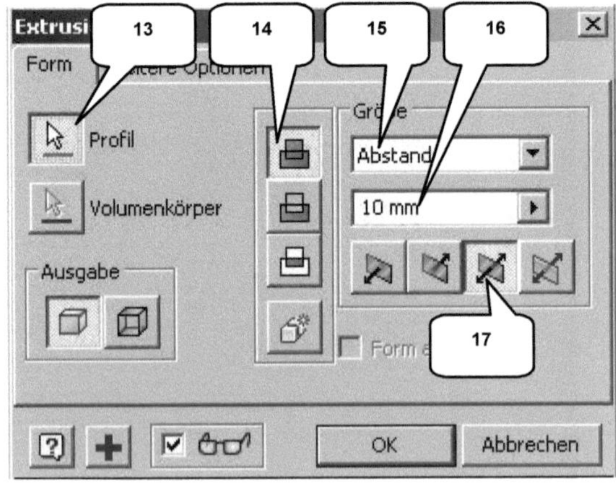

Auch die letzte Extrusion soll einmal entlang der **Z-Achse** vervielfältigt werden.

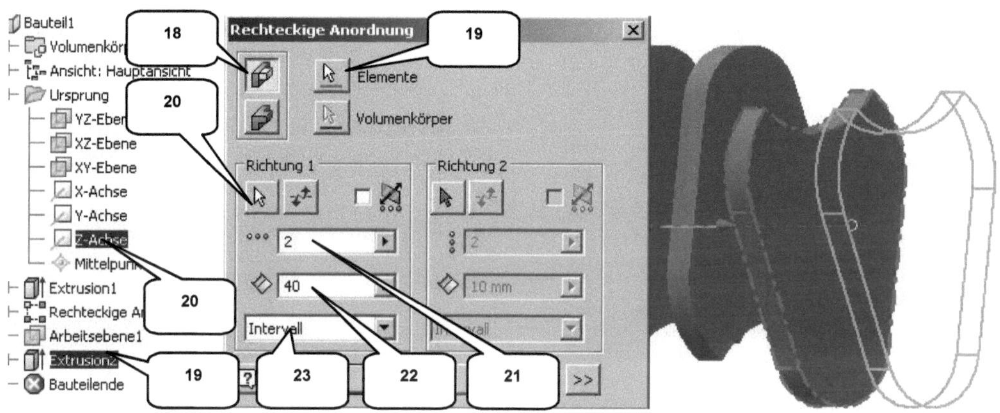

> ⌗ **Rechteckige Anordnung**
> Einzelne Elemente anordnen (18)
> Elemente: Extrusion2 (19)
> Richtung 1: Z-Achse (20)

> Anzahl: [2] (21)
> Abstand: [40 mm] (22)
> Typ: Intervall (23)
> [OK] **OK**

Alle Außenkanten sind jetzt um den Radius **2 mm** abzurunden. Verwenden Sie die hierfür besonders geeignete Option **Alle Außenradien**.

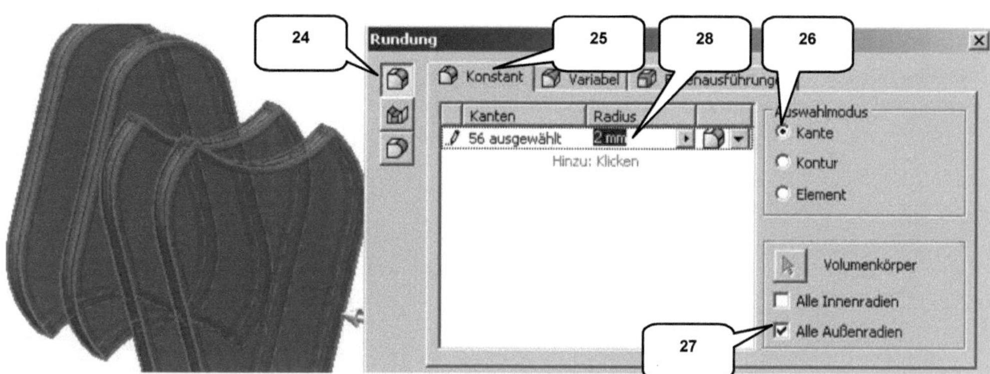

> 🛆 **Rundung**
> Typ: Kantenabrundung (24)
> Reiter: Konstant (25)
> Auswahlmodus: Kante (26)

> Aktivieren: Alle Außenradien (27)
> Radius: [2 mm] (28)
> [OK] **OK**

6.11.2 Pleuel- und Führungslager

Zur Konstruktion der Pleuel- und Führungslager ist auf der **YZ-Ebene** eine neue 2D-Skizze zu erstellen in der die folgende Kontur zu zeichnen ist:

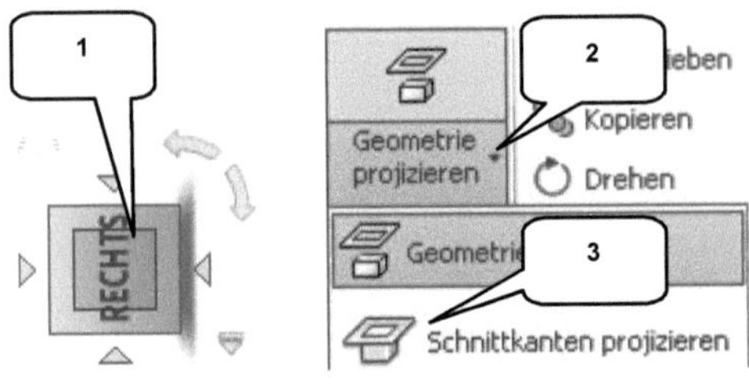

> **ViewCube**-Ansicht: **RECHTS** (90° gegen UZS gedreht) (1)

> 2D-Skizze
> YZ-Ebene im Modellbaum wählen

> Geometrie projizieren
> Konstruktion aktivieren
> Ordner **Ursprung** öffnen
> 3 Achsen wählen
> Taste: ESC

> Befehl Geometrie proj. erweitern (2)
> Schnittkanten projizieren (3)
> Konstruktion deaktivieren
> Taste: ESC

Zeichnen Sie die nachfolgend dargestellte Skizzengeometrie. Sie besteht aus fünf einzelnen, in sich geschlossenen Linienkonturen. Bemaßen Sie diese Konturen und verwenden Sie alle notwendigen Abhängigkeiten, um die Skizze vollständig zu bestimmen. Der Skizzenbereich kann danach verlassen und die Skizze in mehreren Schritten verarbeitet werden.

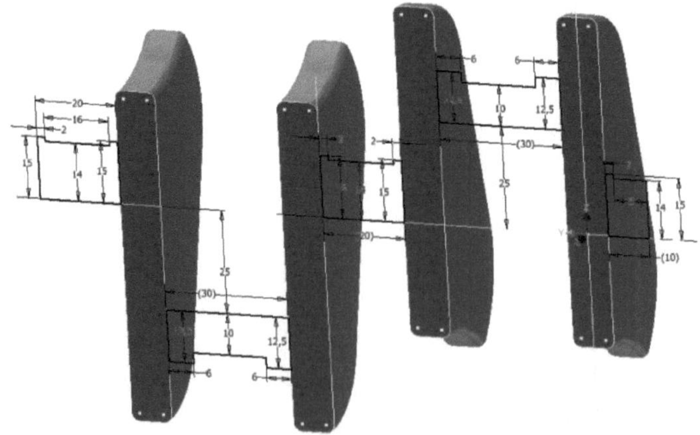

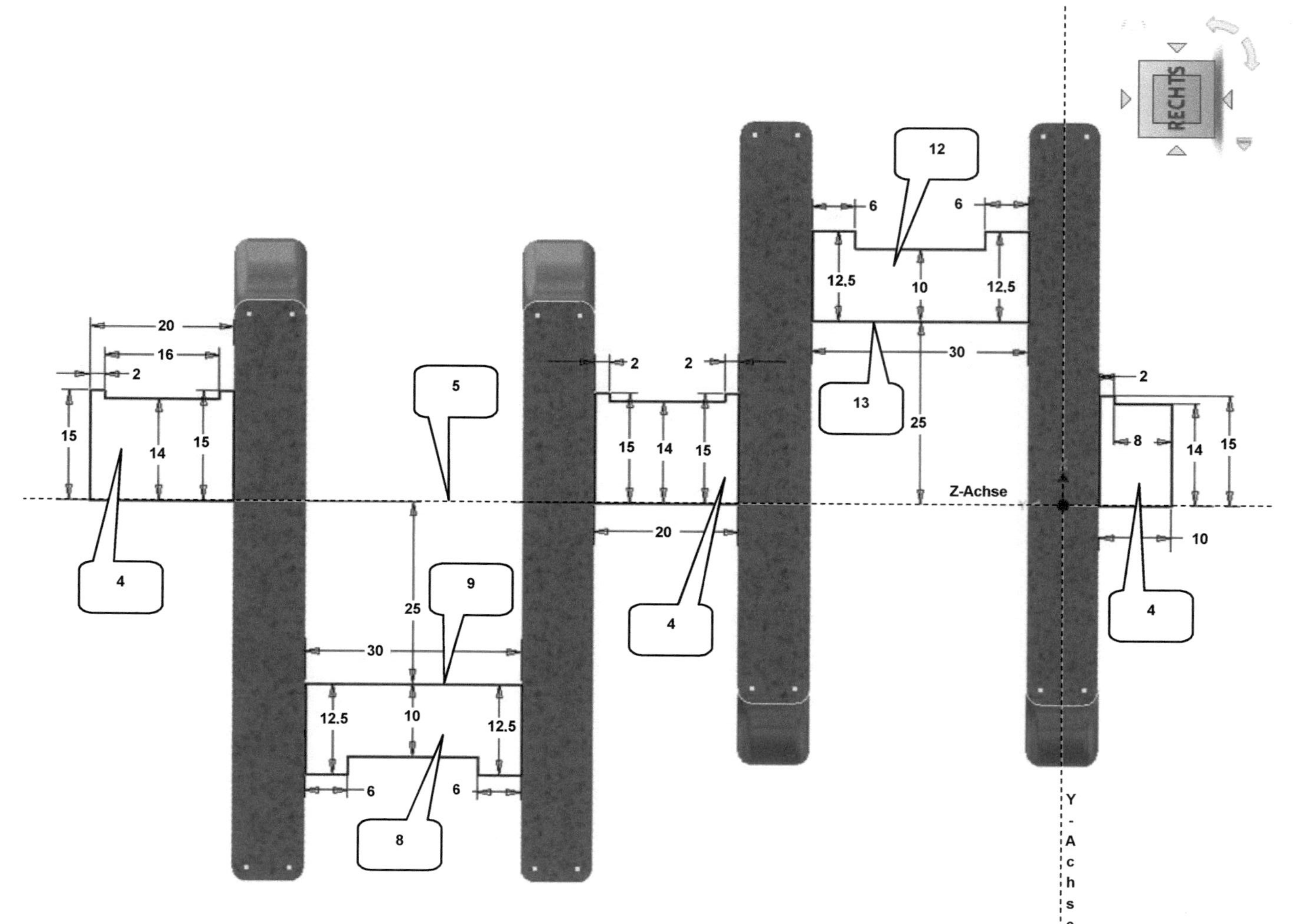

RECHTS
Z-Achse
Y - A c h s e
- Bauteil: Kurbelwelle -
12
6
6
12,5
10
12,5
13
30
25
20
16
2
15
14
15
5
2
2
15
14
15
4
4
9
25
30
12,5
10
12,5
6
6
8
20
2
8
14
15
10
4

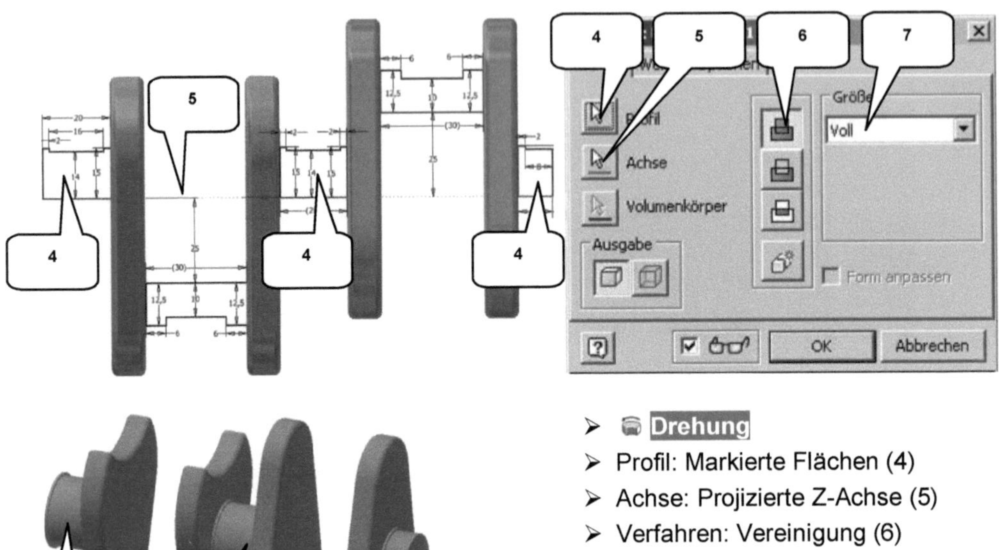

> 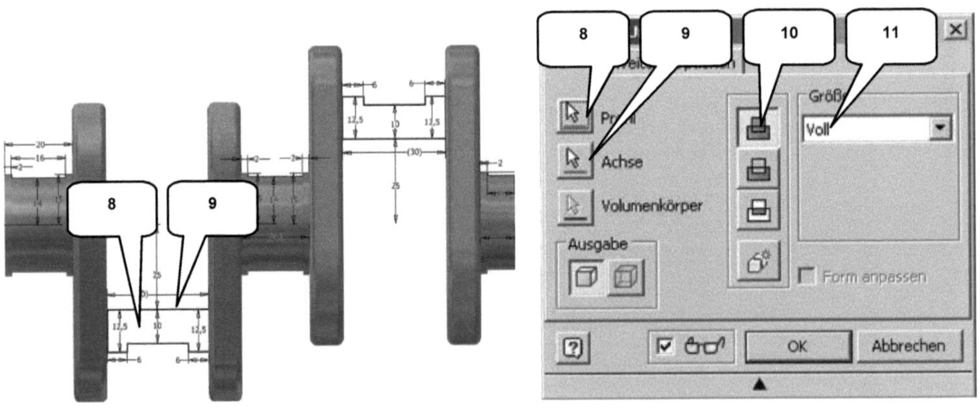 **Drehung**
> Profil: Markierte Flächen (4)
> Achse: Projizierte Z-Achse (5)
> Verfahren: Vereinigung (6)
> Größe: Voll (7)
> **OK**

Erweitern Sie im Modellbaum den letzten Arbeitsschritt (Umdrehung), klicken Sie mit der **rechten Maustaste** auf die darin enthaltene Skizze und wählen Sie die Option **Skizze wieder verwenden**.

> **Drehung**
> Profil: Markierte Fläche (8)
> Achse: Markierte Linie (9)

> Verfahren: Vereinigung (10)
> Größe: Voll (11)
> **OK**

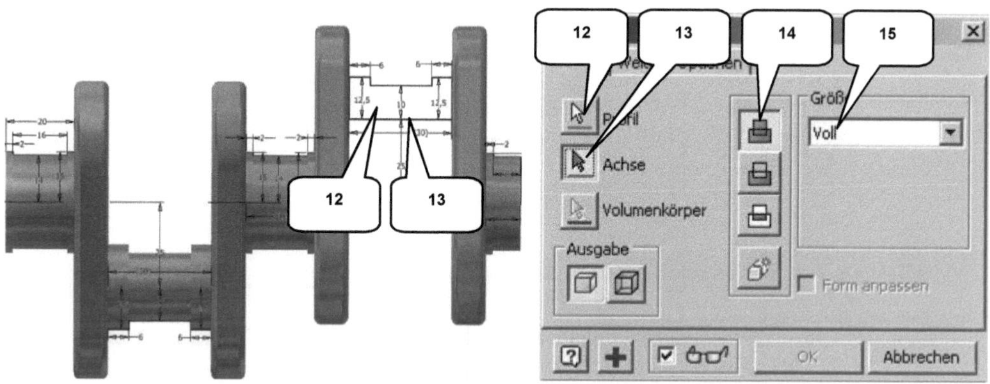

> **Drehung**
> Profil: Markierte Fläche (12)
> Achse: Markierte Linie (13)

> Verfahren: Vereinigung (14)
> Größe: Voll (15)
> [OK] **OK**

Die Sichtbarkeit der Skizze kann jetzt wieder deaktiviert werden (*rechte Maustaste >
Sichtbarkeit*). Wechseln Sie in die *ViewCube*-Ansicht: *OBEN* und erzeugen Sie auf der vor
Ihnen liegenden Fläche eine weitere 2D-Skizze.

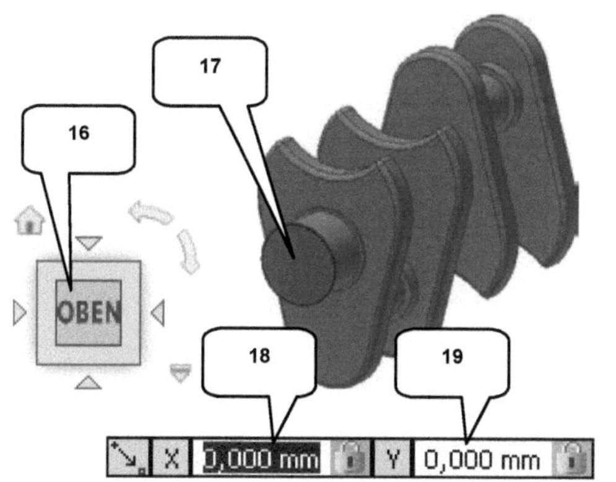

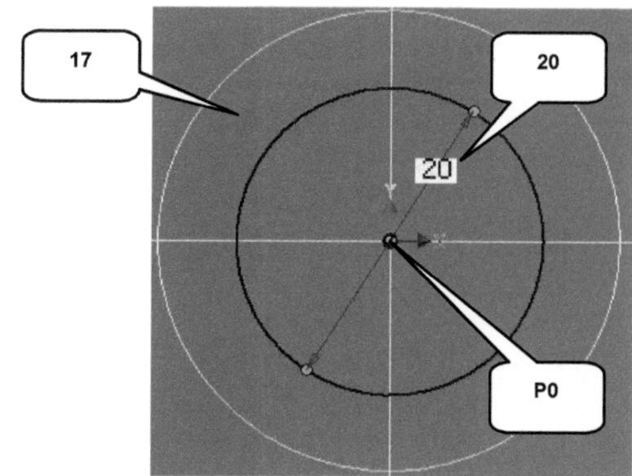

> *ViewCube*-Ansicht: *OBEN* (16)
> **2D-Skizze**
> Markierte Fläche (17) wählen

> **Kreis**
> Taste: **TAB**
> X-Koordinate: [0 mm] eingeben (18)

> Taste: **TAB**
> Y-Koordinate: [0 mm] eingeben (19)
> Taste: **ENTER**
> Durchmesser: [20 mm] eingeben (20)
> Taste: **ENTER**

> ✓ **Skizze fertig stellen**

Dieser Kreis ist um **20 mm** zu extrudieren.

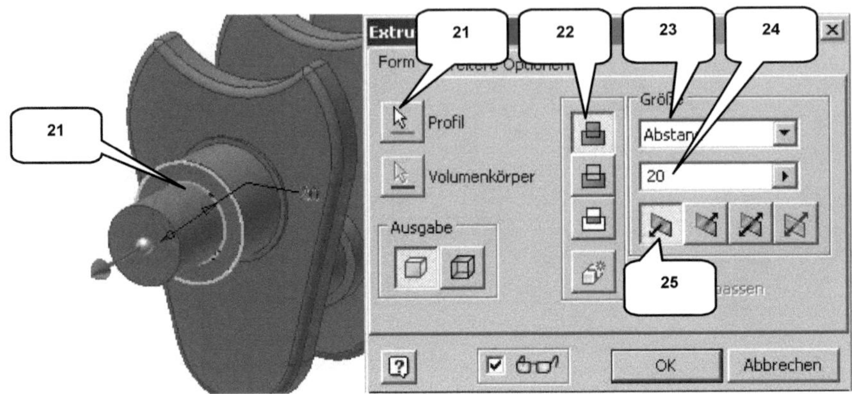

> 🗐 **Extrusion**
> Profil: Kreis (21)
> Verfahren: Vereinigung (22)

> Größe: Abstand [20 mm] (23, 24)
> Richtung: Richtung 1 (25)
> [OK] **OK**

6.11.3 Passfederaussparung und Gewindebohrung

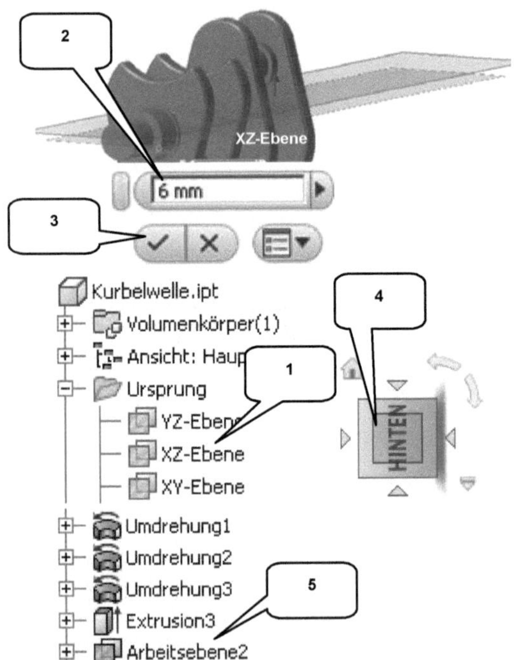

Auch die Kurbelwelle soll mit einer Passfedernut versehen werden. Hierfür benötigen Sie eine neue Arbeitsebene, parallel zur **XZ-Ebene** und in einem Abstand von **6 mm** dazu. Erstellen Sie darauf eine 2D-Skizze.

> 🗐 **Versatz von Ebene**
> XZ-Ebene (Modellbaum) wählen (1)
> Abstand: [6 mm] (2)
> ✔ **Anwenden** (3)

> **ViewCube**-Ansicht: **HINTEN** (90° gegen UZS gedreht) (4)

> 🗐 **2D-Skizze**
> Neue Arbeitsebene wählen (5)
> Taste: **F7** (Skizze aufschneiden)

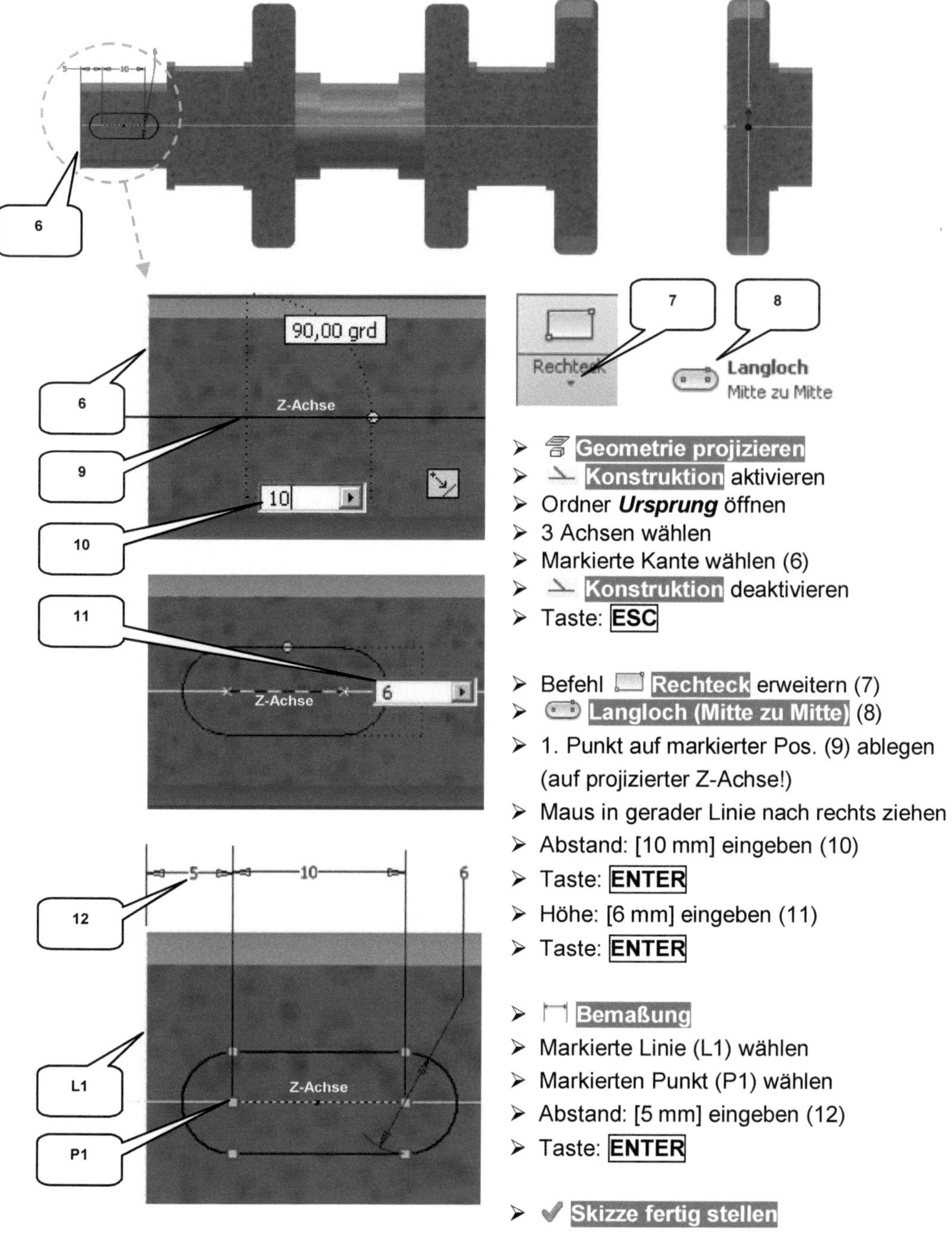

> 🖺 **Geometrie projizieren**
> ➘ **Konstruktion** aktivieren
> Ordner *Ursprung* öffnen
> 3 Achsen wählen
> Markierte Kante wählen (6)
> ➘ **Konstruktion** deaktivieren
> Taste: **ESC**

> Befehl ▢ **Rechteck** erweitern (7)
> ⬭ **Langloch (Mitte zu Mitte)** (8)
> 1. Punkt auf markierter Pos. (9) ablegen
> (auf projizierter Z-Achse!)
> Maus in gerader Linie nach rechts ziehen
> Abstand: [10 mm] eingeben (10)
> Taste: **ENTER**
> Höhe: [6 mm] eingeben (11)
> Taste: **ENTER**

> ⊓ **Bemaßung**
> Markierte Linie (L1) wählen
> Markierten Punkt (P1) wählen
> Abstand: [5 mm] eingeben (12)
> Taste: **ENTER**

> ✔ **Skizze fertig stellen**

Die Arbeitsebene kann bereits wieder deaktiviert werden (*rechte Maustaste* > *Sichtbarkeit*). Extrudieren Sie das Langloch als Differenz und fügen Sie auf derselben Seite eine Gewindebohrung hinzu.

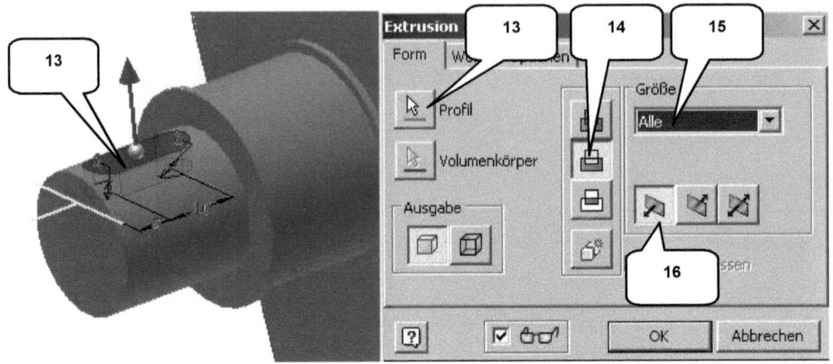

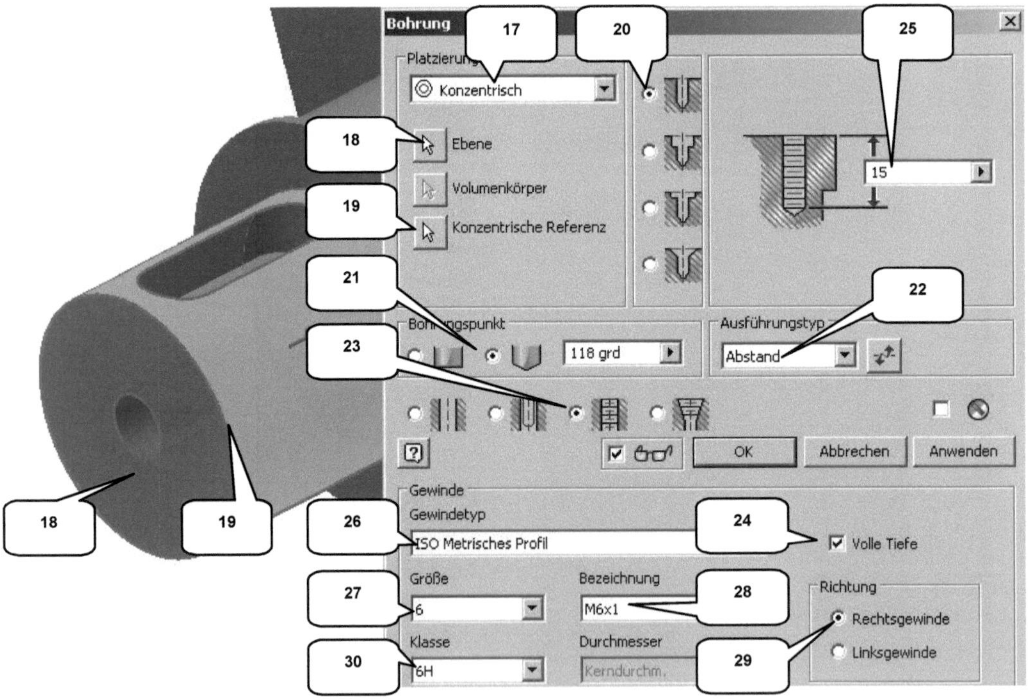

> **Extrusion**
> Profil: Langloch (13)
> Verfahren: Differenz (14)

> Größe: Alle (15)
> Richtung: Richtung 1 (16)
> OK **OK**

> 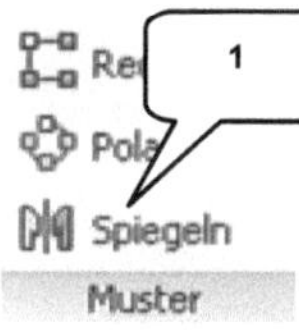 **Bohrung**
> Platzierung: Konzentrisch (17)
> Ebene: Markierte Fläche (18)
> Konzentrische Referenz: Kante (19)
> Form: Einfach (20)
> Bohrungspunkt: Spitze [118°] (21)
> Ausführungstyp: Abstand (22)
> Typ: Gewindebohrung (23)

> Gewindetiefe: Volle Tiefe (24)
> Bohrtiefe: [15 mm] (25)
> Gewindetyp: ISO Metr. Profil (26)
> Größe: 6 (M6 x 1) (27, 28)
> Rechtsgewinde (29)
> Klasse: 6H (30)
> [OK] **OK**

6.11.4 Spiegeln des Volumenkörpers

Der Befehl **Spiegeln** (Befehlsgruppe **Muster**) (1) ermöglicht das Spiegeln einzelner 3D-Befehle eines Bauteils oder des gesamten Bauteils an einer Ebene oder Fläche. Im folgenden Schritt soll der gesamte Volumenkörper an der Stirnfläche (3) der Kurbelwelle gespiegelt werden.

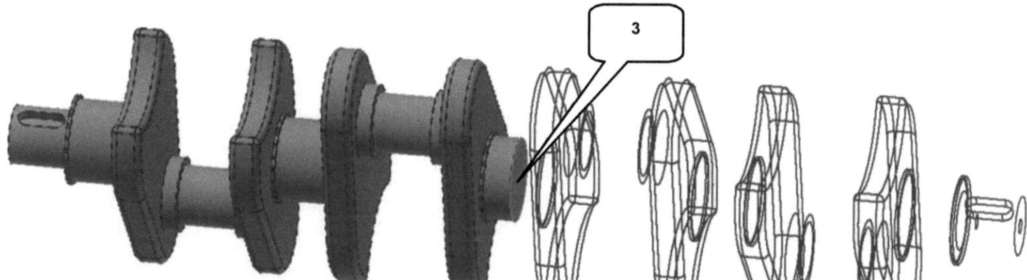

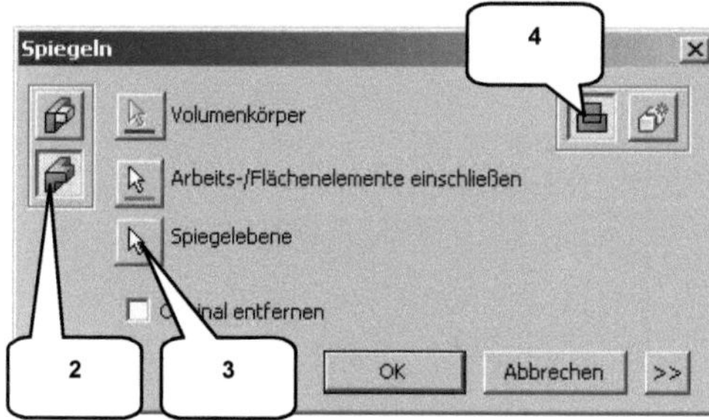

> 

> **Spiegeln** (1)
> Option: Volumenkörper (2)
> Volumenkörper: (Automatisch)
> Spiegelebene: Markierte Fläche (3)
> Verfahren: Vereinigung (4)
> [OK] **OK**

Noch sichtbare Arbeitsebenen oder Skizzen im Zeichenbereich sollten jetzt ausgeblendet werden. Die Datei kann unter der Bezeichnung **Kurbelwelle.ipt** gespeichert und danach geschlossen werden. Mit der Fertigstellung dieses Bauteils kann in den Baugruppenbereich gewechselt werden.

7   BAUGRUPPEN

7.1   Unterbaugruppe: Kolben

7.1.1   Erzeugen der ersten Baugruppe

Erstellen Sie eine neue Baugruppe (Norm.iam) und speichern Sie diese als **BG_Kolben**.

- ➢   Neu
- ➢   **Norm.iam** (1)
- ➢   Erstellen **Erstellen**
- ➢   Speichern [BG_Kolben]

7.1.2   Das Register ZUSAMMENFÜGEN im Überblick

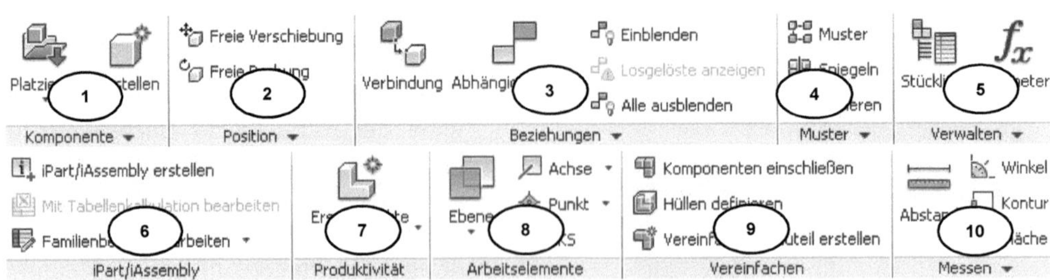

OPTIONEN

1) Bauteile/ Komponenten aus einer Datei/ dem Inhaltscenter einfügen, neue Bauteile erstellen, vorhandene Bauteile kopieren, anordnen oder ersetzen

2) Komponenten in Position/ Lage ändern

3) Abhängigkeiten vergeben, ein- oder ausblenden

4) Elemente als Muster anordnen und somit kopieren

5) Parametermanager

6) Teilefamilien (iParts/ iAssemblys)

7) Bauteilstrukturen organisieren

8) Ebenen, Achsen, Punkte erzeugen

9) Bauteile vereinfachen

10) Abstände, Winkel, Konturen, Flächeninhalte berechnen

7.1.3 Komponenten platzieren

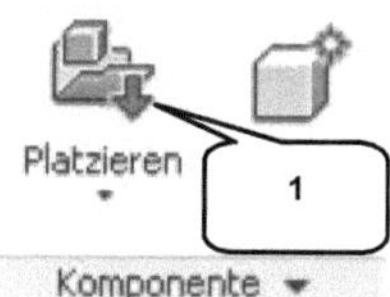

Der Befehl **Platzieren** (1) fügt Komponenten (Bauteile/ Baugruppen) in die aktuelle Baugruppe ein. Die erste Komponente die in eine Baugruppe eingefügt wird, sollte ein Objekt sein, an dem sich alle anderen Komponenten ausrichten können. Ein statisches Bauteil ohne Freiheitsgrade. Wurden die Änderungen in den Anwendungsoptionen korrekt übernommen, wird das Bauteil automatisch am Koordinatenursprung ausgerichtet und dort fixiert.

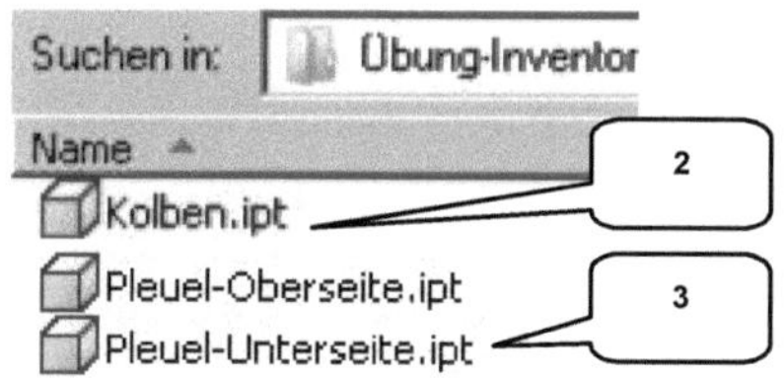

> **Platzieren** (1)
> Auswahl: Kolben.ipt (2)
> Öffnen **Öffnen**
> Taste: ESC

> **Platzieren** (1)
> Auswahl: Pleuel-Oberseite.ipt, Pleuel-Unterseite.ipt (3)
> Öffnen **Öffnen**
> Die Bauteile einmal mit der linken Maustaste frei ablegen
> Taste: ESC

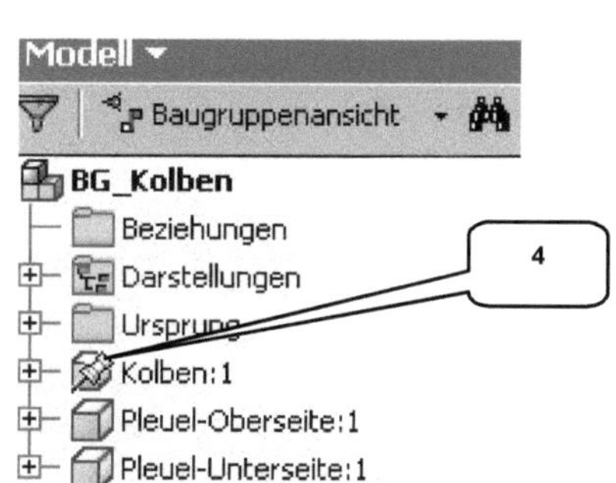

Das zuerst (einzeln!) in die Baugruppe eingefügte Bauteil (Kolben.ipt) wurde vom Programm automatisch am Koordinatenursprung ausgerichtet und dort fixiert. Gekennzeichnet wird dies durch ein kleines **Pin-Symbol** (4).

7.1.4 Kolben und Pleueloberseite voneinander abhängig machen

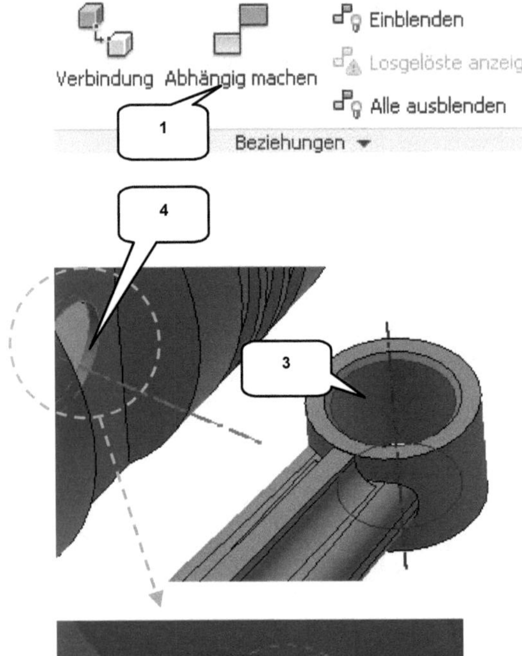

Der Befehl **Abhängig machen** (1) stellt Verbindungen zwischen Komponenten her, indem deren geometrische Elemente voneinander abhängig gemacht werden. Starten Sie den Befehl und verbinden Sie die Bauteile Kolben.ipt und Pleuel-Oberseite.ipt miteinander.

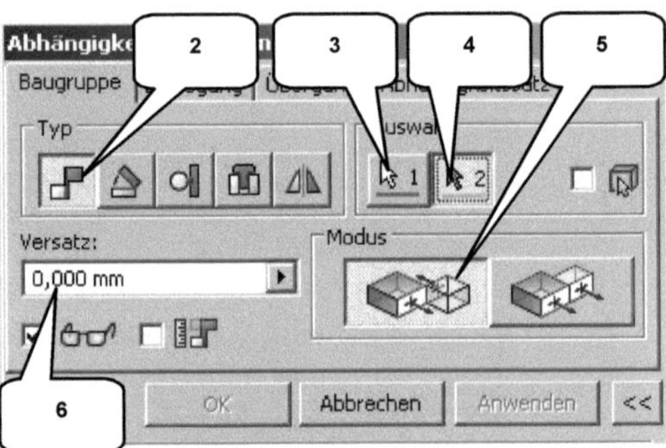

> **Abhängig machen** (1)
> <u>Reiter: Baugruppe</u>
> Typ: Passend (2)
> Auswahl 1: Markierte Zylinderfläche am Pleuel (3) (die dazugehörige Achse wird automatisch erkannt)
> Auswahl 2: Markierte Zylinderfläche am Kolben (4) (die dazugehörige Achse wird automatisch erkannt)
> Modus: Passend (5)
> Versatz: [0 mm] (6)
> OK **OK**

HINWEIS: Die Achse einer Bohrung/ eines zylindrischen Elements können Sie wählen, indem Sie mit der linken Maustaste auf die dazugehörige zylindrische Fläche klicken. Bei manchen Elementen sind die zylindrischen Flächen sehr schmal (in unserem Fall die Querbohrung des Kolbens (4)). Dann ist es erforderlich, sehr nah an diesen Bereich heranzuzoomen, um diese schmale zylindrische Fläche greifen zu können.

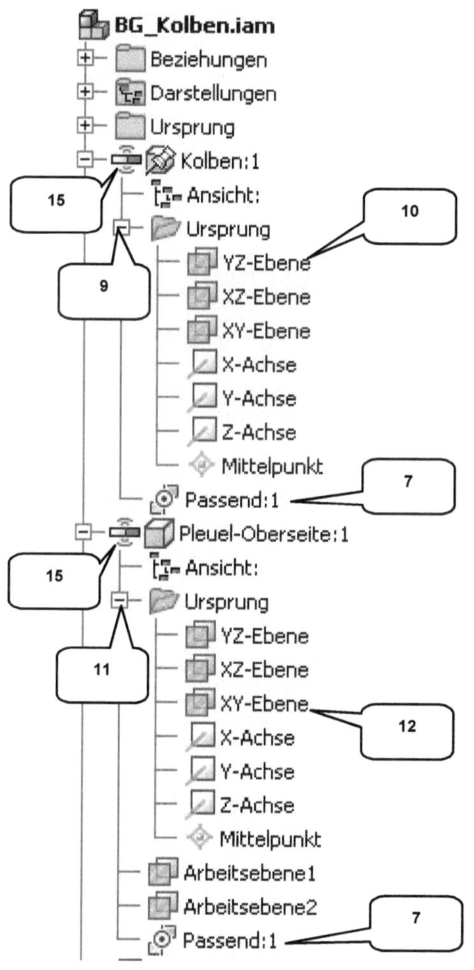

Nachdem die Abhängigkeit gesetzt wurde, wird Sie den betreffenden Komponenten im Modellbaum zugeordnet. Werden im Modellbaum die Bauteil Kolben.ipt und Pleuel-Oberseite.ipt aufgeklappt, finden Sie darin die soeben erzeugte Abhängigkeit **Passend** (7).

HINWEIS: Um eine Abhängigkeit zu bearbeiten, klicken Sie mit der **rechten Maustaste** darauf und wählen die Option **Bearbeiten**. Um sie zu löschen, wählen Sie die Option **Löschen**.

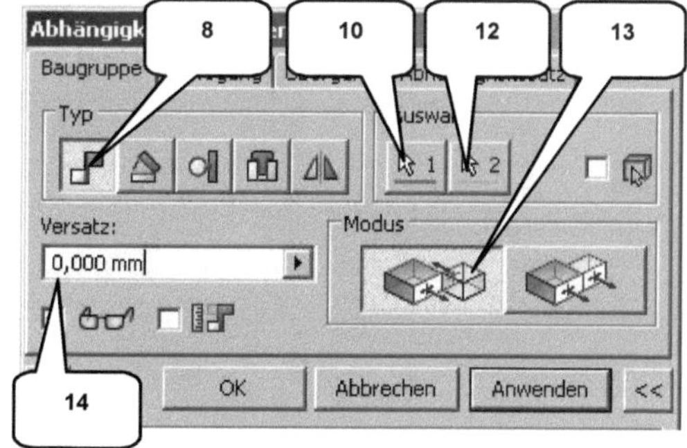

> **Abhängig machen**
> Reiter: Baugruppe
> Typ: Passend (8)
> Ordner **Ursprung** (Kolben) aufklappen (9)
> Auswahl 1: YZ-Ebene (Kolben) (10)
> Ordner **Ursprung** (Pleuel-Oberseite) aufklappen (11)
> Auswahl 2: XY-Ebene (Pleuel-Oberseite) (12)
> Modus: Passend (13)
> Versatz: 0 mm (14)
> **OK**

Das Programm erkennt normalerweise keine Kollisionen zwischen Bauteilen. Das Pleuel kann im momentanen Zustand also problemlos durch den Kolben hindurchbewegt werden. Um diesen Fehler zu beheben, drehen Sie das Pleuel so, dass es nicht mit dem Kolben kollidiert. Klicken Sie dann mit der **rechten Maustaste** auf das Bauteil Pleuel-Oberseite.ipt und aktivieren Sie den **Kontaktsatz**. Wiederholen Sie diesen Schritt beim Kolben.

Bei beiden Komponenten wird jetzt im Modellbaum das Symbol ⏚ **Kontaktsatz** (15) ange-zeigt. Wechseln Sie ins Register **Prüfen** (16) und aktivieren Sie dort die Option ⏚ `Kontakt-löser aktivieren` (17). Wenn Sie das Pleuel-Oberteil.ipt jetzt bei gedrückter linker Maustaste bewegen, sollte die Bewegung des Pleuels begrenzt werden.

7.1.5 Pleuelober- und -unterseite miteinander verbinden

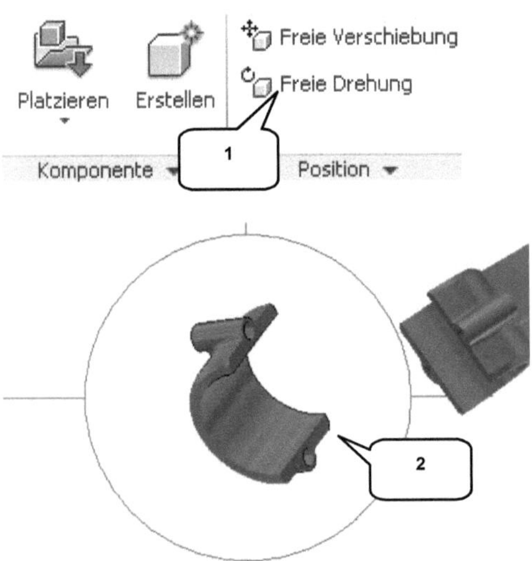

Im nächsten Schritt sollen Ober- und Unter-seite des Pleuels miteinander verbunden werden. Um dies zu erleichtern, kann die Unterseite vorher etwas ausgerichtet wer-den. Der Befehl `Freie Drehung` (1) er-möglicht ein freies Drehen einzelner Kom-ponenten einer Baugruppe (alternativ: Taste: G).

Markieren Sie die Unterseite des Pleuels (2), starten Sie den Befehl und drehen Sie die Pleuelunterseite, bis deren Lage zur Pleuel-oberseite wie nebenstehend dargestellt erreicht ist. Die Taste: ESC beendet den Befehl.

HINWEIS: Um das Setzen von Abhängigkeiten zu erleichtern, können die betreffenden Komponenten vorher mit dem Befehl `Freie Drehung` aneinander ausgerichtet werden. Dies verhindert oftmals eine fehlerhafte Positionierung durch das Programm.

Nachdem die Unterseite des Pleuels ausgerichtet wurde, kann mit dem Setzen der Abhän-gigkeiten begonnen werden. Folgen Sie der Befehlskette und verbinden Sie beide Bauteile miteinander.

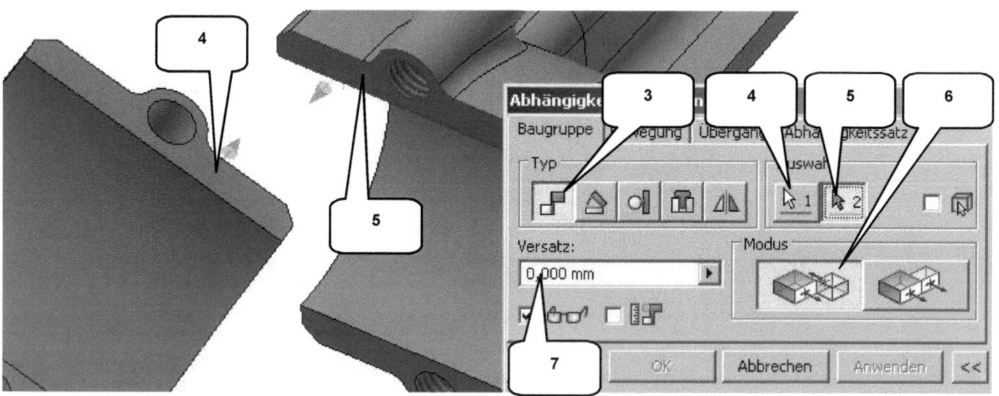

> **Abhängig machen**
> Reiter: Baugruppe
> Typ: Passend (3)
> Auswahl 1: Markierte Fläche (4)

> Auswahl 2: Markierte Fläche (5)
> Modus: Passend (6)
> Versatz: [0 mm] (7)
> ☐ OK **OK**

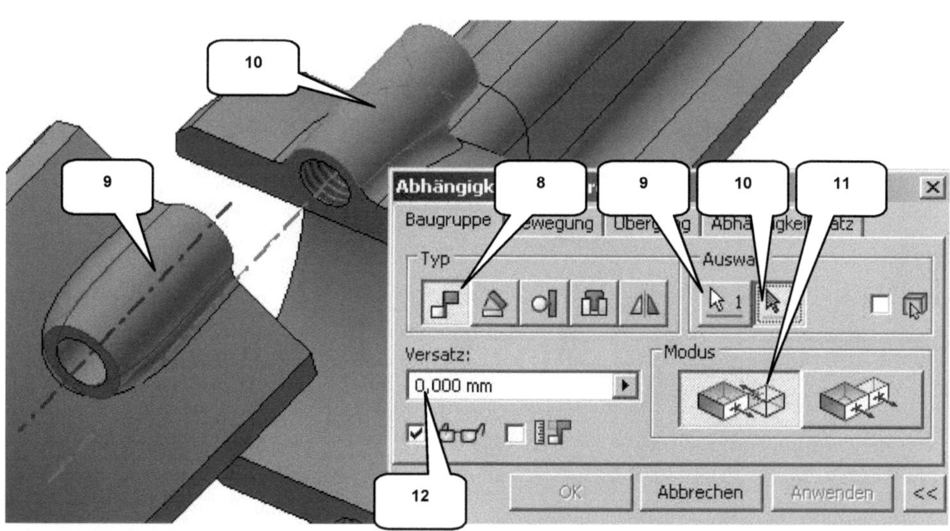

> **Abhängig machen**
> Reiter: Baugruppe
> Typ: Passend (8)
> Auswahl 1: Mark. Zylinderfläche (9)

> Auswahl 2: Mark. Zylinderfläche (10)
> Modus: Passend (11)
> Versatz: [0 mm] (12)
> ☐ OK **OK**

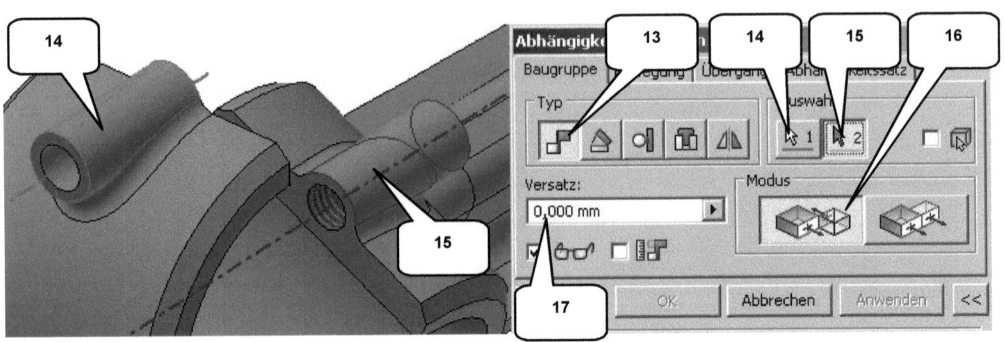

- ⬛ **Abhängig machen**
- <u>Reiter: Baugruppe</u>
- Typ: Passend (13)
- Auswahl 1: Mark. Zylinderfläche (14)

- Auswahl 2: Mark. Zylinderfläche (15)
- Modus: Passend (16)
- Versatz: [0 mm] (17)
- ⬛ **OK**

7.1.6 Schrauben aus dem Inhaltscenter platzieren

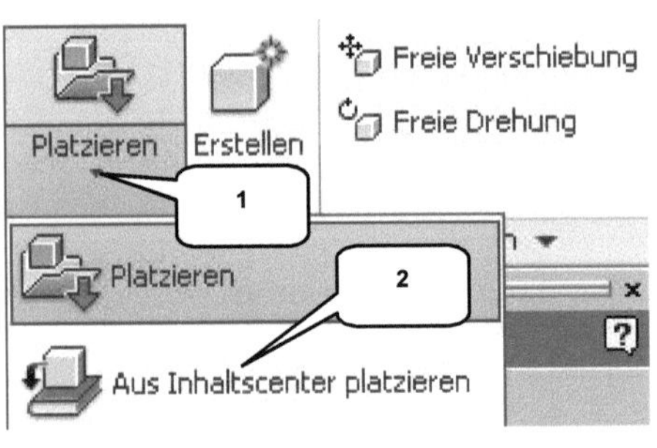

Nachdem alle zur Baugruppe gehörenden Bauteile platziert und ausgerichtet wurden, sollen zwei Schrauben aus dem Inhaltscenter die Baugruppe komplettieren.

- Befehl **Platzieren** erweitern (1)
- **Aus Inhaltscenter platzieren** (2)

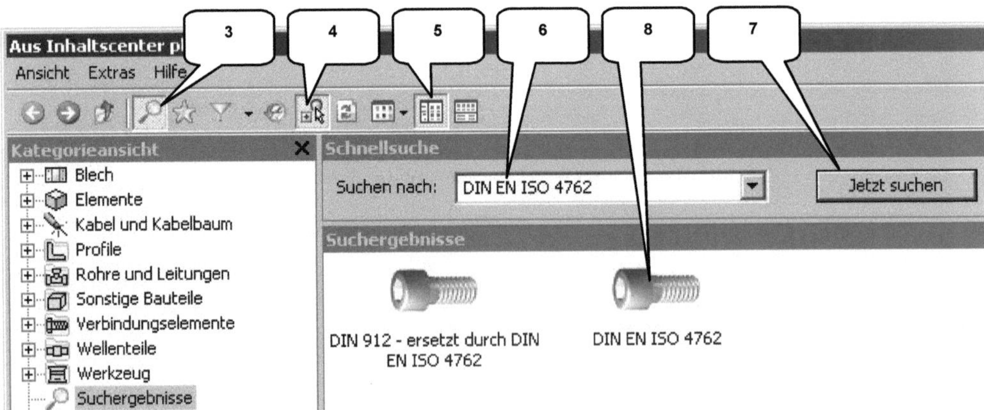

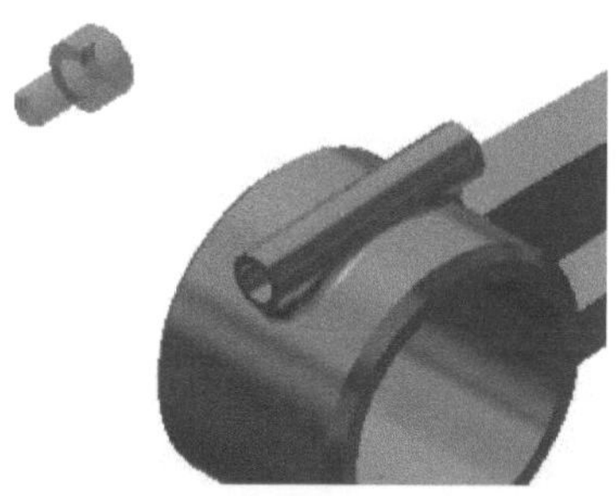

> Option: _Suchen_ aktivieren (3)
> Option: _AutoDrop_ aktivieren (4)
> Option: _Baumstrukturansicht_ aktivieren (5)
> Suchen nach: [DIN EN ISO 4762] eingeben (6)
> Jetzt suchen | _Jetzt suchen_ (7)
> Markierte Schraube doppelklicken (8)

Die Schraube muss jetzt platziert werden.

**HINWEIS**: Sollte Ihr Inhaltscenter nicht verfügbar sein, platzieren Sie die Normteile aus dem Order _**Normteile**_ (Projektordner) manuell. Die Platzierung muss dann anschließend manuell erfolgen (Abhängig machen).

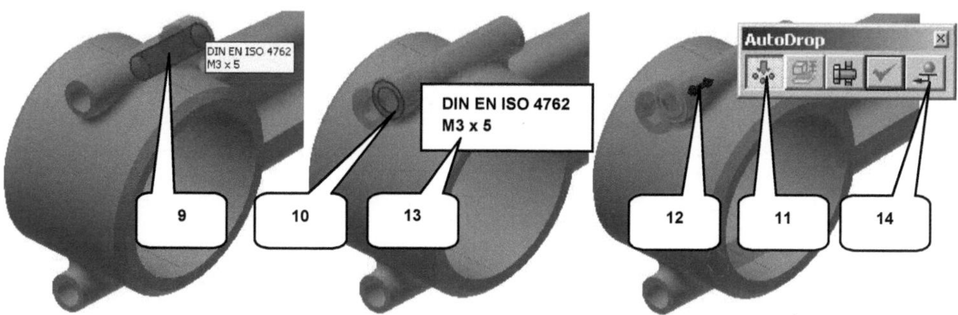

> Markierte Zylinderfläche anklicken, um die darin enthaltene Gewindebohrung zu wählen (9)
> Markierte Kreisfläche wählen (10)

> _**Mehrere einfügen**_ aktivieren (11)
> Am Doppelpfeil ziehen (12), bis die Länge (M3 x 20) angezeigt wird (13)
> _**Anwenden**_ (14)

**HINWEIS**: _AutoDrop_ ermöglicht eine teilautomatisierte Konfiguration von Komponenten aus dem Inhaltscenter. Geometrische Eigenschaften der Komponenten werden dabei anhand der vorhandenen geometrischen Elemente ermittelt und generiert. Diese Option funktioniert allerdings nur bei wenigen Normteilen aus dem Inhaltscenter.

7.1.7 Erstellen einer Komponente aus der Baugruppe heraus

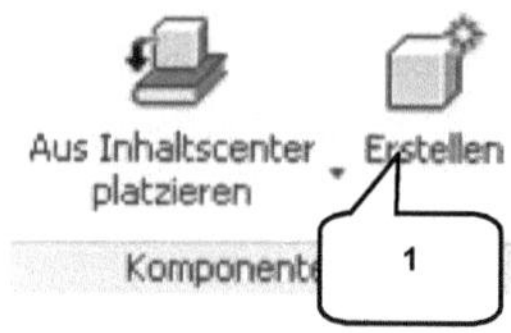

Bauteile und Baugruppen können direkt aus einer Baugruppe heraus erzeugt werden, wobei Adaptivitäten (geometrische Abhängigkeiten) zu anderen Komponenten der Baugruppe generiert werden.

Starten Sie den Befehl ☞ **Erstellen** (1) und erzeugen Sie das Bauteil *Kolbenbolzen.ipt*. Wählen Sie die Vorlage *Norm.ipt*, Ihren Projektspeicherort und die Stücklistenstruktur *Normal*. Wichtig ist, den Haken bei der Option *Skizzierebene von gewählter Fläche oder Ebene abhängig machen* zu setzen, um die neue Komponente mit der entsprechenden Adaptivität zu versehen.

Das Programm erwartet anschließend die Auswahl einer Basisebene, auf der die XY-Ebene des neuen Bauteils platziert werden soll. Hier ist die markierte Fläche (7) des Kolbens zu wählen.

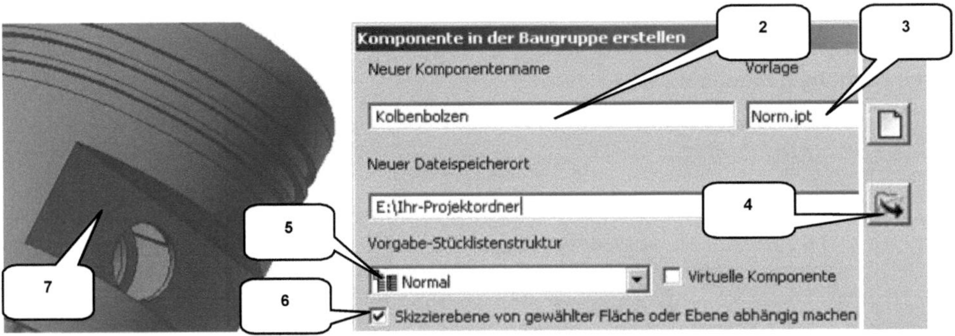

> ☞ **Erstellen** (1)
> Bezeichnung: [Kolbenbolzen] (2)
> Vorlage: Norm.ipt (3)
> Dateispeicherort: Projektordner (4)
> Stücklistenstruktur: Normal (5)

> Aktivieren: Skizzierebene von gewählter Fläche abhängig machen (6)
> ☐ OK **OK**

> Fläche am Kolben wählen (7)

Das Programm wechselt automatisch in den Bearbeitungsbereich des neuen Bauteils und aktiviert den Skizzenbereich.

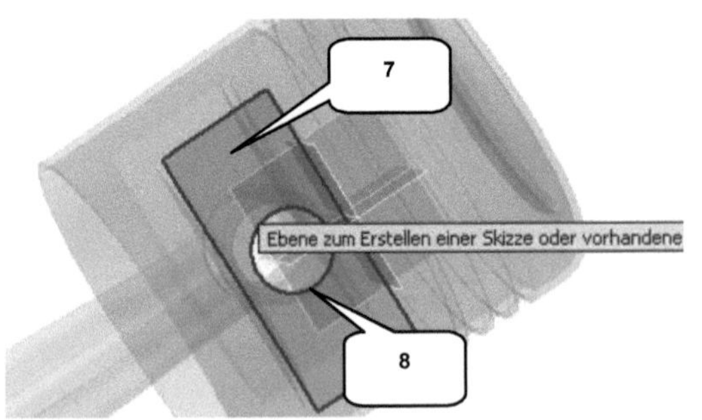

> 🗐 **Geometrie projizieren**
> Markierte Bohrungskante wählen (8)

> ✔ **Skizze fertig stellen**

Aktivieren Sie das Register **3D-Modell** und extrudieren Sie den projizierten Kreis.

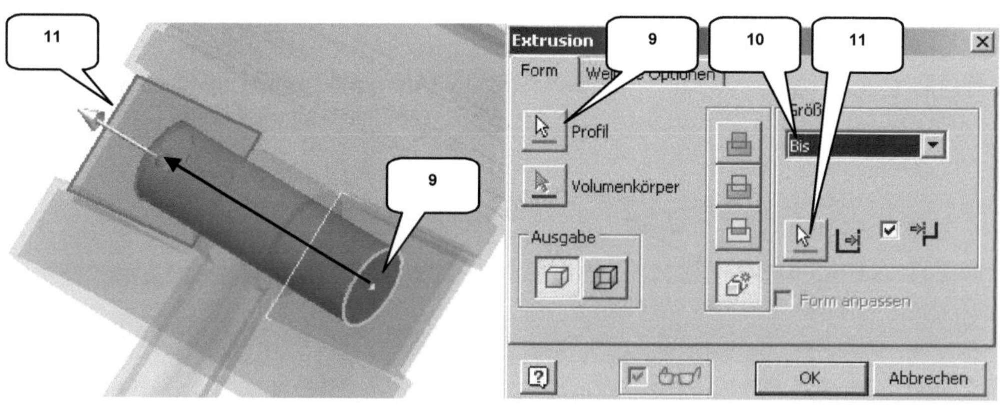

> **Extrusion**
> Profil: Kreisfläche (9)
> Größe: Bis (10)

> Endezeichen: Gegenüberliegende Fläche am Kolben (11)
> ☐ OK **OK**

7.1.8 Materialien zuweisen

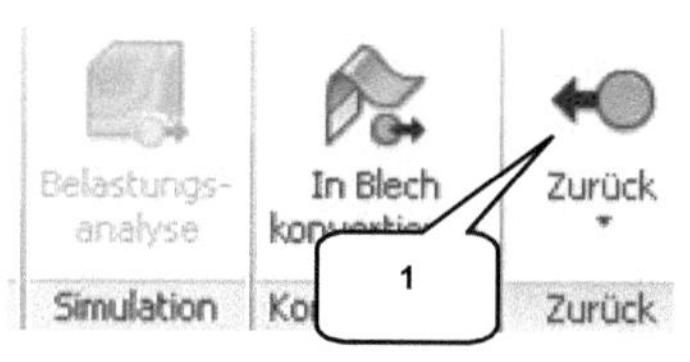

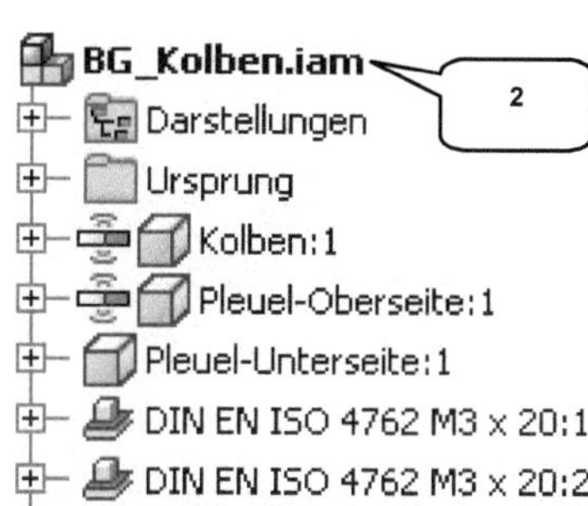

Deaktivieren Sie die Sichtbarkeit der neu erzeugten Arbeitsebene, falls diese noch eingeblendet sein sollte, und verlassen Sie den Bauteilbereich (**Zurück** (1)), um in den Baugruppenbereich zurückzukehren.

Nachdem alle Komponenten eingefügt und platziert wurden, soll diesen eine Materialeigenschaft zugewiesen werden.

HINWEIS: Alternativ kann vom Modellbereich des Bolzens in den Baugruppenbereich zurückgekehrt werden, indem die Baugruppe **BG_Kolben.iam** (2) im Modellbaum doppelgeklickt wird.

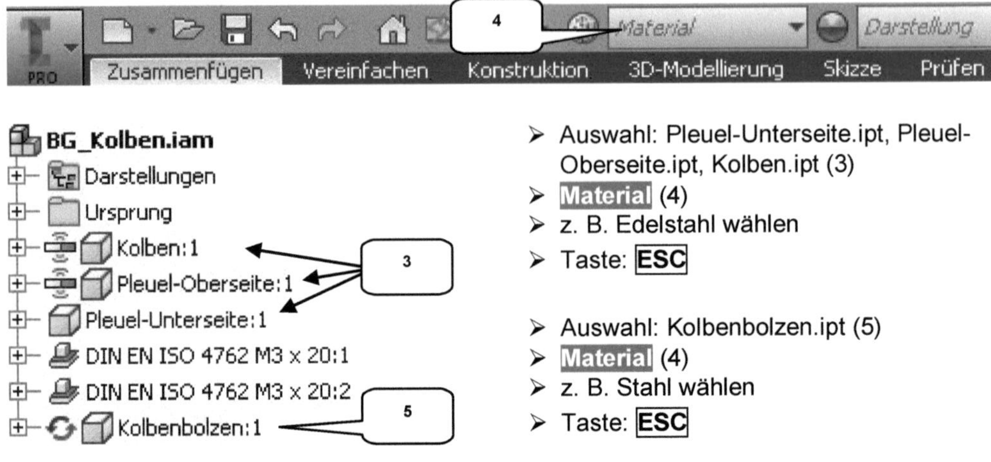

➢ Auswahl: Pleuel-Unterseite.ipt, Pleuel-Oberseite.ipt, Kolben.ipt (3)
➢ **Material** (4)
➢ z. B. Edelstahl wählen
➢ Taste: **ESC**

➢ Auswahl: Kolbenbolzen.ipt (5)
➢ **Material** (4)
➢ z. B. Stahl wählen
➢ Taste: **ESC**

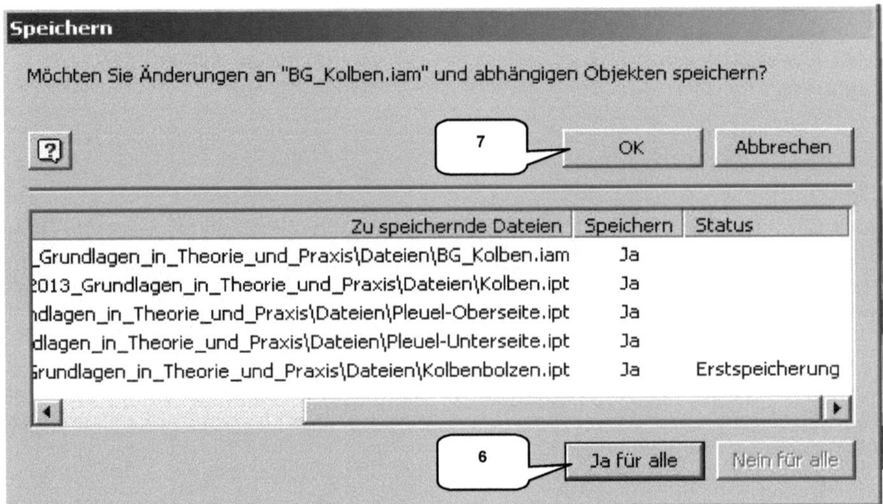

Speichern Sie die Baugruppe **BG_Kolben.iam** abschließend und achten Sie beim Speichern auf das oben dargestellte Fenster. Hier muss die Option [Ja für alle] **Ja für alle** (6) aktiviert werden, um auch die neuen Komponenten zu sichern. Bestätigen Sie dann mit [OK] **OK** (7) und schließend Sie die Baugruppe.

7.2 Unterbaugruppe: Kurbelwelle

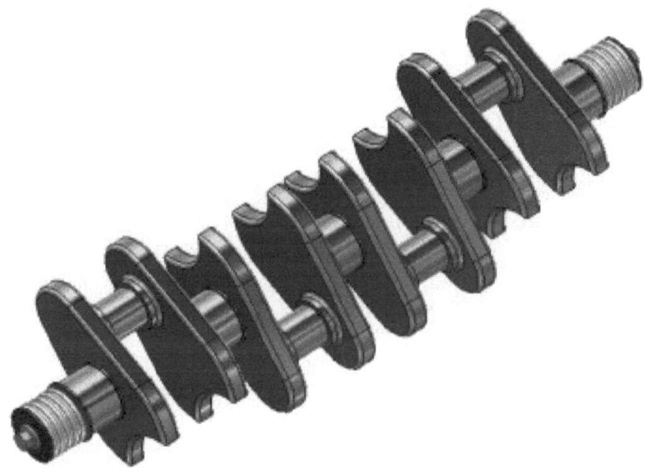

7.2.1 Erstellen der neuen Datei und Platzieren der Komponenten

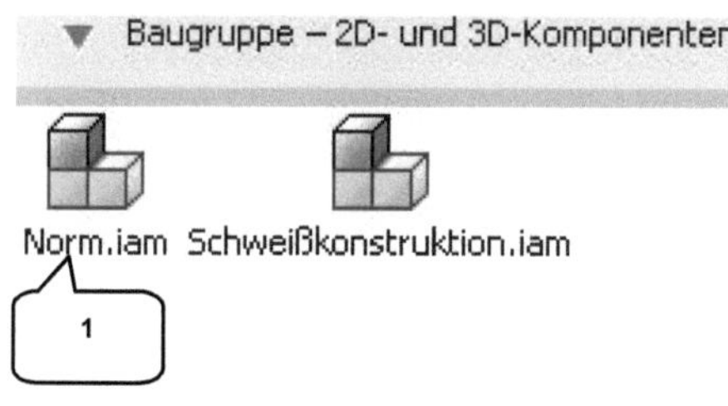

Erstellen Sie eine neue Baugruppe (Norm.iam) und speichern Sie diese als **BG_Kurbelwelle**.

- ➢ ☐ Neu
- ➢ 🔩 *Norm.iam* (1)
- ➢ Erstellen *Erstellen*
- ➢ 💾 Speichern [BG_Kurbelwelle]

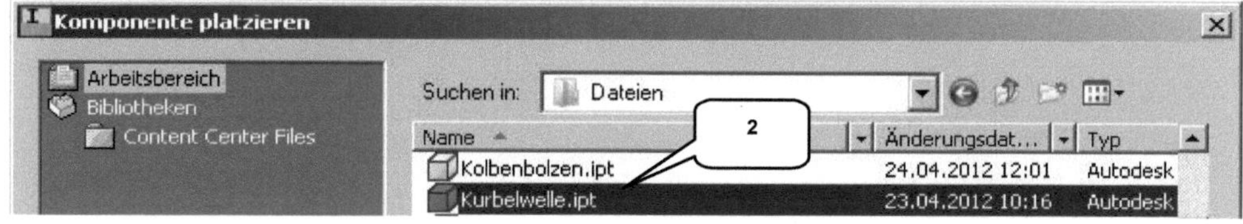

Importieren Sie das Bauteil **Kurbelwelle.ipt** aus dem Projektordner einmal in der Baugruppe.

- ➢ 📥 Platzieren
- ➢ Auswahl: Kurbelwelle.ipt (2)

- ➢ Öffnen *Öffnen*
- ➢ Taste: ESC

7.2.2 Passfedern aus dem Inhaltscenter einfügen

Fügen Sie zwei *Passfedern* aus dem Inhaltscenter in die Baugruppe ein. Da diese nicht per Auto-Drop generiert werden können, müssen sie manuell konfiguriert und positioniert werden.

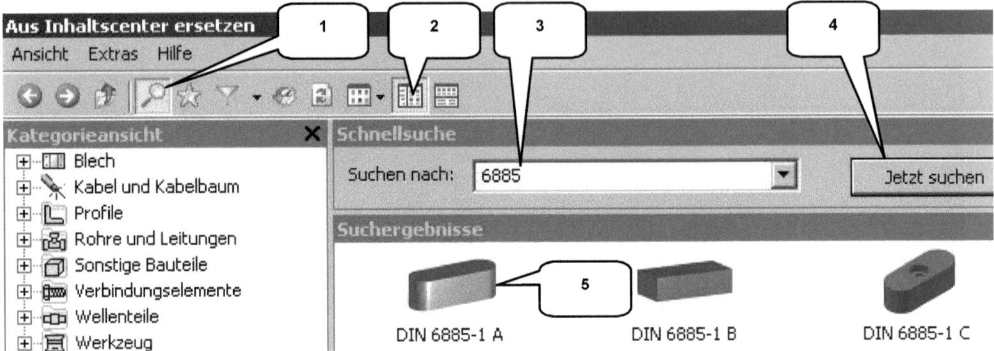

> ⬛ **Aus Inhaltscenter platzieren**
> Option: *Suchen* aktivieren (sofern noch deaktiviert) (1)
> Option: *Baumstrukturansicht* aktivieren (sofern noch deaktiviert) (2)

> Suche nach: [DIN 6885] (3)
> Jetzt suchen *Jetzt suchen* (4)
> Markierte Passfeder doppelklicken (5)

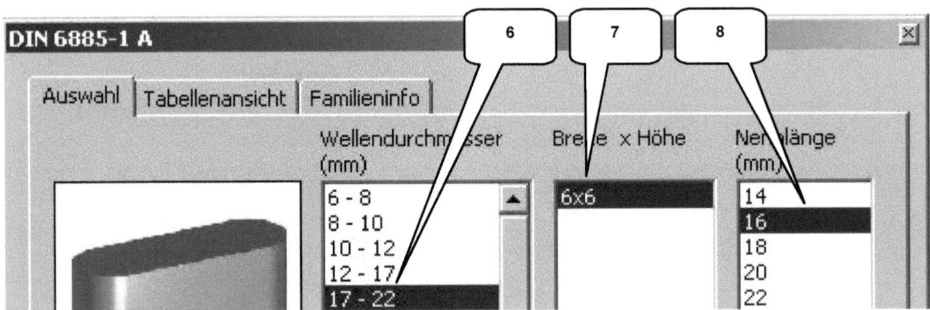

> Wellendurchmesser: 17-22 mm (6)
> Breite x Höhe: 6 x 6 mm (7)
> Nennlänge: 16 mm (8)
> OK *OK*

> Passfeder 2x frei im Zeichenbereich ablegen
> Taste: ESC

HINWEIS: Sollte diese Komponente in Ihrem Inhaltscenter nicht verfügbar sein, platzieren Sie sie aus dem Ordner *Normteile* im Projektordner.

Positionieren Sie die beiden Passfedern in den Passfedernuten der Kurbelwelle.

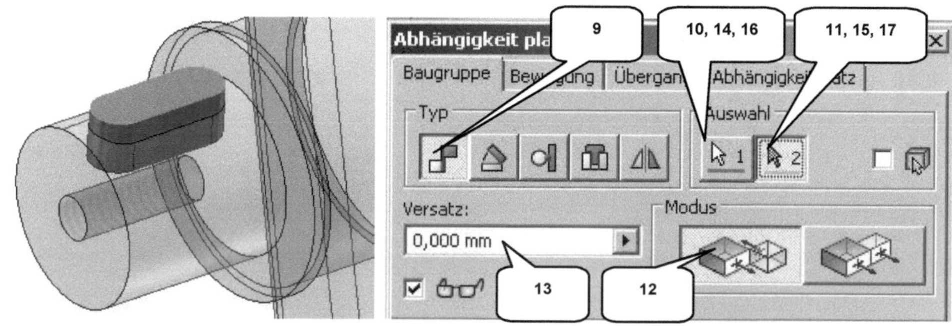

- ➢ **Abhängig machen**
- ➢ Typ: Passend (9)
- ➢ Auswahl 1: Markierte Fläche (10)
- ➢ Auswahl 2: Markierte Fläche (11)
- ➢ Modus: Passend (12)
- ➢ Versatz: [0 mm] (13)
- ➢ Anwenden *Anwenden*

- ➢ Typ: Passend (9)
- ➢ Auswahl 1: Mark. Zylinderfläche (14)
- ➢ Auswahl 2: Mark. Zylinderfläche (15)
- ➢ Modus: Passend (12)
- ➢ Versatz: [0 mm] (13)
- ➢ Anwenden *Anwenden*

- ➢ Typ: Passend (9)
- ➢ Auswahl 1: Mark. Zylinderfläche (16)
- ➢ Auswahl 2: Mark. Zylinderfläche (17)
- ➢ Modus: Passend (12)
- ➢ Versatz: [0 mm] (13)
- ➢ OK *OK*

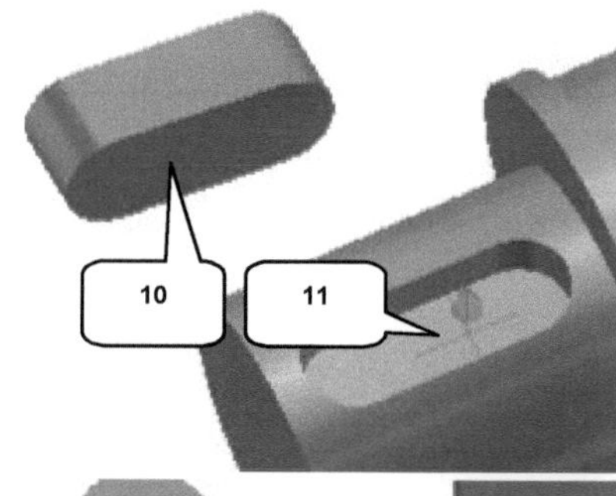

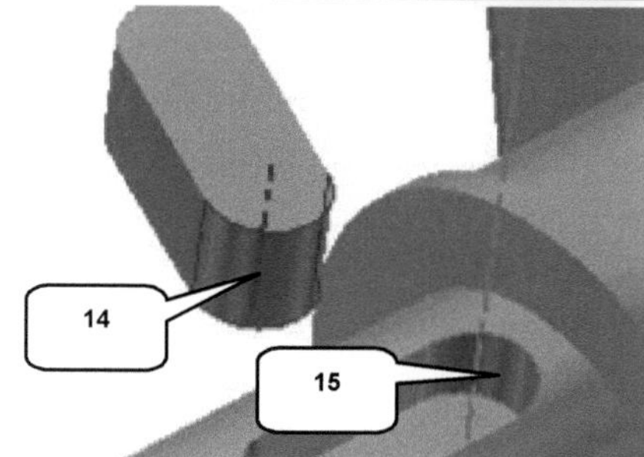

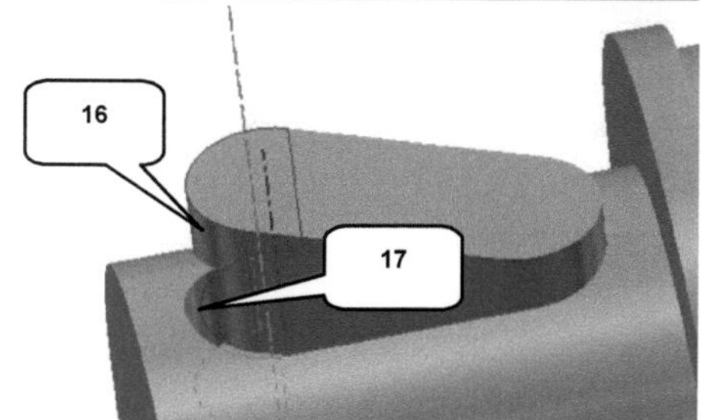

7.2.3 Platzieren der Riemenräder

Importieren Sie das Bauteil **Kurbelwelle-Riemenrad.ipt** aus dem Projektordner und legen Sie es zweimal in der Baugruppe ab.

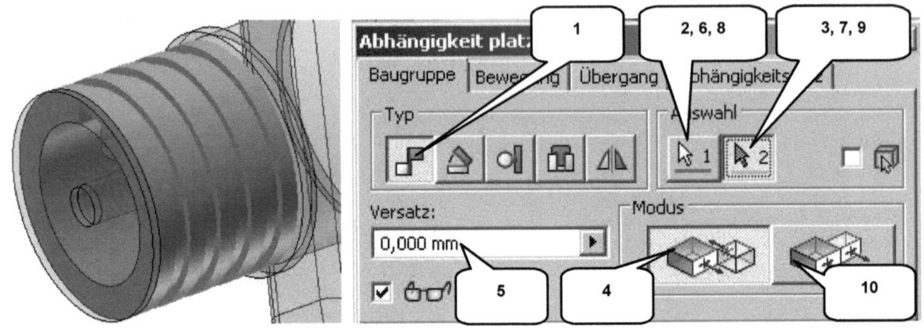

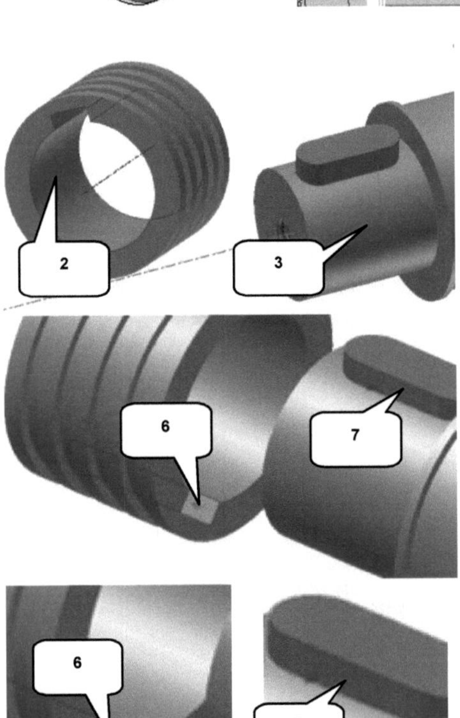

> **Platzieren**
> Auswahl: Kurbelwelle-Riemenrad.ipt
> Öffnen **Öffnen**
> Bauteil 2x ablegen
> Taste: **ESC**

> **Abhängig machen**
> Typ: Passend (1)
> Auswahl 1: Mark. Zylinderfläche (2)
> Auswahl 2: Mark. Zylinderfläche (3)
> Modus: Passend (4)
> Versatz: [0 mm] (5)
> Anwenden **Anwenden**

> Typ: Passend (1)
> Auswahl 1: Markierte Fläche (6)
> Auswahl 2: Markierte Fläche (7)
> Modus: Passend (4)
> Versatz: [0 mm] (5)
> Anwenden **Anwenden**

> ➤ Typ: Passend (1)
> ➤ Auswahl 1: Markierte Fläche (8)
> ➤ Auswahl 2: Markierte Fläche (9)
> ➤ Modus: <u>Fluchtend</u> (10)
> ➤ Versatz: [0 mm] (5)
> ➤ [OK] **OK**

Positionieren Sie das zweite Riemenrad identisch auf der gegenüberliegenden Seite der Kurbelwelle.

7.2.4 Konstruktion einer Sicherungsscheibe aus der Baugruppe heraus

Um die Riemenräder gegen ein axiales Von-der-Kurbelwelle-Rutschen zu sichern, muss ein weiteres Bauteil erzeugt werden. Erzeugen Sie hierfür das Bauteil **Sicherungsscheibe.ipt**.

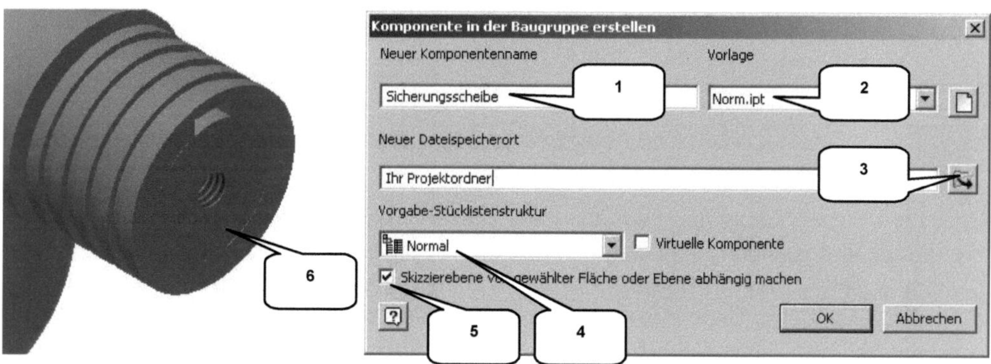

> ➤ 📖 **Erstellen**
> ➤ Bezeichnung: [Sicherungsscheibe] (1)
> ➤ Vorlage: Norm.ipt (2)
> ➤ Dateispeicherort: Projektordner (3)
> ➤ Stücklistenstruktur: Normal (4)

> ➤ Aktivieren: Skizzierebene von gewählter Fläche abhängig machen (5)
> ➤ [OK] **OK**
>
> ➤ Markierte Fläche wählen (6)

Das Programm wechselt automatisch in den Bearbeitungsbereich des neuen Bauteils und öffnet den Skizzenbereich. Projizieren Sie dort die folgend markierten Kanten und extrudieren Sie aus der resultierenden Ringfläche einen Volumenkörper.

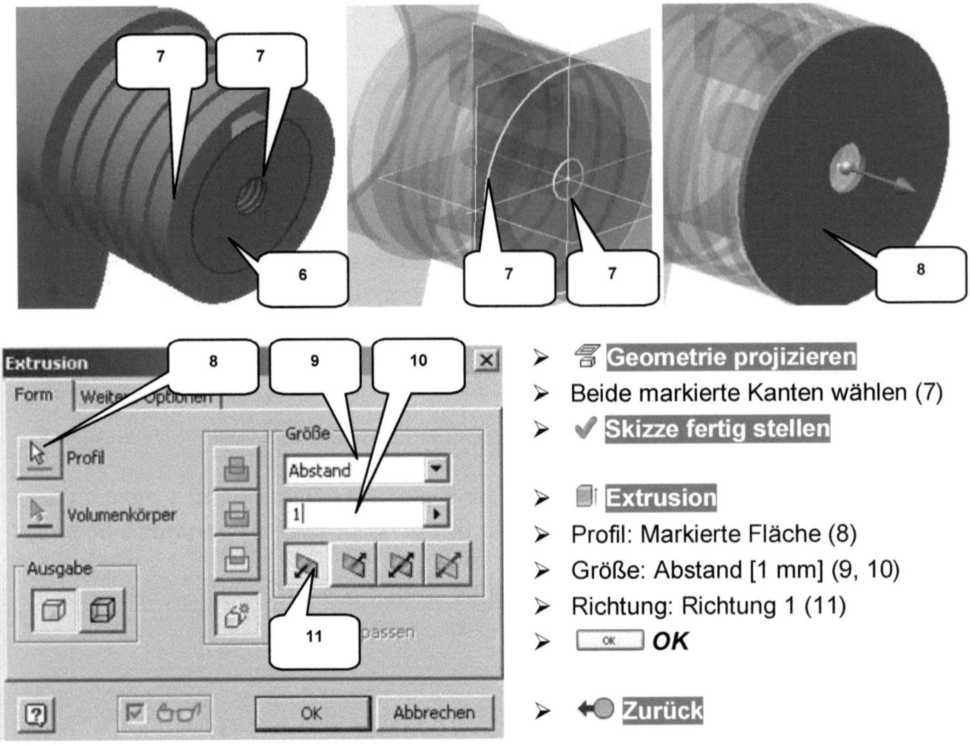

>   Geometrie projizieren
>   Beide markierte Kanten wählen (7)
>   Skizze fertig stellen

>   Extrusion
>   Profil: Markierte Fläche (8)
>   Größe: Abstand [1 mm] (9, 10)
>   Richtung: Richtung 1 (11)
>   OK *OK*

>   Zurück

Speichern Sie die Baugruppe, um das neue Bauteil im Projektordner zu speichern. Achten Sie darauf, im folgenden Fenster die Option *Ja für alle* zu aktivieren. Die Sicherungsscheibe kann anschließend ein weiteres Mal in die Baugruppe eingefügt werden. Die Positionierung auf der anderen Seite der Kurbelwelle muss diesmal allerdings manuell erfolgen. Zur Auswahl der (sehr schmalen) Zylinderfläche sollte ausreichend dicht heran gezoomt werden.

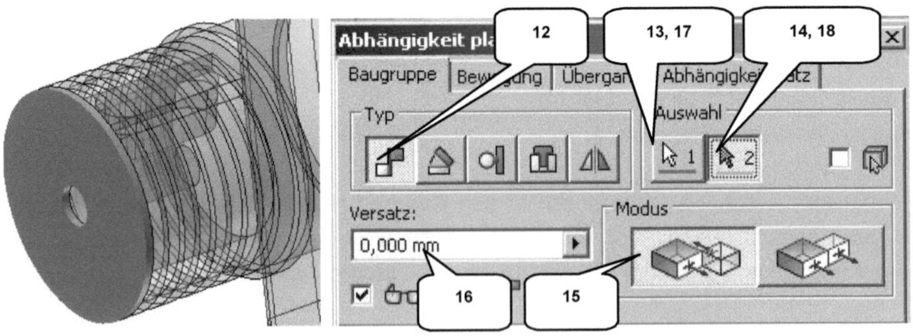

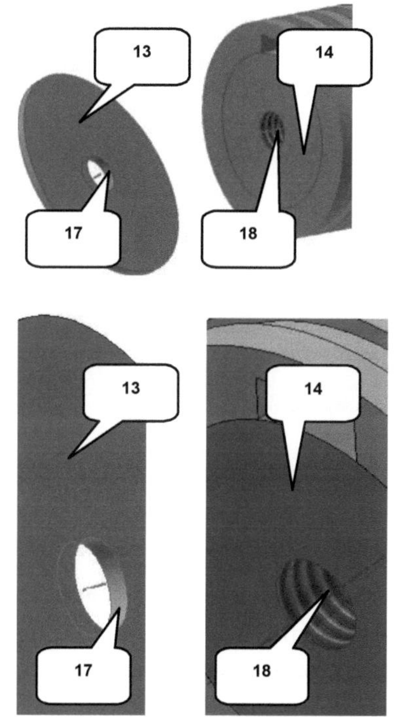

> ⮞ 💾 Speichern (Baugruppe)
> ⮞ *Ja für alle* aktivieren
> ⮞ [OK] *OK*

> ⮞ 🖳 Platzieren
> ⮞ Auswahl: Sicherungsscheibe.ipt
> ⮞ [Öffnen] *Öffnen*
> ⮞ Bauteil 1x ablegen
> ⮞ Taste: ESC

> ⮞ 🔩 Abhängig machen
> ⮞ Typ: Passend (12)
> ⮞ Auswahl 1: Markierte Fläche (13)
> ⮞ Auswahl 2: Markierte Fläche (14)
> ⮞ Modus: Passend (15)
> ⮞ Versatz: [0 mm] (16)
> ⮞ [Anwenden] *Anwenden*

> ⮞ Typ: Passend (12)
> ⮞ Auswahl 1: Mark. Zylinderfläche (17)
> ⮞ Auswahl 2: Markiertes Gewinde (18)
> ⮞ Modus: Passend (15)
> ⮞ Versatz: [0 mm] (16)
> ⮞ [OK] *OK*

HINWEIS: Der Befehl ↻ Freie Drehung (19) ermöglicht ein Drehen einzelner Komponenten vor dem Setzen einer Abhängigkeit, um diese besser ausrichten zu können. Sollte <u>nach</u> dem Setzen einer Abhängigkeit eine Komponente aus Versehen unglücklich verrutscht sein (z. B. in ein anderes Bauteil hinein), kann der Befehl ✛ Freie Verschiebung (20) verwendet werden. Markieren Sie das betroffene Bauteil in diesem Fall im Modellbaum, starten Sie den Befehl und verschieben Sie das Bauteil, indem Sie auf einen beliebigen Punkt im Zeichenbereich mit der Maustaste klicken und die Maus bei gedrückter Maustaste bewegen.

7.2.5 Schrauben aus dem Inhaltscenter einfügen

Weiterhin werden zwei **Schrauben** aus dem Inhaltscenter benötigt.

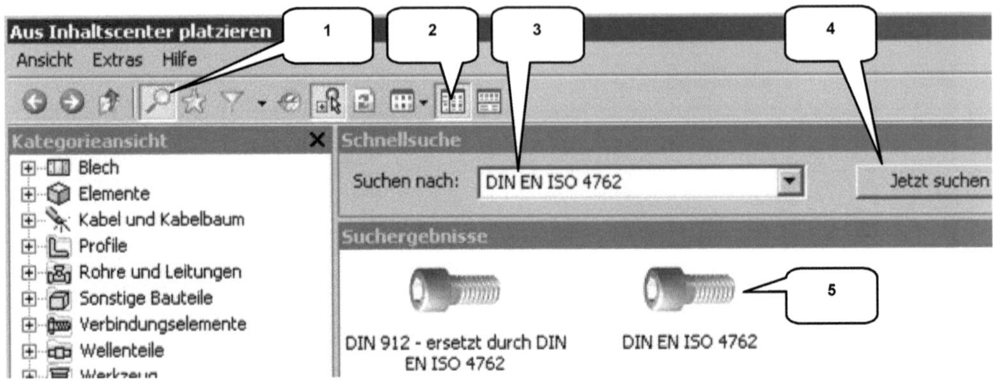

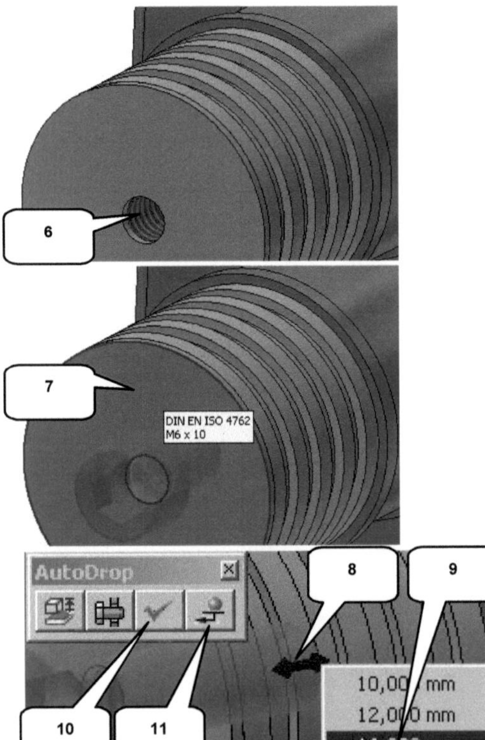

> 🖱 **Aus Inhaltscenter platzieren**
> Option: 🔍 **Suchen** aktivieren (sofern noch deaktiviert) (1)
> Option: ▦ **Baumstrukturansicht** aktivieren (sofern noch deaktiviert) (2)
> Suche nach: [DIN EN ISO 4762] (3)
> ▭ Jetzt suchen ▭ **Jetzt suchen** (4)
> Markierte Schraube doppelklicken (5)

> Gewindebohrung an einer der Kurbelwellenseiten wählen (6)
> Startfläche wählen (7)
> Markierten Pfeil am Schraubenende doppelklicken (8)
> Gewindetiefe: 16 mm wählen (9)
> ✔ **Anwenden** (10)

> Eine identische Schraube auf der gegenüberliegenden Seite der Kurbelwelle einfügen

Der Befehl kann beendet werden, sobald die zweite Schraube platziert wurde.

7.2.6 Materialien zuweisen

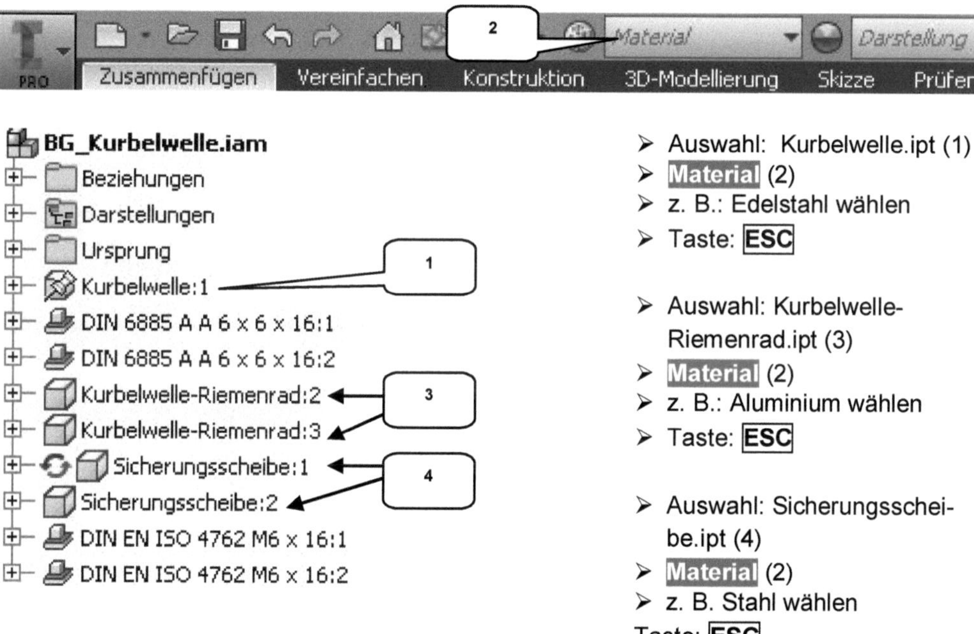

> Auswahl: Kurbelwelle.ipt (1)
> Material (2)
> z. B.: Edelstahl wählen
> Taste: **ESC**

> Auswahl: Kurbelwelle-
>   Riemenrad.ipt (3)
> Material (2)
> z. B.: Aluminium wählen
> Taste: **ESC**

> Auswahl: Sicherungsschei-
>   be.ipt (4)
> Material (2)
> z. B. Stahl wählen
Taste: **ESC**

Die Baugruppe kann anschließend gespeichert und geschlossen werden.

7.3 Unterbaugruppe: Nockenwelle

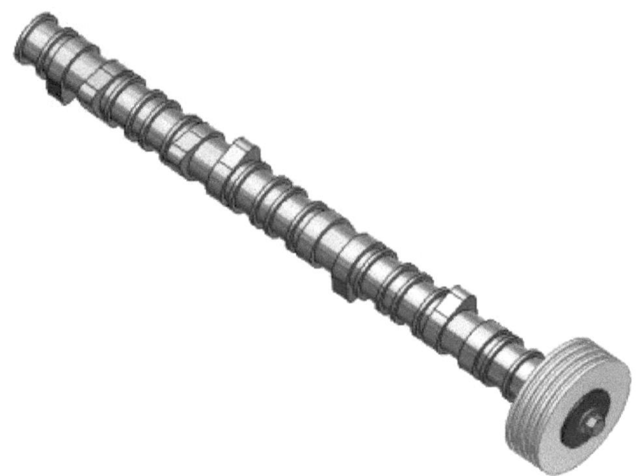

7.3.1 Platzieren der Komponenten

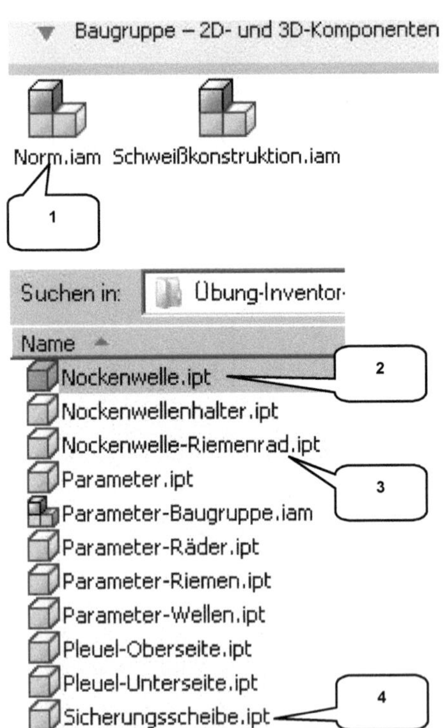

Erstellen Sie eine neue Baugruppe (Norm.iam) und speichern Sie diese als **BG_Nockenwelle**.

- ➢ Neu
- ➢ **Norm.iam** (1)
- ➢ Erstellen **Erstellen**
- ➢ Speichern [BG_Nockenwelle]

- ➢ Platzieren
- ➢ Auswahl: Nockenwelle.ipt (2)
- ➢ Öffnen **Öffnen**
- ➢ Taste: ESC

- ➢ Platzieren
- ➢ Auswahl: Nockenwelle-Riemenrad.ipt, Sicherungsscheibe.ipt (3, 4)
- ➢ Öffnen **Öffnen**
- ➢ Beide Bauteile 1x ablegen
- ➢ Taste: ESC

7.3.2 Passfeder aus dem Inhaltscenter einfügen

Fügen Sie eine *Passfeder* aus dem Inhaltscenter ein.

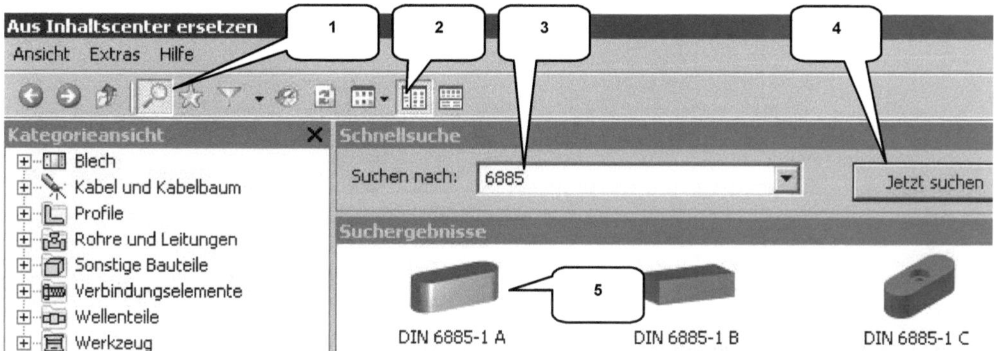

> 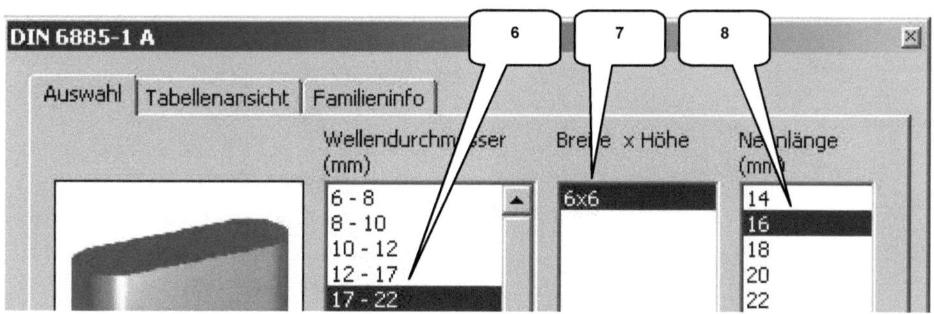
> **Aus Inhaltscenter platzieren**
> Option: **Suchen** aktivieren (sofern noch deaktiviert) (1)
> Option: **Baumstrukturansicht** aktivieren (sofern noch deaktiviert) (2)

> Suche nach: [DIN 6885] (3)
> **Jetzt suchen** (4)
> Markierte Passfeder doppelklicken (5)

> Wellendurchmesser: 17-22 mm (6)
> Breite x Höhe: 6 x 6 mm (7)
> Nennlänge: 16 mm (8)
> **OK**

> Passfeder einmal frei im Zeichenbereich ablegen
> Taste: **ESC**

Positionieren Sie die Passfeder in der Passfedernut der Nockenwelle.

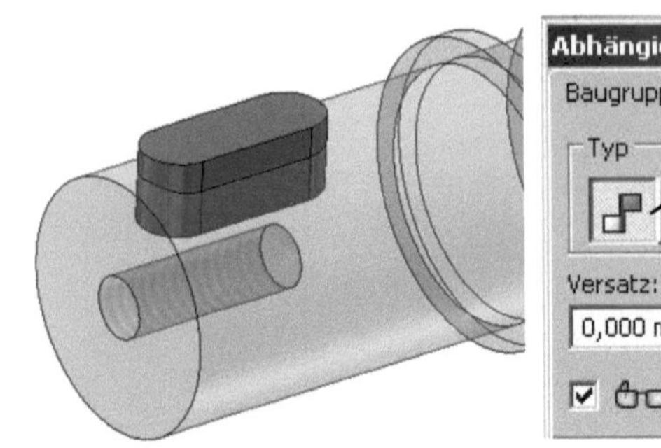
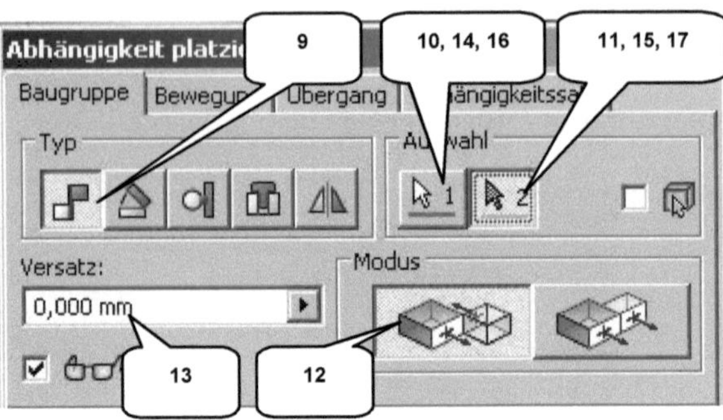

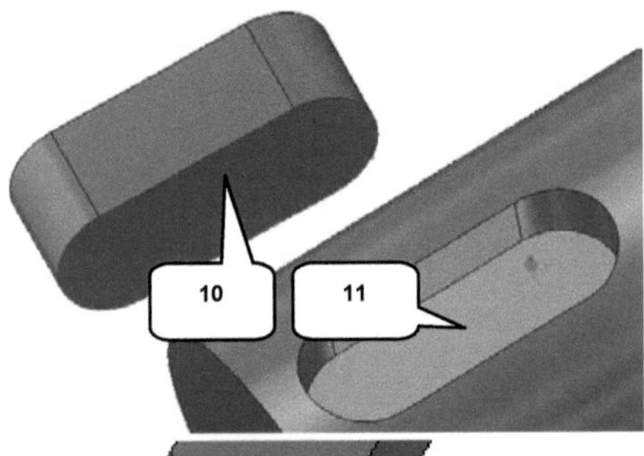

- ➢   **Abhängig machen**
- ➢ Typ: Passend (9)
- ➢ Auswahl 1: Markierte Fläche (10)
- ➢ Auswahl 2: Markierte Fläche (11)
- ➢ Modus: Passend (12)
- ➢ Versatz: [0 mm] (13)
- ➢   Anwenden   *Anwenden*

- ➢ Typ: Passend (9)
- ➢ Auswahl 1: Mark. Zylinderfläche (14)
- ➢ Auswahl 2: Mark. Zylinderfläche (15)
- ➢ Modus: Passend (12)
- ➢ Versatz: [0 mm] (13)
- ➢   Anwenden   *Anwenden*

- ➢ Typ: Passend (9)
- ➢ Auswahl 1: Mark. Zylinderfläche (16)
- ➢ Auswahl 2: Mark. Zylinderfläche (17)
- ➢ Modus: Passend (12)
- ➢ Versatz: [0 mm] (13)
- ➢   OK   *OK*

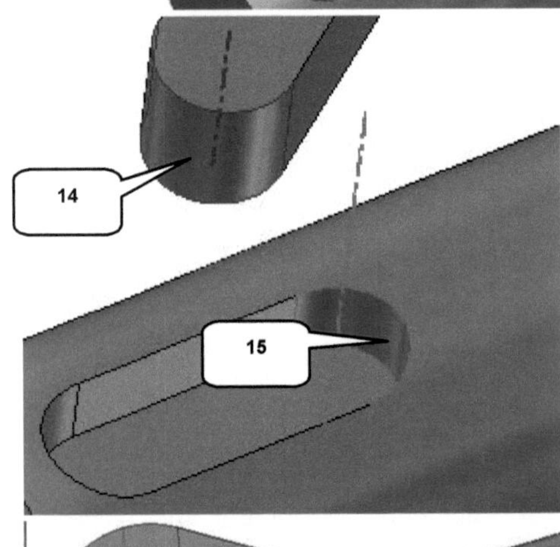

7.3.3 Riemenrad auf der Nockenwelle befestigen

Das Riemenrad soll jetzt mit Nockenwelle und Passfeder verbunden werden. Es ist darauf zu achten, die Passfeder sauber in der hierfür vorgesehenen Aussparung des Riemenrades zu platzieren. Auch muss das Riemenrad bündig mit der Stirnseite der Nockenwelle abschließen.

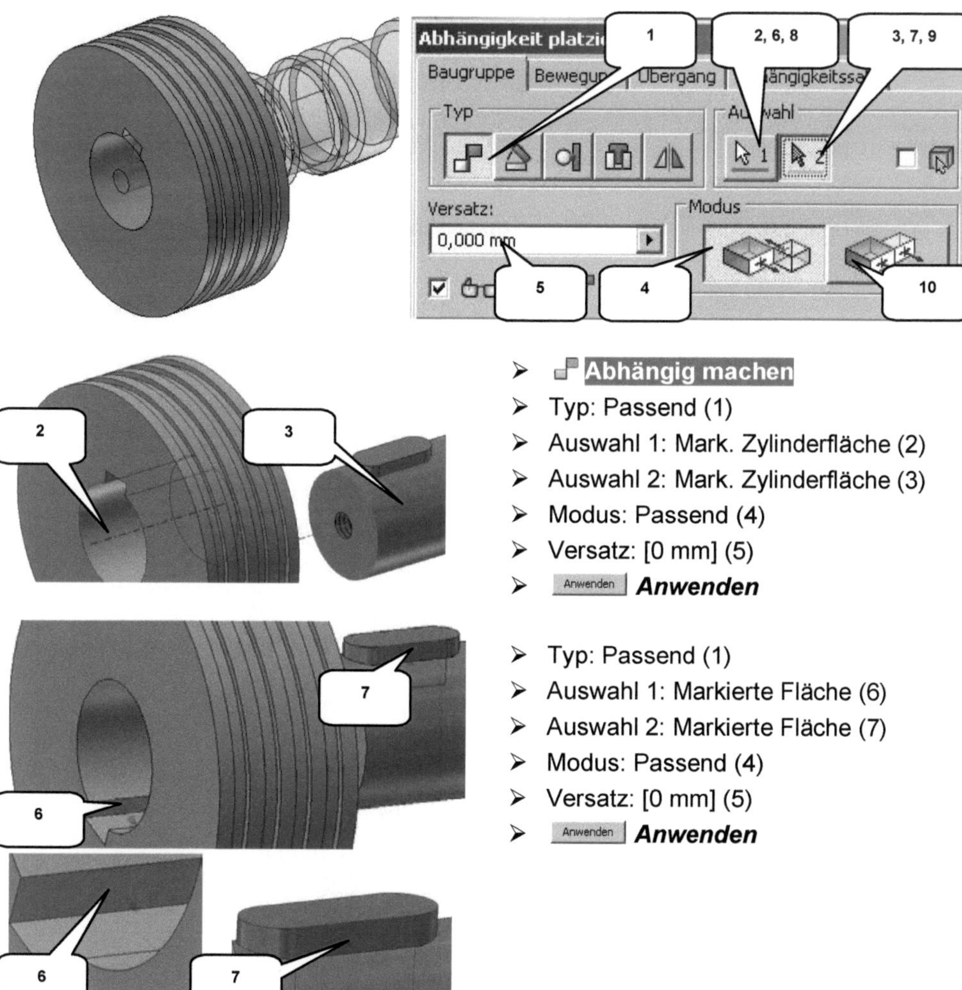

> ➤ **Abhängig machen**
> ➤ Typ: Passend (1)
> ➤ Auswahl 1: Mark. Zylinderfläche (2)
> ➤ Auswahl 2: Mark. Zylinderfläche (3)
> ➤ Modus: Passend (4)
> ➤ Versatz: [0 mm] (5)
> ➤ Anwenden *Anwenden*

> ➤ Typ: Passend (1)
> ➤ Auswahl 1: Markierte Fläche (6)
> ➤ Auswahl 2: Markierte Fläche (7)
> ➤ Modus: Passend (4)
> ➤ Versatz: [0 mm] (5)
> ➤ Anwenden *Anwenden*

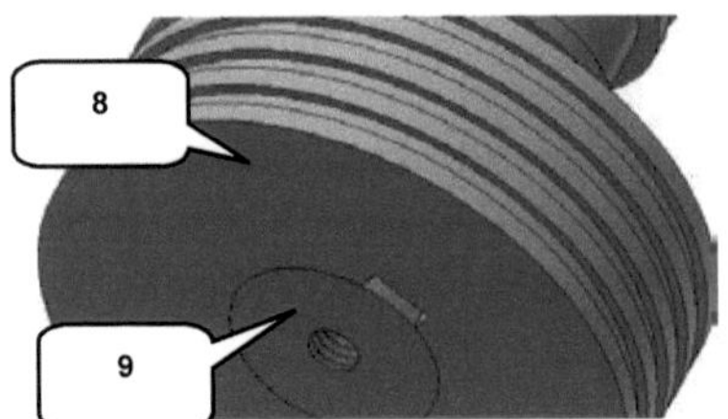

> ➢ Typ: Passend (1)
> ➢ Auswahl 1: Markierte Fläche (8)
> ➢ Auswahl 2: Markierte Fläche (9)
> ➢ Modus: <u>Fluchtend</u> (10)
> ➢ Versatz: [0 mm] (5)
> ➢ OK **OK**

7.3.4 Sicherungsscheibe auf der Nockenwelle befestigen

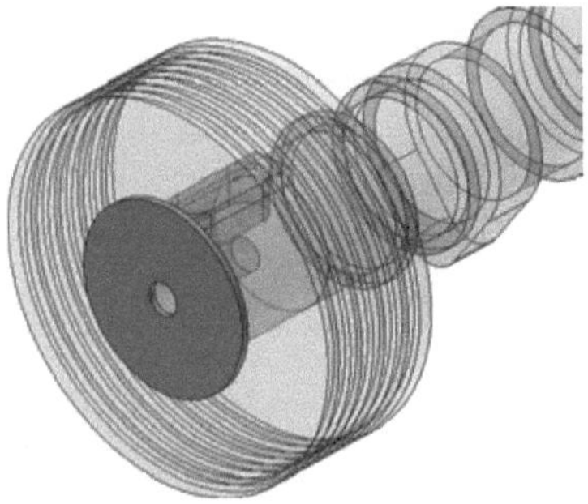

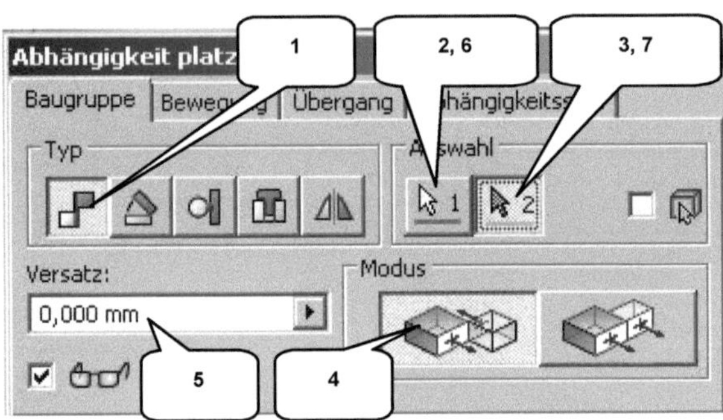

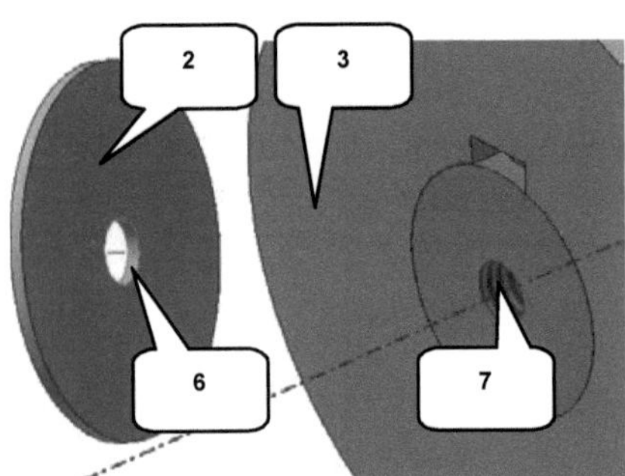

> ➢ Abhängig machen
> ➢ Typ: Passend (1)
> ➢ Auswahl 1: Markierte Fläche (2)
> ➢ Auswahl 2: Markierte Fläche (3)
> ➢ Modus: Passend (4)
> ➢ Versatz: [0 mm] (5)
> ➢ Anwenden **Anwenden**

> ➢ Typ: Passend (1)
> ➢ Auswahl 1: Mark. Zylinderfläche (6)
> ➢ Auswahl 2: Markiertes Gewinde (7)
> ➢ Modus: Passend (4)
> ➢ Versatz: [0 mm] (5)
> ➢ OK **OK**

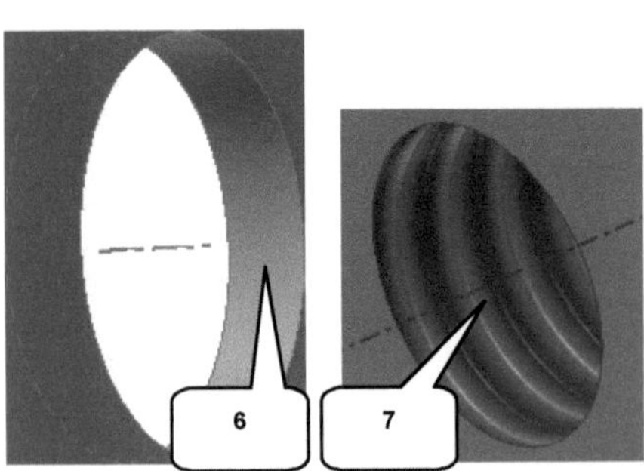

7.3.5 Schraube aus dem Inhaltscenter einfügen

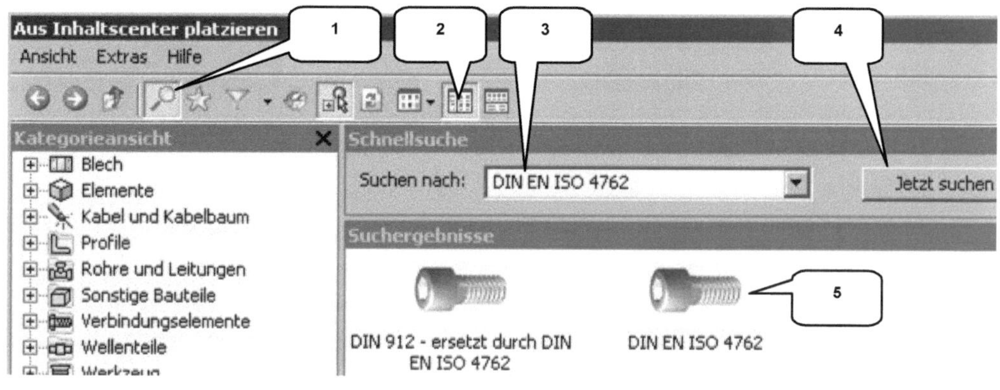

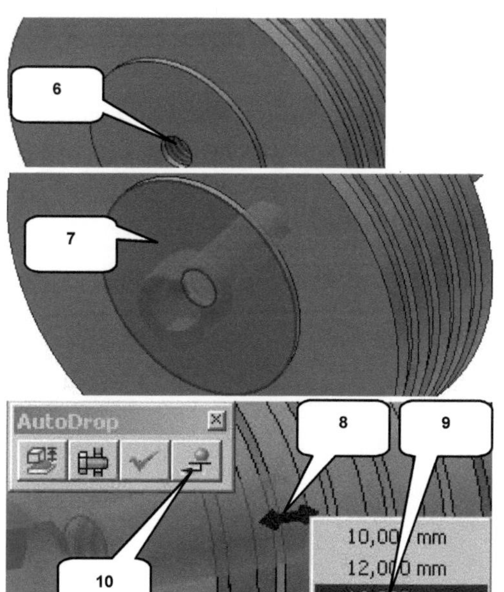

> **Aus Inhaltscenter platzieren**
> Option: **Suchen** aktivieren (sofern noch deaktiviert) (1)
> Option: **Baumstrukturansicht** aktivieren (sofern noch deaktiviert) (2)
> Suche nach: [DIN EN ISO 4762] (3)
> **Jetzt suchen** (4)
> Markierte Schraube doppelklicken (5)
> Gewindebohrung der Nockenwelle wählen (6)
> Startfläche wählen (7)
> Markierten Pfeil am Schraubenende doppelklicken (8)
> Schraubenlänge: 16 mm wählen (9)
> **Platzieren** (10)

HINWEIS: Komponenten aus dem Inhaltscenter können jederzeit nachträglich bearbeitet werden. Um die geometrischen Abmessungen zu ändern, wählen Sie per *rechter Maustaste* die Option *Größe ändern*. Um eine Komponente aus dem Inhaltscenter gegen eine andere Komponente aus dem Inhaltscenter auszutauschen, wählen Sie die Option *Aus Inhaltscenter ersetzen*.

7.3.6 Materialien zuweisen

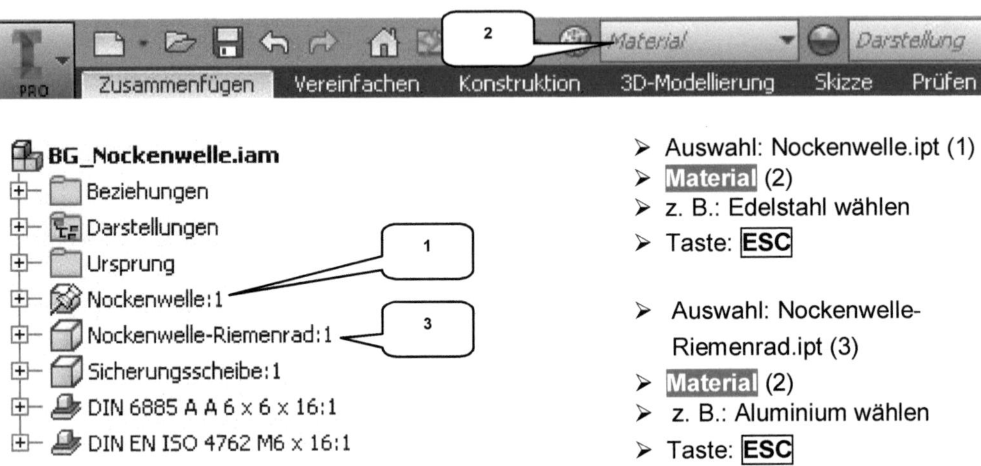

BG_Nockenwelle.iam
- Beziehungen
- Darstellungen
- Ursprung
- Nockenwelle:1
- Nockenwelle-Riemenrad:1
- Sicherungsscheibe:1
- DIN 6885 A A 6 x 6 x 16:1
- DIN EN ISO 4762 M6 x 16:1

> Auswahl: Nockenwelle.ipt (1)
> Material (2)
> z. B.: Edelstahl wählen
> Taste: ESC

> Auswahl: Nockenwelle-
>   Riemenrad.ipt (3)
> Material (2)
> z. B.: Aluminium wählen
> Taste: ESC

Da der Sicherungsscheibe bereits in einer anderen Baugruppe ein Material zugewiesen wurde, muss dies hier nicht erneut geschehen, die Datei kann gespeichert und geschlossen werden. Achten Sie auch hier wieder darauf, die Option *Ja für alle* zu aktivieren, um die Sicherung der Schraube aus dem Inhaltscenter zu gewährleisten.

7.4 Unterbaugruppe: Zylinderblock

7.4.1 Einfügen der Komponenten

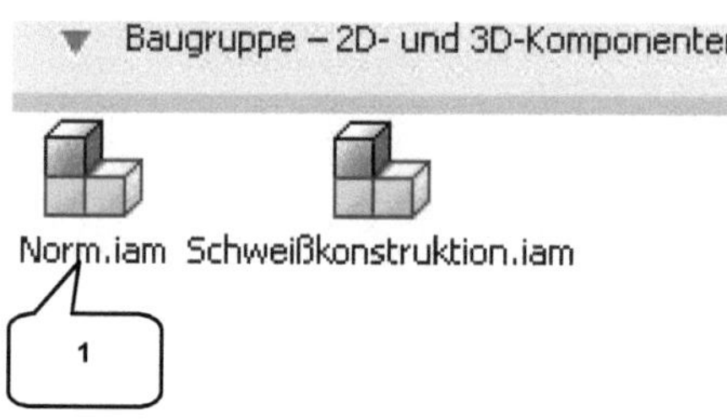

Erstellen Sie eine neue Baugruppe (Norm.iam) und speichern Sie diese als **BG_Zylinderblock**.

- ➢ Neu
- ➢ *Norm.iam* (1)
- ➢ Erstellen *Erstellen*
- ➢ Speichern [BG_Zylinderblock]

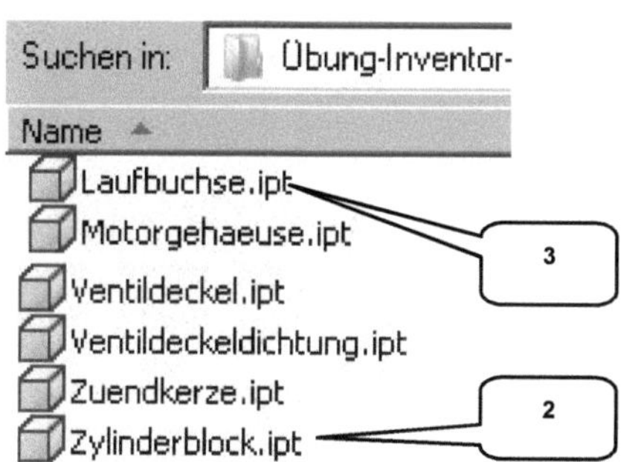

- ➢ Platzieren
- ➢ Auswahl: Zylinderblock.ipt (2)
- ➢ Öffnen *Öffnen*
- ➢ Taste: ESC

- ➢ Platzieren
- ➢ Auswahl: Laufbuchse.ipt (3)
- ➢ Öffnen *Öffnen*
- ➢ Bauteil 1x ablegen
- ➢ Taste: ESC

7.4.2 Laufbuchse im Zylinderblock befestigen

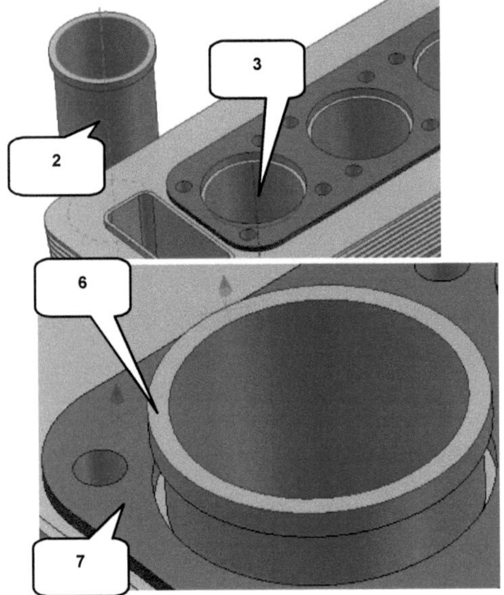

- ➤ **Abhängig machen**
- ➤ Typ: Passend (1)
- ➤ Auswahl 1: Mark. Zylinderfläche (2)
- ➤ Auswahl 2: Mark. Zylinderfläche (3)
- ➤ Modus: Passend (4)
- ➤ Versatz: [0 mm] (5)
- ➤ Anwenden *Anwenden*

- ➤ Typ: Passend (1)
- ➤ Auswahl 1: Markierte Fläche (6)
- ➤ Auswahl 2: Markierte Fläche (7)
- ➤ Modus: Fluchtend (8)
- ➤ Versatz: [0 mm] (5)
- ➤ OK *OK*

7.4.3 Laufbuchse als Muster anordnen

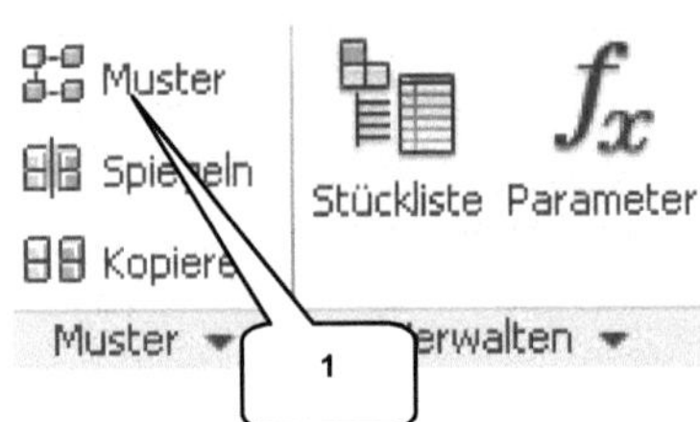

Die restlichen drei Laufbuchsen sollen als **Muster** (1) erzeugt werden. Auch im Baugruppenbereich gibt es Möglichkeiten, Komponenten in Form eines Musters (polar/ rechteckig) zu kopieren und anzuordnen.

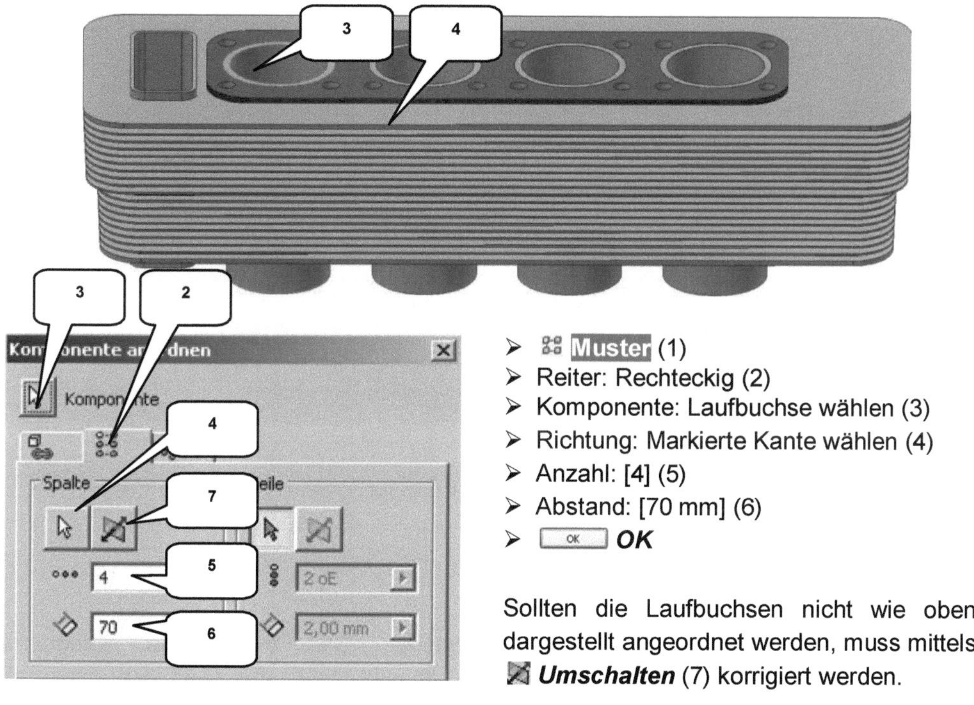

> 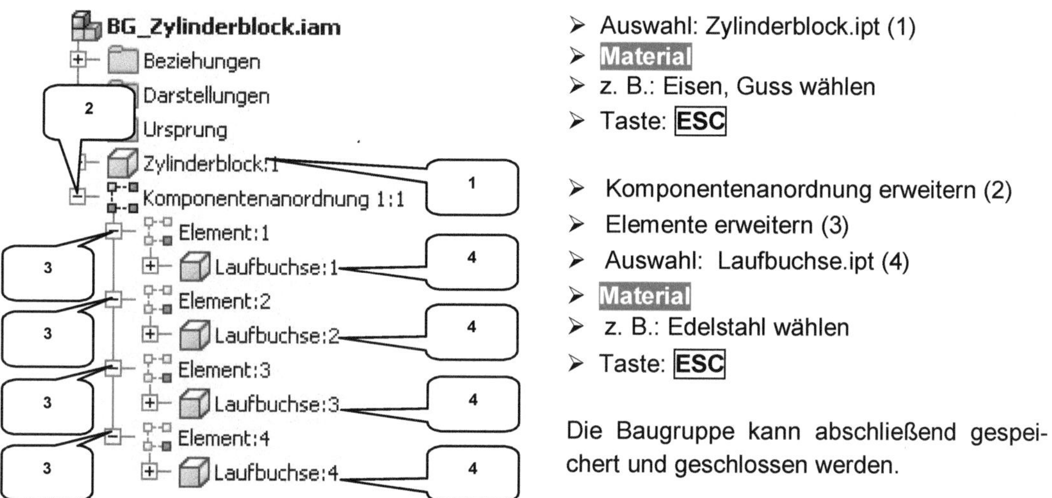 **Muster** (1)
> Reiter: Rechteckig (2)
> Komponente: Laufbuchse wählen (3)
> Richtung: Markierte Kante wählen (4)
> Anzahl: [4] (5)
> Abstand: [70 mm] (6)
> ☐ OK ☐ **OK**

Sollten die Laufbuchsen nicht wie oben dargestellt angeordnet werden, muss mittels **Umschalten** (7) korrigiert werden.

7.4.4 Materialien zuweisen

> Auswahl: Zylinderblock.ipt (1)
> **Material**
> z. B.: Eisen, Guss wählen
> Taste: **ESC**

> Komponentenanordnung erweitern (2)
> Elemente erweitern (3)
> Auswahl: Laufbuchse.ipt (4)
> **Material**
> z. B.: Edelstahl wählen
> Taste: **ESC**

Die Baugruppe kann abschließend gespeichert und geschlossen werden.

7.5 Unterbaugruppe: Zylinderkopf

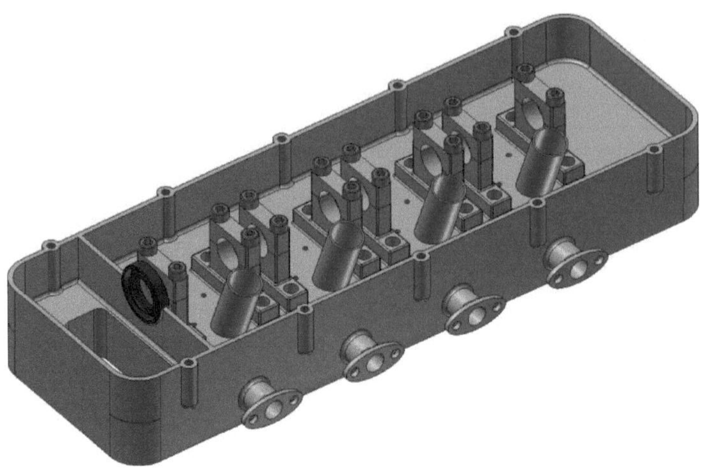

7.5.1 Einfügen der Komponenten

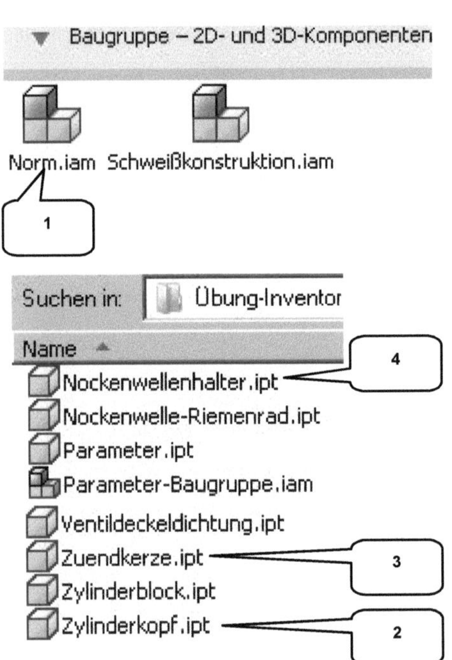

Erstellen Sie eine neue Baugruppe (Norm.iam) und speichern Sie diese als **BG_Zylinderkopf**.

> 📄 Neu
> 🔧 **Norm.iam** (1)
> Erstellen **Erstellen**
> 💾 Speichern [BG_Zylinderkopf]

> 🖱 Platzieren
> Auswahl: Zylinderkopf.ipt(2)
> Öffnen **Öffnen**
> Taste: ESC

> 🖱 Platzieren
> Auswahl: Zündkerze.ipt, Nockenwellen-halter.ipt (3, 4)
> Öffnen **Öffnen**
> Bauteile 1x ablegen
> Taste: ESC

7.5.2 Zündkerzen im Zylinderkopf platzieren

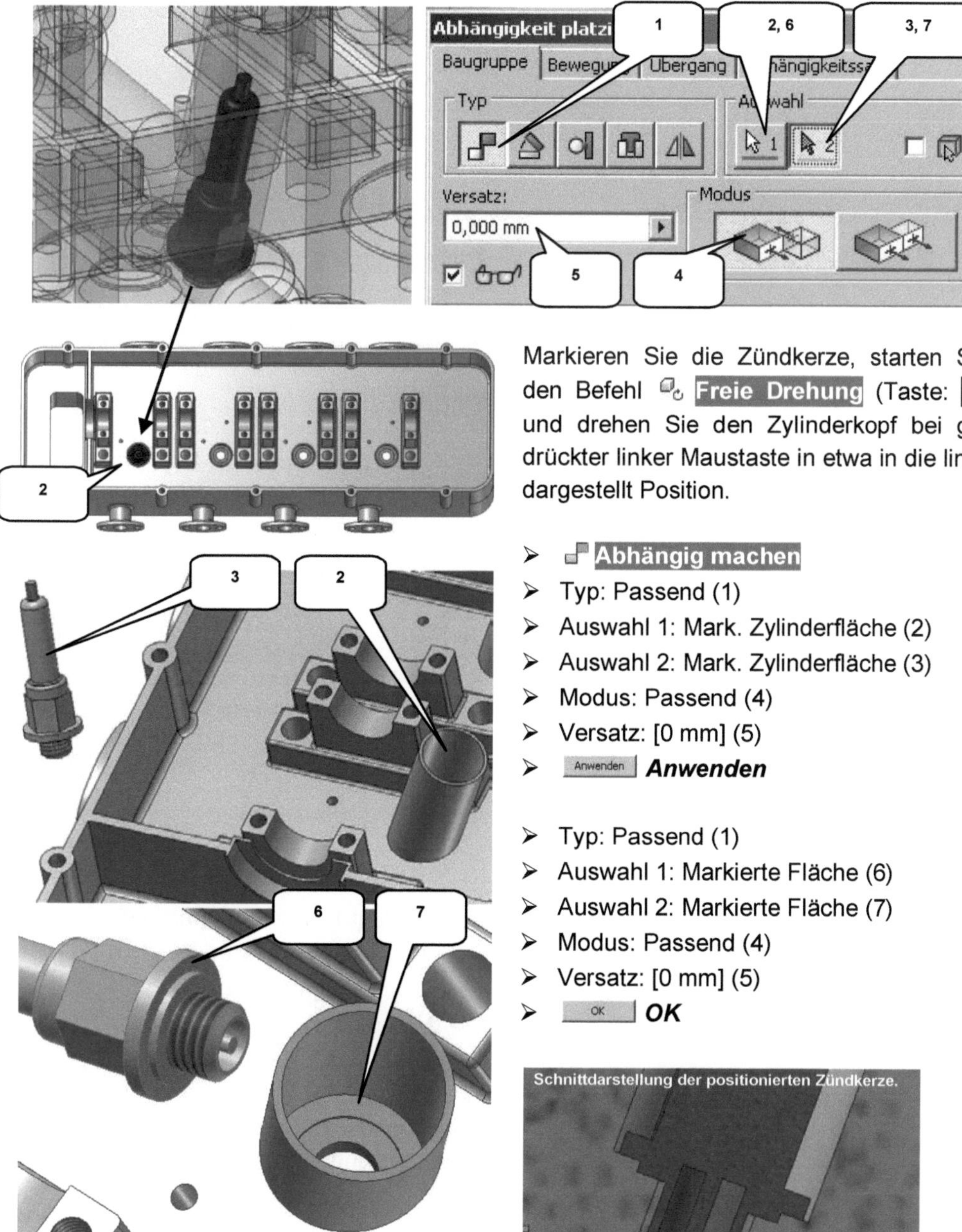

Markieren Sie die Zündkerze, starten Sie den Befehl ⌖ **Freie Drehung** (Taste: **G**) und drehen Sie den Zylinderkopf bei gedrückter linker Maustaste in etwa in die links dargestellt Position.

➢ **Abhängig machen**
➢ Typ: Passend (1)
➢ Auswahl 1: Mark. Zylinderfläche (2)
➢ Auswahl 2: Mark. Zylinderfläche (3)
➢ Modus: Passend (4)
➢ Versatz: [0 mm] (5)
➢ Anwenden **Anwenden**

➢ Typ: Passend (1)
➢ Auswahl 1: Markierte Fläche (6)
➢ Auswahl 2: Markierte Fläche (7)
➢ Modus: Passend (4)
➢ Versatz: [0 mm] (5)
➢ OK **OK**

Schnittdarstellung der positionierten Zündkerze.

7.5.3   Nockenwellenhalter im Zylinderkopf platzieren

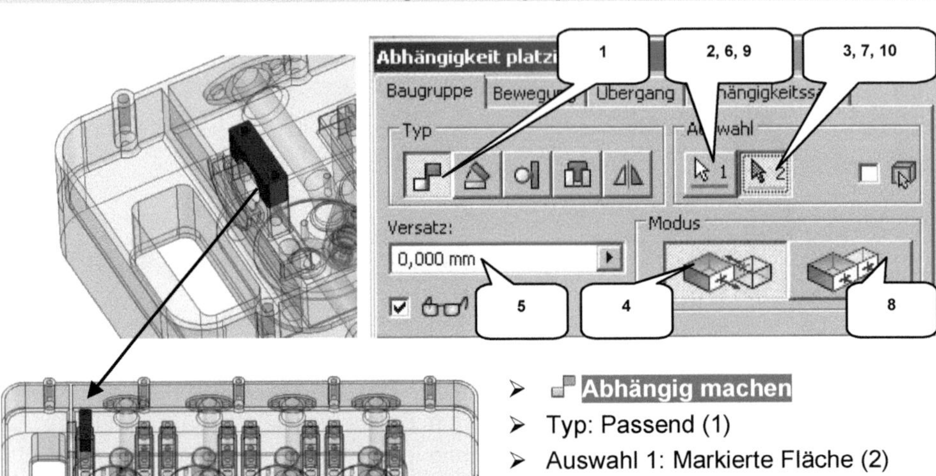

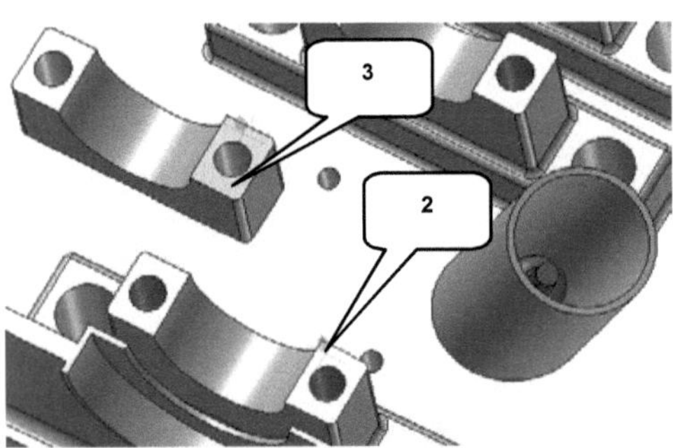

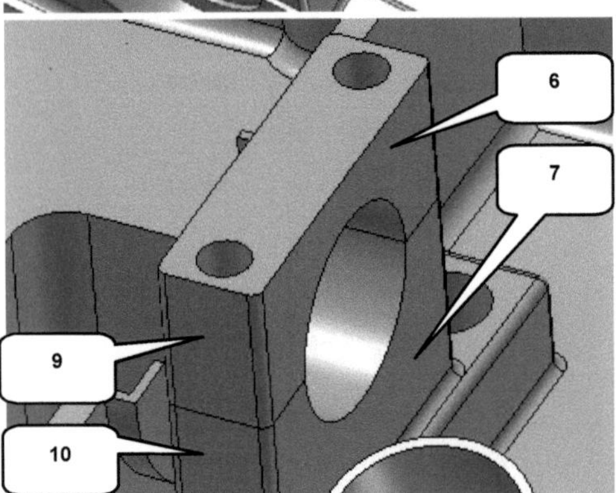

>   **Abhängig machen**
> Typ: Passend (1)
> Auswahl 1: Markierte Fläche (2)
> Auswahl 2: Markierte Fläche (3)
> Modus: Passend (4)
> Versatz: [0 mm] (5)
> Anwenden *Anwenden*

> Typ: Passend (1)
> Auswahl 1: Markierte Fläche (6)
> Auswahl 2: Markierte Fläche (7)
> Modus: Fluchtend (8)
> Versatz: [0 mm] (5)
> Anwenden *Anwenden*

> Typ: Passend (1)
> Auswahl 1: Markierte Fläche (9)
> Auswahl 2: Markierte Fläche (10)
> Modus: Fluchtend (8)
> Versatz: [0 mm] (5)
> OK *OK*

Importieren Sie einen weiteren **Nockenwellenhalter** und setzen Sie diesen auf Position (11).

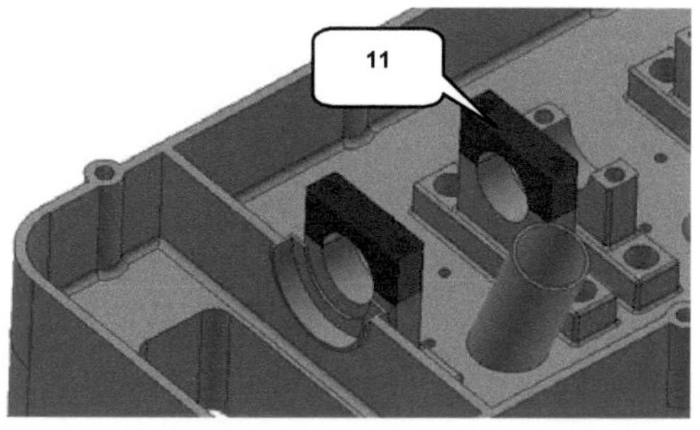

Zündkerzen und Nockenwellenhalter der restlichen drei Zylinder können als Muster erzeugt und angeordnet werden.

Achten Sie auf die korrekte Ausrichtung der Anordnung. Verwenden Sie notfalls die Option ⊠ *Richtung umkehren*, um zu korrigieren.

7.5.4 Lineares Anordnen von Zündkerze und Nockenwellenhalter

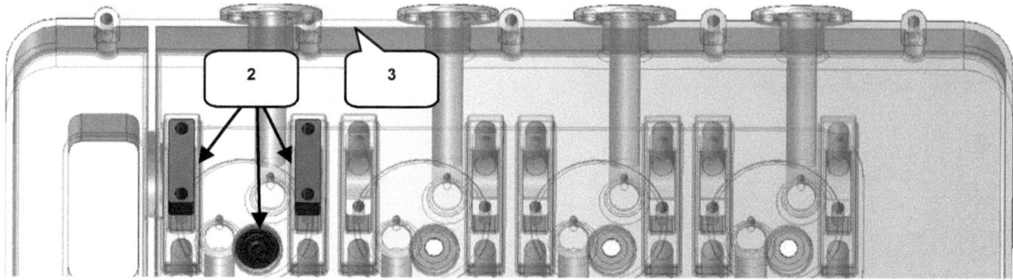

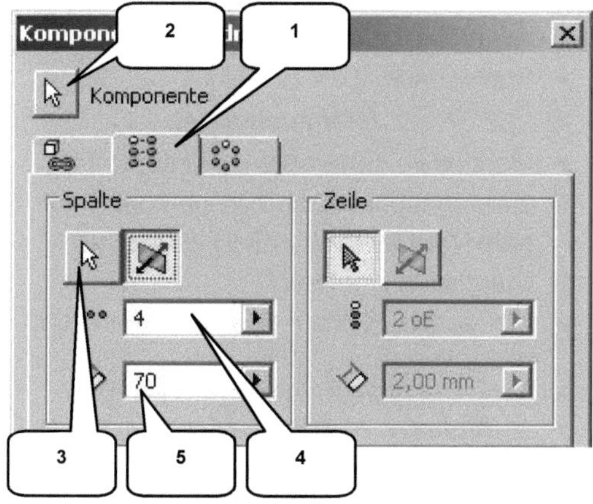

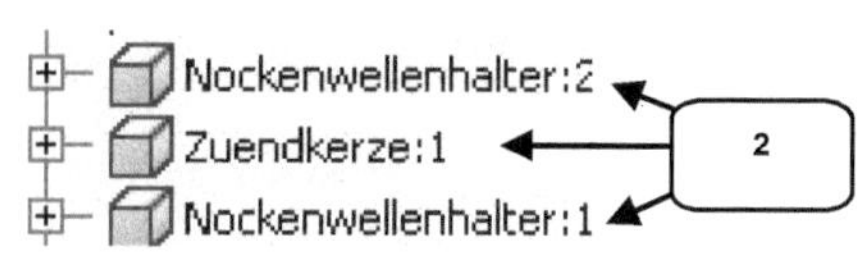

> ⠿ **Muster**
> Reiter: Rechteckige Anordnung (1)
> Auswahl: Zuendkerze.ipt, Nocken-
>   wellenhalter.ipt (2)
> Spalte 1: Markierte Kante (3)
> Anzahl: [4], Abstand: [70 mm] (4, 5)
> ⬚ OK *OK*

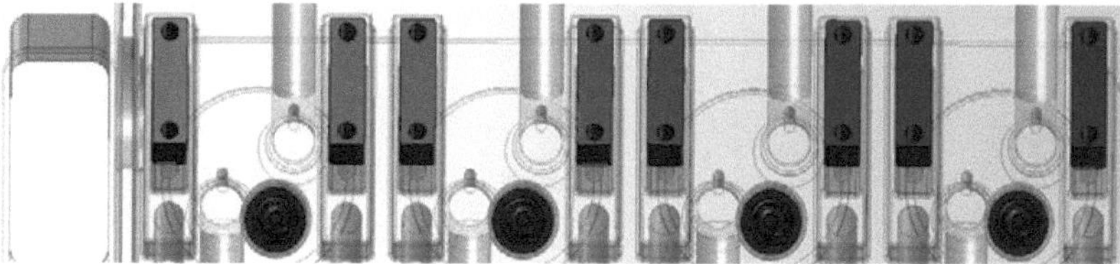

7.5.5 Schrauben aus dem Inhaltscenter einfügen

Nockenwellenhalter und Zylinderkopf sollen jetzt durch **Schrauben** aus dem Inhaltscenter miteinander verbunden werden.

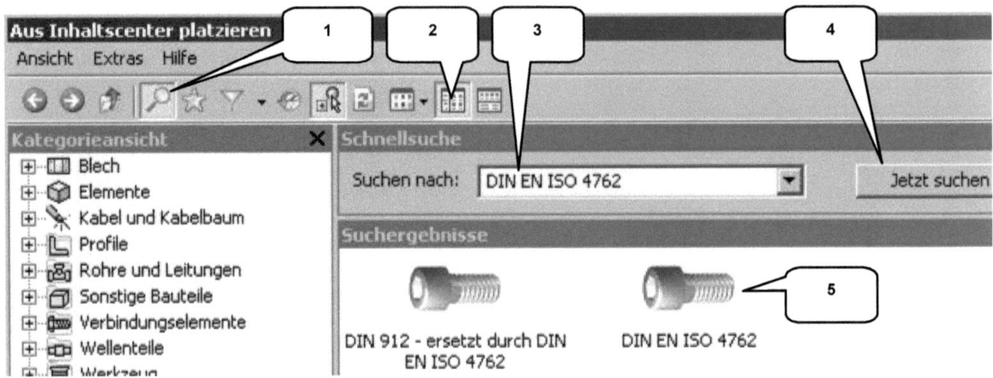

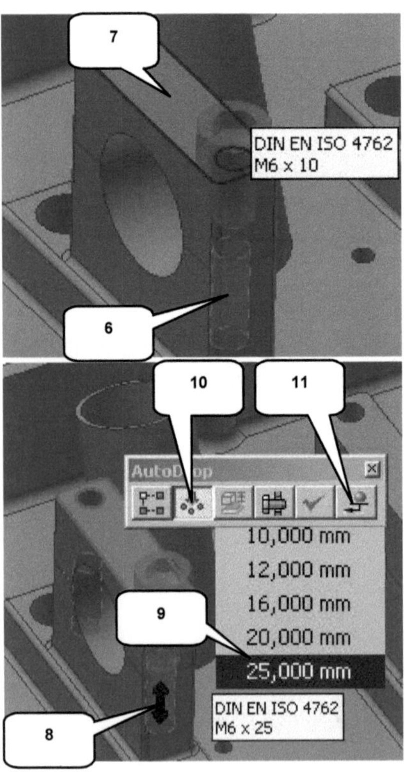

> 🖥 **Aus Inhaltscenter platzieren**
> Option: 🔍 **Suchen** aktivieren (sofern noch deaktiviert) (1)
> Option: 🔲 **Baumstrukturansicht** aktivieren (sofern noch deaktiviert) (2)
> Suche nach: [DIN EN ISO 4762] (3)
> Jetzt suchen **Jetzt suchen** (4)
> Markierte Schraube doppelklicken (5)
> Gewindebohrung im Zylinderkopf (unterhalb Nockenwellenhalter) wählen (6)
> Startfläche wählen (7)
> Markierten Pfeil am Schraubenende doppelklicken (8)
> Schraubenlänge: 25 mm wählen (9)
> 🔧 **Mehrere einfügen** aktivieren (10)
> 🔧 **Platzieren** (11)

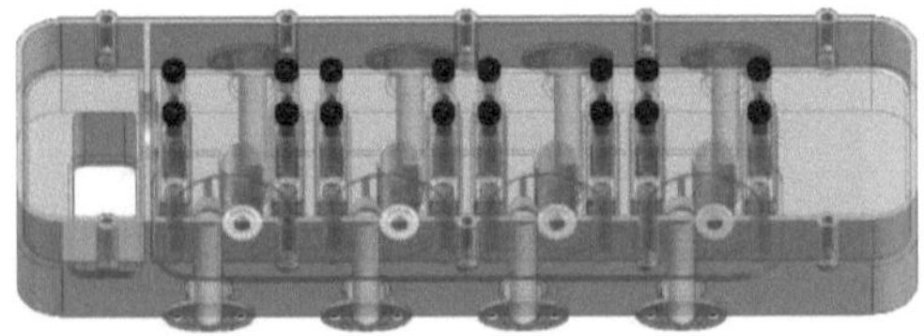

7.5.6 Wellendichtring aus dem Inhaltscenter einfügen und positionieren

Abschließend soll der Baugruppe ein *Wellendichtring* aus dem Inhaltscenter hinzugefügt werden. Dimensionierung und Positionierung erfolgen manuell.

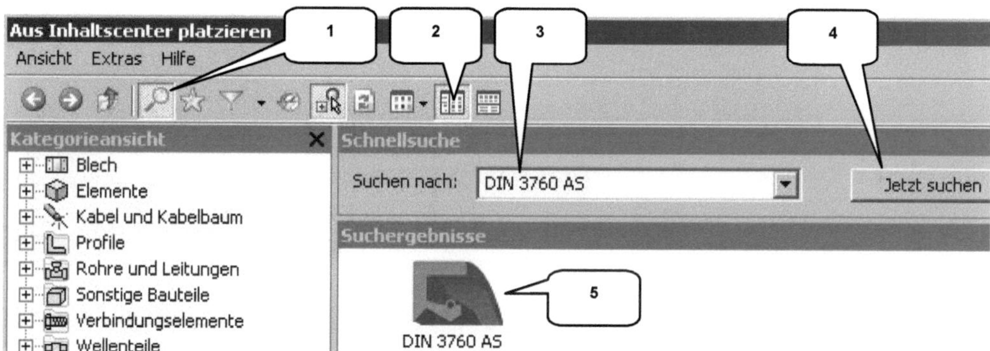

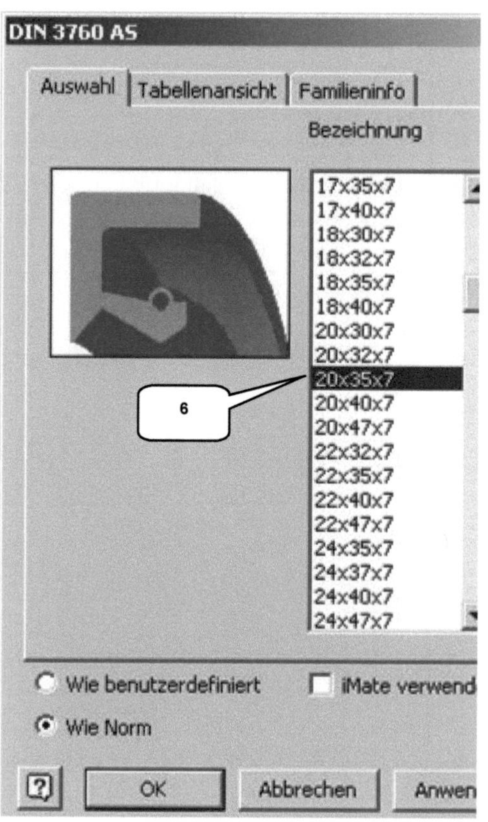

> 🖨 **Aus Inhaltscenter platzieren**
> Option: 🔍 *Suchen* aktivieren (sofern noch deaktiviert) (1)
> Option: ▦ *Baumstrukturansicht* aktivieren (sofern noch deaktiviert) (2)
> Suche nach: [DIN 3760 AS] (3)
> [Jetzt suchen] *Jetzt suchen* (4)
> Markierten Wellendichtring doppelklicken (5)
> Größe: 20 x 35 x 7 wählen (6)
> [OK] *OK*

> Wellendichtring einmal frei mit der linken Maustaste ablegen
> Taste: **ESC**

Positionieren Sie den Wellendichtring in die hierfür vorgesehene Aussparung des Zylinderkopfes. Die offene Seite des Wellendichtrings soll hierbei in Richtung des Riemenkanals zeigen.

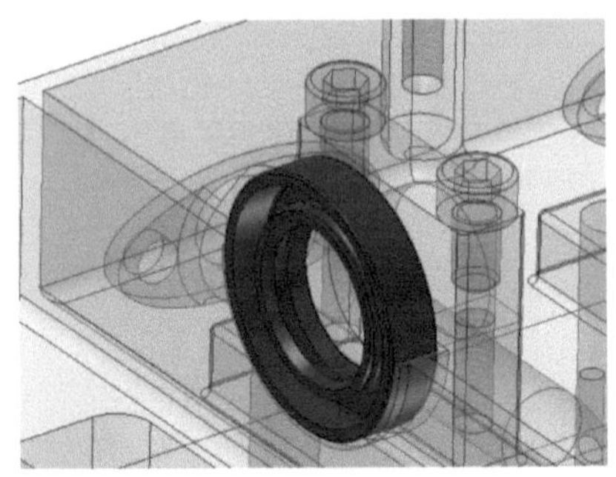

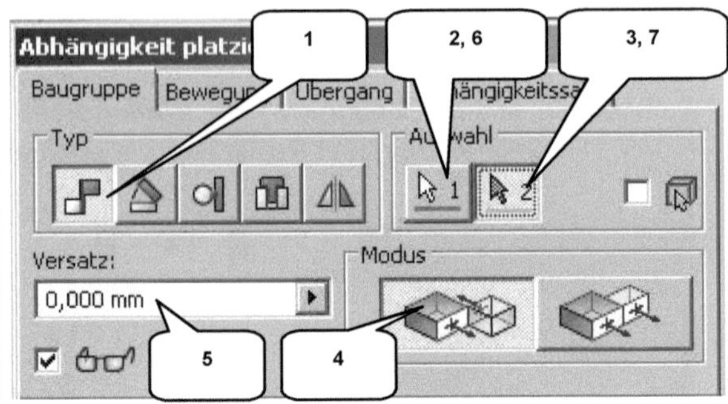

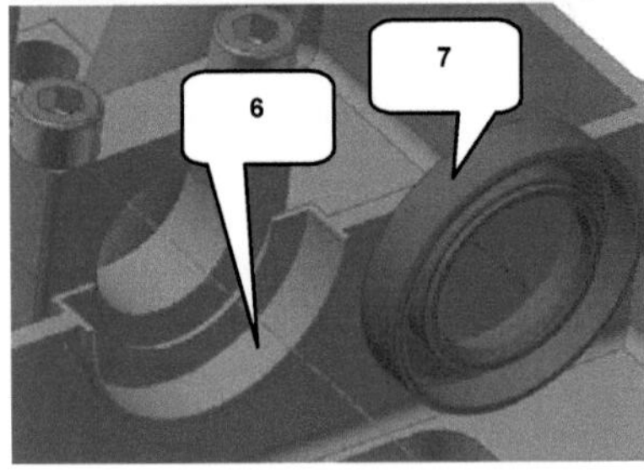

> 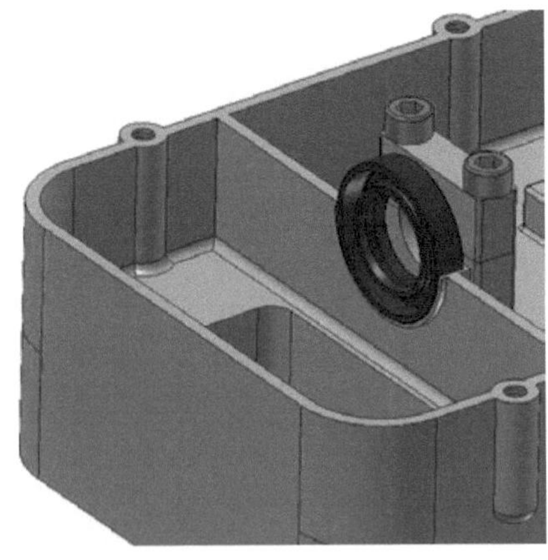 **Abhängig machen**
> Typ: Passend (1)
> Auswahl 1: Markierte Fläche (2)
> Auswahl 2: Markierte Fläche (3)
> Modus: Passend (4)
> Versatz: [0 mm] (5)
> Anwenden **Anwenden**

> Typ: Passend (1)
> Auswahl 1: Mark. Zylinderfläche (6)
> Auswahl 2: Mark. Zylinderfläche (7)
> Modus: Passend (4)
> Versatz: [0 mm] (5)
> OK **OK**

7.5.7 Ordnerstrukturen im Modellbaum anlegen

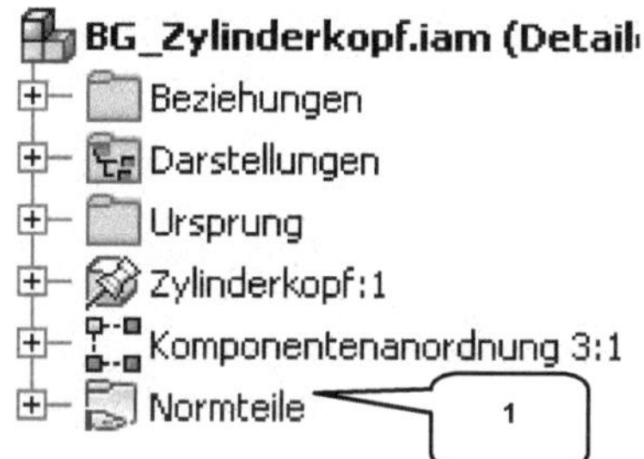

Der Modellbaum einer Baugruppe kann schnell unübersichtlich werden. Hier bietet das Programm die Möglichkeit, mehrere Komponenten (z. B. die Normteile aus dem Inhaltscenter) in Ordnern zusammenzufassen, was den Modellbaum übersichtlicher gestaltet.

Markieren Sie im Modellbaum bei gedrückter Taste: **STRG** mit der linken Maustaste alle Schrauben (DIN EN ISO 4762) und den Wellendichtring (DIN 3760 AS), wählen Sie mit der **rechten Maustaste** darauf die Option **Zu neuem Ordner hinzufügen** und tragen Sie die Ordner-Bezeichnung **Normteile** (1) ein.

7.5.8 Materialien zuweisen

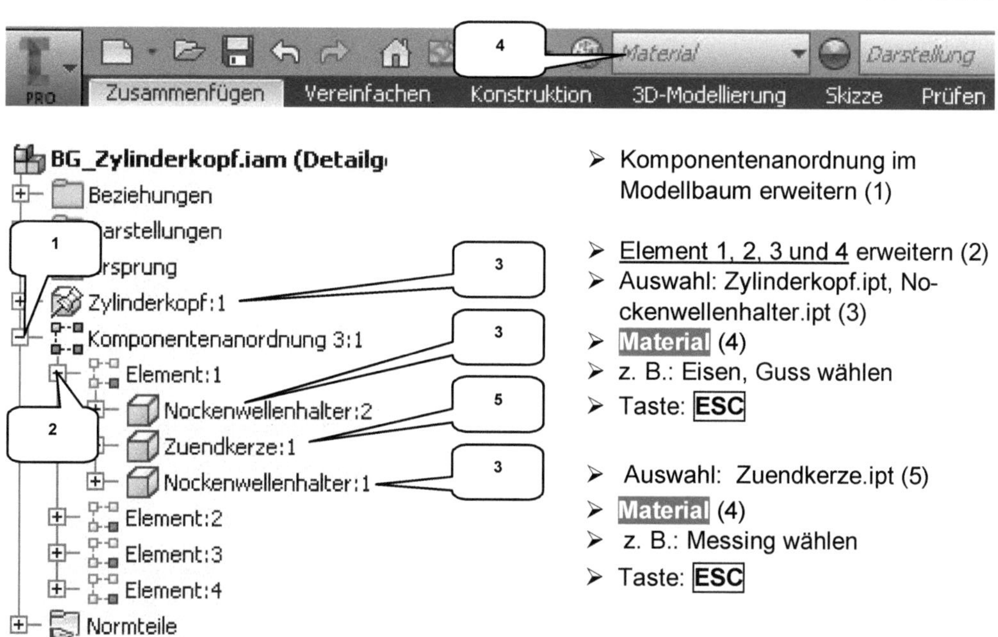

> Komponentenanordnung im Modellbaum erweitern (1)

> Element 1, 2, 3 und 4 erweitern (2)
> Auswahl: Zylinderkopf.ipt, Nockenwellenhalter.ipt (3)
> **Material** (4)
> z. B.: Eisen, Guss wählen
> Taste: **ESC**

> Auswahl: Zuendkerze.ipt (5)
> **Material** (4)
> z. B.: Messing wählen
> Taste: **ESC**

Die Datei kann danach gespeichert und geschlossen werden. Das Fenster der Speichern-Frage ist mit **Ja für alle** zu bestätigen.

7.6 Hauptbaugruppe: 4-Takt-Motor

7.6.1 Einfügen der ersten Komponenten

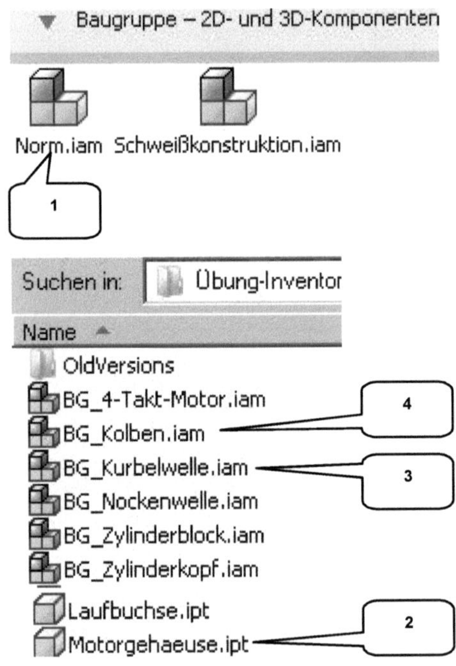

Erstellen Sie eine neue Baugruppe (Norm.iam) und speichern Sie diese als **BG_4-Takt-Motor**.

- ➢ ☐ **Neu**
- ➢ 📇 **Norm.iam** (1)
- ➢ **Erstellen** | *Erstellen*
- ➢ 💾 **Speichern** [BG_4-Takt-Motor]

- ➢ 📇 **Platzieren**
- ➢ Auswahl: Motorgehäuse.ipt (2)
- ➢ **Öffnen** | *Öffnen*
- ➢ Taste: **ESC**

- ➢ 📇 **Platzieren**
- ➢ Auswahl: BG_Kurbelwelle.iam (3)
- ➢ **Öffnen** | *Öffnen*
- ➢ Baugruppe 1x ablegen
- ➢ Taste: **ESC**

- ➢ 📇 **Platzieren**
- ➢ Auswahl: BG_Kolben.iam (4)
- ➢ **Öffnen** | *Öffnen*
- ➢ Baugruppe 4x ablegen > Taste: **ESC**

7.6.2 Flexibilität von Unterbaugruppen

Baugruppen fügt das Programm automatisch als starre Elemente in andere Baugruppen ein. Das bedeutet, dass bewegliche Baugruppen nicht mehr beweglich sind, wenn Sie in eine andere Baugruppe eingefügt wurden. Bei der Baugruppe BG_Kolben.iam wäre das problematisch, da das Programm die Abhängigkeiten nicht richtig setzen könnte.

Um sie wieder beweglich zu gestalten, klicken Sie mit der **rechten Maustaste** nacheinander auf jede der vier Kolbenbaugruppen und aktivieren Sie dort die Option **Flexibel**. Die vier Baugruppen erhalten so ihre volle Beweglichkeit zurück, was im Modellbaum durch das Symbol 🔳 **Flexibel** gekennzeichnet wird.

7.6.3 Baugruppe Kurbelwelle im Motorgehäuse platzieren

Die Baugruppe **Kurbelwelle.iam** soll jetzt als Unterbaugruppe in das Motorgehäuse eingefügt werden. Sie muss mit den Kurbelwellenhaltern des Motorgehäuses verbunden und gegen ein axiales Herausrutschen gesichert werden.

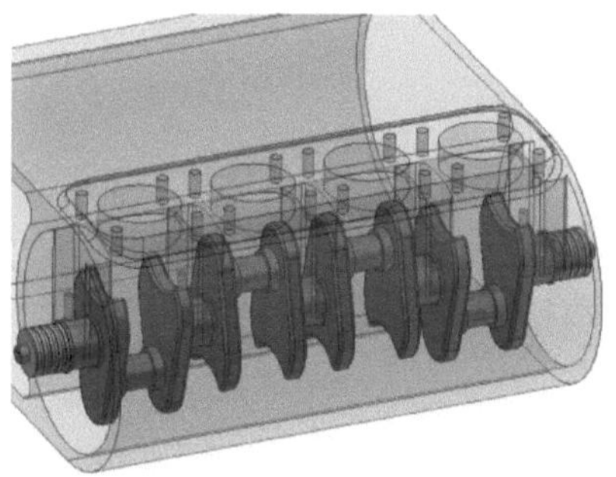

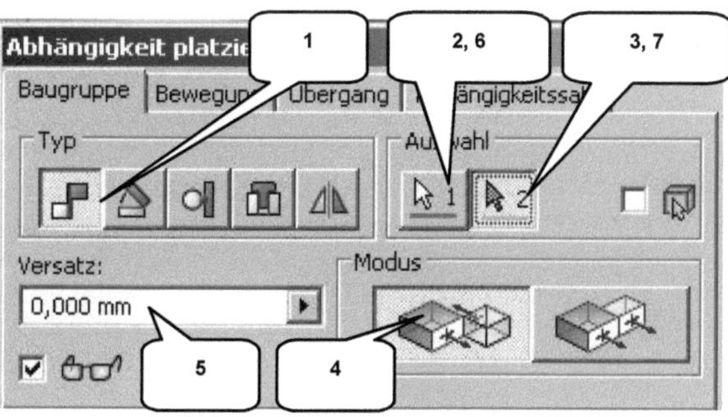

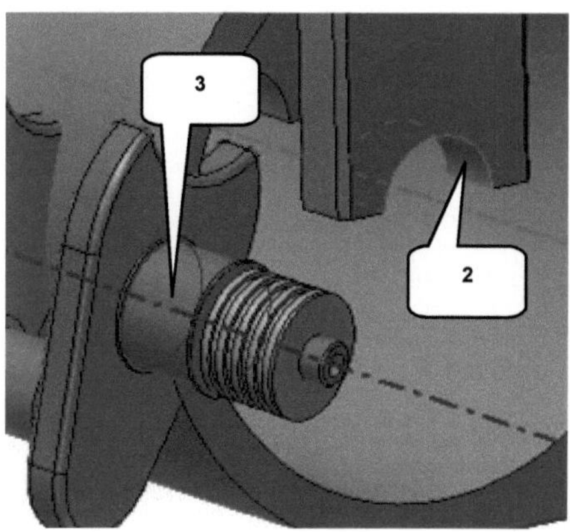

> 🔲 **Abhängig machen**
> Typ: Passend (1)
> Auswahl 1: Mark. Zylinderfläche (2)
> Auswahl 2: Mark. Zylinderfläche (3)
> Modus: Passend (4)
> Versatz: [0 mm] (5)
> Anwenden **Anwenden**

> Typ: Passend (1)
> Auswahl 1: Markierte Fläche (6)
> Auswahl 2: Markierte Fläche (7)
> Modus: Passend (4)
> Versatz: [0 mm] (5)
> OK **OK**

7.6.4 Baugruppe Kolben im Motorgehäuse platzieren

Die **Kolbenbaugruppen** sind jetzt mit Kurbelwelle und Motorgehäuse zu verbinden.

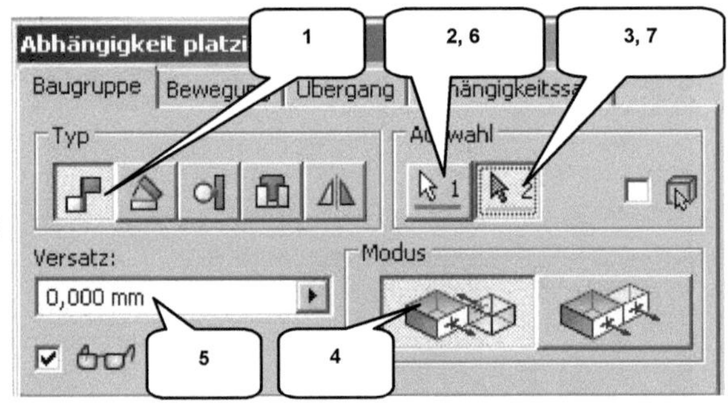

> **Abhängig machen**
> Typ: Passend (1)
> Auswahl 1: Mark. Zylinderfläche (2)
> Auswahl 2: Mark. Zylinderfläche (3)
> Modus: Passend (4)
> Versatz: [0 mm] (5)
> Anwenden **Anwenden**

HINWEIS: Um die Kolbenbaugruppen besser mit der Kurbelwelle verbinden zu können, sollte das Motorgehäuse vorher ausgeblendet werden. Markieren Sie es im Modellbaum und deaktivieren Sie per **_rechter Maustaste_** darauf die Option **_Sichtbarkeit_**.

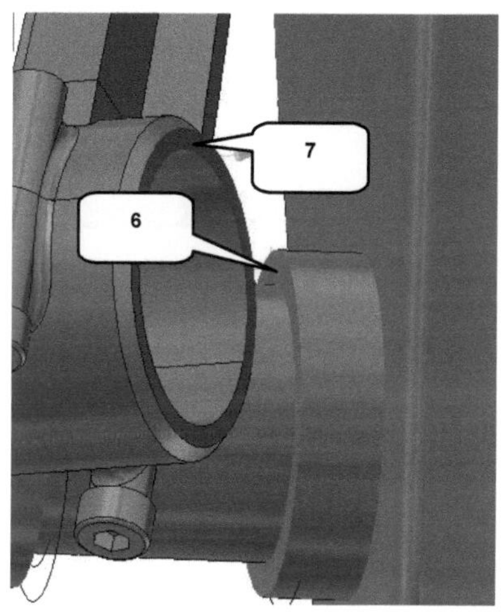

- ➤ Typ: Passend (1)
- ➤ Auswahl 1: Markierte Fläche (6)
- ➤ Auswahl 2: Markierte Fläche (7)
- ➤ Modus: Passend (4)
- ➤ Versatz: [0 mm] (5)
- ➤ OK **_OK_**

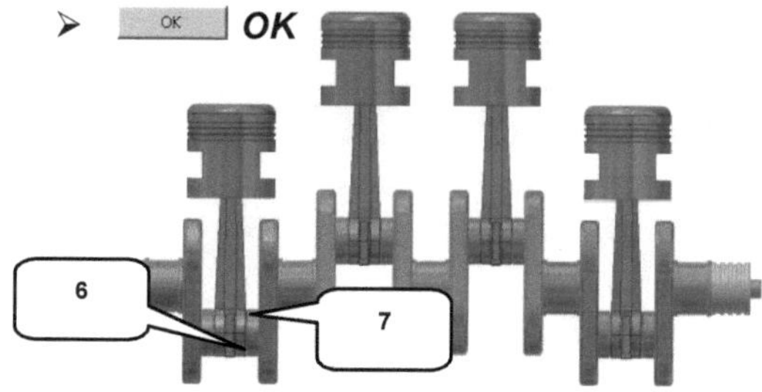

Wiederholen Sie das Setzen der letzten beiden Abhängigkeiten bei den restlichen drei Kolbenbaugruppen. Sobald alle vier mit der Kurbelwelle verbunden sind, sollte der Bewegungsablauf geprüft werden. Drehen Sie die Kurbelwelle bei gedrückter linker Maustaste darauf. Die Kolben sollten sich linear auf und ab bewegen. Die Sichtbarkeit des Motorgehäuses kann jetzt wieder aktiviert werden. Klicken Sie hierfür mit der **_rechten Maustaste_** im Modellbaum darauf und reaktivieren Sie die **_Sichtbarkeit_**.

7.6.5 _Kurbelwellenhalter platzieren, positionieren und linear anordnen_

Importieren und positionieren Sie einen Kurbelwellenhalter in der Baugruppe.

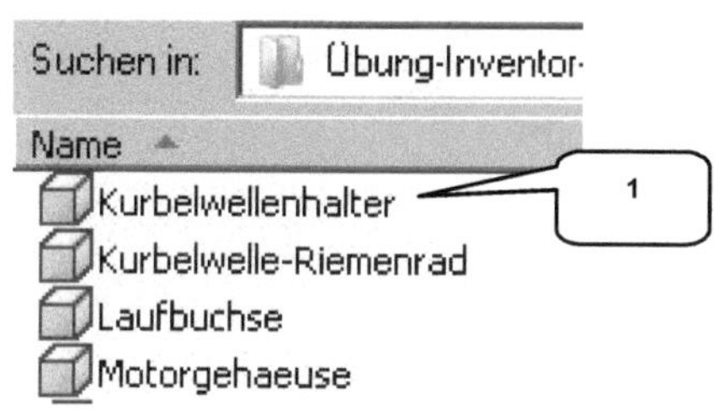

- ➤ Platzieren
- ➤ Auswahl: Kurbelwellenhalter.ipt (1)
- ➤ Öffnen **_Öffnen_**
- ➤ Bauteil 1x ablegen
- ➤ Taste: ESC

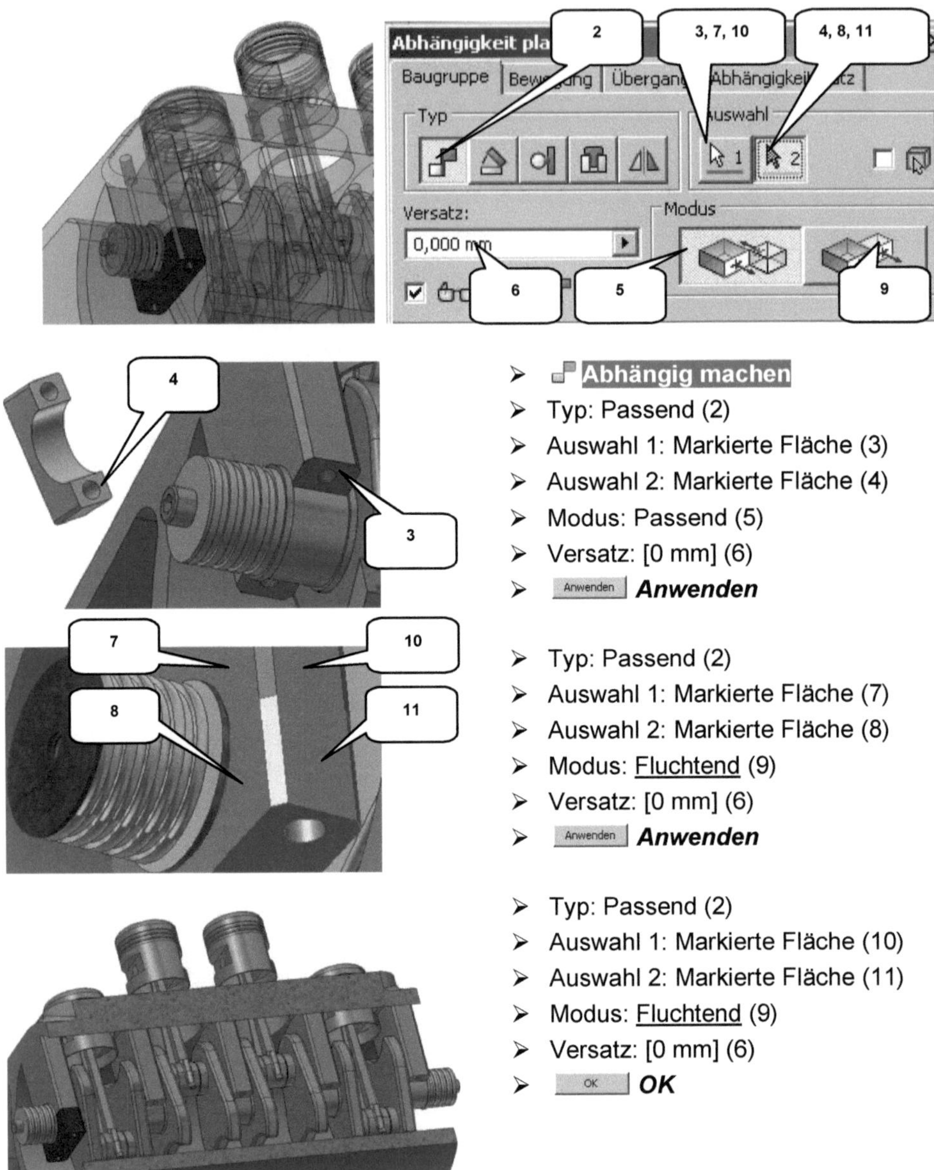

> **Abhängig machen**
> Typ: Passend (2)
> Auswahl 1: Markierte Fläche (3)
> Auswahl 2: Markierte Fläche (4)
> Modus: Passend (5)
> Versatz: [0 mm] (6)
> Anwenden **_Anwenden_**

> Typ: Passend (2)
> Auswahl 1: Markierte Fläche (7)
> Auswahl 2: Markierte Fläche (8)
> Modus: <u>Fluchtend</u> (9)
> Versatz: [0 mm] (6)
> Anwenden **_Anwenden_**

> Typ: Passend (2)
> Auswahl 1: Markierte Fläche (10)
> Auswahl 2: Markierte Fläche (11)
> Modus: <u>Fluchtend</u> (9)
> Versatz: [0 mm] (6)
> OK **_OK_**

Die restlichen vier Kurbelwellenhalter können als lineare Anordnung entlang der Z-Achse erzeugt werden.

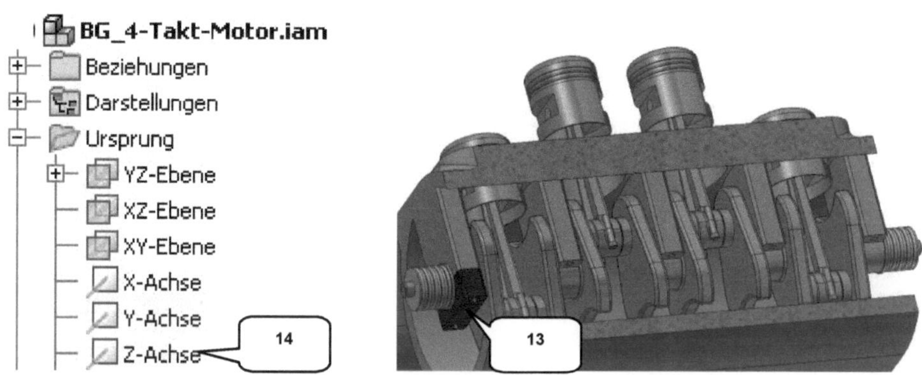

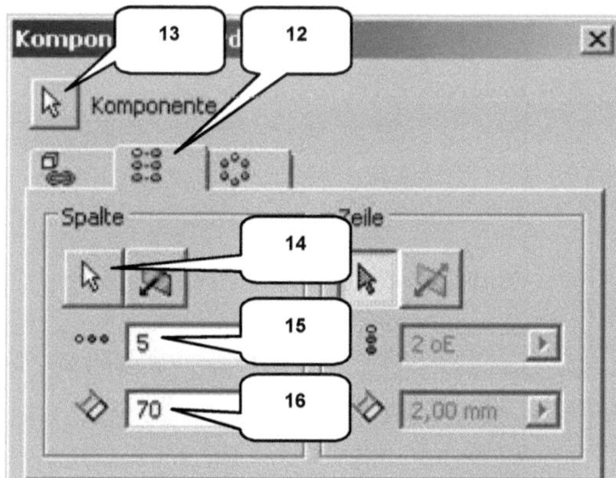

- ⟐ **Muster**
- Reiter: Rechteckige Anordnung (12)
- Komponenten: Kurbelwellenhalter (13)
- Spalte: Z-Achse der Hauptbaugruppe (14)
- Anzahl: [5] (15)
- Abstand: [70 mm] (16)
- ⟐ OK

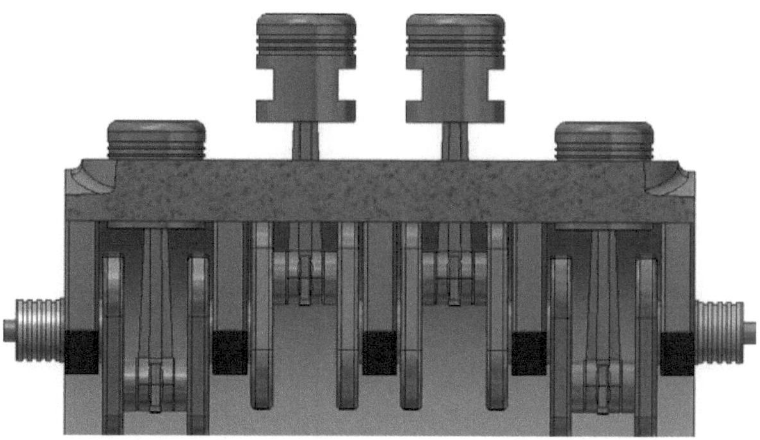

HINWEIS: Sollte die Anordnung in die falsche Richtung erzeugt worden sein (aus dem Motorgehäuse heraus), kann das mit ⋈ **_Richtung umkehren_** korrigiert werden.

7.6.6 Schrauben aus dem Inhaltscenter einfügen

Kurbelwellenhalter und Motorgehäuse sollen miteinander verschraubt werden. Auch hier sind **Schrauben** aus dem Inhaltscenter zu verwenden.

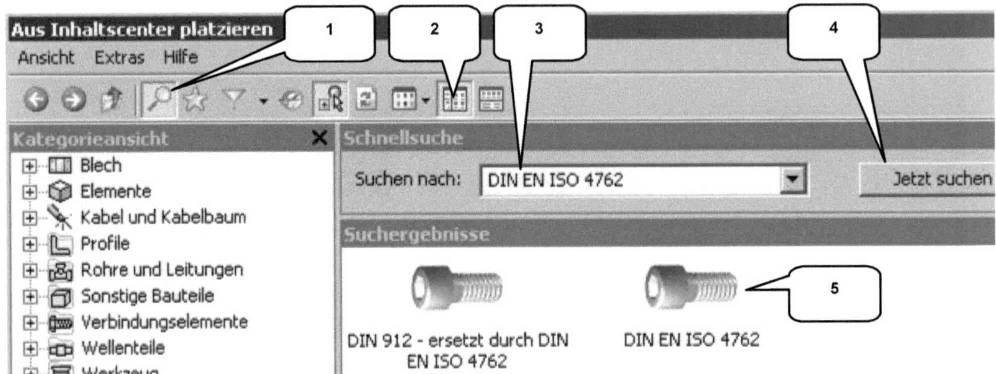

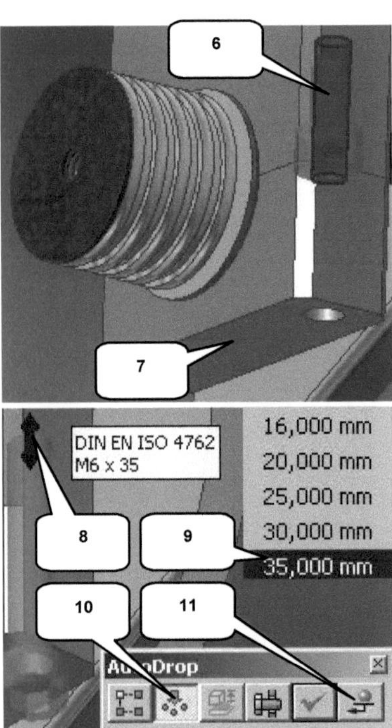

>  **Aus Inhaltscenter platzieren**
> Option: **Suchen** aktivieren (sofern noch deaktiviert) (1)
> Option: **Baumstrukturansicht** aktivieren (sofern noch deaktiviert) (2)
> Suche nach: [DIN EN ISO 4762] (3)
> Jetzt suchen **Jetzt suchen** (4)
> Markierte Schraube doppelklicken (5)
> Gewindebohrung im Motorgehäuse wählen (6)
> Startfläche wählen (7)
> Markierten Pfeil am Schraubenende doppelklicken (8)
> Schraubenlänge: 35 mm wählen (9)
> **Mehrere einfügen** aktivieren (10)
> **Platzieren** (11)

7.6.7 Dichtung zwischen Motorgehäuse und Zylinderblock erstellen

Bevor der Zylinderblock auf dem Motorgehäuse befestigt werden kann, muss aus dem Motorgehäuse eine Dichtung erzeugt werden. Die Dichtung (*Dichtung.ipt*) wird als neues Bauteil aus der Baugruppe heraus konstruiert.

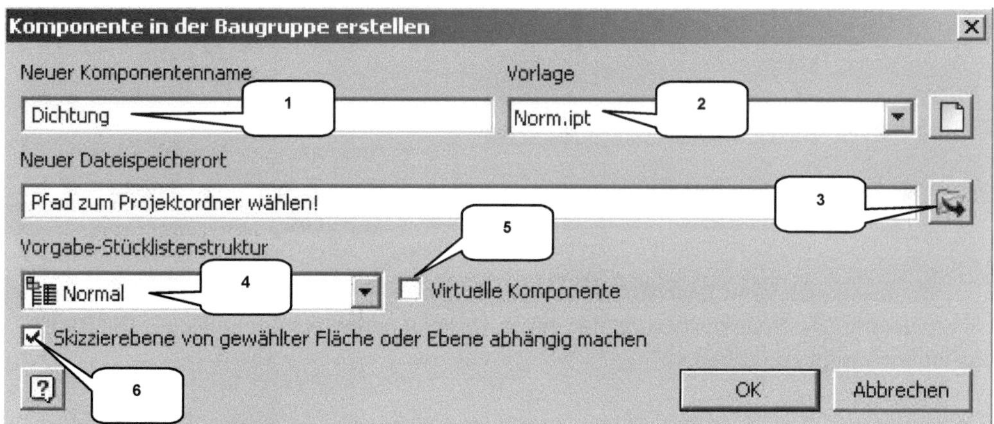

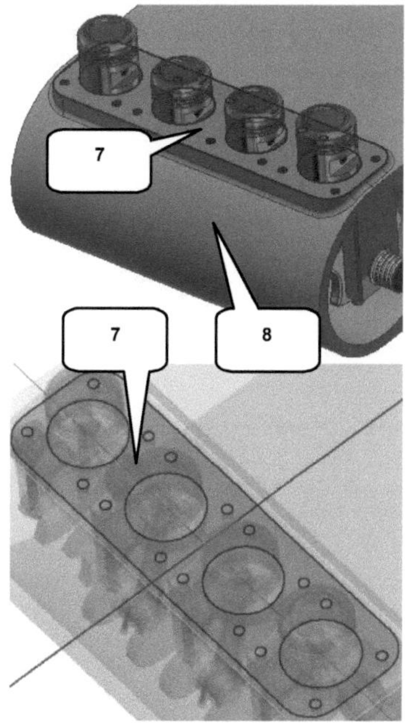

> **Komponente erstellen**
> Name: [Dichtung] (1)
> Vorlage: Norm.ipt (2)
> Speicherort: Projektordner wählen (3)
> Stücklistenstruktur: Normal (4)
> Deaktivieren: Virtuelle Komponente (5)
> Aktivieren: Skizzierebene von ... (6)
> OK **OK**

> Markierte Fläche wählen (7)

> **Schnittkanten projizieren**
> Motorgehäuse wählen (8)
> ✔ **Skizze fertig stellen**

Zurück im Register *3D-Modell*, soll die projizierte Kontur *2 mm* extrudiert werden.

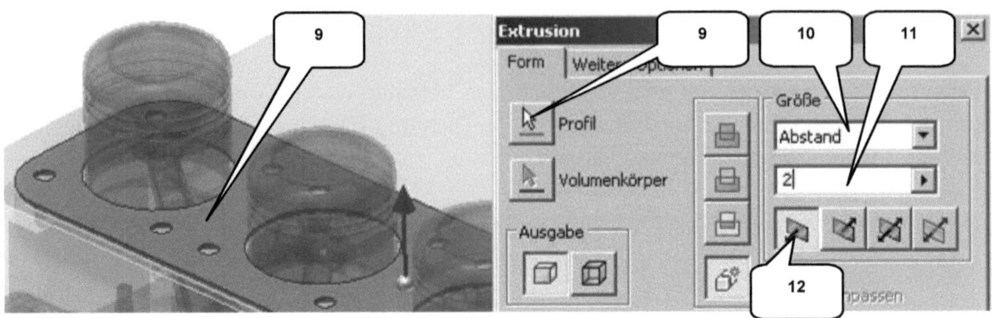

➤ ⬚ Extrusion
➤ Profil: Projizierte Fläche (9)
➤ Verfahren: (Automatisch)

➤ Größe: Abstand [2 mm] (10, 11)
➤ Richtung: Richtung 1 (12)
➤ ⬚ OK OK

Der Bauteilbereich kann anschließend verlassen (◄● Zurück), und die Baugruppe gespeichert werden (die Erstspeicherung der neuen Komponenten nicht vergessen). Die Baugruppe ist noch <u>nicht</u> zu schließen!

<hr>

7.6.8 Unterbaugruppe BG_Zylinderblock einfügen und platzieren

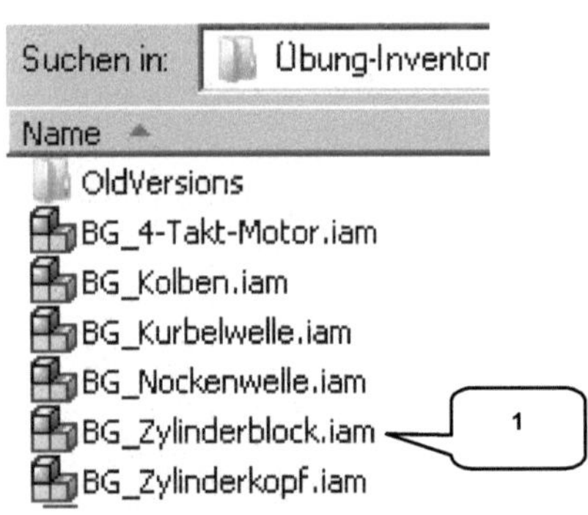

Importieren Sie die Unterbaugruppe **BG_Zylinderblock.iam** und legen Sie diese einmal in der Hauptbaugruppe ab.

➤ ⬚ Platzieren
➤ Auswahl: BG_Zylinderblock.iam (1)
➤ Öffnen **Öffnen**
➤ Baugruppe 1x ablegen
➤ Taste: ESC

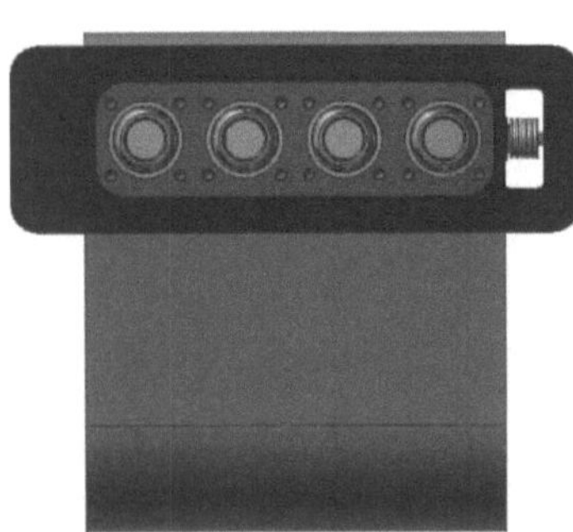

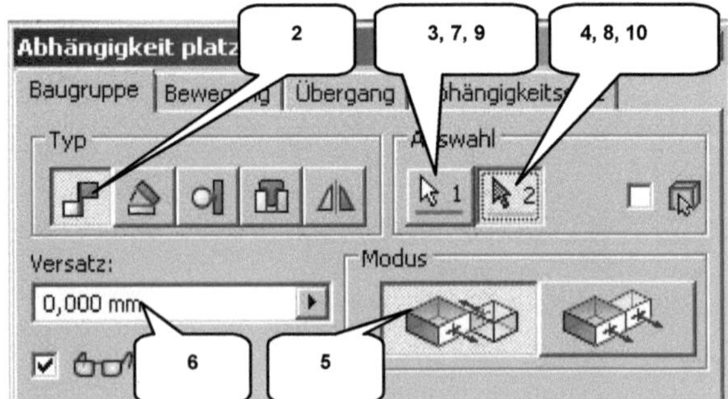

Setzen Sie die folgenden drei Abhängigkeiten und achten Sie dabei auf die korrekte Ausrichtung des Zylinderblocks. Wenn Sie von oben auf die Baugruppe sehen (siehe linke, untere Abbildung auf der vorherigen Seite), sollte die dargestellte Ausrichtung des Zylinderblocks erreicht werden.

> ◻ **Abhängig machen**
> Typ: Passend (2)
> Auswahl 1: Markierte Fläche (3)
> Auswahl 2: Markierte Fläche (4)
> Modus: Passend (5)
> Versatz: [0 mm] (6)
> Anwenden | *Anwenden*

> Typ: Passend (2)
> Auswahl 1: Mark. Zylinderfläche (7)
> Auswahl 2: Mark. Zylinderfläche (8)
> Modus: Passend (5)
> Versatz: [0 mm] (6)
> Anwenden | *Anwenden*

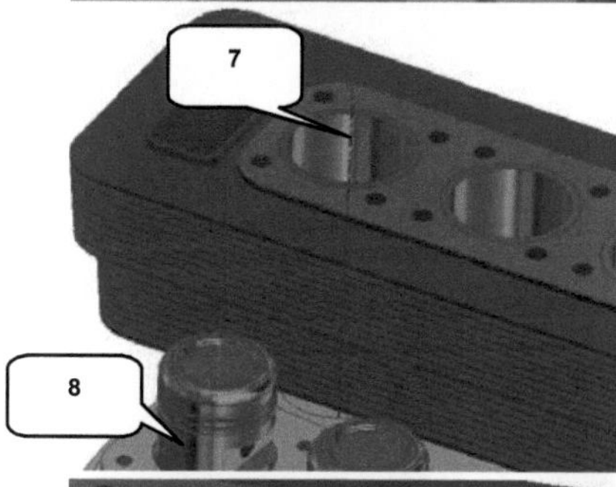

> Typ: Passend (2)
> Auswahl 1: Mark. Zylinderfläche (9)
> Auswahl 2: Mark. Zylinderfläche (10)
> Modus: Passend (5)
> Versatz: [0 mm] (6)
> OK | *OK*

Bevor der Zylinderkopf auf den Zylinderblock gesetzt wird, soll auf der oberen Dichtfläche des Zylinderblocks ebenfalls eine Dichtung platziert werden. Hier kann die im vorangegangenen Kapitel erzeugte Dichtung verwendet werden.

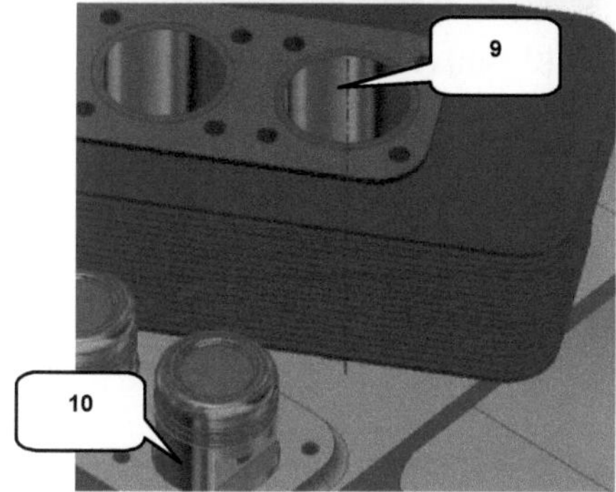

7.6.9 Dichtung einfügen und auf dem Zylinderblock positionieren

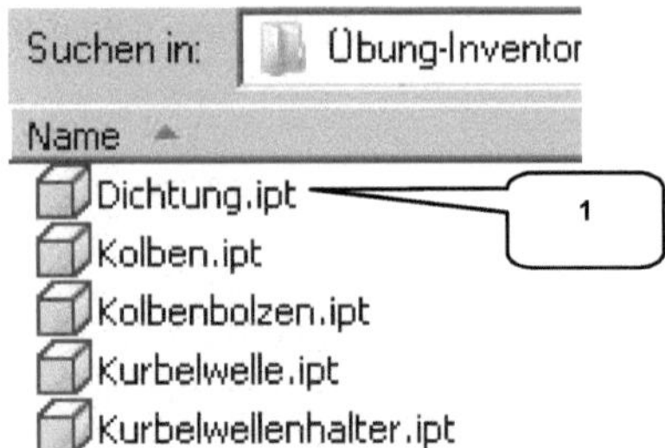

Importieren Sie das Bauteil *Dichtung.ipt* in die Hauptbaugruppe.

> **Platzieren**
> Auswahl: Dichtung.ipt (1)
> Öffnen **Öffnen**
> Bauteil 1x ablegen
> Taste: ESC

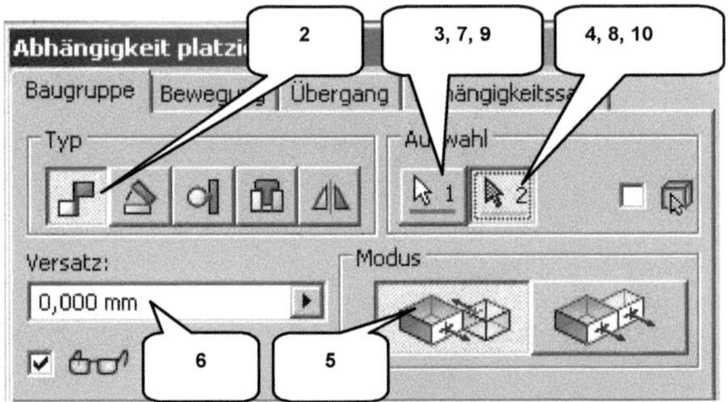

> **Abhängig machen**
> Typ: Passend (2)
> Auswahl 1: Markierte Fläche (3)
> Auswahl 2: Markierte Fläche (4)
> Modus: Passend (5)
> Versatz: [0 mm] (6)
> Anwenden **Anwenden**

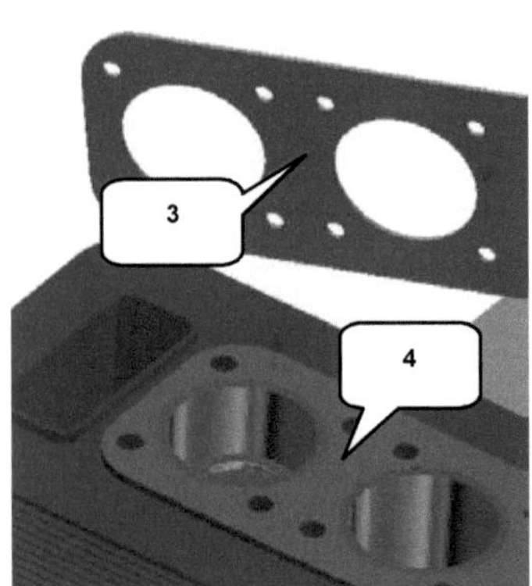

> Typ: Passend (2)
> Auswahl 1: Mark. Zylinderfläche (7)
> Auswahl 2: Mark. Zylinderfläche (8)
> Modus: Passend (5)
> Versatz: [0 mm] (6)
> Anwenden **Anwenden**

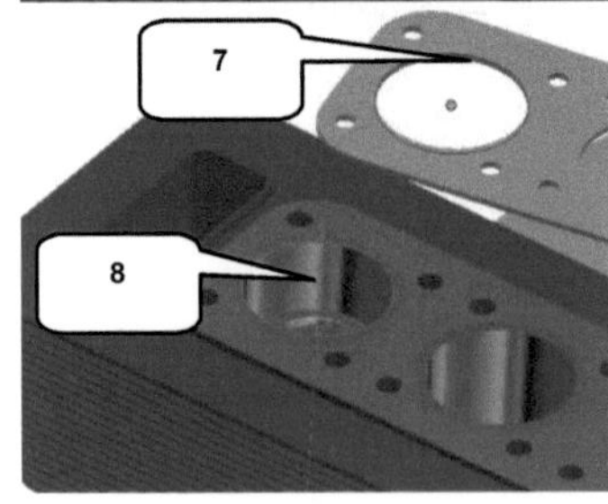

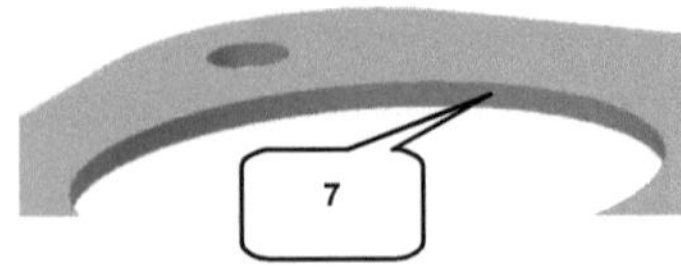

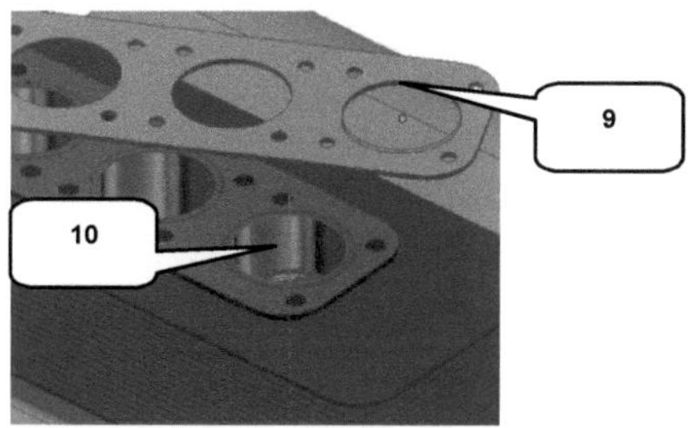

> ➢ Typ: Passend (2)
> ➢ Auswahl 1: Mark. Zylinderfläche (9)
> ➢ Auswahl 2: Mark. Zylinderfläche (10)
> ➢ Modus: Passend (5)
> ➢ Versatz: [0 mm] (6)
> ➢ [OK] *OK*

HINWEIS: Die beiden Zylinderflächen (7, 9) der Dichtung sind sehr schmal. Es sollte ausreichend dicht heran gezoomt werden, um beim Setzen der Abhängigkeiten auch wirklich die richtigen Flächen zu verwenden.

7.6.10 Unterbaugruppen BG_Zylinderkopf und BG_Nockenwelle platzieren

Fügen Sie die Baugruppen **_BG_Zylinderkopf.iam_** und **_BG_Nockenwelle.iam_** jeweils einmal in die Hauptbaugruppe ein und positionieren Sie sie anschließend.

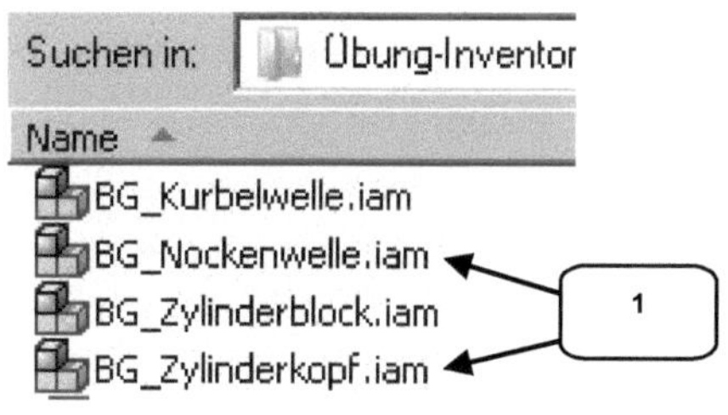

> ➢ 🖳 Platzieren
> ➢ Auswahl: BG_Zylinderkopf.iam,
>   BG_Nockenwelle.iam (1)
> ➢ [Öffnen] *Öffnen*
> ➢ Baugruppen 1x ablegen
> ➢ Taste: ESC

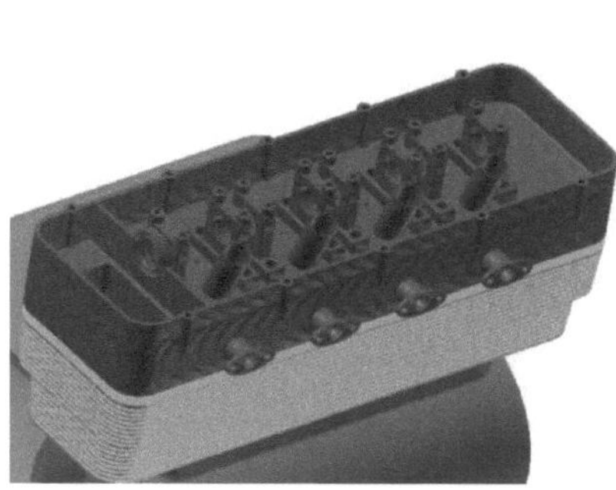

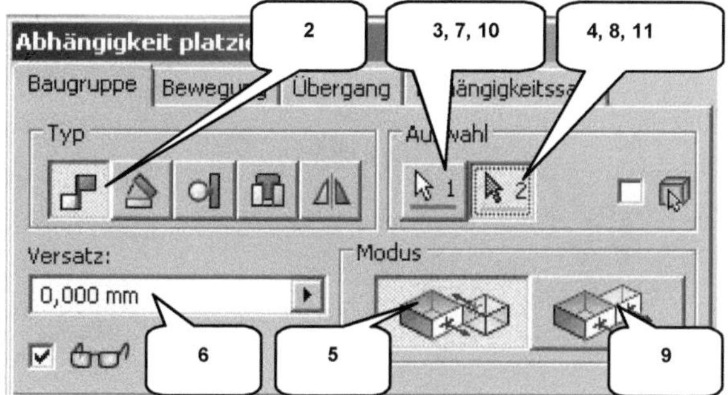

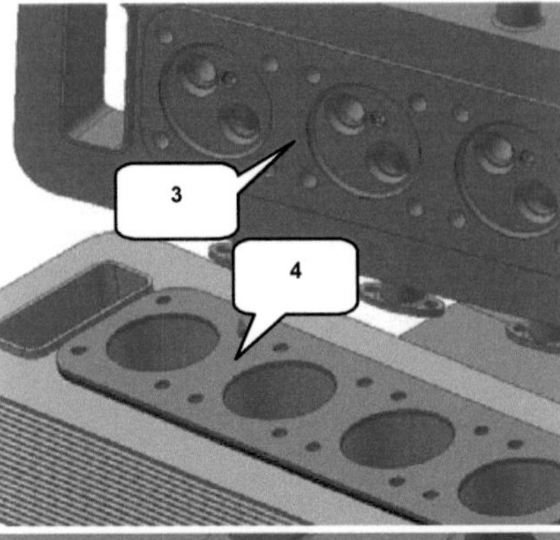

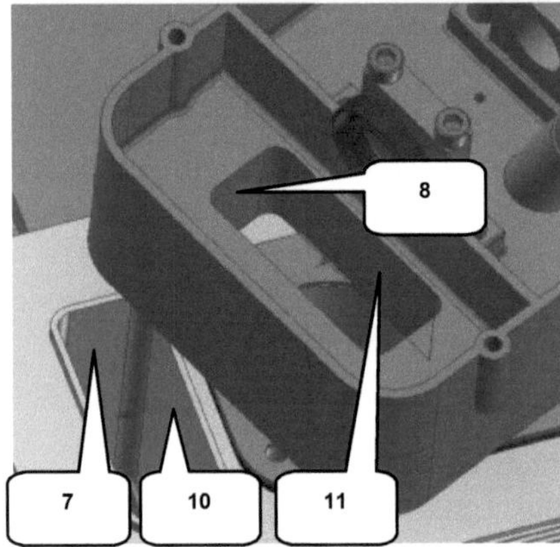

> 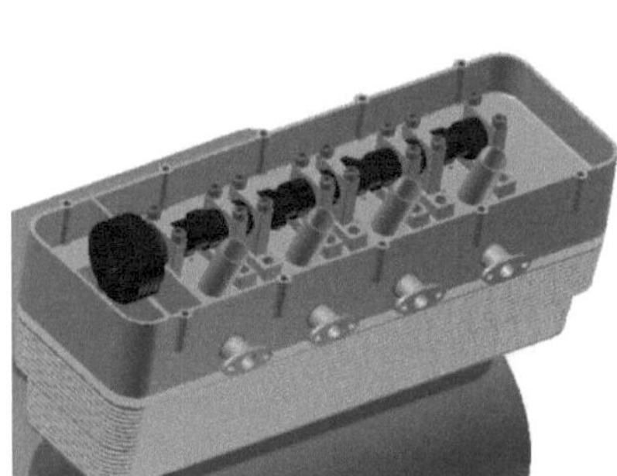

- ➢ **Abhängig machen**
- ➢ Typ: Passend (2)
- ➢ Auswahl 1: Markierte Fläche (3)
- ➢ Auswahl 2: Markierte Fläche (4)
- ➢ Modus: Passend (5)
- ➢ Versatz: [0 mm] (6)
- ➢ Anwenden *Anwenden*

- ➢ Typ: Passend (2)
- ➢ Auswahl 1: Markierte Fläche (7)
- ➢ Auswahl 2: Markierte Fläche (8)
- ➢ Modus: Fluchtend (9)
- ➢ Versatz: [0 mm] (6)
- ➢ Anwenden *Anwenden*

- ➢ Typ: Passend (2)
- ➢ Auswahl 1: Markierte Fläche (10)
- ➢ Auswahl 2: Markierte Fläche (11)
- ➢ Modus: Fluchtend (9)
- ➢ Versatz: [0 mm] (6)
- ➢ OK *OK*

Die Unterbaugruppe ***BG_Nockenwelle.iam*** kann jetzt im Zylinderkopf platziert werden.

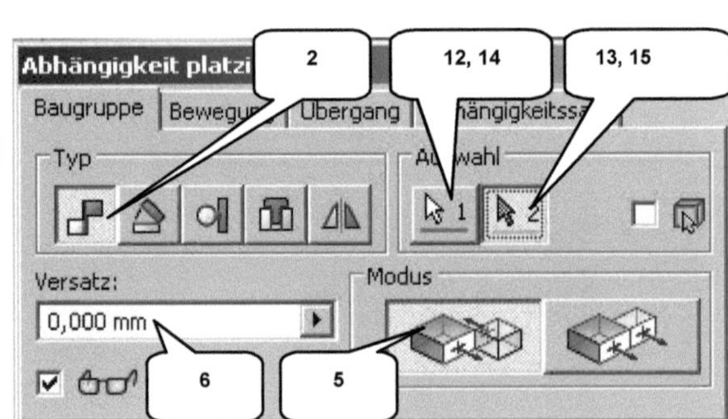

- ➤ ...

➤ **Abhängig machen**
➤ Typ: Passend (2)
➤ Auswahl 1: Mark. Zylinderfläche (12)
➤ Auswahl 2: Mark. Zylinderfläche (13)
➤ Modus: Passend (5)
➤ Versatz: [0 mm] (6)
➤ Anwenden **Anwenden**

➤ Typ: Passend (2)
➤ Auswahl 1: Markierte Fläche (14)
➤ Auswahl 2: Markierte Fläche (15)
➤ Modus: Passend (5)
➤ Versatz: [0 mm] (6)
➤ OK **OK**

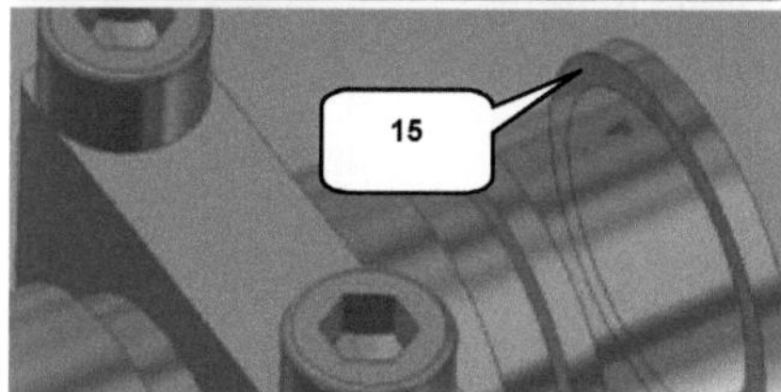

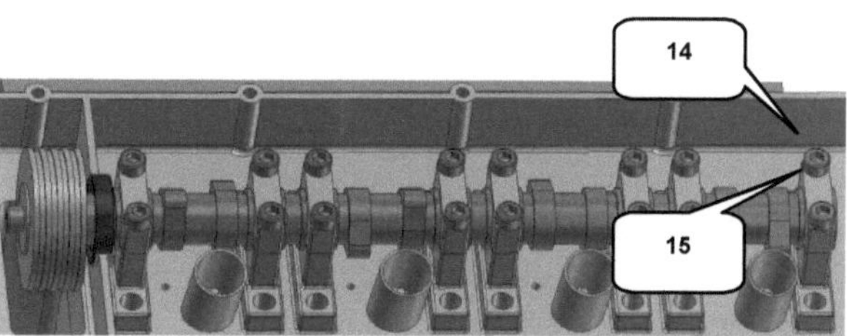

7.6.11 Ventile platzieren und mit Übergangsabhängigkeiten versehen

Die Ventile stellen in ihrer Platzierung innerhalb der Hauptbaugruppe eine Besonderheit dar. Sie werden linear im Zylinderkopf geführt, benötigen allerdings eine flexible Abhängigkeit, um den 4 einzelnen Nocken-Flächen der Nockenwelle folgen zu können. Normale Abhängigkeiten (z. B. Fläche auf Fläche, Achse auf Achse oder Tangentenabhängigkeiten) können dieser speziellen Anforderung nicht gerecht werden. Daher ist eine besondere Abhängigkeit, eine **Übergangsabhängigkeit** zu verwenden.

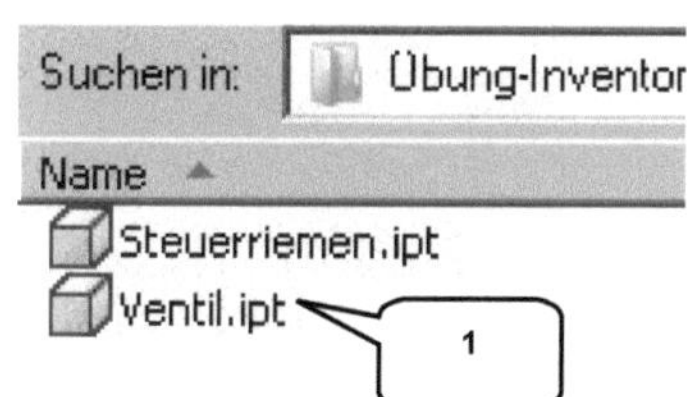

Importieren Sie das Bauteil **Ventil.ipt** und legen Sie es achtmal im Zeichenbereich ab.

➤ **Platzieren**
➤ Auswahl: Ventil.ipt (1)
➤ Öffnen **Öffnen**
➤ Bauteil 8x ablegen
➤ Taste: **ESC**

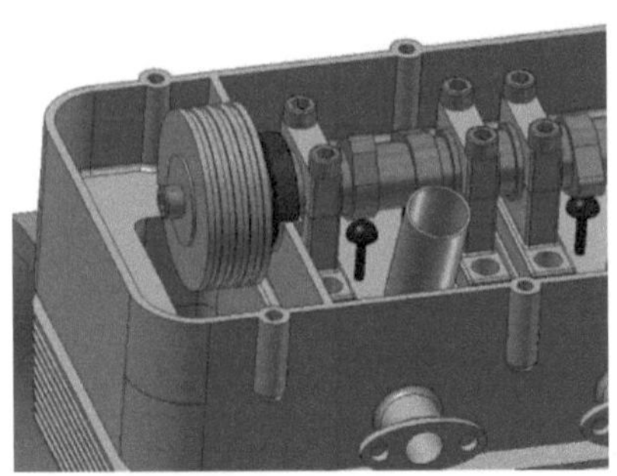
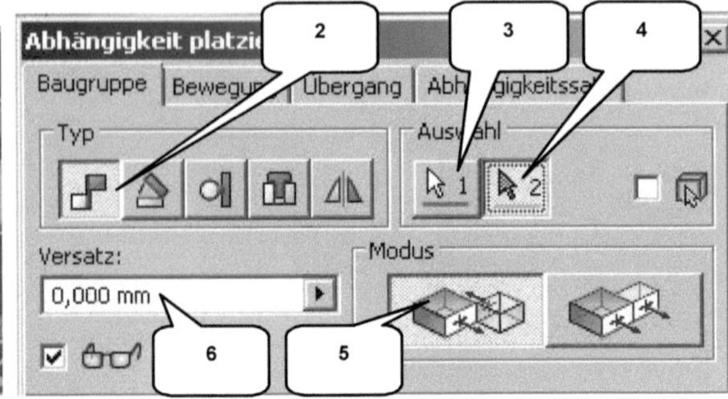

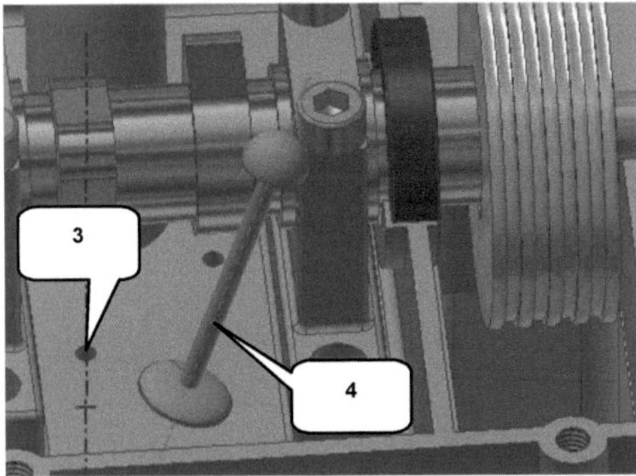

> 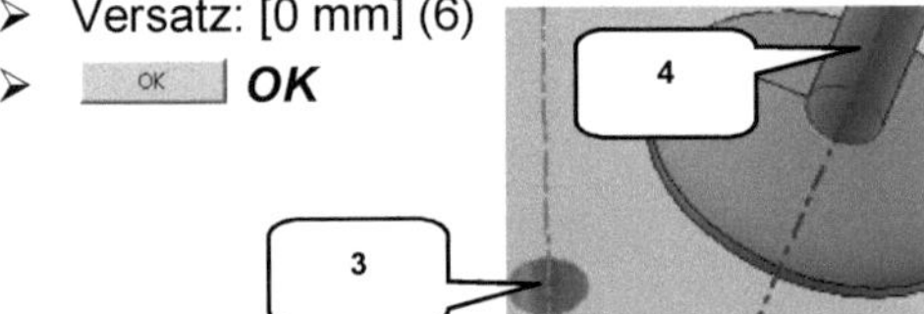

> **Abhängig machen**
> Typ: Passend (2)
> Auswahl 1: Mark. Zylinderfläche (3)
> Auswahl 2: Mark. Zylinderfläche (4)
> Modus: Passend (5)
> Versatz: [0 mm] (6)
> OK *OK*

Positionieren Sie auch die restlichen sieben Ventile in den hierfür vorgesehenen Bohrungen des Zylinderkopfes. Achten Sie darauf, dass die Ventilköpfe, wie in der oberen Abbildung dargestellt, unterhalb der Nockenwelle angeordnet sind und dass sie nicht mit den Nocken kollidieren. Sollten die Ventile in die Nockenwelle hereinragen, sind sie bei gedrückter linker Maustaste etwas nach unten zu ziehen. Sobald alle Ventile in den vorgesehenen Bohrungen sitzen, können die Übergangsabhängigkeiten gesetzt werden. Hier ist die Reihenfolge sehr wichtig: Erst der Ventilkopf, dann die <u>direkt</u> über dem Ventil liegende Fläche (in axialer Richtung des Ventils betrachtet).

> **Abhängig machen**
> Reiter: Übergang (7)
> Auswahl 1: Ventilkopf (8)

> Auswahl 2: Nockenfläche (9)
> ☐ OK ☐ **OK**

Mit welchem Ventil Sie starten, bleibt Ihnen überlassen. Wichtig ist nur, dass diejenige Fläche am Nocken gewählt wird, die in axialer Richtung <u>direkt</u> oberhalb des Ventils angeordnet ist (der Nocken besteht aus vier einzelnen Flächen). Wiederholen Sie diese Übergangsabhängigkeit bei den restlichen 7 Ventilen. Drehen Sie die Nockenwelle anschließend bei gedrückter linker Maustaste. Die Ventile sollten sich linear auf und ab bewegen und dem Verlauf des jeweils zugeordneten Nockens folgen. Je nach Rechenleistung Ihres PCs kann die Darstellung dieser vereinfachten Bewegung sehr diskontinuierlich verlaufen.

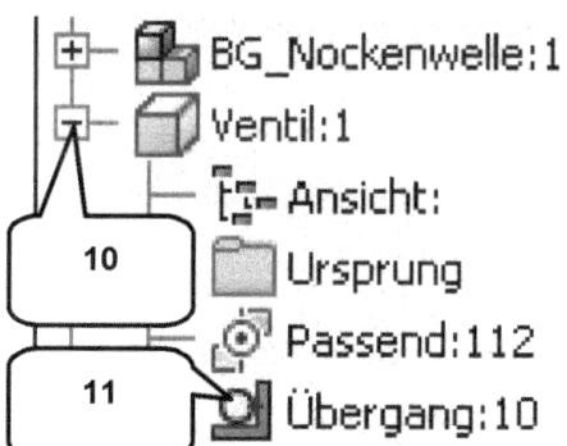

HINWEIS: Sollten beim Versuch, die Nockenwelle manuell zu drehen, Fehlermeldungen auftreten, liegt das mit Sicherheit an einer der zuletzt erzeugten Übergangsabhängigkeiten. Dann hilft oftmals nur, das entsprechende Bauteil im Modellbaum zu erweitern (10), die darin enthaltene Übergangsabhängigkeit (11) zu löschen (*rechte Maustaste > Löschen*) und anschließend neu zu vergeben.

7.6.12 Schrauben aus dem Inhaltscenter einfügen

In der folgenden Übung sollen **Zylinderkopfschrauben** in die Baugruppe eingefügt werden, die Zylinderkopf und Zylinderblock mit dem Motorgehäuse verbinden. Deaktivieren Sie die Sichtbarkeit des Zylinderblocks (*rechte Maustaste > Sichtbarkeit*), um den Blick auf die Gewindebohrungen im Motorgehäuse freizugeben. Das eventuell folgende Fenster (*Assoziative Konstruktionsansichtsdarstellung > Verknüpfung entfernen*) kann mit ☐ OK ☐ **OK** bestätigt werden.

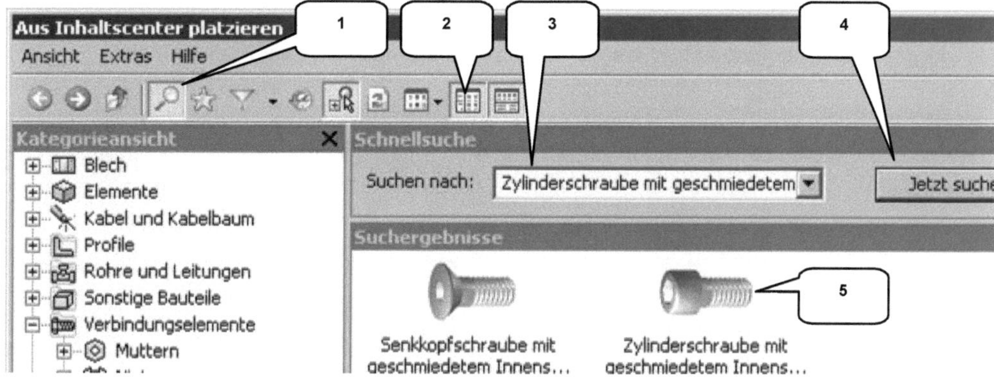

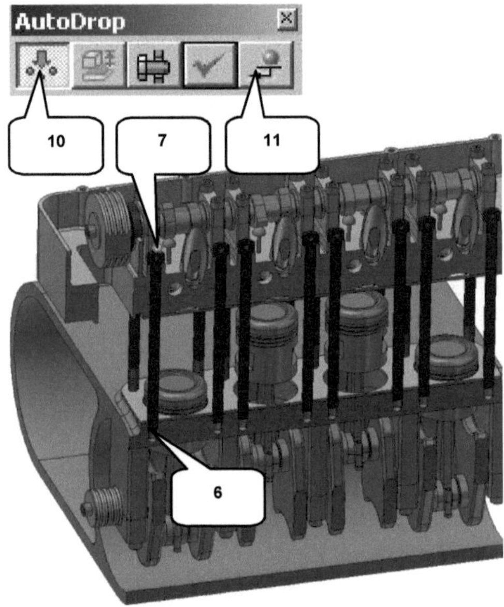

> 📇 **Aus Inhaltscenter platzieren**

> Option: 🔍 *Suchen* aktivieren (sofern noch deaktiviert) (1)

> Option: ▦ *Baumstrukturansicht* aktivieren (sofern noch deaktiviert) (2)

> Suche nach: [Zylinderschraube mit geschmiedetem Innensechskant] (3)

> | Jetzt suchen | *Jetzt suchen* (4)

> Markierte Schraube doppelklicken (5)

> Eine der Gewindebohrungen im Motorgehäuse wählen (6)

> Startfläche wählen (7)

> Markierten Pfeil am Schraubenende doppelklicken (8)

> Schraubenlänge: 140 mm wählen (9)

> 🔩 *Mehrere einfügen* aktivieren (10)

> 🔩 *Platzieren* (11)

Die Sichtbarkeit der Baugruppe BG_Zylinderblock.iam kann wieder aktiviert und die gesamte Hauptbaugruppe gespeichert werden. Sie soll allerdings noch geöffnet bleiben.

___

HINWEIS: Sollte die Zylinderschraube mit geschmiedetem Innensechskant in Ihrem Inhaltscenter nicht verfügbar sein, kann diese aus dem Projektordner bezogen werden (Ordner **Normteile**).

7.6.13 Erstellen der Ventildeckeldichtung

Erzeugen Sie auf der oberen Fläche des Zylinderkopfes das neue Bauteil **Ventildeckeldichtung.ipt**.

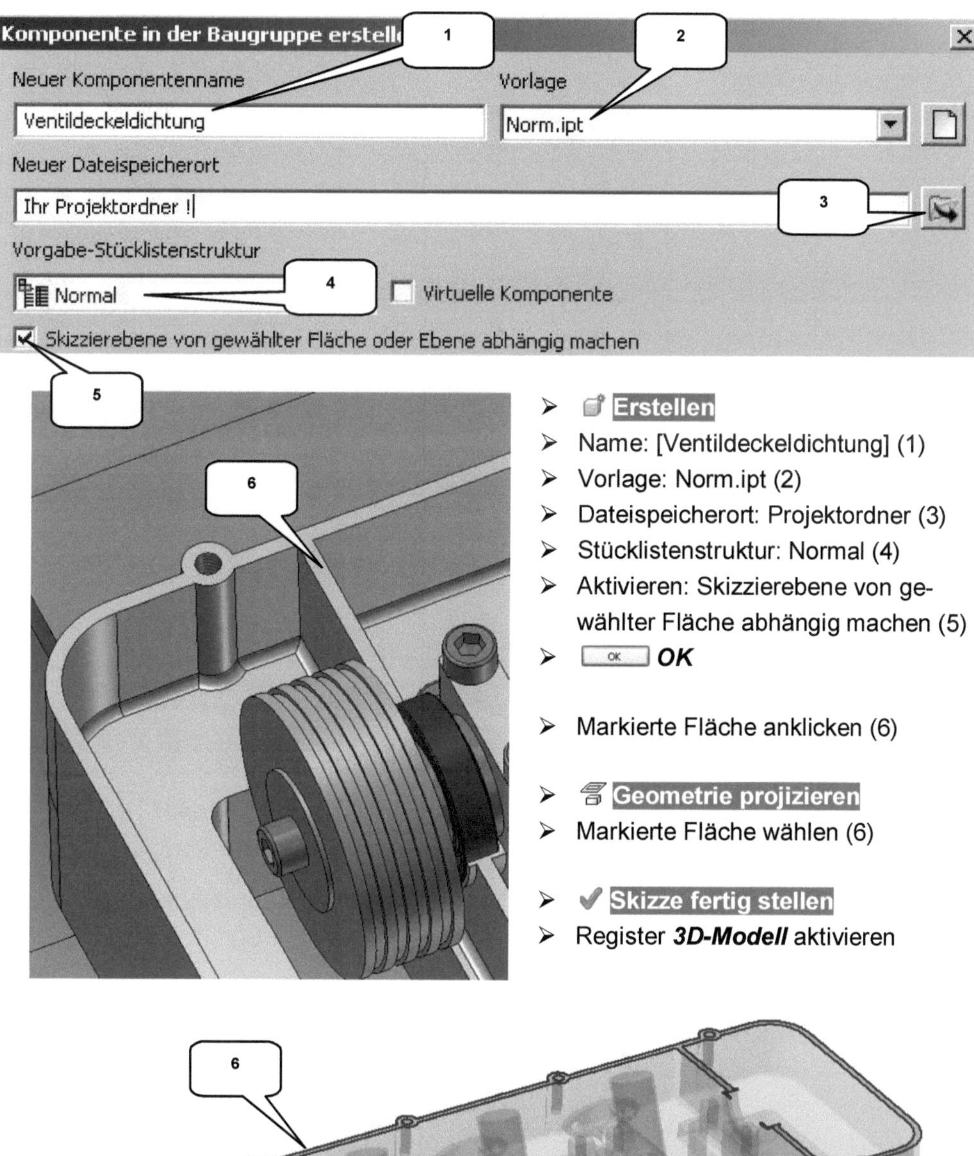

- ➢ 🖱 **Erstellen**
- ➢ Name: [Ventildeckeldichtung] (1)
- ➢ Vorlage: Norm.ipt (2)
- ➢ Dateispeicherort: Projektordner (3)
- ➢ Stücklistenstruktur: Normal (4)
- ➢ Aktivieren: Skizzierebene von gewählter Fläche abhängig machen (5)
- ➢ OK **OK**

- ➢ Markierte Fläche anklicken (6)

- ➢ **Geometrie projizieren**
- ➢ Markierte Fläche wählen (6)

- ➢ ✔ **Skizze fertig stellen**
- ➢ Register **3D-Modell** aktivieren

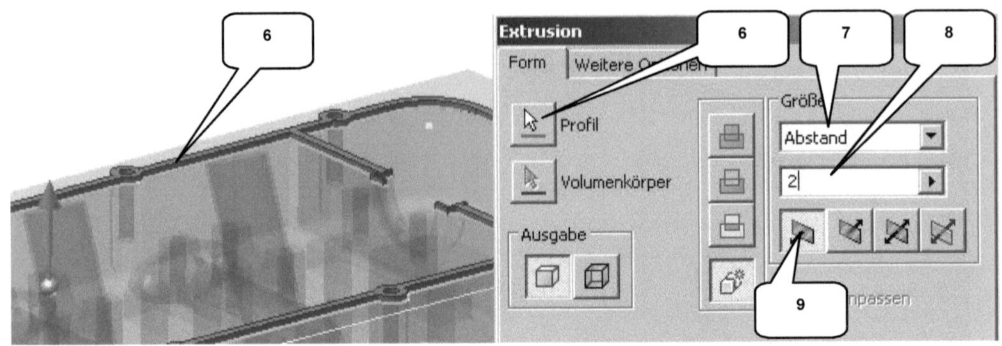

- ➤ ▱ **Extrusion**
- ➤ Profil: Markierte Fläche (6)
- ➤ Verfahren: (Automatisch)

- ➤ Größe: Abstand [2 mm] (7, 8)
- ➤ Richtung: Richtung 1 (9)
- ➤ [OK] **OK**

Entfernen Sie die Sichtbarkeit der vom Programm automatisch erzeugten Arbeitsebene und kehren Sie anschließend den Baugruppenbereich zurück (◀○ **Zurück**).

7.6.14 Materialien zuweisen

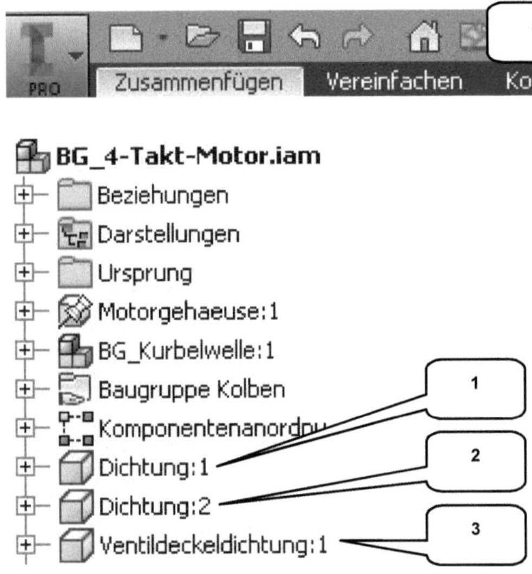

- ➤ Auswahl: Dichtung.ipt, Ventildeckeldichtung.ipt (1, 2, 3)
- ➤ **Material** (4)
- ➤ z. B.: Kork - Grob wählen
- ➤ Taste: **ESC**

Speichern Sie die gesamte Baugruppe und somit auch das neue Bauteil.

Die Frage der Speicherung aller Komponenten sollte wieder mit *Ja für alle* und *OK* bestätigt werden.

7.6.15 Ventildeckel einfügen

Importieren Sie das Bauteil **Ventildeckel.ipt** und legen Sie es einmal im Zeichenbereich ab. Setzen Sie anschließend die folgend dargestellten Abhängigkeiten zwischen Ventildeckeldichtung, Ventildeckel und Zylinderkopf.

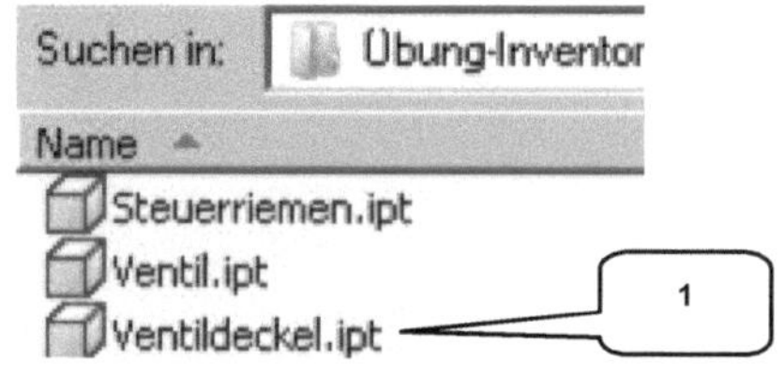

> 🖳 **Platzieren**
> ➢ Auswahl: Ventildeckel.ipt (1)
> ➢ [Öffnen] **Öffnen**
> ➢ Bauteil 1x ablegen
> ➢ Taste: **ESC**

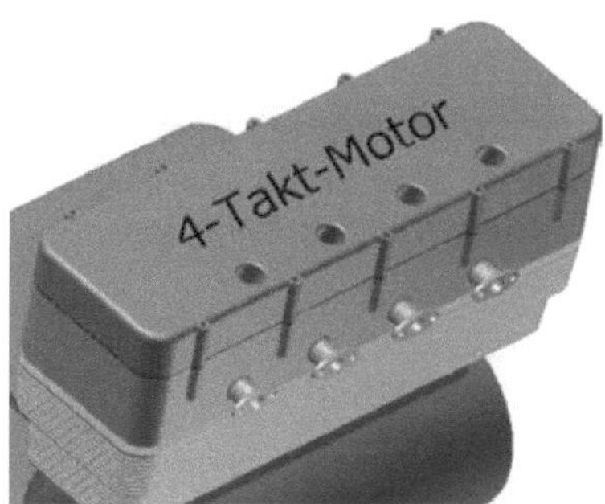

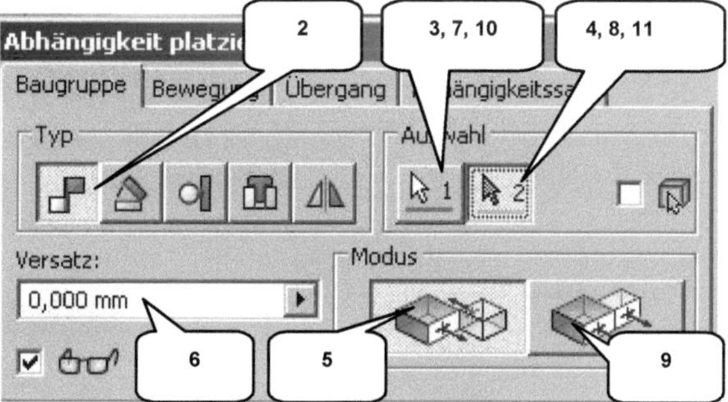

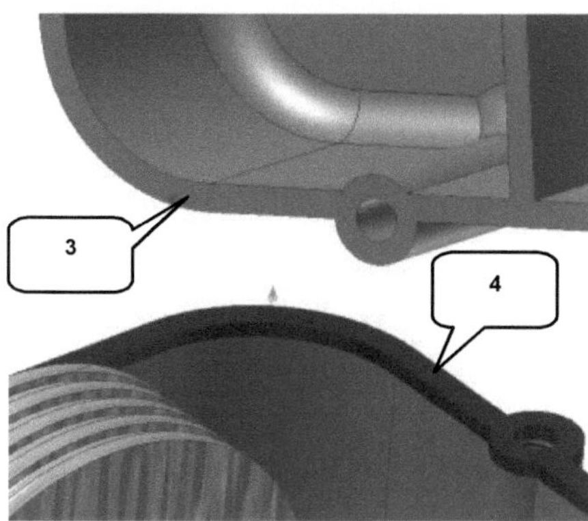

> ➢ ⬚ **Abhängig machen**
> ➢ Typ: Passend (2)
> ➢ Auswahl 1: Markierte Fläche (3)
> ➢ Auswahl 2: Markierte Fläche (4)
> ➢ Modus: Passend (5)
> ➢ Versatz: [0 mm] (6)
> ➢ [Anwenden] **Anwenden**
>
> ➢ Typ: Passend (2)
> ➢ Auswahl 1: Markierte Fläche (7)
> ➢ Auswahl 2: Markierte Fläche (8)
> ➢ Modus: Fluchtend (9)
> ➢ Versatz: [0 mm] (6)
> ➢ [Anwenden] **Anwenden**

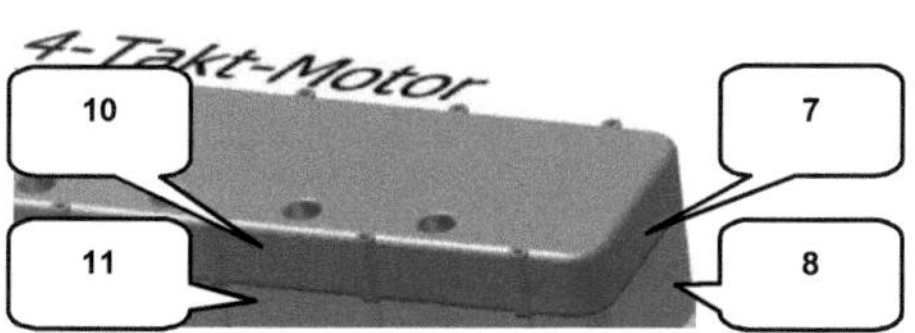

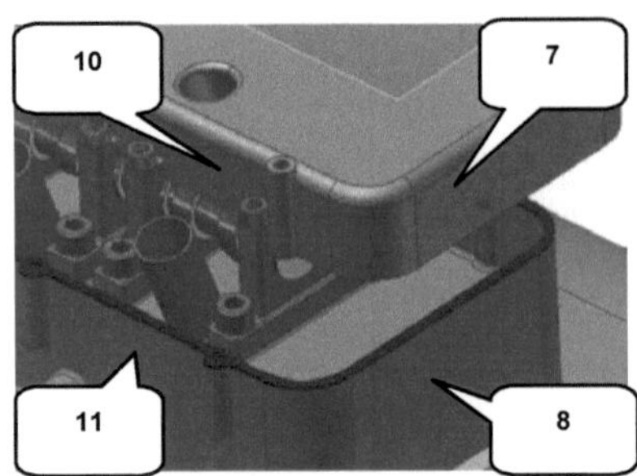

> ➤ Typ: Passend (2)
> ➤ Auswahl 1: Markierte Fläche (10)
> ➤ Auswahl 2: Markierte Fläche (11)
> ➤ Modus: <u>Fluchtend</u> (9)
> ➤ Versatz: [0 mm] (6)
> ➤ [_OK_] **OK**

7.6.16 Prägen und Gravieren von Flächen

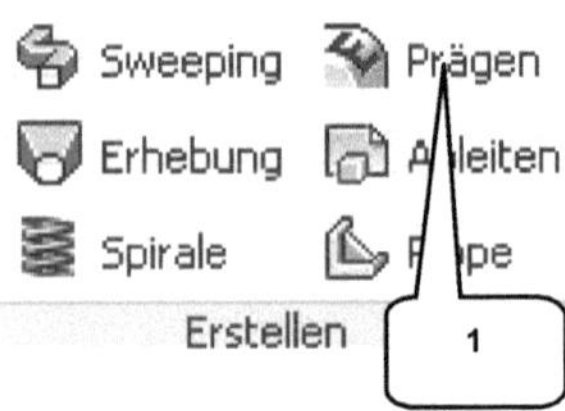

Markieren Sie den Ventildeckel, klicken Sie mit der **rechten Maustaste** darauf und wählen Sie die Option **Öffnen**, worauf hin das Bauteil in einem separaten Arbeitsfenster geöffnet wird. Starten Sie im Register **3D-Modell** den Befehl **Prägen** (1). Der Ventildeckel enthält eine Skizze mit einem Text (4-Takt-Motor), der in die Oberfläche des Ventildeckels eingraviert werden soll.

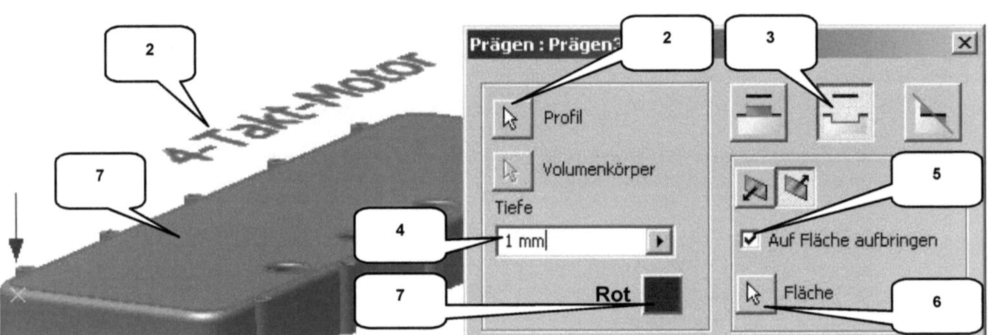

> ➤ **Prägen** (1)
> ➤ Profil: Text wählen (2)
> ➤ Option: Von Fläche gravieren (3)
> ➤ Tiefe: [1 mm] (4)
> ➤ Aktivieren: Auf Fläche aufbringen (5)
> ➤ Fläche: Markierte Fläche wählen (6)
> ➤ Oberflächenfarbe: Rot (7)
> ➤ [_OK_] **OK**

Das Bauteil kann anschließend gespeichert und wieder geschlossen werden.

7.6.17 Schrauben aus dem Inhaltscenter einfügen

Ventildeckel und Zylinderkopf sollen durch **Schrauben** aus dem Inhaltscenter gesichert werden. Verwenden Sie diesmal eine Zylinderkopfschraube mit Schlitz.

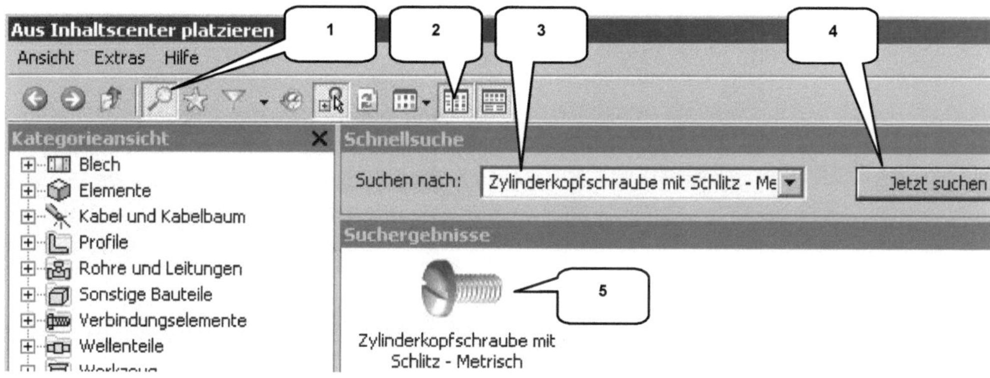

> **Aus Inhaltscenter platzieren**
> Option: Suchen aktivieren (sofern noch deaktiviert) (1)
> Option: **Baumstrukturansicht** aktivieren (sofern noch deaktiviert) (2)
> Suche nach: [Zylinderkopfschraube mit Schlitz - Metrisch] (3)
> Jetzt suchen **Jetzt suchen** (4)
> Markierte Schraube doppelklicken (5)
> Gewindebohrung im Zylinderkopf wählen (6)
> Startfläche wählen (7)
> Markierten Pfeil am Schraubenende doppelklicken (8)
> Schraubenlänge: 50 mm wählen (9)
> **Mehrere einfügen** aktivieren (10)
> **Platzieren** (11)

7.6.18 Bewegungsabhängigkeit zwischen Kurbelwelle und Nockenwelle

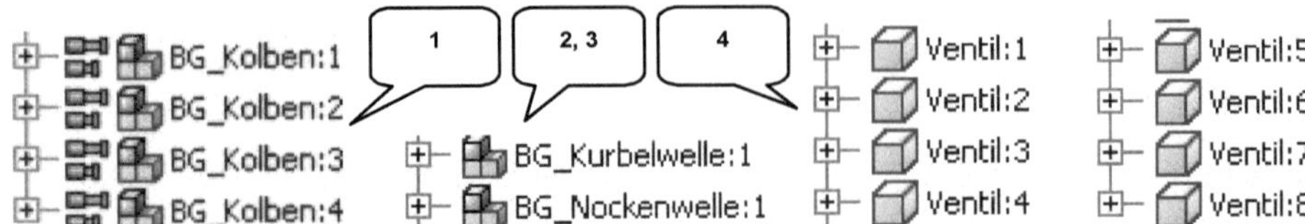

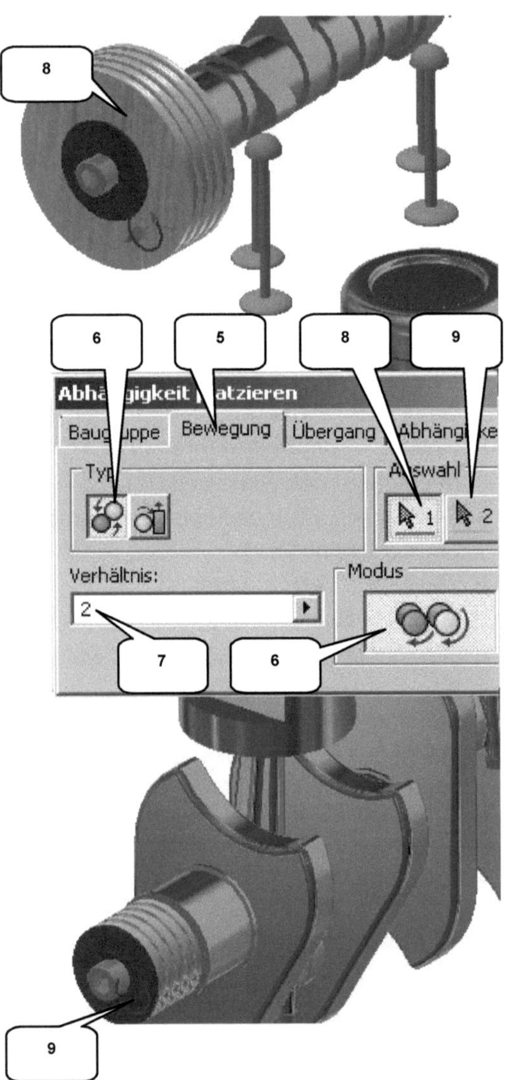

Für das Setzen der folgenden Abhängigkeiten sollten nur wenige Bauteile der Baugruppe sichtbar bleiben. Der Rest ist auszublenden. Hier bietet das Programm eine schnelle Lösung: ***das Isolieren***.

- Im Modellbaum markieren:
- 4x BG_Kolben.iam (1)
- 1x BG_Kurbelwelle.iam (2)
- 1x BG_Nockenwelle.iam (3)
- 8x Ventil.ipt (4)
- ***Rechte Maustaste*** auf eines der markierten Objekte > ***Isolieren***

- **Abhängig machen**
- Register: Bewegung (5)
- Typ: Drehung (6)
- Verhältnis: [2] (7)
- Auswahl 1: Fläche (Nockenwelle) (8)
- Auswahl 2: Fläche (Scheibe) (9)
- Modus: Vorwärts (10)
- OK **OK**

Um den Erfolg der soeben gesetzten Abhängigkeit zu prüfen, drehen Sie die Kurbelwelle bei gedrückter linker Maustaste im Kreis. Die Nockenwelle sollte sich ebenfalls drehen, und zwar halb so schnell. Die Ventile sollten nach wie vor dem Verlauf des jeweils zugeordneten Nockens folgen.

7.6.19 Erstellen des Steuerriemens aus der Baugruppe heraus

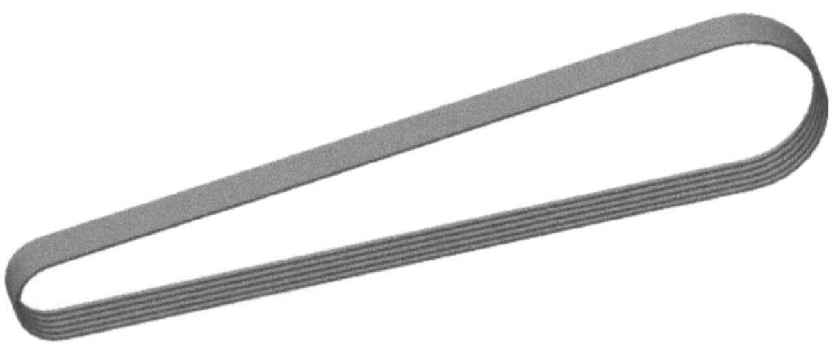

Erstellen Sie das Bauteil *Steuerriemen.ipt* (Norm.ipt) aus der Baugruppe heraus und nutzen Sie die vorhandenen Bauteile als geometrische Referenzen.

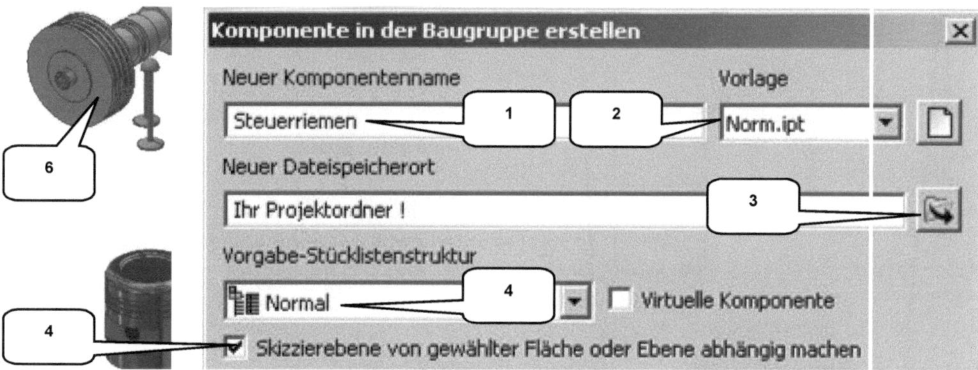

> ☞ **Komponente erstellen**
> ➢ Name: [Steuerriemen] (1)
> ➢ Vorlage: Norm.ipt (2)
> ➢ Dateispeicherort: Projektordner (3)

> ➢ Stücklistenstruktur: Normal (4)
> ➢ Aktivieren: Skizzierebene... (5)
> ➢ [OK] **OK**
> ➢ Fläche: Markierte Fläche wählen (6)

Wechseln Sie am *ViewCube* zur Ansicht *UNTEN* und projizieren Sie im Skizzenbereich des neuen Bauteils die Außenkanten der beiden Riemenräder (von Nockenwelle und Kurbelwelle). Zeichnen Sie zwei Linien neben die projizierten Kreise und legen Sie diese tangential daran an. Die überstehenden Linienenden können dann gestutzt und die offene Kontur mit zwei Bögen geschlossen werden.

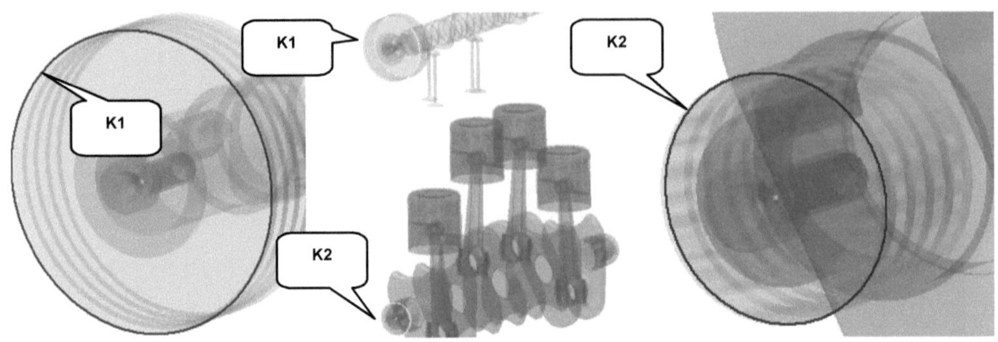

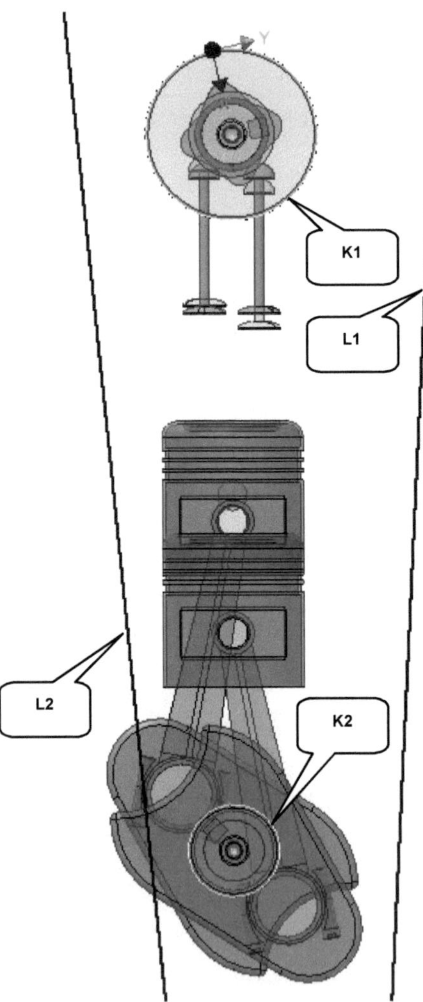

> ***ViewCube**-Ansicht: **UNTEN** (7)*

> 🖦 Geometrie projizieren
> ⌐ Konstruktion aktivieren
> Nacheinander die beiden markierten Kreiskanten (K1, K2) wählen
> ⌐ Konstruktion deaktivieren
> Taste: ESC

> ∕ Linie
> Zwei einzelne Linien (L1, L2) zeichnen wie dargestellt
> Taste: ESC

> ◌ Tangential
> Linie (L1), dann Kreis (K1) wählen
> Linie (L1), dann Kreis (K2) wählen
> Linie (L2), dann Kreis (K1) wählen
> Linie (L2), dann Kreis (K2) wählen
> Taste: ESC

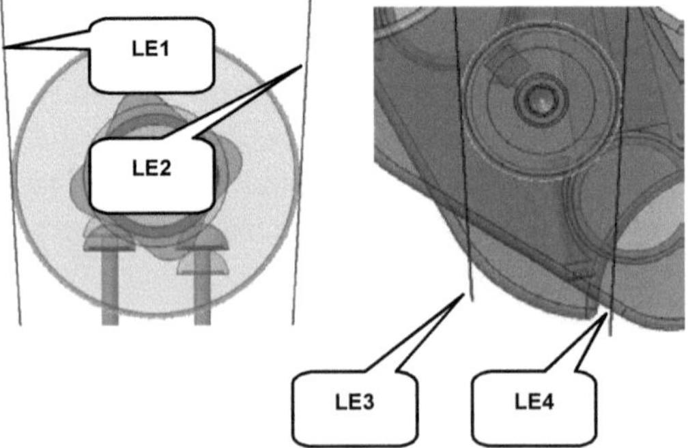

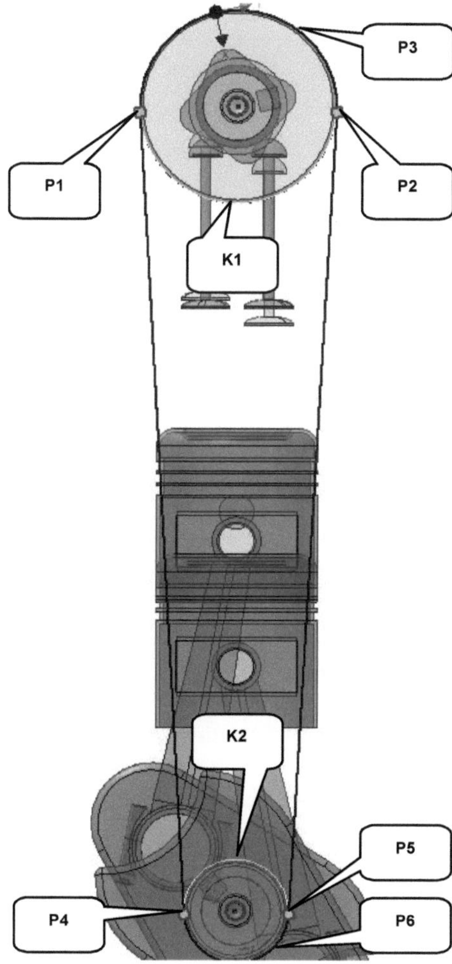

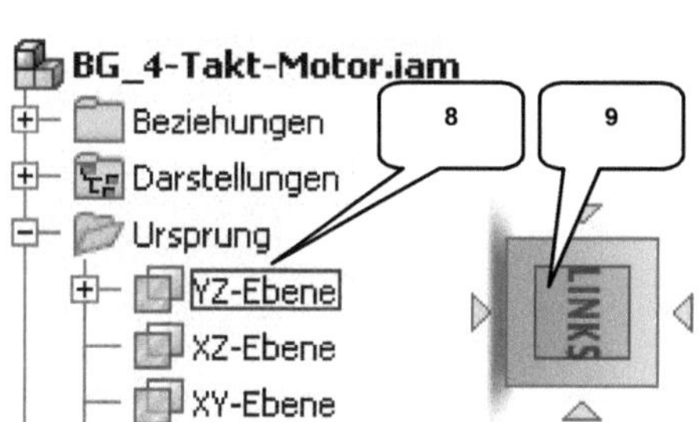

➢ ✂ Stutzen
➢ Linienenden (LE1...LE4) entfernen
➢ Taste: ESC

➢ ⌒ Bogen (Drei Punkte)
➢ Punkt (P1), Punkt (P2) dann Kreis (K1)
  in etwa auf Position (P3) anklicken
➢ Taste: ESC

➢ ⌒ Bogen (Drei Punkte)
➢ Punkt (P4), Punkt (P5) dann Kreis (K2)
  in etwa auf Position (P6) anklicken
➢ Taste: ESC

➢ ✔ Skizze fertig stellen

Zurück im Register **3D-Modell** soll auf der
YZ-Ebene der Hauptbaugruppe eine weitere Skizze erstellt werden. Markieren Sie im
Modellbaum die YZ-Ebene der Hauptbaugruppe (8) (nicht des Steuerriemens!). Sie
befindet sich ganz oben im Modellbaum und
ist derzeit grau hinterlegt.

➢ ✎ 2D-Skizze

➢ **ViewCube**-Ansicht: **LINKS** (90° im UZS
  gedreht) (9)

➢ ⬟ Schnittkanten projizieren
➢ ⟍ Konstruktion aktivieren
➢ Bauteil: Nockenwelle-Riemenrad.ipt im
  Zeichenbereich wählen (10)
➢ ⟍ Konstruktion deaktivieren
➢ Taste: ESC

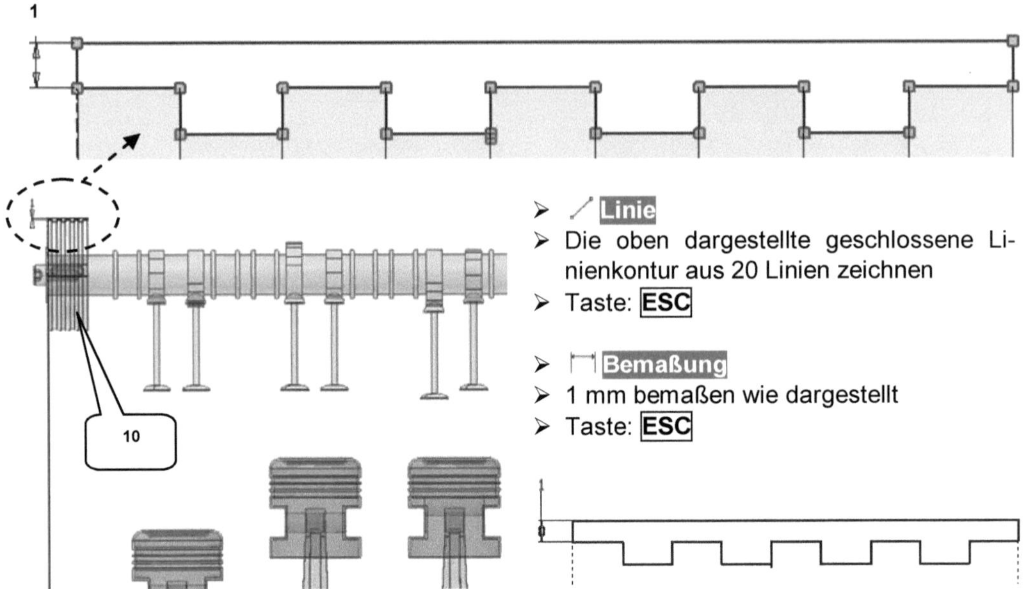

Kontrollieren Sie beide Skizzen noch einmal. Die Linienkontur aus den 20 Linien sollte geschlossen sein. Sollten im folgenden Befehl Probleme bei der Auswahl des Profils oder des
Pfades auftreten, sind meistens unsauber gezeichnete Linienkonturen dafür verantwortlich.
Die beiden Skizzen werden die Grundlage für den 3D-Befehl ⚙ Sweeping bilden, welcher
daraus den Volumenkörper erzeugt.

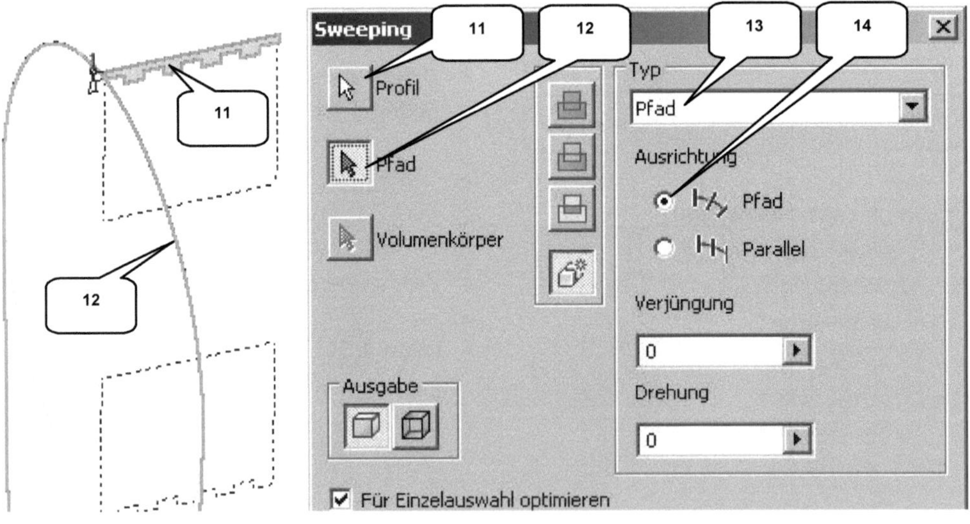

➤ ⚙ Sweeping
➤ Profil: Markierte Kontur wählen (11)
➤ Pfad: Markierte Kontur wählen (12)
➤ Verfahren: (Automatisch)

➤ Typ: Pfad (13)
➤ Ausrichtung: Pfad (14)
➤ OK **OK**

Sollte das Programm eine Fehlermeldung anzeigen (***Profil schneidet Pfad nicht***), so kann diese mit Ja **Ja** bestätigt werden.

Blenden Sie abschließend eventuell noch sichtbare Arbeitsebenen aus und verlassen Sie den Bearbeitungsbereich des Steuerriemens (◄ Zurück). Speichern Sie die gesamte Baugruppe mit allen neuen Komponenten.

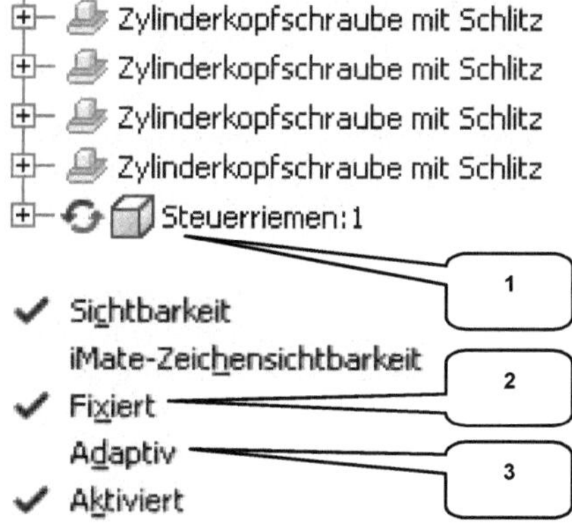

Bevor die Baugruppe animiert werden kann, sollten noch einige Vorbereitungen getroffen werden. Entfernen Sie die Adaptivität des Steuerriemens (geometrische Verbindung zu den beiden Riemenrädern) und setzen Sie diesen auf der aktuellen Position fest (Fixierung).

➤ ***Rechte Maustaste*** auf den Steuerriemen (1)
➤ Aktivieren: ***Fixiert*** (2)
➤ ***Rechte Maustaste*** auf den Steuerriemen
➤ Deaktivieren: ***Adaptiv*** (3)

Zwischen der YZ-Ebene der Hauptbaugruppe und der XY-Ebene der Kurbelwelle ist eine zusätzliche Winkelabhängigkeit zu erzeugen. Der letzte Freiheitsgrad der Kurbelwelle (Drehbewegung um ihre Z-Achse) wird damit eliminiert, der Kurbeltrieb lässt sich nicht mehr manuell drehen.

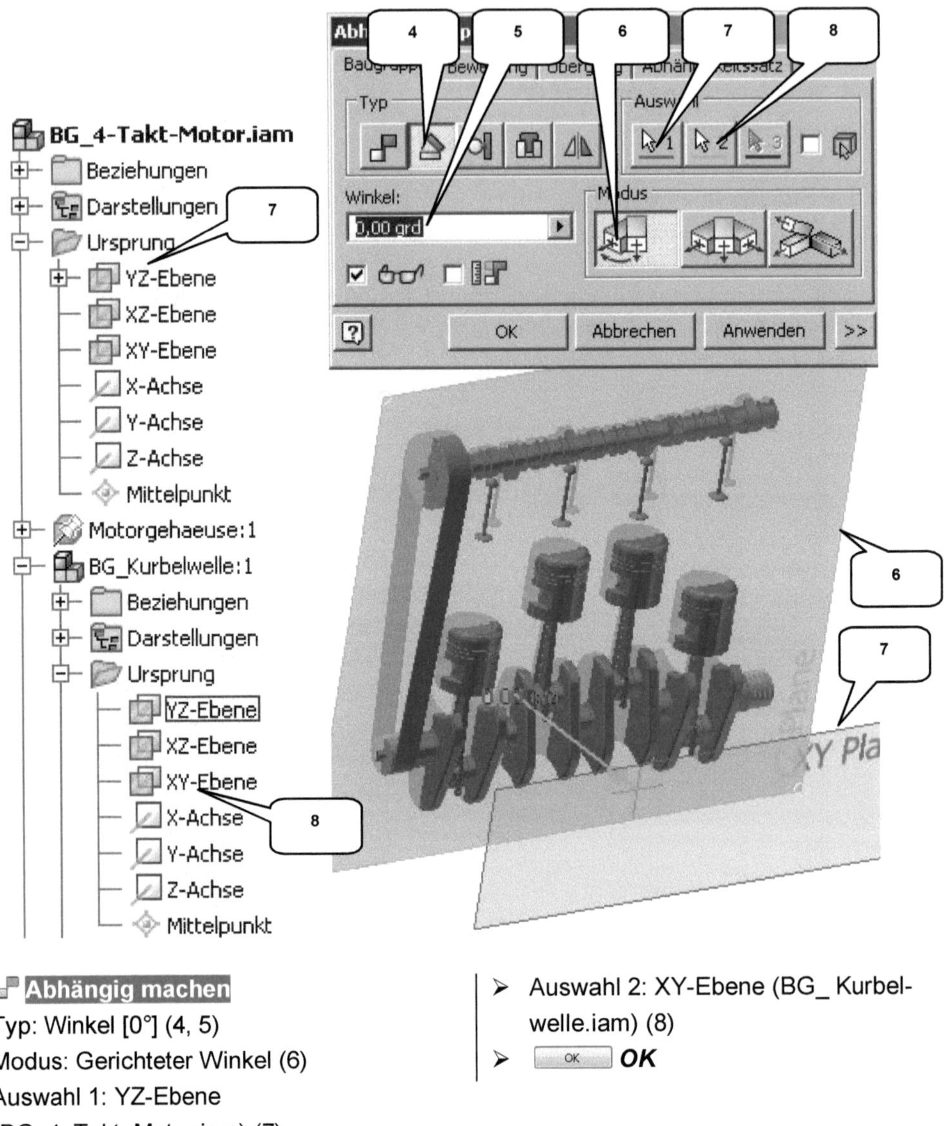

> ꔷ **Abhängig machen**
> Typ: Winkel [0°] (4, 5)
> Modus: Gerichteter Winkel (6)
> Auswahl 1: YZ-Ebene
> (BG_4_Takt_Motor.iam) (7)

> Auswahl 2: XY-Ebene (BG_ Kurbel-
> welle.iam) (8)
> ⬛ OK *OK*

Wenn alles stimmt, sollten sich jetzt weder Kurbelwelle noch Nockenwelle manuell drehen lassen. Diese letzte Abhängigkeit wird benötigt, um den gesamten Kurbeltrieb simulieren zu können. Unterhalb der Baugruppe BG_Nockenwelle.iam im Modellbaum muss jetzt mit der *rechten Maustaste* auf die Winkelabhängigkeit geklickt und der Befehl *Bewegen* gestartet werden.

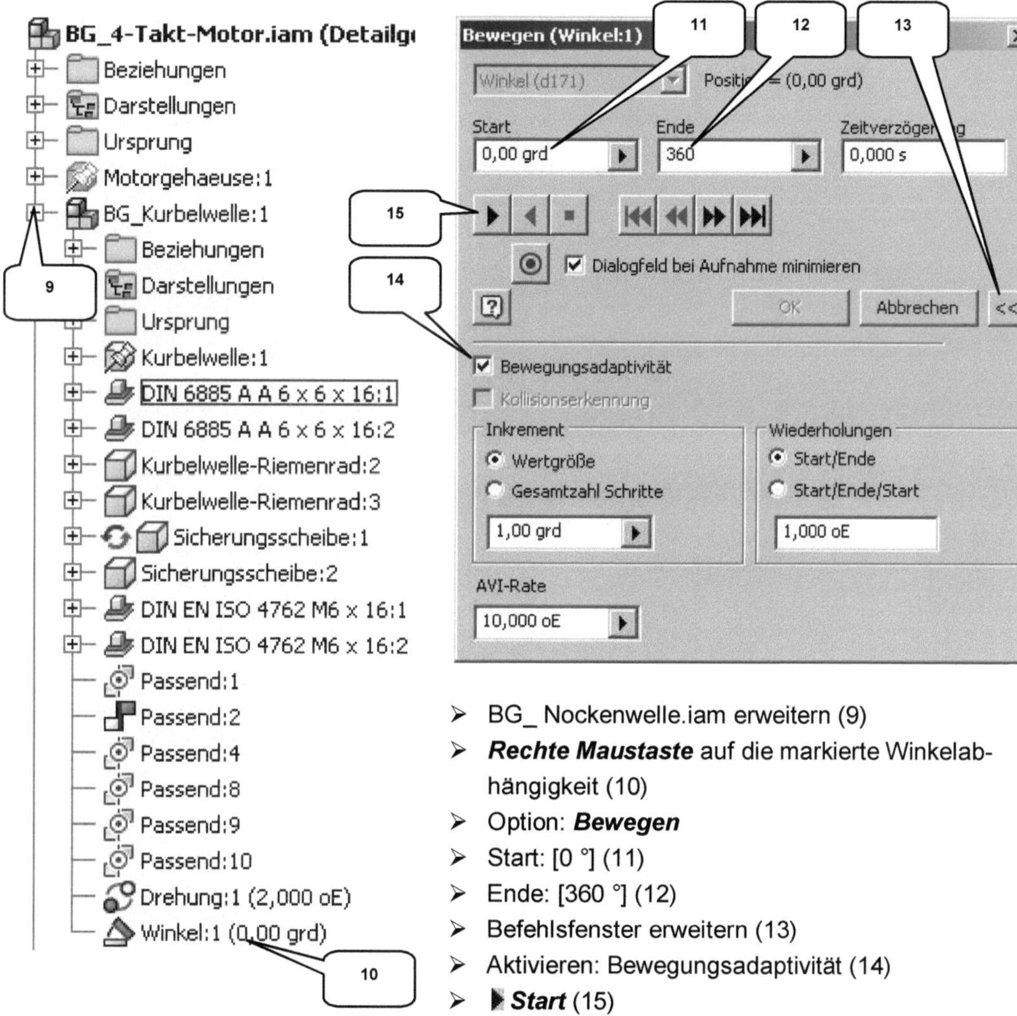

- BG_ Nockenwelle.iam erweitern (9)
- *Rechte Maustaste* auf die markierte Winkelabhängigkeit (10)
- Option: *Bewegen*
- Start: [0 °] (11)
- Ende: [360 °] (12)
- Befehlsfenster erweitern (13)
- Aktivieren: Bewegungsadaptivität (14)
- ▶ *Start* (15)

Nachdem die Simulation einmal erfolgreich durchgeführt wurde, kann der Befehl beendet werden. Markieren Sie jetzt nacheinander bei gedrückter Taste: STRG alle im Modellbaum grau hinterlegten Komponenten und blenden Sie diese wieder ein (*rechte Maustaste* > *Sichtbarkeit*). Mit dieser Übung verlassen wir den Baugruppenbereich und wenden uns den Zeichnungen zu. Speichern und schließen Sie die Hauptbaugruppe abschließend.

HINWEIS: Um die Animation auf Video aufnehmen zu können, aktivieren Sie vor dem ▶ *Start* der Animation die ◉ *Aufnahme*. Am Ende der Animation muss der Befehl erneut gewählt werden um die Aufnahme zu beenden.

8 ZEICHNUNGSABLEITUNGEN

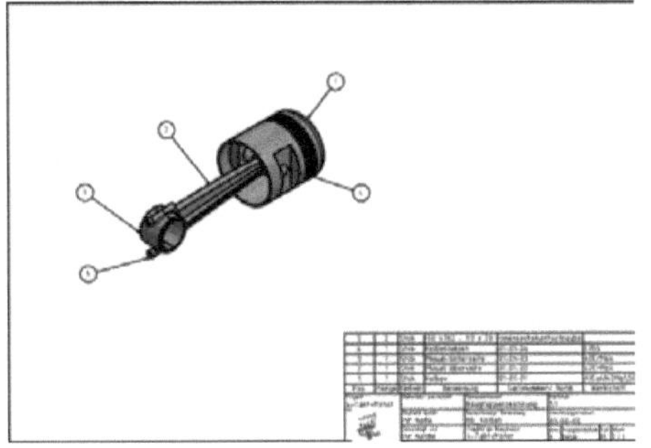

Bauteile werden im Skizzenbereich gezeichnet, im Modellbereich in Volumen- oder Flächenelemente konvertiert, dann in Baugruppen eingefügt und zum Schluss als Zeichnung abgeleitet. Ein vollständiger **Zeichnungssatz** besteht in der Regel aus der Baugruppenzeichnung samt Positionsnummern, der Stückliste und den Bauteilzeichnungen.

8.1 Öffnen der vorhandenen Zeichnungsvorlage

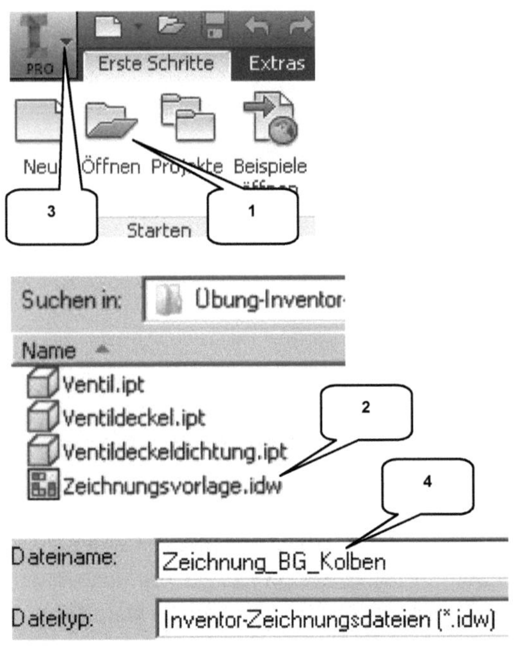

Inventor® verfügt über Zeichenvorlagen, die über den Pfad: **Neu** > **Zeichnung** > **Norm.idw** geöffnet werden können. Da Schriftfeld und Rahmen hier erst eingerichtet werden müssten, verwenden wir in unseren Übungen eine vorgefertigte und bereits angepasste Zeichnungsvorlage. Diese Vorlage kann jetzt geöffnet werden.

> **Öffnen** (1)
> Auswahl: Zeichnungsvorlage.idw (2)
> **Öffnen** *Öffnen*

> **Hauptmenü** (3)
> **Speichern unter**
> Name: [Zeichnung_BG_Kolben] (4)
> **Speichern** *Speichern*

HINWEIS: Das sofortige Speichern der Zeichnung unter einer anderen Bezeichnung soll verhindern, dass die Zeichnungsvorlage ungewollt überschieben wird. Alternativ kann ein eigenes Template in Inventor erzeugt werden. Bei geöffneter Datei **Zeichnungsvorlage.idw** ist hier der Pfad: **Hauptmenü** > **Kopie als Vorlage speichern** zu wählen.

8.2 Das Register ANSICHTEN PLATZIEREN im Überblick

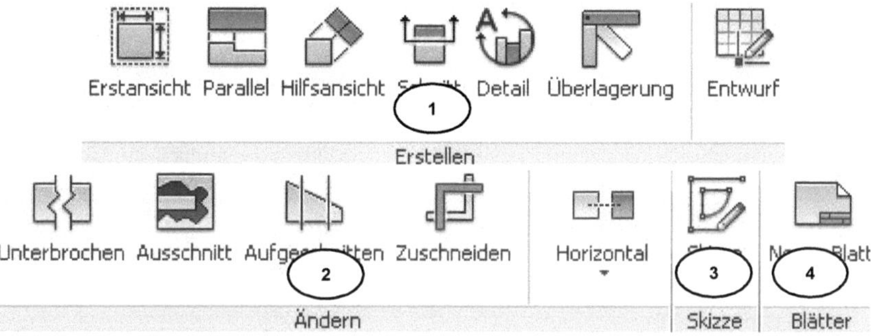

OPTIONEN

1) Erstellen neuer Ansichten
2) Bearbeiten vorhandener Ansichten

3) Erstellen einer 2D-Skizze
4) Erstellen weiterer Blätter

8.3 Das Register MIT ANMERKUNG VERSEHEN im Überblick

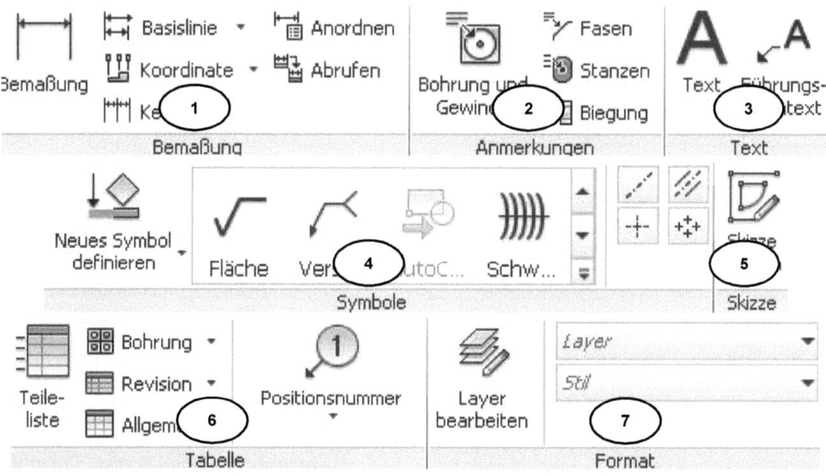

OPTIONEN

1) Bemaßungen erzeugen
2) Informationen von Bohrungen, Fasen, Biegungen abrufen
3) Textfelder einfügen

4) Symbole und Markierungen einfügen
5) 2D-Skizze erstellen
6) Tabellen und Positionsnummern
7) Linien, Texte, Layer einstellen

8.4 Zeichnungsableitung der Baugruppe: BG_Kolben
8.4.1 Blattformat und Schriftfeld bearbeiten

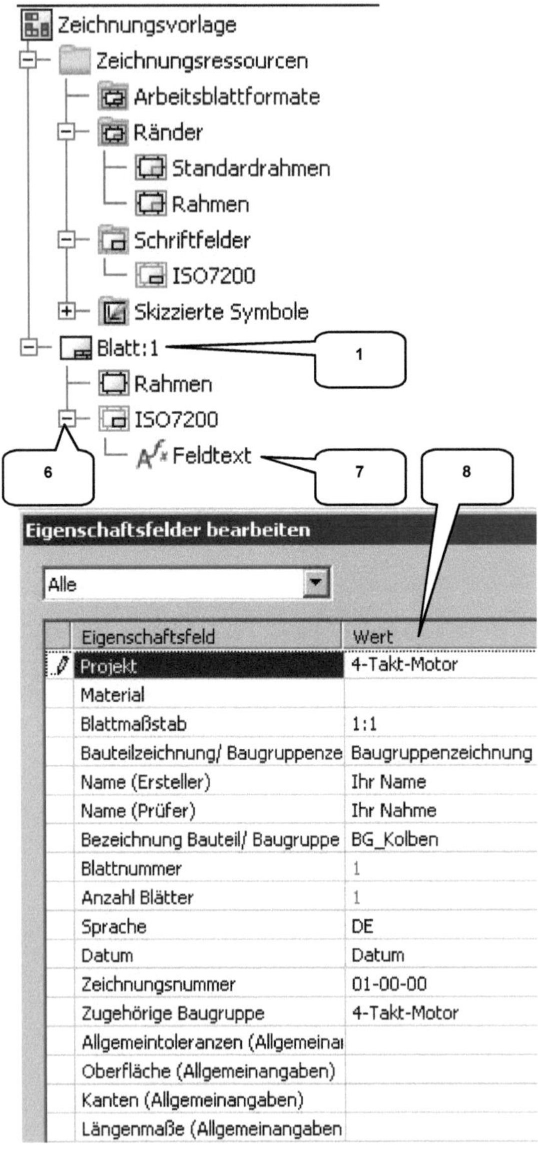

Eigenschaftsfeld	Wert
Projekt	4-Takt-Motor
Material	
Blattmaßstab	1:1
Bauteilzeichnung/ Baugruppenze	Baugruppenzeichnung
Name (Ersteller)	Ihr Name
Name (Prüfer)	Ihr Nahme
Bezeichnung Bauteil/ Baugruppe	BG_Kolben
Blattnummer	1
Anzahl Blätter	1
Sprache	DE
Datum	Datum
Zeichnungsnummer	01-00-00
Zugehörige Baugruppe	4-Takt-Motor
Allgemeintoleranzen (Allgemeinar	
Oberfläche (Allgemeinangaben)	
Kanten (Allgemeinangaben)	
Längenmaße (Allgemeinangaben	

Das **Blattformat** DIN A4 soll auf das Blattformat DIN A3 vergrößert werden, um die Baugruppe BG_Kolben.iam optimal darstellen zu können.

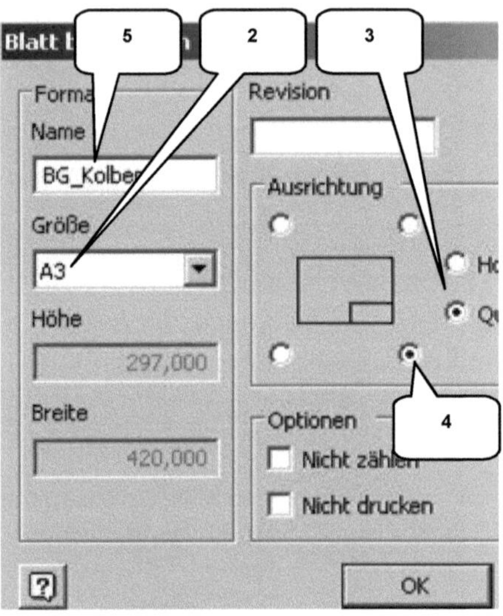

> **Rechte Maustaste** auf **Blatt:1** (1)
> Option: **Blatt bearbeiten** wählen
> Größe: A3 (2)
> Ausrichtung: Querformat (3)
> Position Schriftfeld: Unten rechts (4)
> Name: [BG_Kolben] (5)
> [OK] **OK**

Bearbeiten Sie jetzt das Schriftfeld:

> **ISO7200** erweitern (6)
> Doppelklick auf **Feldtext** (7)
> Eingaben der Spalte **Wert** übernehmen wie links dargestellt (8)
> [OK] **OK**

8.4.2 Platzieren einer schattierten Ansicht

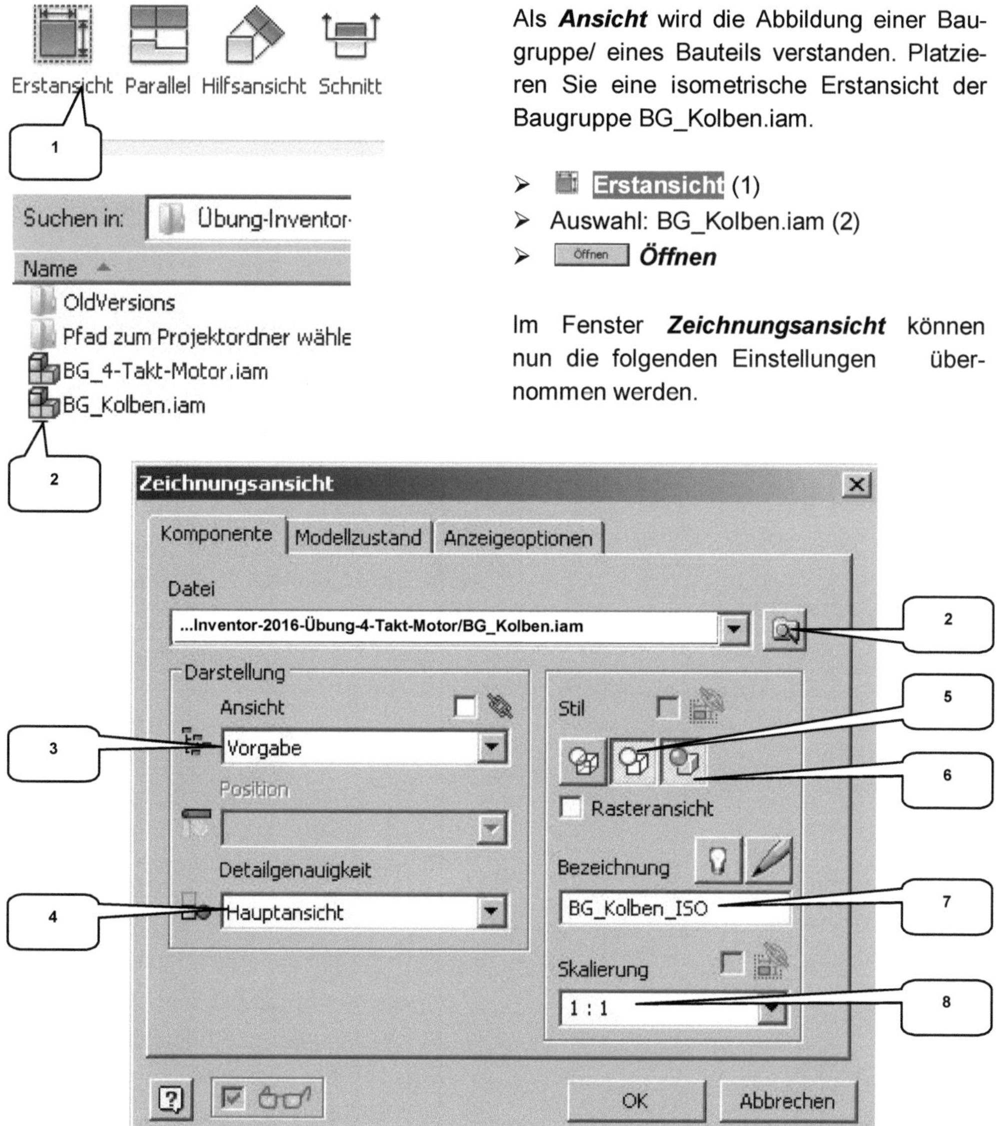

Als **Ansicht** wird die Abbildung einer Baugruppe/ eines Bauteils verstanden. Platzieren Sie eine isometrische Erstansicht der Baugruppe BG_Kolben.iam.

➢ **Erstansicht** (1)
➢ Auswahl: BG_Kolben.iam (2)
➢ **Öffnen**

Im Fenster **Zeichnungsansicht** können nun die folgenden Einstellungen übernommen werden.

HINWEIS: Im Zeichenbereich sollte die Baugruppe BG_Kolben.iam bereits zu sehen sein. Wenn nicht, sind die Anwendungsoptionen zu kontrollieren: **Register: Extras > Anwendungsoptionen > Reiter: Zeichnung > Vorschau anzeigen als: Alle Komponenten**.

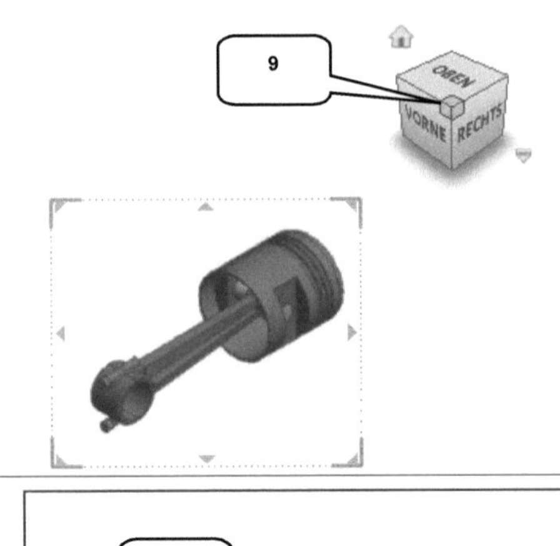

- ➤ Ansicht: Vorgabe (3)
- ➤ Detailgenauigkeit: Hauptansicht (4)
- ➤ Stil: Ohne verdeckte Linien (5) und Schattiert (6)
- ➤ Bezeichnung: [BG_Kolben_ISO] (7)
- ➤ Skalierung: 1:1 wählen (8)
- ➤ *ViewCube*-Ansicht: *ECKE* zwischen den Seiten VORNE, OBEN und RECHTS wählen (9)
- ➤   OK   *OK*

Mit der Maus über die Ansicht fahren, bis ein gepunkteter roter Rand erscheint. Bei gedrückter linker Maustaste darauf die Ansicht auf dem Zeichenblatt zentrieren (10).

HINWEIS: Eine Ansicht kann auch nachträglich bearbeitet werden: *Rechte Maustaste* im Modellbaum auf die Ansicht > *Ansicht bearbeiten*.

8.4.3 Einfügen der Teileliste (Stückliste)

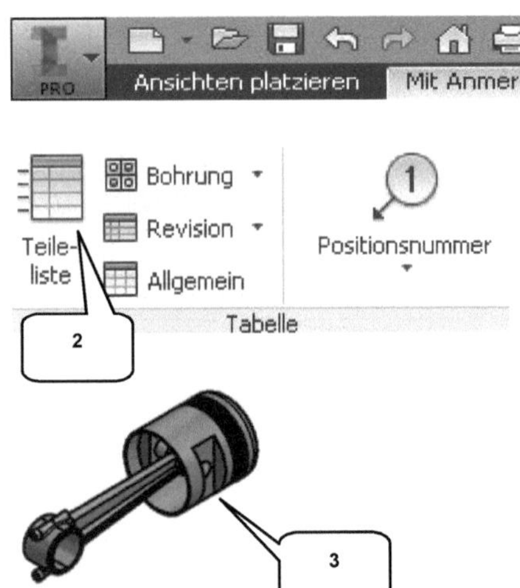

- ➤ Register: *Mit Anmerkungen versehen* (1)
- ➤ Teileliste (2)
- ➤ Quelle: Auf Ansicht klicken (3)
- ➤ Stücklistenansicht: Strukturiert (4)
- ➤ Ebene: Erste Ebene (5)
- ➤ Min. Stellen: 1 (6)
- ➤ Aktivieren: Links (7)
- ➤   OK   *OK*

HINWEIS: Baugruppen können alternativ auch über das Ordnersymbol (8) gewählt werden.

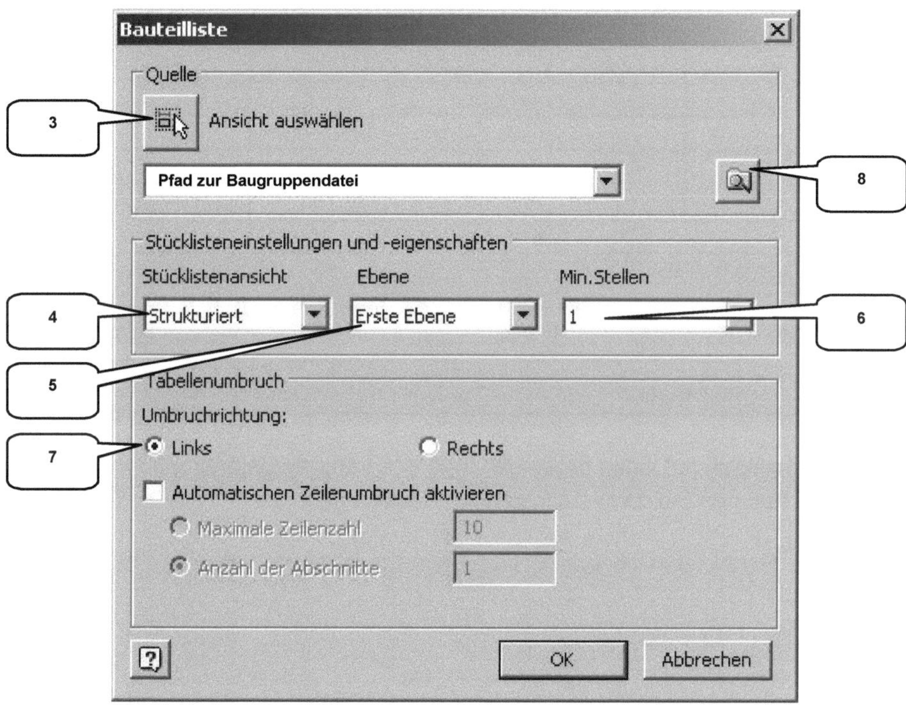

Das Fenster *Stücklistenansicht deaktiviert* kann mit OK *OK* (9) bestätigt werden. Legen Sie die Teileliste danach so im Zeichenbereich ab, dass diese auf dem Schriftfeld oben aufliegt und an ihrer rechten Seite an den Zeichnungsrahmen anschließt.

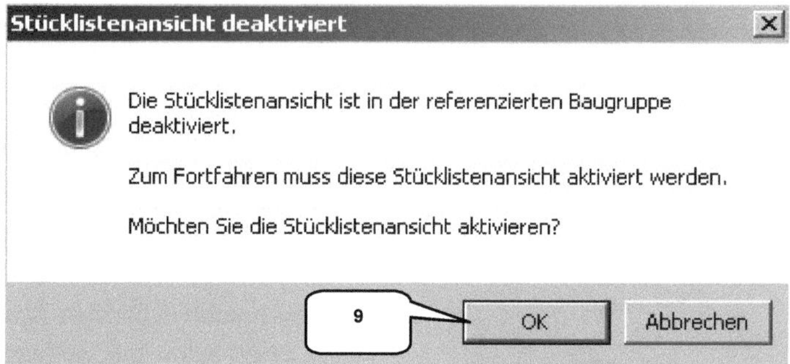

Die Teileliste ist jetzt in der Zeichnung hinterlegt, muss aber noch überarbeitet werden.

TEILELISTE			
OBJEKT	ANZAHL	BAUTEILNUMMER	BESCHREIBUNG
1	1	Kolben	
2	1	Pleuel-Oberseite	
3	1	Pleuel-Unterseite	
4	2	ISO 4762 - M3 x 20	Innensechskantschraube
5	1	Kolbenbolzen	

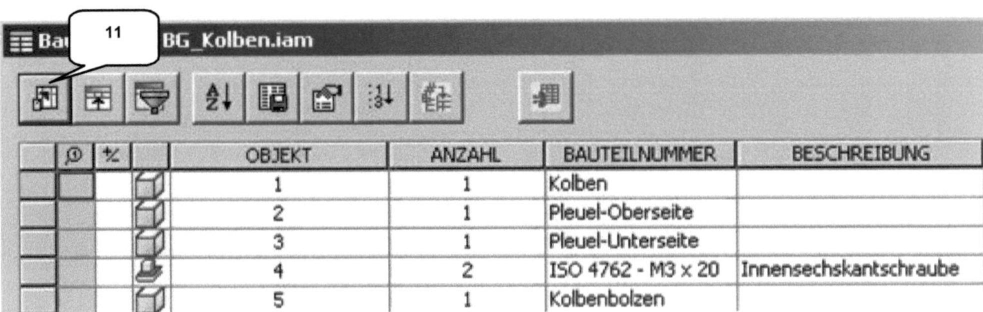

Projekt	Material/ Werkstoff	Dokumentenart		Maßstab			
4-Takt-Motor		Baugruppenzeichnung		1:1			
	Erstellt durch	Bezeichnung/ Benennung		Zeichnungsnummer			
	Ihr Name	BG_Kolben		01-00-00			
	Genehmigt von	Zugehörige Baugruppe		Änd.	Ausgabedatum	Spr.	Blatt
	Ihr Nahme	4-Takt-Motor		A	Datum	DE	1 / 1

Mit einem Doppelklick auf einen beliebigen Text der Teileliste gelangt man in ihren Bearbeitungsbereich. Nehmen Sie darin die folgenden Änderungen vor:

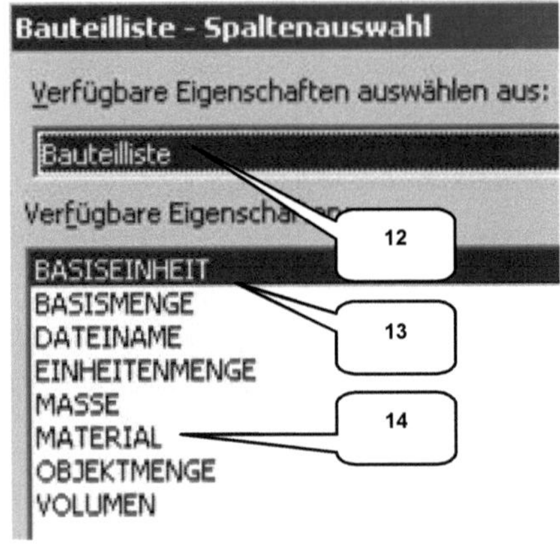

> Doppelklick auf den Text (10)

> Spaltenauswahl (11)

> Auswahl: Bauteilliste (12)

> Doppelklicken: Basiseinheit (13)

> Doppelklicken: Material (14)

Mit den beiden Optionen **Nach unten** und **Nach oben** kann die Reihenfolge im rechten Fenster (Ausgewählte Eigenschaften) bearbeitet werden.

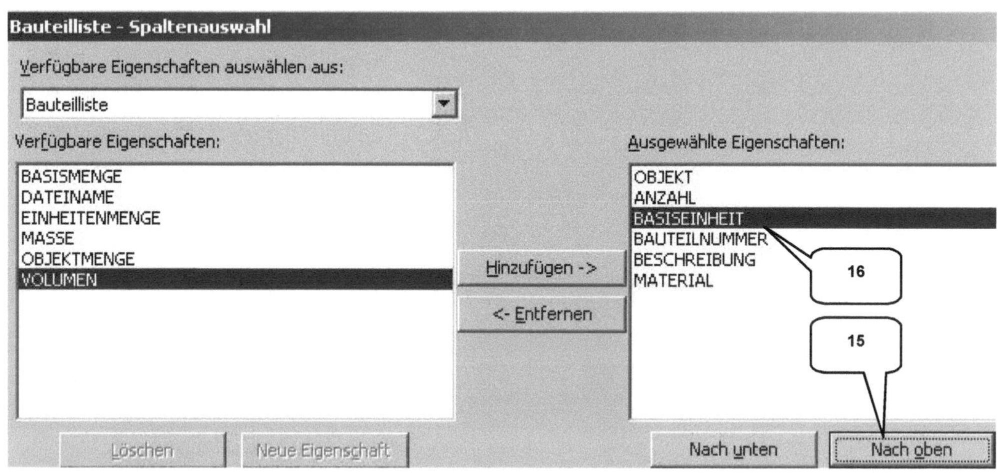

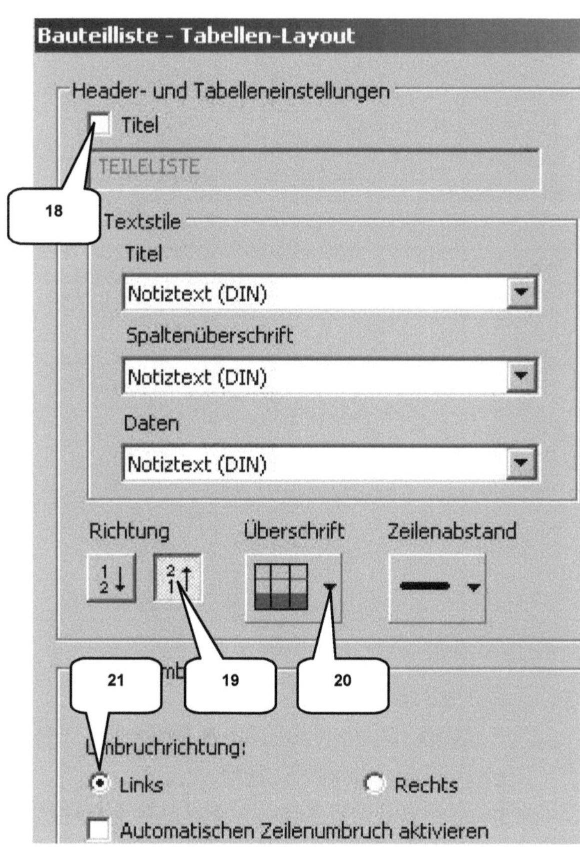

> Markieren: Basiseinheit (16)
> *Nach oben* (15) klicken, bis die *Basiseinheit* in der 3. Zeile angeordnet ist
> OK *OK* (Fenster: Bauteilliste-Spaltenauswahl)
> Anwenden *Anwenden*

> Tabellen-Layout (17)
> Deaktivieren: Titel (18)
> Richtung: Oben neue Bauteile (19)
> Überschrift: Unten (20)
> Umbruchausrichtung: Links (21)
> OK *OK* (Fenster: Bauteilliste-Tabellen-Layout)
> Anwenden *Anwenden*

Jetzt können die Bezeichnungen der einzelnen Spalten überarbeitet werden.

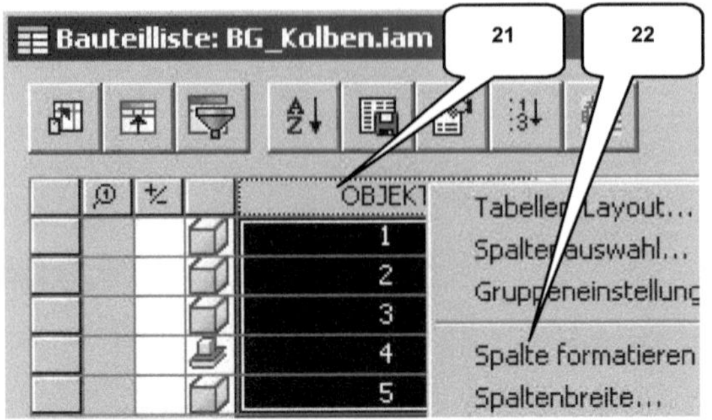

> Spaltenbezeichnung *Objekt* mit der linken Maustaste markieren (21)
> *Rechte Maustaste* auf *Objekt* (21)
> Option: *Spalte formatieren* (22)
> Überschrift: [Pos.] eintragen (23)
> OK *OK* (Fenster: Spalte formatieren)
> Anwenden *Anwenden*

Ändern Sie auch die Bezeichnungen der restlichen fünf Spalten. Achten Sie darauf, jede Änderung durch Anwenden *Anwenden* zu bestätigen.

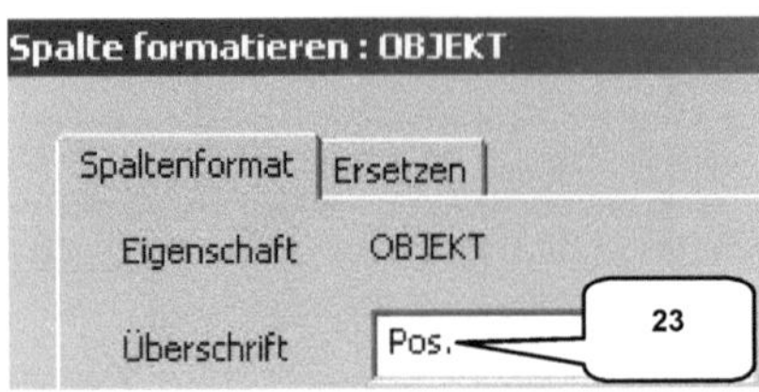

Alte Bezeichnung	Neue Bezeichnung
Anzahl	Menge (24)
Basiseinheit	Einheit (25)
Bauteilnummer	Benennung (26)
Beschreibung	Sachnummer / Norm (27)
Material	Werkstoff (28)

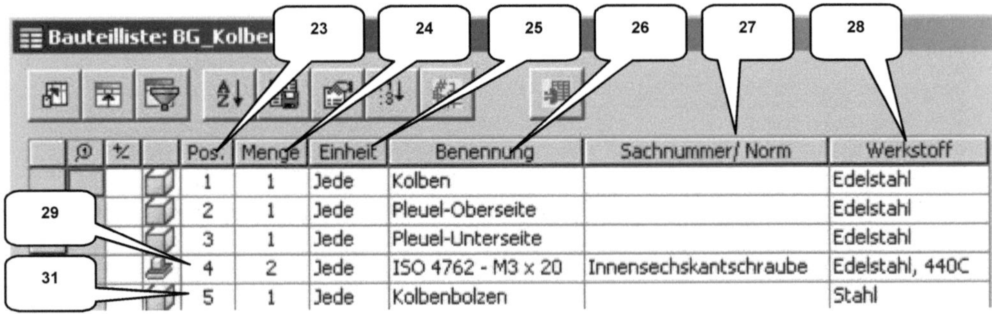

> Feld (29) doppelklicken
> Wert: [5] eintragen (30) > Taste: **ENTER**
> Feld (31) doppelklicken
> Wert: [4] eintragen (32) > Taste: **ENTER**

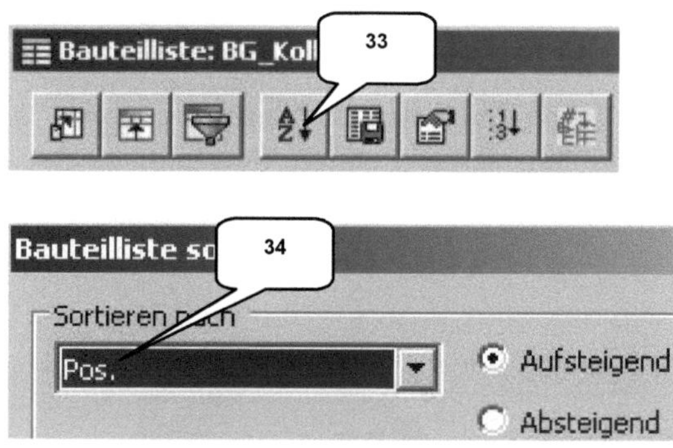

> $\text{A}{\downarrow}$ **Sortieren** (33)
> Sortieren nach: Pos. (34)
> OK **OK** (Fenster: Bauteilliste sortieren)
> Anwenden **Anwenden**

Überarbeiten Sie die Teileliste jetzt wie folgt: Per Doppelklick gelangen Sie in die jeweiligen Felder, und mit den Pfeiltasten wechseln Sie zwischen diesen.

	⊕	⊬		Pos.	Menge	Einheit	Benennung	Sachnummer/ Norm	Werkstoff
				1	1	**Stck**	Kolben	**01-01-01**	**AlCu4Ni2Mg1,5**
				2	1	**Stck**	Pleuel-Oberseite	**01-01-02**	**42CrMo4**
				3	1	**Stck**	Pleuel-Unterseite	**01-01-03**	**42CrMo4**
				4	1	**Stck**	Kolbenbolzen	**01-01-04**	**E355**
				5	2	**Stck**	ISO 4762 - M3 x 20	Innensechskantschraube	

Sobald alle Änderungen übernommen wurden, bestätigen Sie mit Anwenden **Anwenden** und beenden die Bearbeitung der Teileliste abschließend mit OK **OK**.

Pos.	Menge	Einheit	Benennung	Sachnummer/ Norm	Werkstoff				
5	2	Stck	ISO 4762 - M3 x 20	Innensechskantschraube					
4	1	Stck	Kolbenbolzen	01-01-04	E355				
3	1	Stck	Pleuel-Unterseite	01-01-03	42CrMo4				
2	1	Stck	Pleuel-Oberseite	01-01-02	42CrMo4				
1	1	Stck	Kolben	01-01-01	AlCu4Ni2Mg1,5				

Projekt	Material/ Werkstoff	Dokumentenart	Maßstab			
4-Takt-Motor		Baugruppenzeichnung	1:1			
	Erstellt durch	Bezeichnung/ Benennung	Zeichnungsnummer			
	Ihr Name	BG_Kolben	01-00-00			
	Genehmigt von	Zugehörige Baugruppe	Änd.	Ausgabedatum	Spr.	Blatt
	Ihr Nahme	4-Takt-Motor	A	Datum	DE	1 / 1

Verschieben Sie die Teileliste bei gedrückter linker Maustaste so, dass diese passend oberhalb des Schriftfeldes angeordnet ist. Die Spaltenbreiten können geändert werden, indem die Trennlinien (z. B. 35) bei gedrückter linker Maustaste verschoben werden. Speichern Sie die Zeichnung, aber lassen Sie sie noch geöffnet.

8.4.4 Einfügen der Positionsnummern

Die **Positionsnummern** können manuell platziert oder automatisch abgerufen werden. Da die letztere Methode oftmals viel Nacharbeit erfordert, ist das manuelle Setzen in der Regel günstiger.

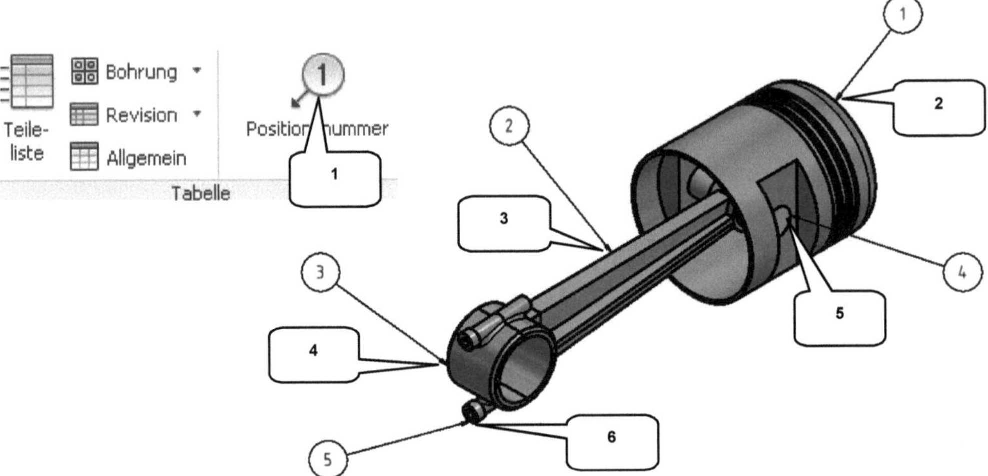

> ⊕ **Positionsnummer** (1)
> Kolben an Kante (2) wählen
> Nummer ablegen wie dargestellt
> **Rechte Maustaste > Weiter**
> Pleuel-Oberseite an Kante (3) wählen
> Nummer ablegen wie dargestellt
> **Rechte Maustaste > Weiter**
> Pleuel-Unterseite an Kante (4) wählen
> Nummer ablegen wie dargestellt

> **Rechte Maustaste > Weiter**
> Kolbenbolzen an Kante (5) wählen
> Nummer ablegen wie dargestellt
> **Rechte Maustaste > Weiter**
> Schraube an Kante (6) wählen
> Nummer ablegen wie dargestellt
> **Rechte Maustaste > Weiter**
> Taste: ESC

Die Baugruppenzeichnung kann jetzt gespeichert werden. Da die folgende Bauteilzeichnung ebenfalls in die aktuelle Datei integriert werden soll, muss die Zeichnung weiterhin geöffnet bleiben.

HINWEIS: Um die Lage einer Positionsnummer zu ändern, fahren Sie mit der linken Maustaste darüber und verschieben Sie sie am grünen Punkt. Die Nummer selbst kann ebenfalls geändert werden: Per Doppelklick darauf.

8.5   Zeichnungsableitung des Bauteils: Pleuel-Unterseite
8.5.1   Erstellen und Bearbeiten eines neuen Blattes

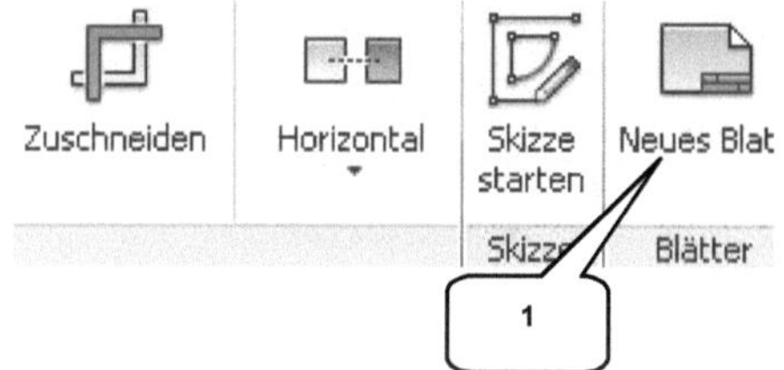

Die vorhandene Datei soll um ein weiteres **Zeichenblatt** ergänzt werden. Hier ist das Bauteil **Pleuel-Unterseite.ipt** darzustellen.

➢ Register: **Ansichten platzieren**

➢ **Neues Blatt** (1)

➢ Eintragungen der Spalte **Wert** (2) übernehmen wie dargestellt

➢ OK **OK**

Eigenschaftsfeld	Wert
Projekt	4-Takt-Motor
Material	42CrMO4
Blattmaßstab	2:1
Bauteilzeichnung/ Baugruppenzeichnung/ Stückliste	Bauteilzeichnung
Name (Ersteller)	Ihr Name
Name (Prüfer)	Ihr Name
Bezeichnung Bauteil/ Baugruppe	Pleuel-Unterseite
Blattnummer	2
Anzahl Blätter	2
Sprache	DE
Datum	Datum
Zeichnungsnummer	01-01-03
Zugehörige Baugruppe	4-Takt-Motor
Allgemeintoleranzen (Allgemeinangaben)	Allgemeintoleranzen ISO 2768-mK
Oberfläche (Allgemeinangaben)	Oberflächen ISO 1302
Kanten (Allgemeinangaben)	Kanten ISO 13715
Längenmaße (Allgemeinangaben)	SIZE ISO 14405 (E)

Das **Blattformat** sollte hier auf DIN A4 und Hochformat geändert werden, da das Bauteil Pleuel-Unterseite.ipt in vollständiger Darstellung nur wenig Platz benötigt.

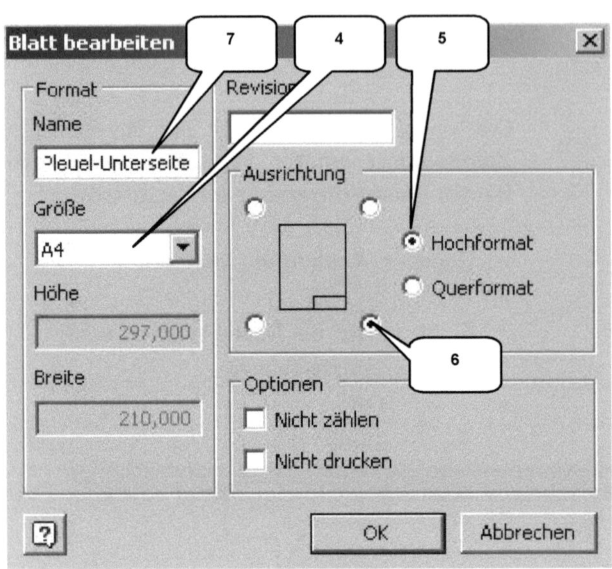

> **Rechte Maustaste** auf das neue Blatt (3)
> Option: **Blatt bearbeiten**
> Größe: A4 (4)
> Ausrichtung: Hochformat (5)
> Position Schriftfeld: Unten rechts (6)
> Name: [Pleuel-Unterseite] (7)
> ⌑ OK **OK**

8.5.2 Platzieren von Erst- und Parallelansicht

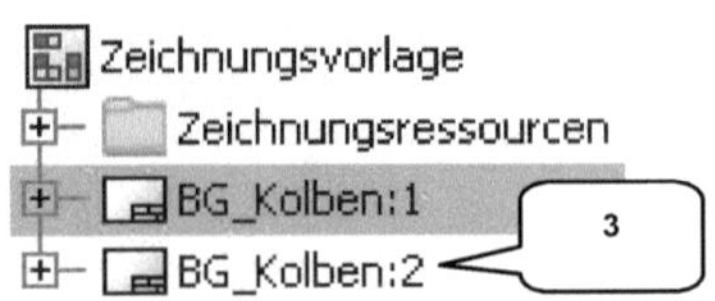

> ▦ Erstansicht (1)
> Auswahl: Pleuel-Unterseite.ipt (2)
> Öffnen **Öffnen**

> Ansicht: Hauptansicht (3)
> Stil: Ohne verdeckte Linien (4)
> Bezeichnung: [Pleuel-Unterseite] (5)
> Skalierung: 2:1 wählen (6)
> **ViewCube**-Ansicht: **OBEN** (7)
> 1. Ansicht mit linker Maustaste auf Pos. (8) ablegen
> Maus in gerader Linie nach unten ziehen
> 2. Ansicht mit linker Maustaste auf Pos. (9) ablegen
> OK **OK**

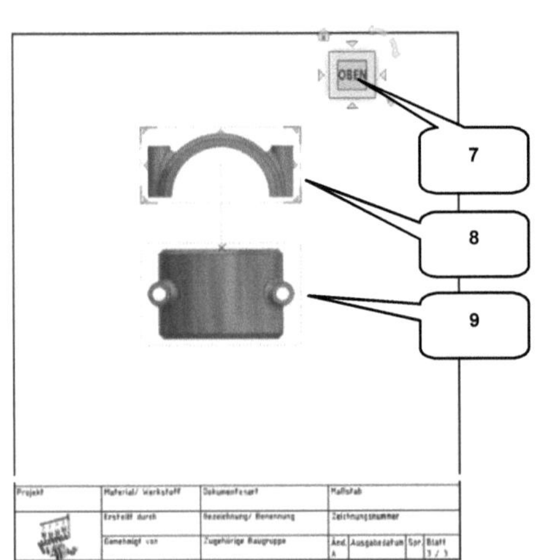

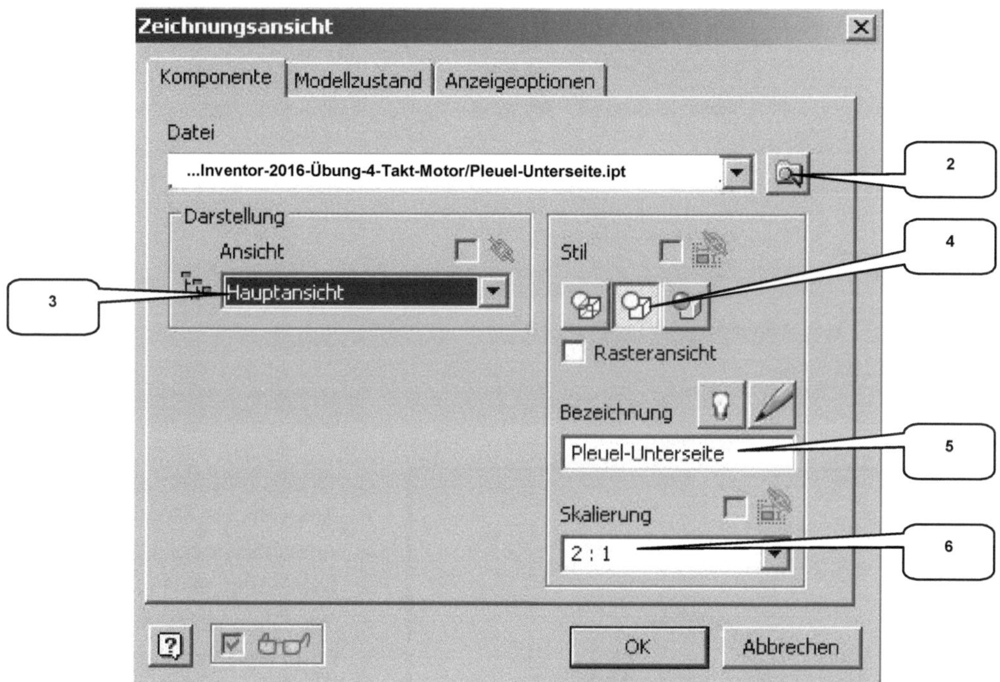

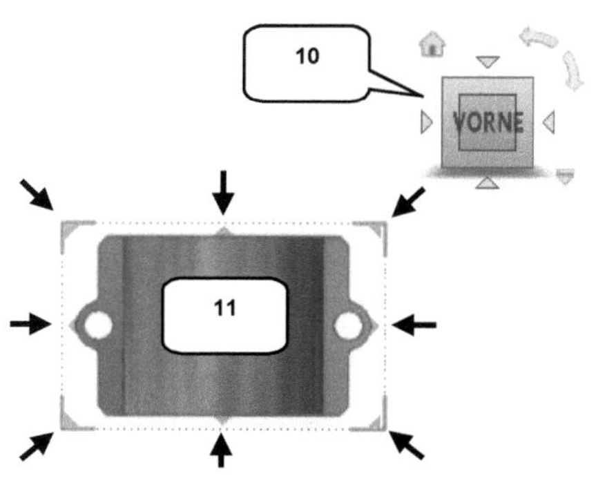

HINWEIS: Um die **Ausrichtung der Erstansicht** zu ändern, ist am ViewCube (10) die gewünschte Seite/ Kante/ Ecke einzustellen. Um eine **Parallelansicht** von der Erstansicht abzuleiten, kann mit der Maus auf die gewünschte Position geklickt, oder an der Erstansicht (11) die markierten Pfeile gewählt werden.

8.5.3 Erzeugen einer Detailansicht

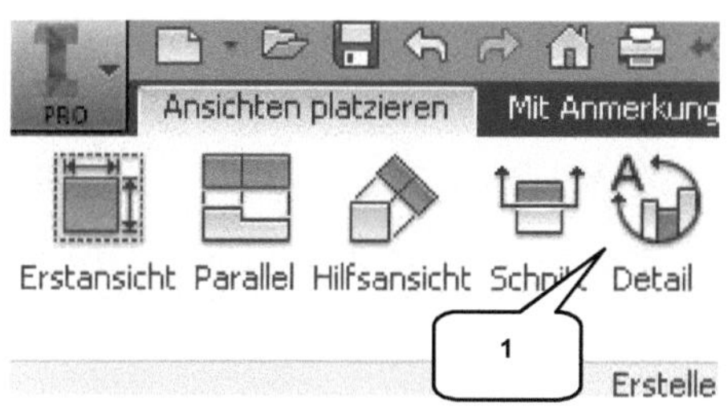

Detailansichten (1) ermöglichen eine vergrößerte Darstellung eines bestimmten Bereiches einer Ansicht. Erzeugen Sie eine Detailansicht der Parallelansicht im Bereich der rechten Bohrung.

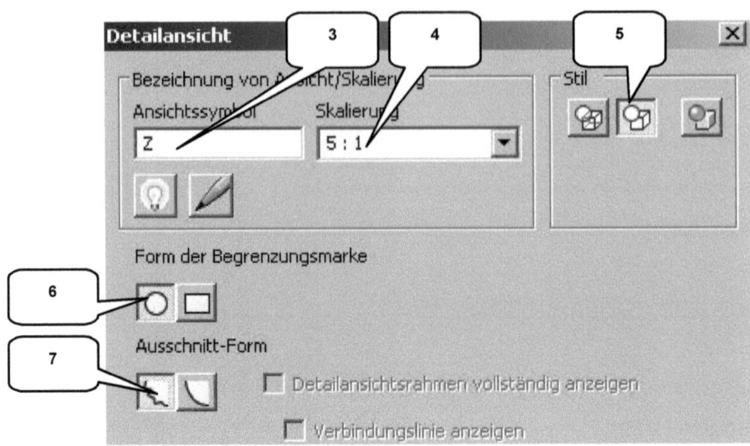

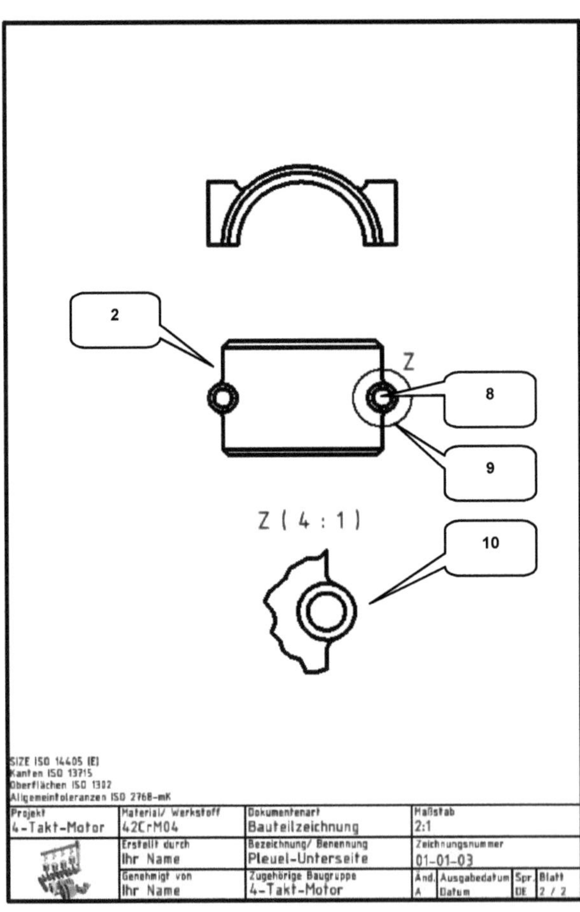

- 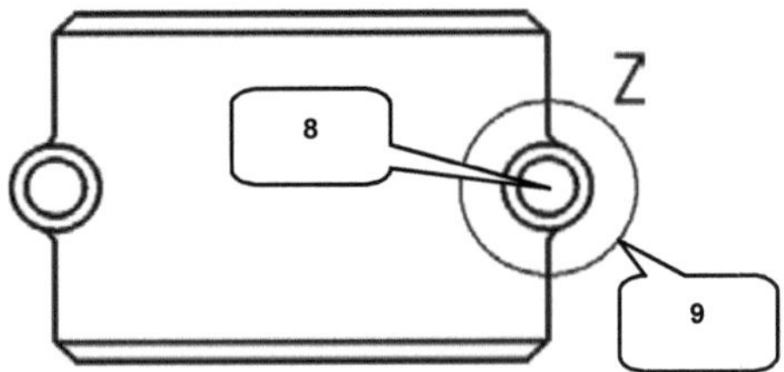 **Detailansicht** (1)
- Auswahl: Parallelansicht (2)
- Ansichtssymbol: [Z] (3)
- Skalierung: [5:1] (4)
- Stil: Ohne verdeckte Linien (5)
- Form (Begrenzung): Rund (6)
- Form (Ausschnitt): Gezackt (7)
- Mittelpunkt des Kreises (Begrenzung) wählen (8)
- Außenpunkt des Kreises (Begrenzung) wählen (9)
- Detailansicht an Pos. (10) ablegen

8.5.4 Mittellinien und Mittelpunkte markieren

Befehle für **Mittellinien** und **Mittelpunkte** befinden sich im rechten Bereich der Befehlsgruppe **Symbole**. Versehen Sie alle Ansichten mit den notwendigen Markierungen.

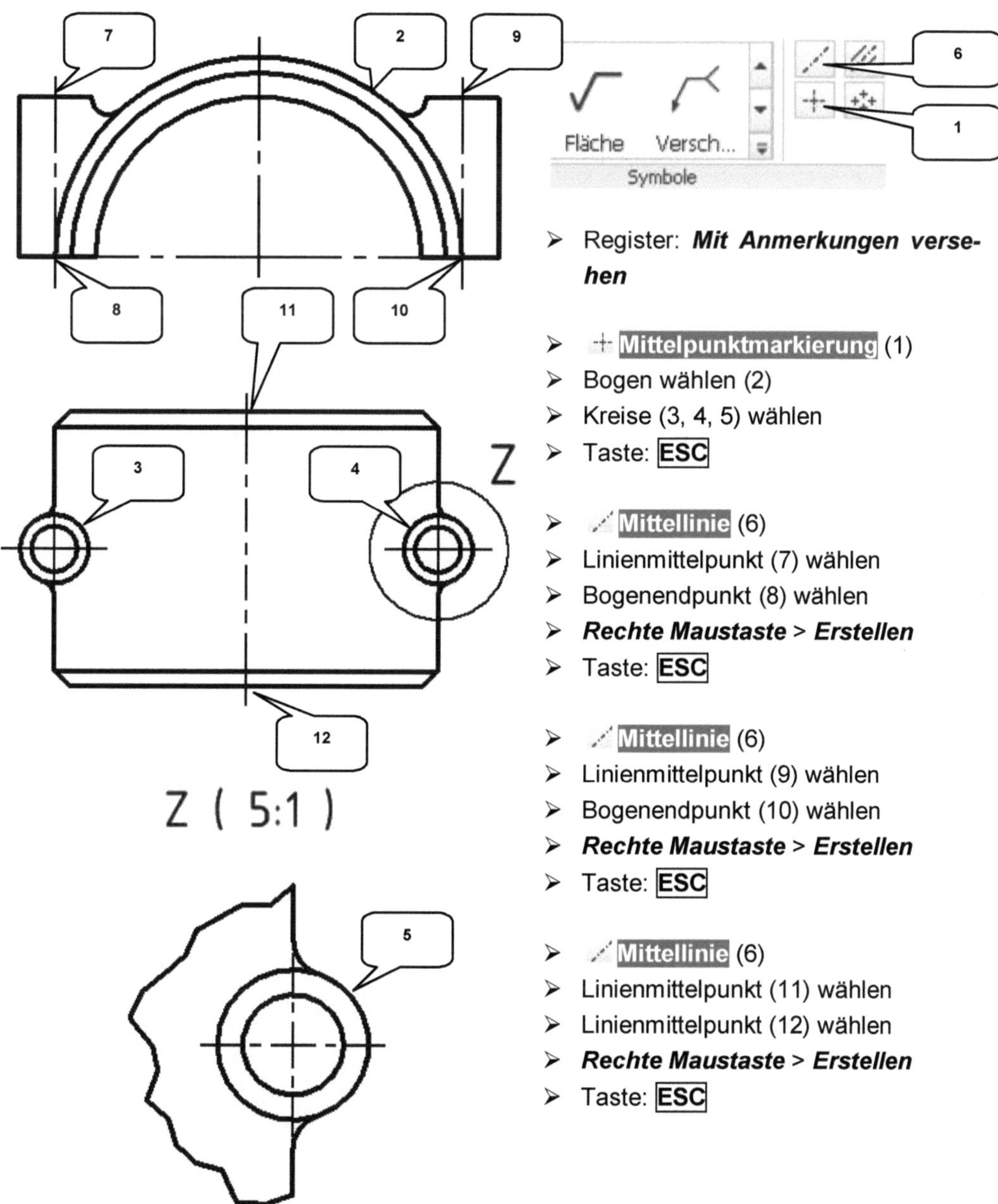

> Register: **Mit Anmerkungen versehen**

> ⊹ Mittelpunktmarkierung (1)
> Bogen wählen (2)
> Kreise (3, 4, 5) wählen
> Taste: ESC

> Mittellinie (6)
> Linienmittelpunkt (7) wählen
> Bogenendpunkt (8) wählen
> **Rechte Maustaste** > **Erstellen**
> Taste: ESC

> Mittellinie (6)
> Linienmittelpunkt (9) wählen
> Bogenendpunkt (10) wählen
> **Rechte Maustaste** > **Erstellen**
> Taste: ESC

> Mittellinie (6)
> Linienmittelpunkt (11) wählen
> Linienmittelpunkt (12) wählen
> **Rechte Maustaste** > **Erstellen**
> Taste: ESC

8.5.5 Bemaßen der Ansichten

Die drei Ansichten können jetzt bemaßt und komplettiert werden.

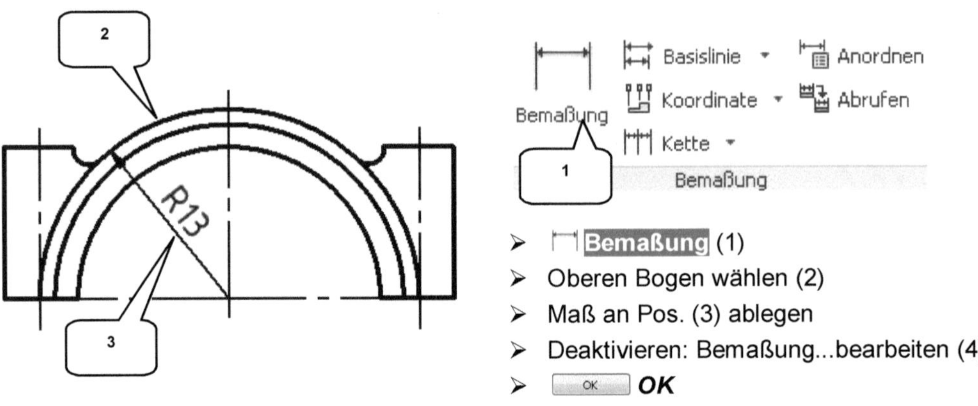

> ⊣ **Bemaßung** (1)
> Oberen Bogen wählen (2)
> Maß an Pos. (3) ablegen
> Deaktivieren: Bemaßung...bearbeiten (4)
> ⟨ OK ⟩ **OK**

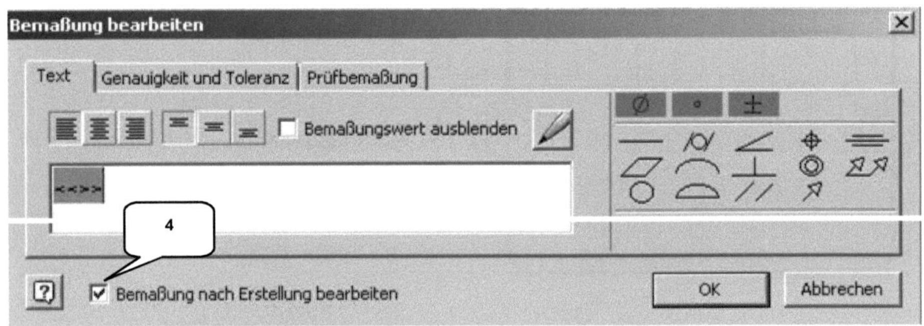

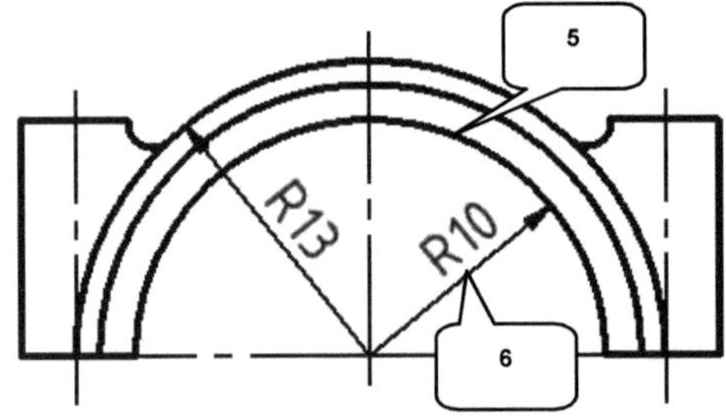

> ⊣ **Bemaßung** (1)
> Unteren Bogen wählen (5)
> Maß an Pos. (6) ablegen
> Taste: **ESC**

HINWEIS: Das Fenster **Bemaßung bearbeiten** wird nach dem Setzen einer Bemaßung automatisch geöffnet. Da es oft nicht benötigt wird, sollte dieser Automatismus deaktiviert werden. Per Doppelklick auf ein vorhandenes Maß öffnet das Fenster dann bei Bedarf.

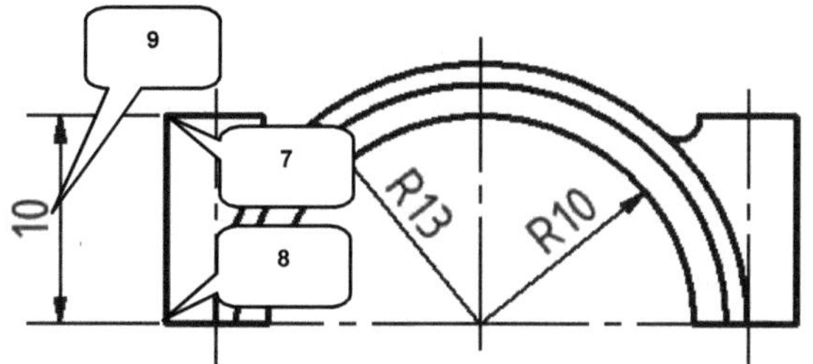

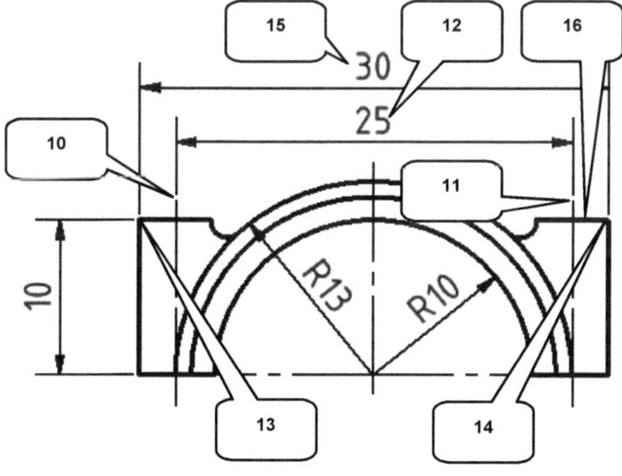

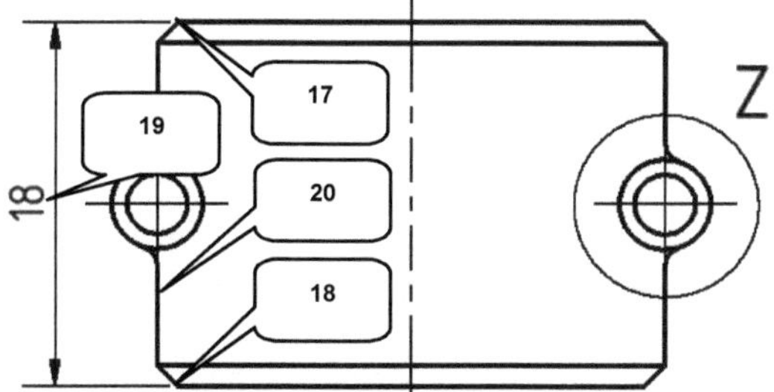

- ⊓ **Bemaßung** (1)
- Punkt (7) wählen
- Punkt (8) wählen
- Maß nach links ziehen, bis es gestrichelt dargestellt wird, dann an Pos. (9) ablegen

- Punkt (10) wählen
- Punkt (11) wählen
- Maß an Pos. (12) ablegen

- Punkt (13) wählen
- Punkt (14) wählen
- Maß an Pos. (15) ablegen
- Taste: **ESC**

- Bei gedrückter Taste: **STRG** die Maße (12, 15) mit der linken Maustaste markieren
- *Rechte Maustaste > Bemaßung anordnen*
- Linie (16) wählen

- ⊓ **Bemaßung** (1)
- Punkt (17) wählen
- Punkt (18) wählen
- Maß an Pos. (19) ablegen
- Taste: **ESC**
- *Rechte Maustaste* auf das Maß *> Bemaßung anordnen*
- Linie (20) wählen

HINWEIS: Um Bemaßungen korrekt nach DIN auszurichten (10 mm Abstand zur Körperkante, 7 mm Abstand zw. den Maßlinien), kann ein Maß entweder <u>vor</u> dem Ablegen manuell gezogen werden, bis es gestrichelt dargestellt wird (sehr ungenaue Methode), oder nach dem Ablegen ausgerichtet werden. Hierfür sind die Maße zu markieren und die Option *Bemaßung anordnen* der *rechten Maustaste* ist zu wählen. Die Einstellungen können im Pfad *Register: Verwalten > Stil-Editor > Bemaßung > Standard (DIN)* kontrolliert werden.

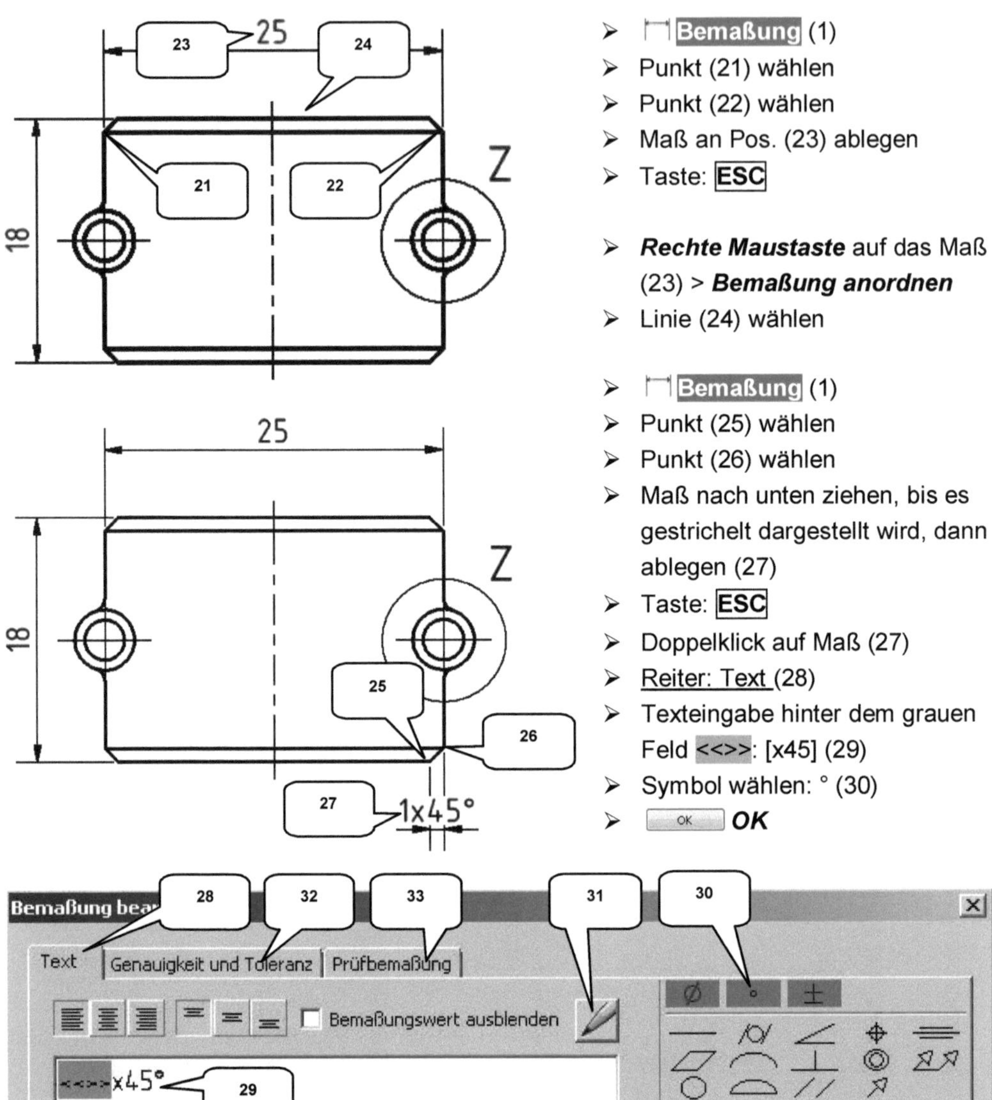

> ⊢ **Bemaßung** (1)
> Punkt (21) wählen
> Punkt (22) wählen
> Maß an Pos. (23) ablegen
> Taste: **ESC**

> **Rechte Maustaste** auf das Maß (23) > **Bemaßung anordnen**
> Linie (24) wählen

> ⊢ **Bemaßung** (1)
> Punkt (25) wählen
> Punkt (26) wählen
> Maß nach unten ziehen, bis es gestrichelt dargestellt wird, dann ablegen (27)
> Taste: **ESC**
> Doppelklick auf Maß (27)
> Reiter: Text (28)
> Texteingabe hinter dem grauen Feld <<>>: [x45] (29)
> Symbol wählen: ° (30)
> ⬚ OK **OK**

HINWEIS: Im Fenster **Bemaßung bearbeiten** befinden sich auf der rechten Seite weitere Symbole und Sonderzeichen. Der Button ✎ **Texteditor starten** (31) öffnet ein Fenster zur Formatierung des Bemaßungstextes. Im Reiter **Genauigkeit und Toleranz** (32) können Passungen und Toleranzen definiert werden und im Reiter **Prüfbemaßung** (33) können Zusatzangaben zu Prüfbemaßungen ergänzt werden.

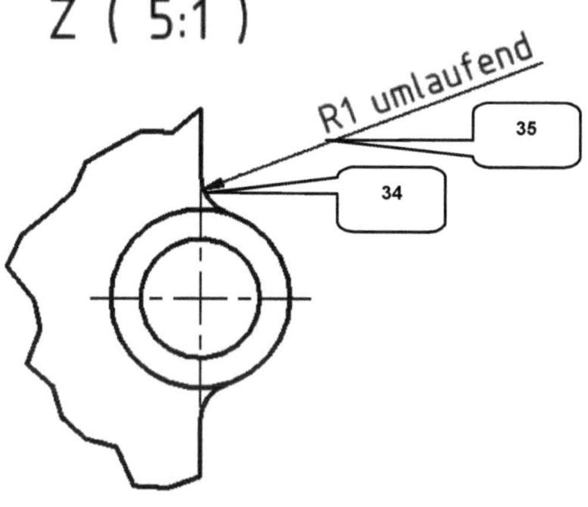

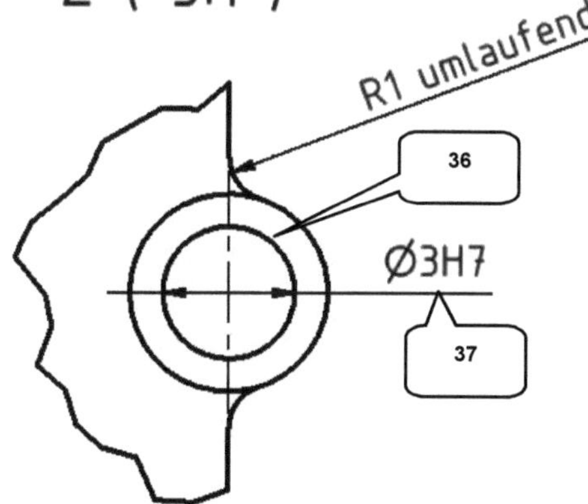

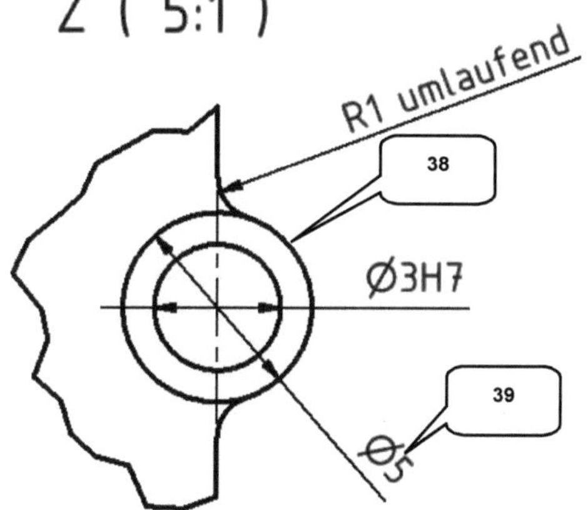

- ➢ ⊓ Bemaßung (1)
- ➢ Rundung (34) wählen
- ➢ Maß an Pos. (35) ablegen
- ➢ Taste: ESC

- ➢ Doppelklick auf Maß (35)
- ➢ Reiter: Text
- ➢ Texteingabe hinter dem grauen Feld <<>>: [umlaufend]
- ➢ OK **OK**

- ➢ ⊓ Bemaßung (1)
- ➢ Kreis (36) wählen
- ➢ **Rechte Maustaste > Optionen**
- ➢ Deaktivieren: Einfache Bemaßungslinie
- ➢ Maß an Pos. (37) ablegen
- ➢ Taste: ESC
- ➢ Doppelklick auf Maß (37)
- ➢ Reiter: Text
- ➢ Texteingabe hinter dem grauen Feld <<>>: [H7]
- ➢ OK **OK**

- ➢ ⊓ Bemaßung (1)
- ➢ Kreis (38) wählen
- ➢ **Rechte Maustaste > Optionen**
- ➢ Deaktivieren: Einfache Bemaßungslinie
- ➢ Maß an Pos. (39) ablegen
- ➢ Taste: ESC

HINWEIS: Bei der Bemaßung des Bogens (34) muss darauf geachtet werden, sehr nah an diesen Bereich heranzuzoomen. Hier ist der Bogen selbst zu wählen, <u>nicht</u> einer der (grünen) Bogenpunkte!

8.5.6 Platzieren von Oberflächenangaben

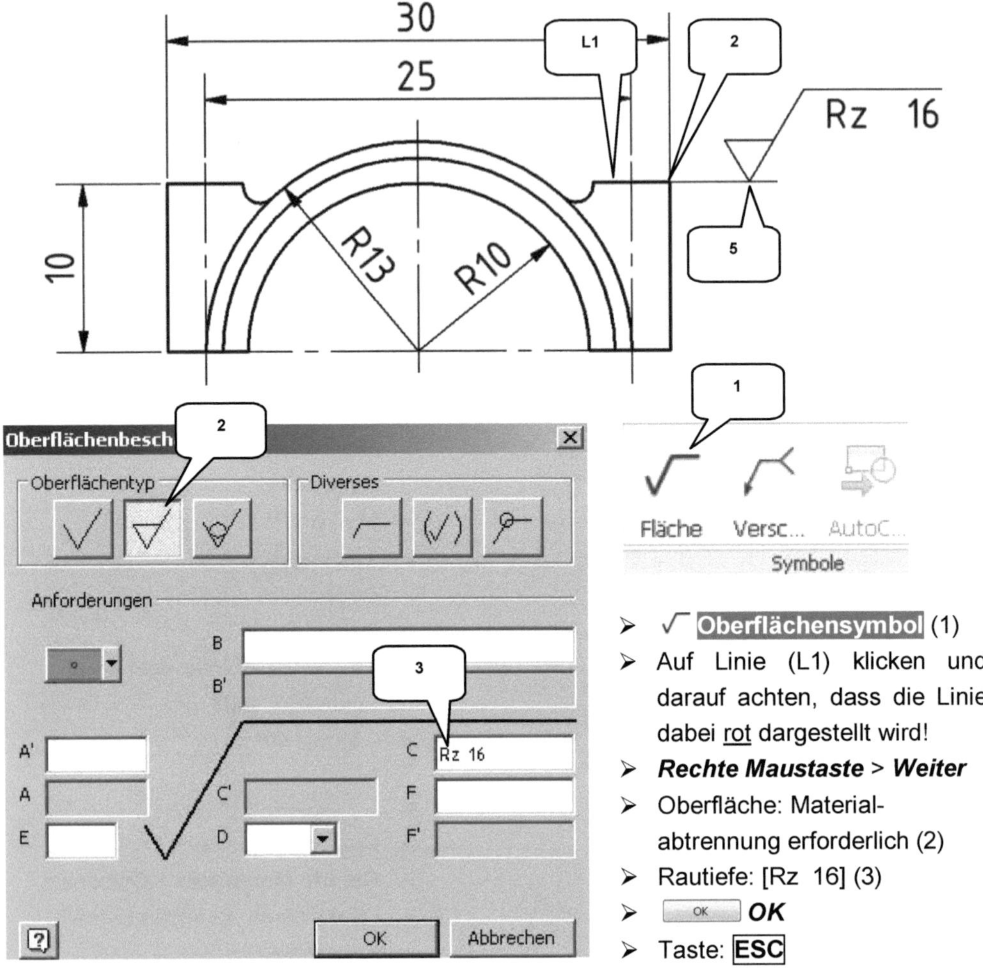

> √ **Oberflächensymbol** (1)
> Auf Linie (L1) klicken und darauf achten, dass die Linie dabei <u>rot</u> dargestellt wird!
> ***Rechte Maustaste* > *Weiter***
> Oberfläche: Material-abtrennung erforderlich (2)
> Rautiefe: [Rz 16] (3)
> ⟨ OK ⟩ *OK*
> Taste: ESC

Das neu erzeugte Symbol der Oberflächenangabe ist jetzt am grünen Punkt (5) bei gedrückter linker Maustaste in gerader Linie nach rechts zu ziehen und auf Pos. (5) abzulegen.

Anschließend sind drei weitere Oberflächenangaben (4) einzufügen, wie in den folgenden Abbildungen dargestellt wird. Die Vorgehensweise ist identisch.

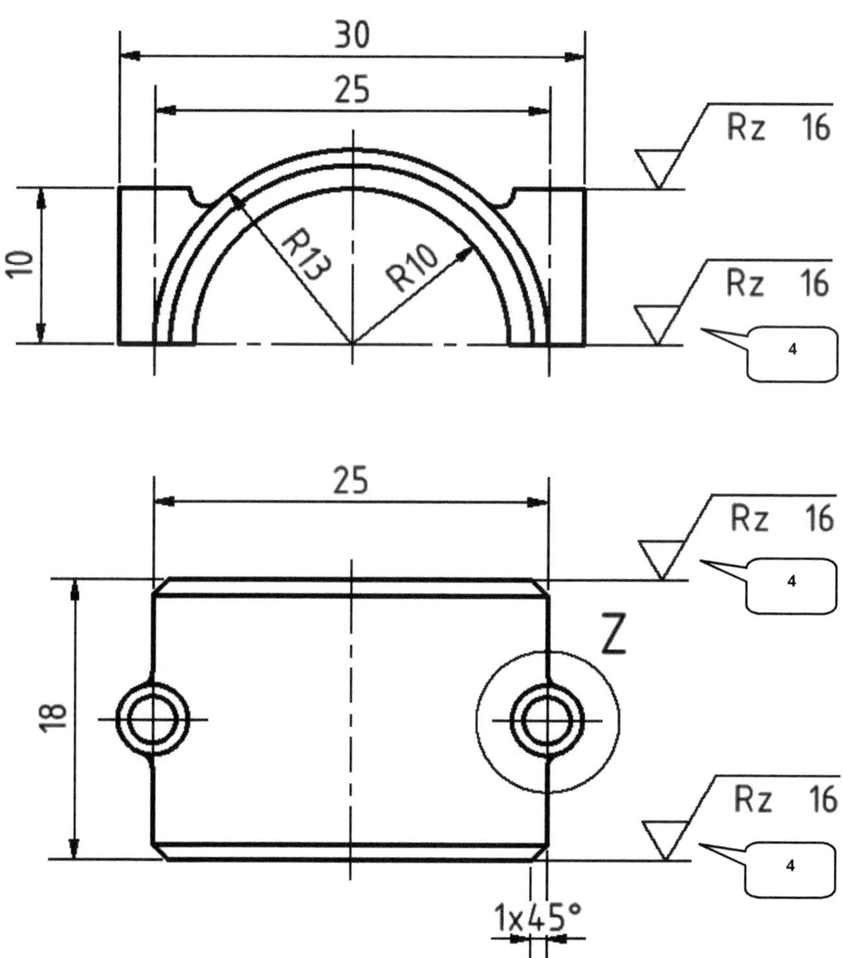

8.5.7 Allgemeinangaben, Kantenangaben und Projektionsmethode

SIZE ISO 14405 (E)
Kanten ISO 13715
Oberflächen ISO 1302
Allgemeintoleranzen ISO 2768-mK

2   Rz 32

Projekt	Material/ Werkstoff	Dokumentenart	Maßstab		
4-Takt-Motor	42CrMO4	Bauteilzeichnung	2:1		
	Erstellt durch	Bezeichnung/ Benennung	Zeichnungsnummer		
	Ihr Name	Pleuel-Unterseite	01-01-03		
	Genehmigt von	Zugehörige Baugruppe	Änd.	Ausgabedatum	Spr.	Blatt
	Ihr Name	4-Takt-Motor	A	Datum	DE	2 / 2

Die gekennzeichneten vier Oberflächen sind also mit einer gemittelten Rautiefe: **Rz 16** zu bearbeiten. Alle anderen Oberflächen sollen eine gemittelte Rautiefe: **Rz 32** erhalten.

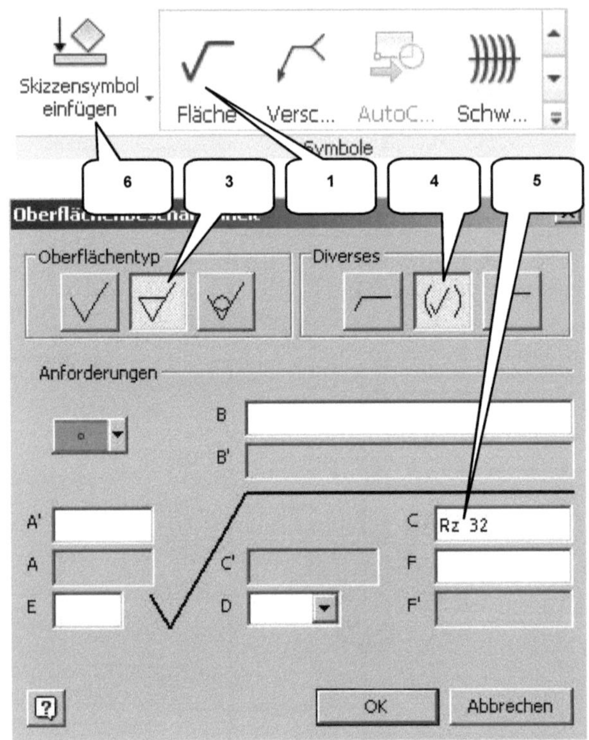

> √ Oberflächensymbol (1)
> Mit linker Maustaste auf Pos. (2) klicken
> **Rechte Maustaste > Weiter**
> Oberfläche: Material-abtrennung erforderlich (3)
> Zusatz: Allgemeine Ober-flächengüte (4)
> Rautiefe: [Rz 32] (5)
> ☐ OK **OK**
> Taste: ESC

Fügen Sie abschließend die bereits vorgefertigten Symbole der Projektionsmethode 1 und die Kantenangaben ein.

> Skizzensymbol (6)
> Auswahl: Projektionsmethode 1 (7)
> Skalieren: [1] (8)
> Drehen: [0°] (9)
> ☐ OK **OK**
> Symbol auf Pos. (10) ablegen
> Taste: ESC

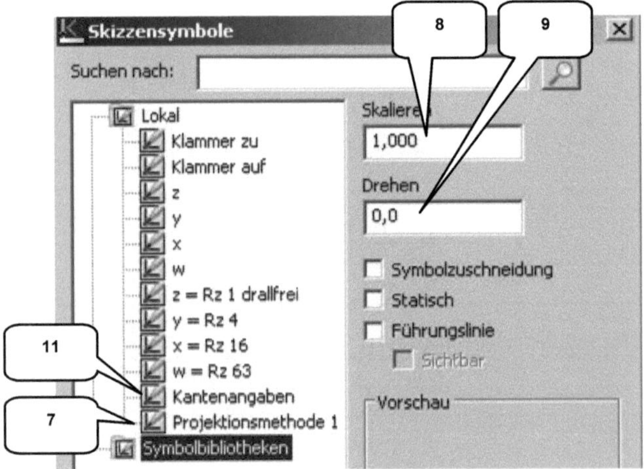

> Skizzensymbol (6)
> Auswahl: Kantenangaben (11)
> Skalieren: [1] (8)
> Drehen: [0°] (9)
> ☐ OK **OK**
> Symbol auf Pos. (12) ablegen
> Taste: ESC

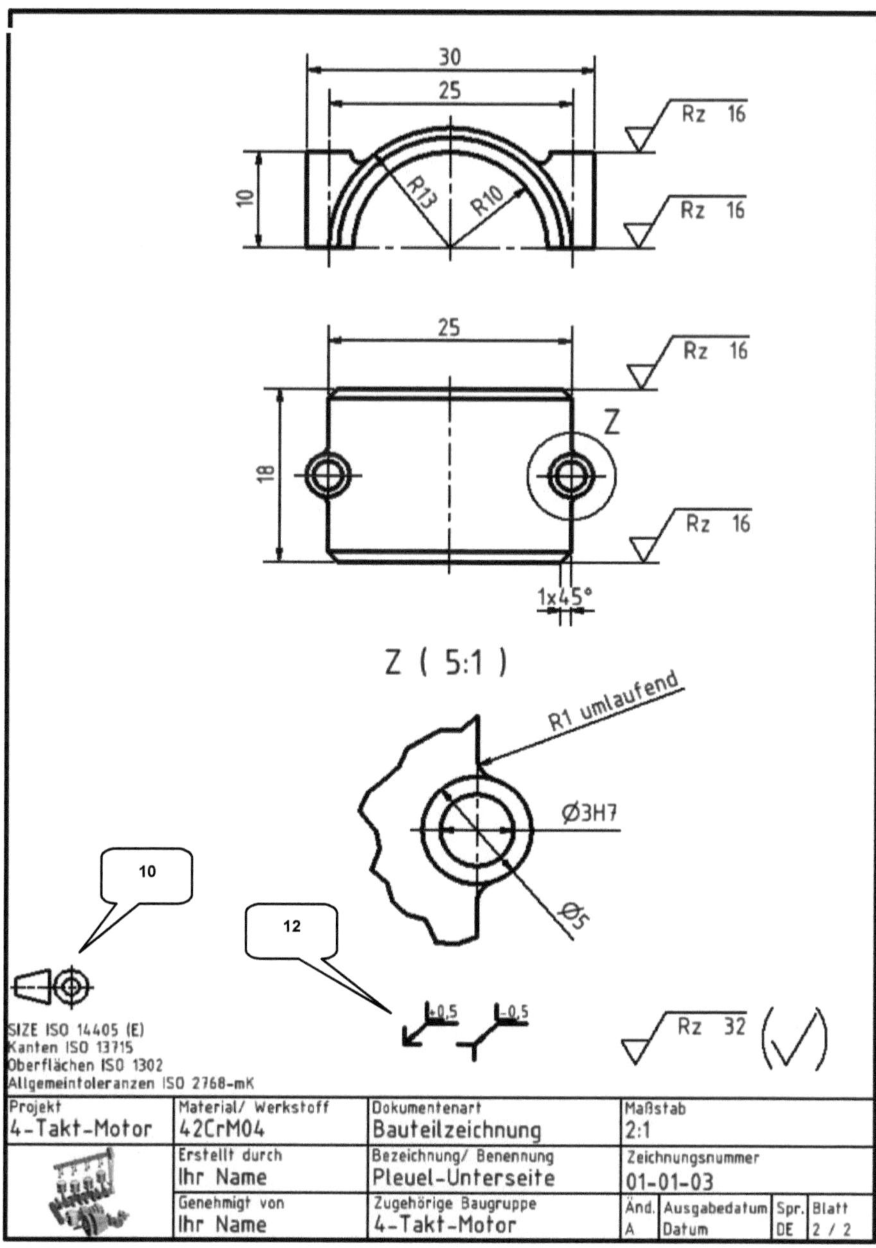

Projekt	Material/ Werkstoff	Dokumentenart	Maßstab		
4-Takt-Motor	42CrMO4	Bauteilzeichnung	2:1		
	Erstellt durch	Bezeichnung/ Benennung	Zeichnungsnummer		
	Ihr Name	Pleuel-Unterseite	01-01-03		
	Genehmigt von	Zugehörige Baugruppe	Änd.	Ausgabedatum	Spr. Blatt
	Ihr Name	4-Takt-Motor	A	Datum	DE 2 / 2

Der Bereich der Zeichnungsableitung kann jetzt verlassen werden. Speichern Sie die Datei und schließen Sie diese abschließend.

9   PRÄSENTATION / Explosionsdarstellung

9.1   Erstellen einer neuen Präsentation

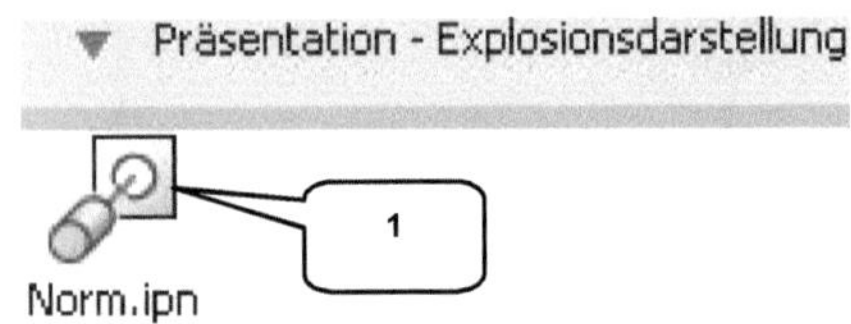

Erstellen Sie eine Präsentation (Norm.ipn) und speichern Sie diese als **BG_Nockenwelle**.

>   **Neu**
>   ***Norm.ipn*** (1)
>   Erstellen **Erstellen**
>   **Speichern** [BG_Nockenwelle]

9.2   Einfügen der Baugruppe: BG_Nockenwelle.iam

Präsentationen dienen zur Generierung von Explosionszeichnungen von bereits montierten Baugruppen. Sie zeigen die einzelnen Komponenten einer Baugruppe in einer perspektivischen Darstellung. Wurde die Explosionsdarstellung bereits erzeugt, kann diese animiert werden, um Montage- oder Demontageanimationen davon abzuleiten.

In der folgenden Übung ist die Baugruppe **BG_Nockenwelle.iam** in ihre Einzelteile zu zerlegen. Jedes Bauteil soll hierbei manuell verschoben werden.

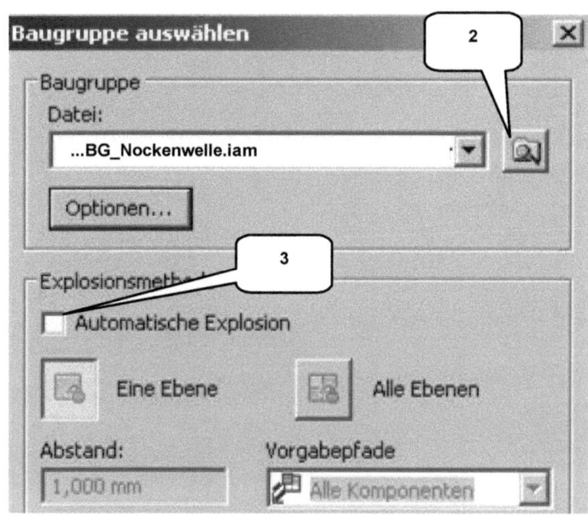

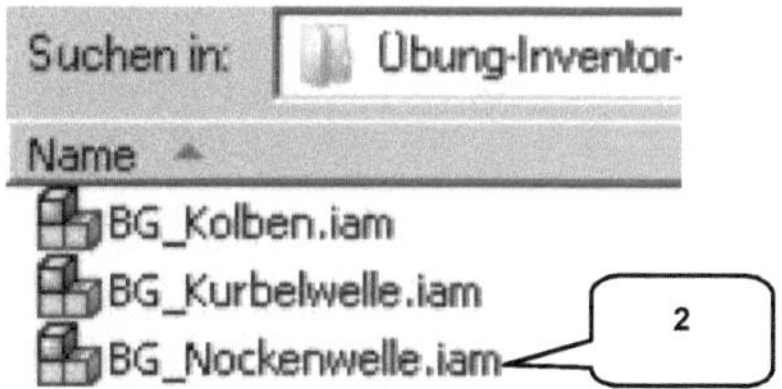

> 🔲 **Ansicht erstellen** (1)
> Auswahl: BG_Nockenwelle.iam (2)
> Deaktivieren: Automatische Explosion (3)
> [OK]

9.3 Komponentenposition ändern

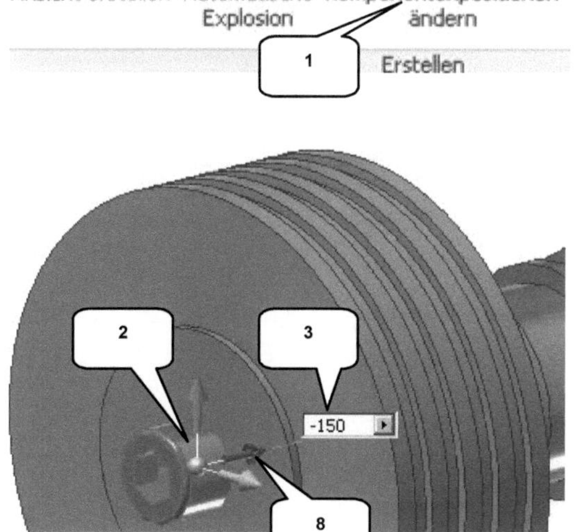

Legen Sie jetzt Richtung und Abstand der einzelnen Komponenten fest.

> 🖉 **Komponentenposition** (1)
> Schraube an Fläche (2) wählen
> Abstand: [-150 mm] eintragen (3)
> Taste: **ENTER** > Taste: **ENTER**

> 🖉 **Komponentenposition** (1)
> Scheibe an Fläche (4) wählen
> Abstand: [100 mm] eintragen (5)
> Taste: **ENTER** > Taste: **ENTER**

> 🖉 **Komponentenposition** (1)
> Riemenscheibe an Fläche (6) wählen
> Abstand: [50 mm] eintragen (7)
> Taste: **ENTER** > Taste: **ENTER**

HINWEIS: Die Bewegung einer Komponente in eine andere Richtung kann an den Richtungsvektoren (8) bestimmt werden. Eine negative Werteeingabe (3) wechselt die Richtung in die verschoben werden soll.

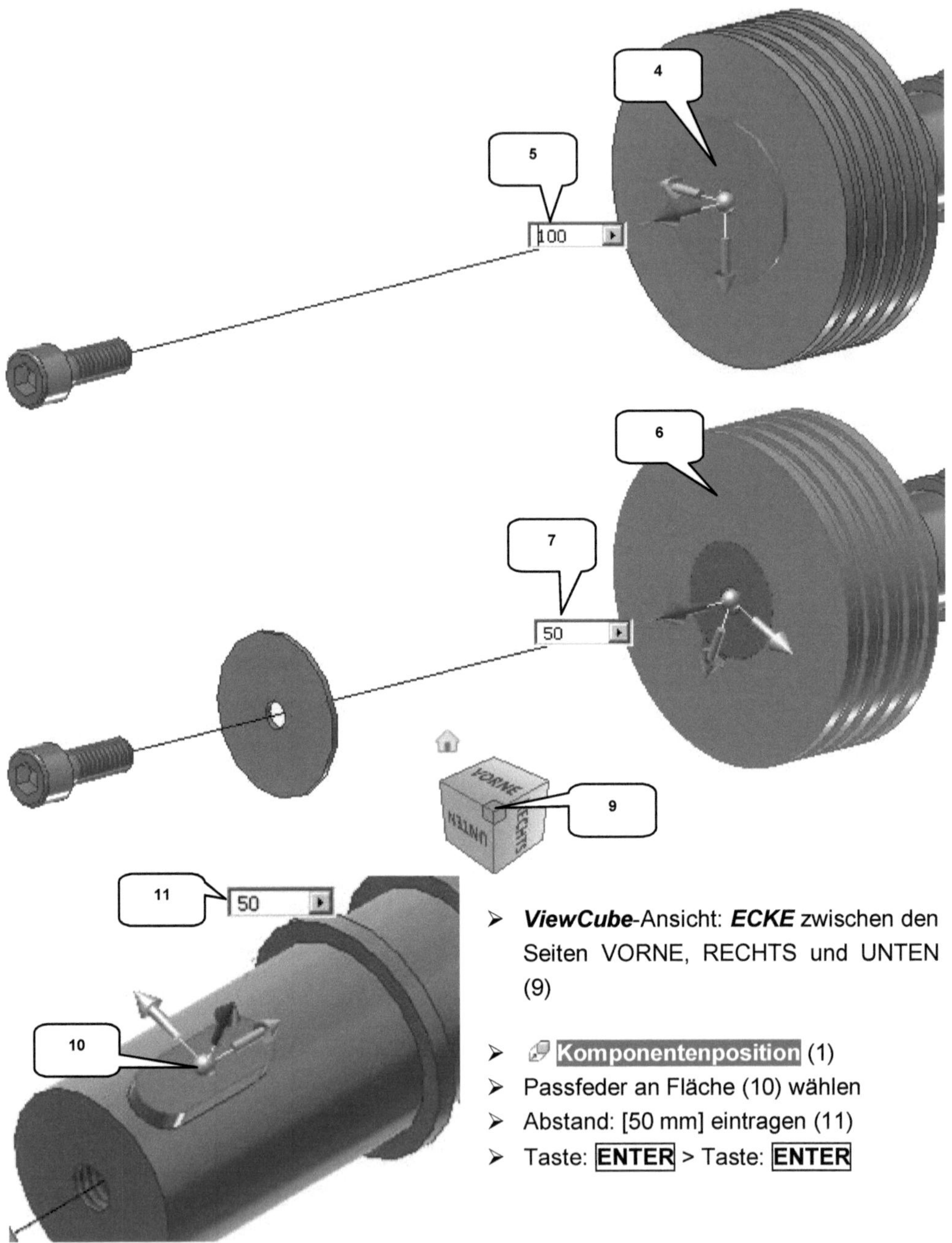

> **ViewCube**-Ansicht: **ECKE** zwischen den Seiten VORNE, RECHTS und UNTEN (9)

> Komponentenposition (1)
> Passfeder an Fläche (10) wählen
> Abstand: [50 mm] eintragen (11)
> Taste: **ENTER** > Taste: **ENTER**

9.4   Animation der Explosionsdarstellung

Die soeben erstellte Explosionsdarstellung der Baugruppe **BG_Nockenwelle.iam** soll jetzt **animiert** werden, um im Ergebnis eine Montage/ Demontage darzustellen.

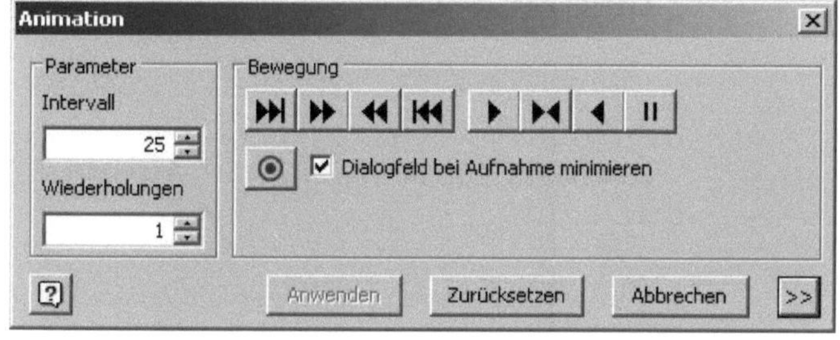

> **Animieren** (1)
> ▶ Wiedergabe vorwärts (2)
> <u>Nach dem Ablauf:</u>
> Taste: **ESC**

Speichern und schließen Sie die Datei abschließend.

10 RENDERN eines BILDES

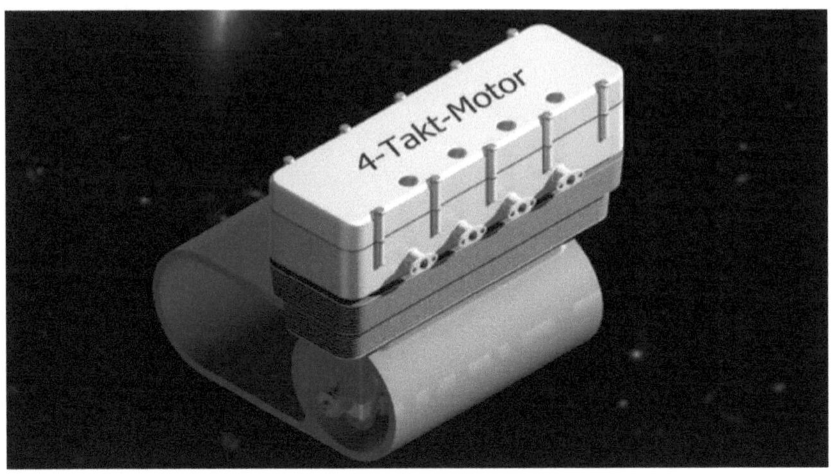

10.1 Inventor Studio

Rendern ist die fotorealistische Berechnung eines Bildes durch den PC, unter Beachtung der vorgegebenen Parameter Licht, Farben und Hintergrund. Öffnen Sie die Hauptbaugruppe **BG_4-Takt-Motor.iam** und rendern Sie ein Bild.

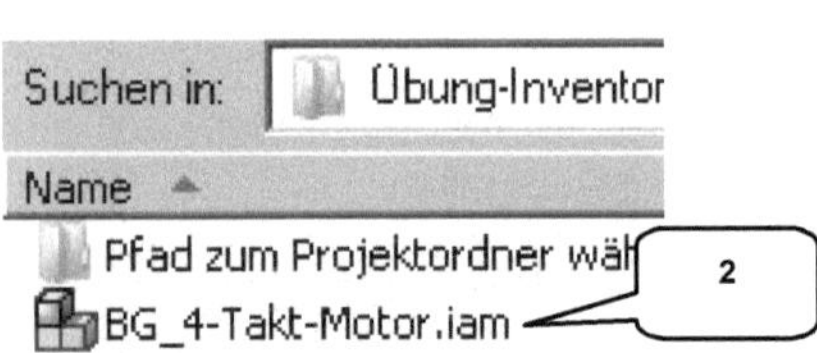

> 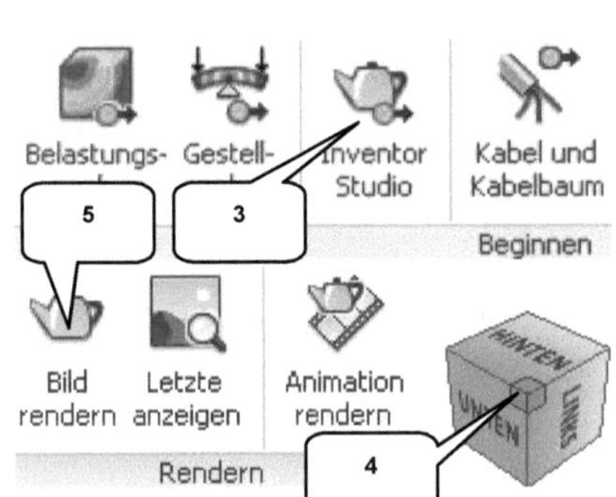 **Öffnen** (1)
> Auswahl: BG_4_Takt-Motor.iam (2)
> Öffnen | **Öffnen**
> Register: **Umgebungen**

> Inventor Studio (3)

Wählen Sie am **ViewCube** eine passende Ansicht.

> **ViewCube**-Ansicht: **Ecke** zwischen den Seiten UNTEN, LINKS und HINTEN (4)

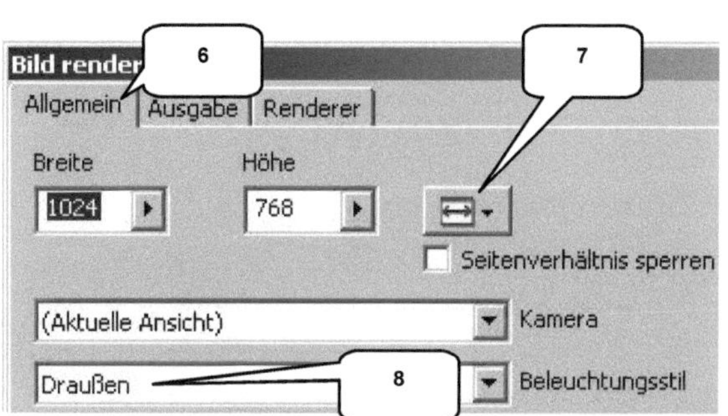

- ⮞ 🖼 **Bild rendern** (5)
- ⮞ <u>Reiter: Allgemein</u> (6)
- ⮞ Größe: 1024 x 768 wählen (7)
- ⮞ Beleuchtung: Draußen (8)
- ⮞ `Rendern` ***Rendern***

- ⮞ 💾 **Speichern** (9)

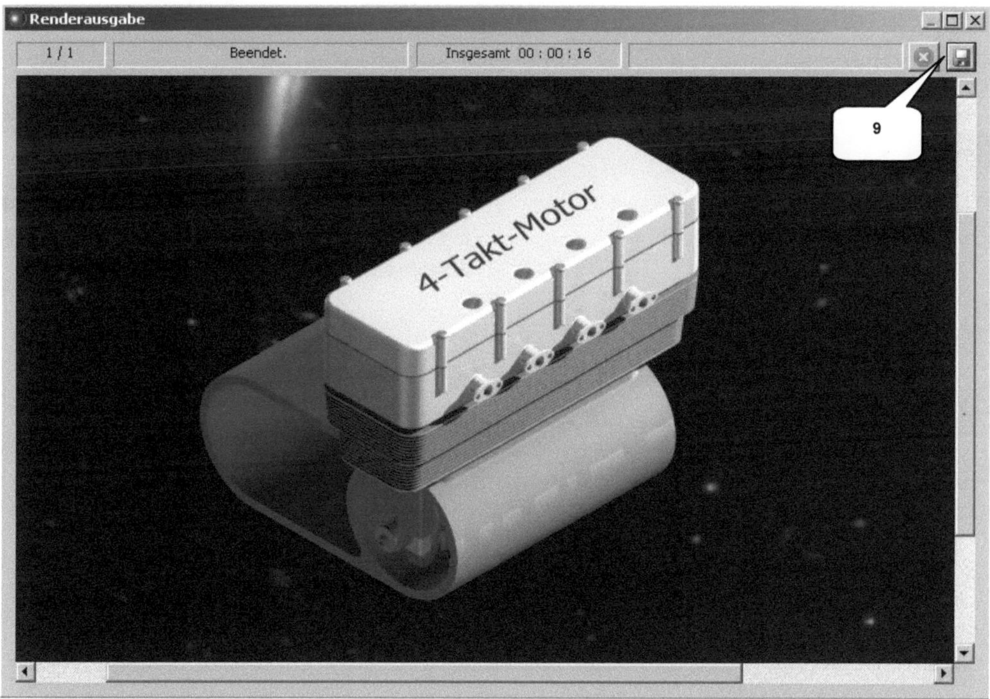

Blenden Sie einige äußere Bauteile wie Ventildeckel.ipt, Zylinderkopf.ipt, Zylinderblock.ipt und Motörgehäuse.ipt aus, um Aufnahmen vom Inneren der Hauptbaugruppe zu bekommen.

Speichern Sie die Hauptbaugruppe danach und schließen Sie sie anschließend.

11 BLECHBEARBEITUNG

11.1 Erstellen einer neuen Datei

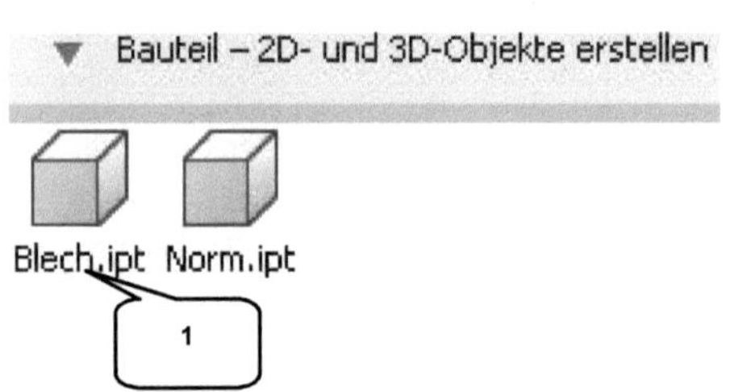

Erstellen Sie ein neues Bauteil, diesmal als Blechteil (Blech.ipt) und speichern Sie es als **Blechwanne**.

> ☐ **Neu**
> ☐ **Blech.ipt** (1)
> Erstellen **Erstellen**
> 💾 **Speichern** [Blechwanne]

11.2 Das Register BLECH im Überblick

1) Neue Skizzen erstellen	6) Blechstandards bearbeiten
2) Skizze in Blechkörper konvertieren	7) Blechabwicklungen erstellen
3) Vorhandene Bleche bearbeiten	8) Parameter
4) Ebenen, Achsen, Punkte erzeugen	9) Abstände, Winkel, Konturen, Flächen
5) Muster (rechteckig, polar, gespiegelt) erstellen	messen

11.3 Die Blechwanne
11.3.1 Zeichnen der Basisskizze

Die folgende Übung soll als kleine Einführung in den Blechbereich dienen. Für den Motor soll eine Blechwanne konstruiert werden, die während Montagearbeiten (bspw. zum Auffangen von Flüssigkeiten) unter den Motor geschoben werden kann. Zeichnen Sie im ersten Schritt das folgende Rechteck:

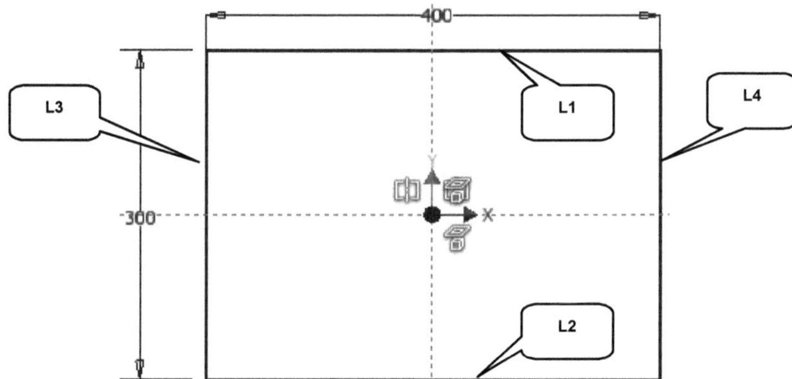

> ⬛ **Geometrie projizieren**
> ⬜ **Konstruktion** aktivieren
> Ordner *Ursprung* öffnen
> 3 Achsen anklicken
> ⬜ **Konstruktion** deaktivieren
> Taste: **ESC**

> ⬜ **Rechteck**
> Das oben dargestellte Rechteck (400 x 300 mm) zeichnen, bemaßen
> Taste: **ESC**

> ⬜ **Symmetrie**
> Nacheinander Linie (L1), Linie (L2) und die X-Achse wählen
> Taste: **ESC**

> ⬜ **Symmetrie**
> Nacheinander Linie (L3), Linie (L4) und die Y-Achse wählen
> Taste: **ESC**

> ✔ **Skizze fertig stellen**

11.3.2 Fläche extrudieren

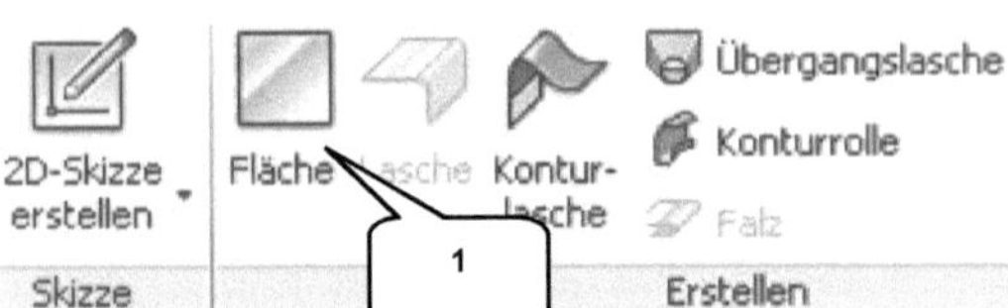

Der Befehl ⬜ **Fläche** (1) fügt einer geschlossen Kontur aus einer 2D-Skizze Material hinzu und konvertiert diesen dadurch in einen Blechkörper.

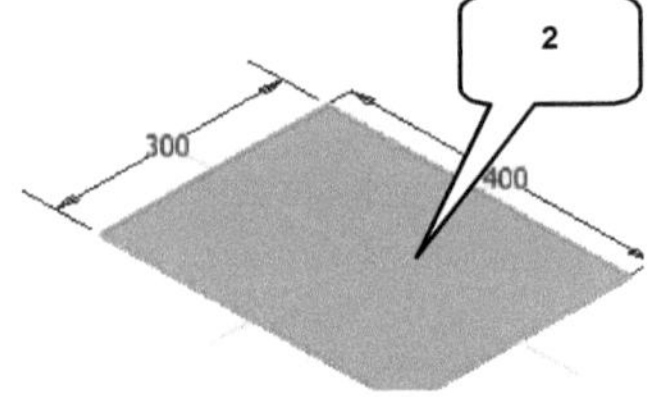

> ⬜ **Fläche** (1)

> <u>Reiter: Form</u>
> Profil: Rechteck (2)

> <u>Reiter: Abwicklung</u>
> Regel: Standard (3)

> <u>Reiter: Biegung</u>
> Form: Standard (4)
> Breite: [1 mm] (5)
> Tiefe: [0,5 mm] (6)
> Rest: [2 mm] (7)
> Übergang: Standard (8)
> ◻ OK ◻ **OK**

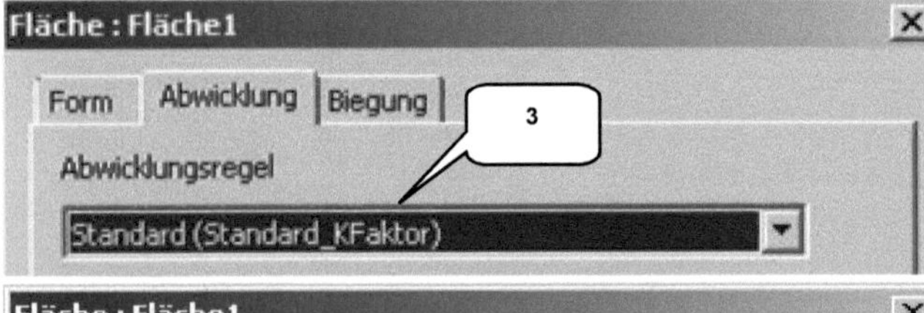

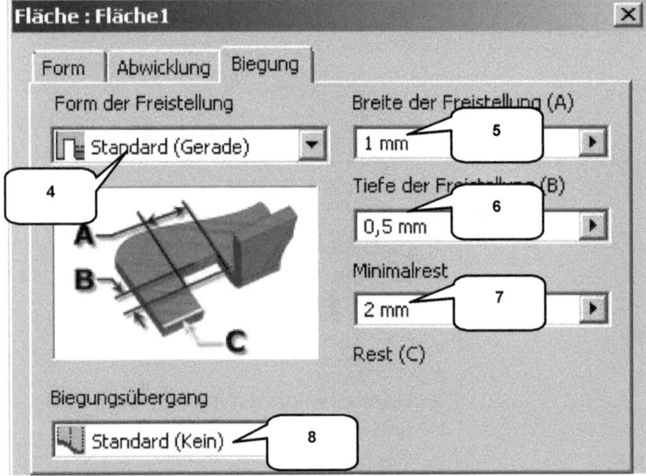

HINWEIS: Die Blechstärke selbst kann in diesem Befehl nicht festgelegt werden. Sie ist in den 🗔 **Blechstandards** zu definieren.

11.3.3 Definition der Blechstärke in den Blechstandards

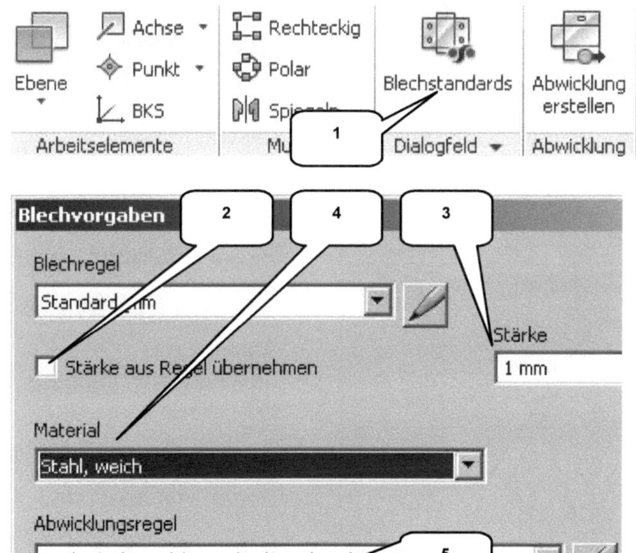

Ändern Sie jetzt die **Blechstärke** auf **1 mm**.

> ⏹ **Blechstandards** (1)
> Deaktivieren: Stärke aus Regel übernehmen (2)
> Stärke: [1 mm] (3)
> Material: Stahl, weich (4)
> Abwicklungsregel: Nach Blechregel (5)
> ⏹ OK ⏹ **OK**

11.3.4 Hinzufügen von Laschen an den oberen vier Blechkanten

Die vier Seiten des Bleches sollen jeweils um eine Lasche ergänzt werden.

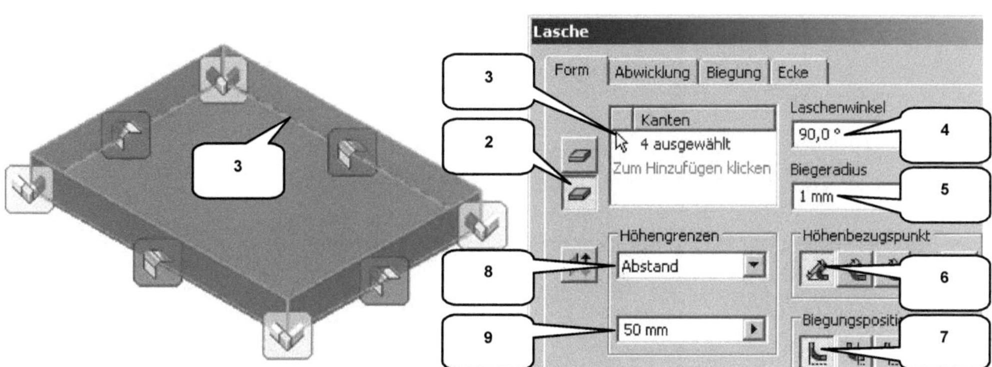

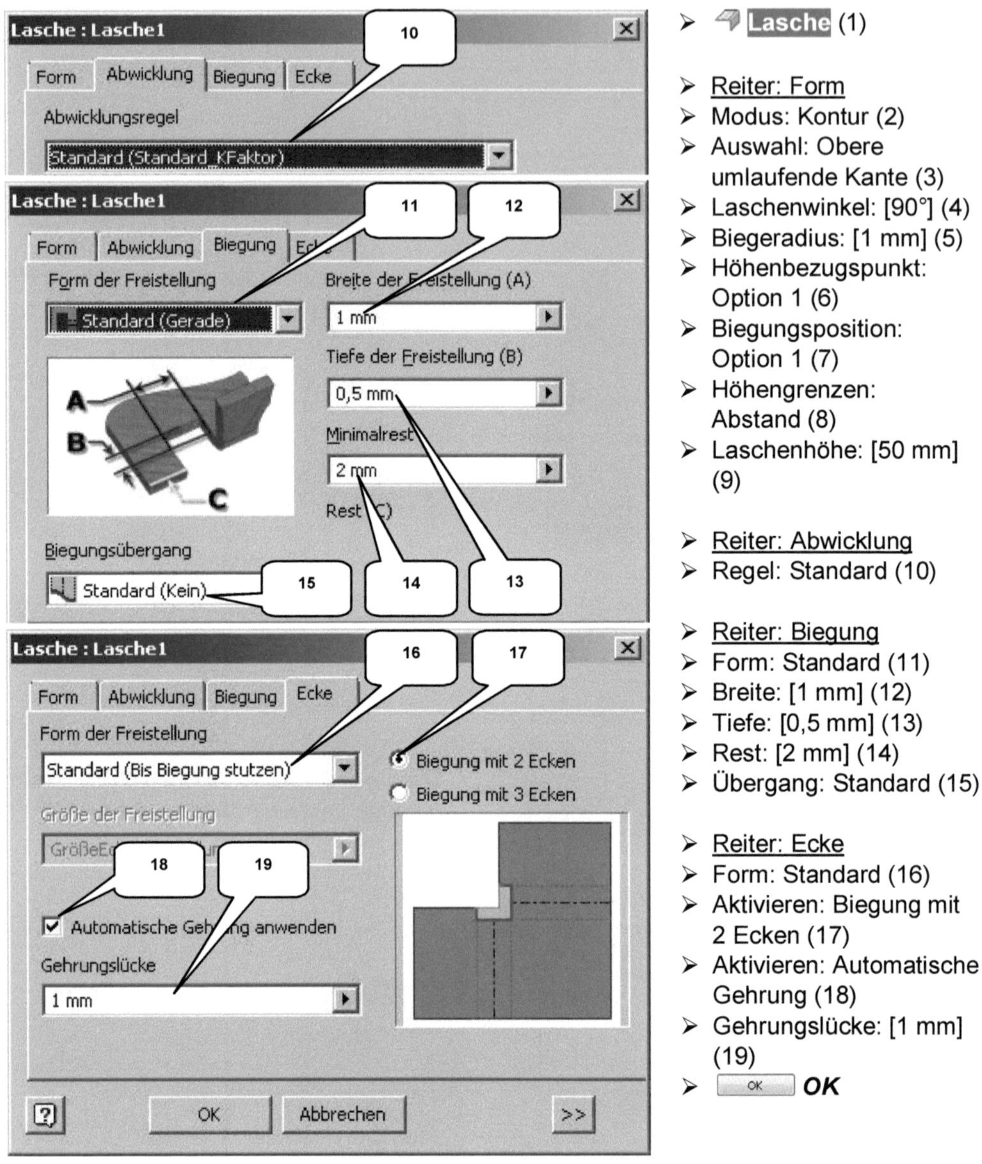

> Lasche (1)

> <u>Reiter: Form</u>
> Modus: Kontur (2)
> Auswahl: Obere umlaufende Kante (3)
> Laschenwinkel: [90°] (4)
> Biegeradius: [1 mm] (5)
> Höhenbezugspunkt: Option 1 (6)
> Biegungsposition: Option 1 (7)
> Höhengrenzen: Abstand (8)
> Laschenhöhe: [50 mm] (9)

> <u>Reiter: Abwicklung</u>
> Regel: Standard (10)

> <u>Reiter: Biegung</u>
> Form: Standard (11)
> Breite: [1 mm] (12)
> Tiefe: [0,5 mm] (13)
> Rest: [2 mm] (14)
> Übergang: Standard (15)

> <u>Reiter: Ecke</u>
> Form: Standard (16)
> Aktivieren: Biegung mit 2 Ecken (17)
> Aktivieren: Automatische Gehrung (18)
> Gehrungslücke: [1 mm] (19)
> OK *OK*

Die Laschen sollen zusätzlich mit einem Falz versehen werden.

11.3.5 Falzen

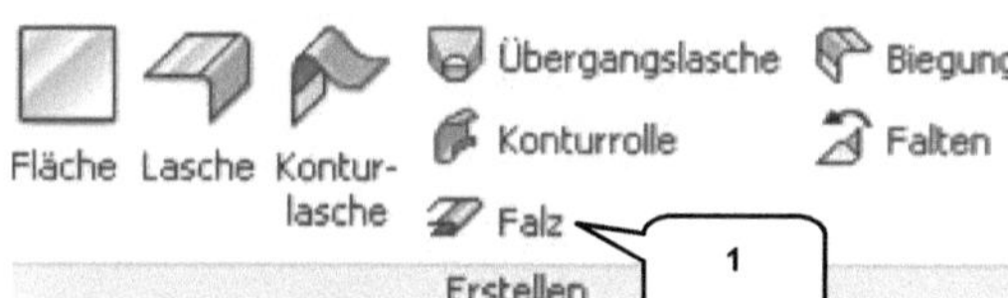

Fügen Sie den vier Laschen nacheinander jeweils einen Falz hinzu.

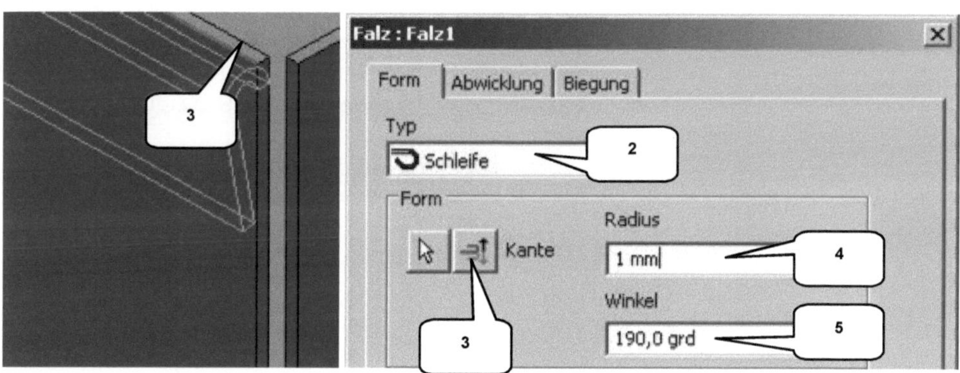

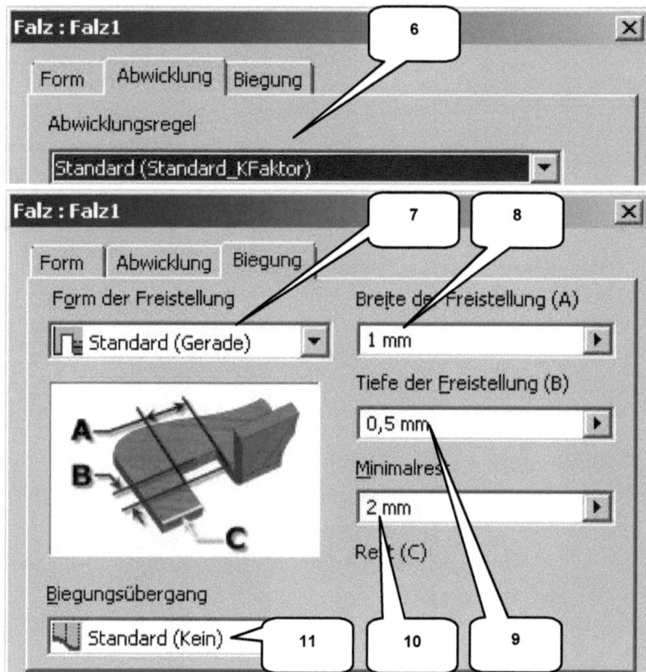

> **Falz** (1)

> <u>Reiter: Form</u>
> Typ: Schleife (2)
> Auswahl: Außenkante
>   einer der vier Laschen (3)
> Radius: [1 mm] (4)
> Winkel: [190°] (5)

> <u>Reiter: Abwicklung</u>
> Regel: Standard (6)

> <u>Reiter: Biegung</u>
> Form: Standard (7)
> Breite: [1 mm] (8)
> Tiefe: [0,5 mm] (9)
> Rest: [2 mm] (10)
> Übergang: Standard (11)
> OK **OK**

Falzen Sie die restlichen 3 Laschen, speichern und schließen Sie die Datei.

12 SCHWEISSKONSTRUKTION

12.1 Erstellen einer neuen Schweißbaugruppe

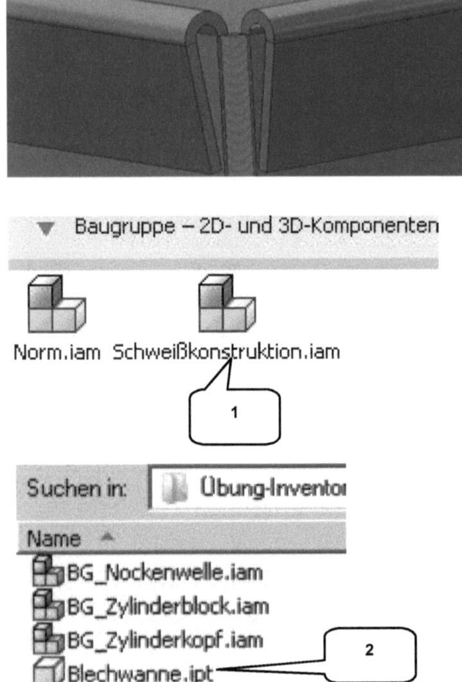

Erstellen Sie eine neue Baugruppe, diesmal als Schweißbaugruppe (Schweißkonstruktion.iam) und speichern Sie diese unter der Bezeichnung **Blechwanne-geschweißt**. Importieren Sie anschließend das Bauteil **Blechwanne.ipt** in die Schweißbaugruppe.

> 🗋 Neu
> 🔧 **Schweißkonstruktion.iam** (1)
> Erstellen **Erstellen**

> 💾 Speichern
> Name: [Blechwanne-geschweißt]

> **Register: Zusammenfügen**

> 🖨 Platzieren
> Auswahl: Blechwanne.ipt (2)
> Öffnen **Öffnen**

> **Rechte Maustaste**
> Option: **Am Ursprung fixiert platzieren**
> Taste: ESC

12.2 Das Register SCHWEISSEN im Überblick

OPTIONEN

1) Schweißnähte/ Vorarbeiten erzeugen	5) Ebenen, Achsen, Punkte erstellen
2) Schweißnahtdefinition, -berechnung	6) Muster (rechteckig, polar, gespiegelt)
3) Skizzen erstellen	7) Parameter
4) Volumenkörperbearbeitung	8) Abstände, Winkel, Konturen, Flächen

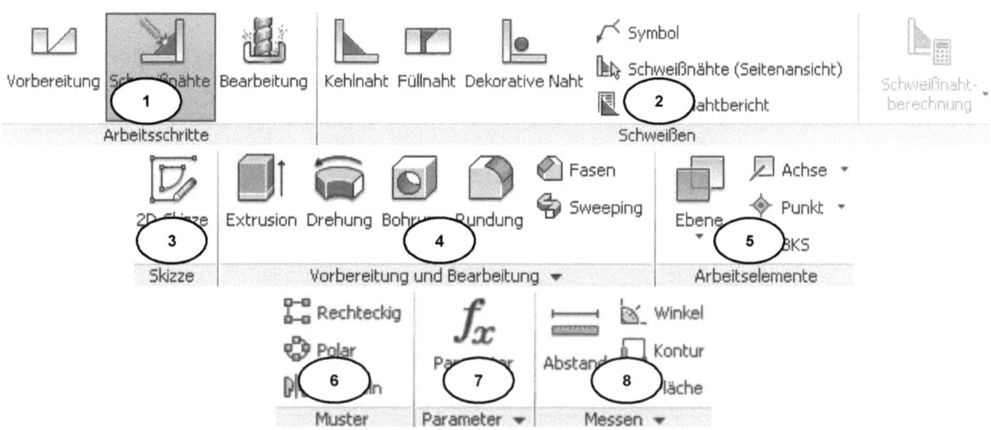

12.3 Einfügen der Schweißverbindungen

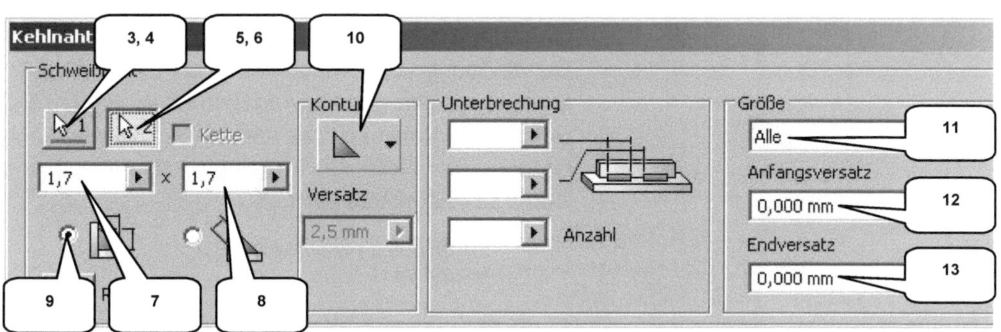

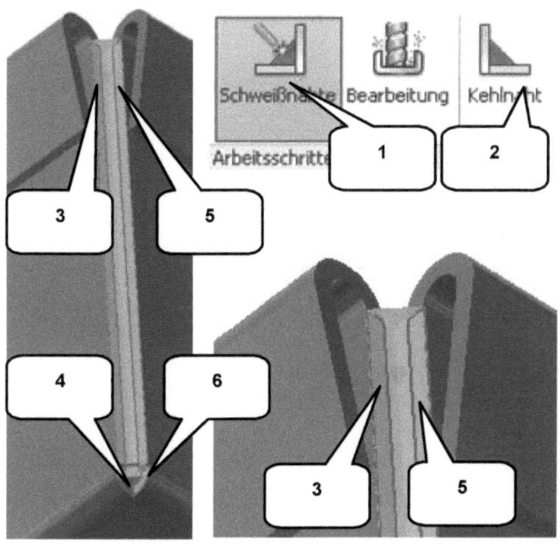

> ➤ *Register: Schweißen*
> ➤ **Schweißnähte** (1)
> ➤ **Kehlnaht** (2)
> ➤ Auswahl 1: Flächen (3, 4) wählen
> ➤ Auswahl 2: Flächen (5, 6) wählen
> ➤ Schenkel 1: [1,7 mm] eingeben (7)
> ➤ Schenkel 2: [1,7 mm] eingeben (8)
> ➤ Aktivieren: Schenkellängen (9)
> ➤ Kontur: Flach (10)
> ➤ Größe: Alle (11)
> ➤ Anfangsversatz: [0 mm] (12)
> ➤ Endversatz: [0 mm] (13)
> ➤   OK   **OK**

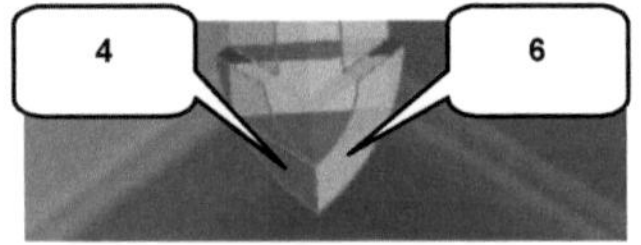

Wiederholen Sie den Befehl ⌐ **Kehlnaht** (2) bei den restlichen drei Ecken des Blechteils. Achten Sie auf die korrekte Zuordnung der Flächen zu den jeweiligen Auswahl-Buttons (1, 2).

HINWEIS: Bei der Auswahl der miteinander zu verschweißenden Flächen sollte darauf geachtet werden, dass das Programm nach der Markierung der ersten Fläche (z. B. Fläche 3) eventuell automatisch zur zweiten Auswahl wechselt. Sind also in einem Schritt mehrere Flächen zu wählen (z. B. Flächen 3 und 4), muss im Befehlsfenster in diesem Fall erneut die Auswahl 1 aktiviert werden.

12.4 Generieren eines Schweißnahtberichtes

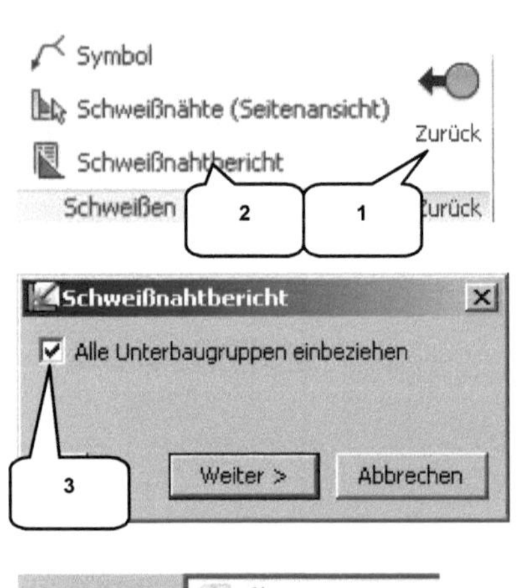

Schweißen ist eine sehr kostenintensive Bearbeitungsmethode, da sie in der Praxis oft von Hand durchgeführt werden muss und viel Zeit für Vor- und Nacharbeit erfordert. Um die Kostenkalkulation einer Schweißbaugruppe möglichst präzise gestalten zu können, werden genaue Angaben über Längen, Flächen und Volumen der einzelnen Schweißnähte benötigt. Hier bietet das Programm eine gute Lösung: Den **_Schweißnahtbericht_**.

➢ **Zurück** (1)

➢ **Schweißnahtbericht** (2)
➢ Aktivieren: Alle Unterbaugruppen einbeziehen (3)
➢ Weiter > **_Weiter_**
➢ Dateiname: [Schweißnahtbericht] (4)

ID	Typ	Länge	Maßeinheit	Masse	Maßeinheit	Fläche	Maßeinheit	Volumen	Maßeinheit
Kehlnaht 1	Kehlnaht	47,468	mm	1,84E-04	kg	277,645	mm^2	67,992	mm^3
Kehlnaht 3	Kehlnaht	47,468	mm	1,84E-04	kg	277,645	mm^2	67,992	mm^3
Kehlnaht 4	Kehlnaht	47,468	mm	1,84E-04	kg	277,645	mm^2	67,992	mm^3

Die Tabelle (5) enthält alle in der Baugruppe vorhandenen Schweißnähte, mit einigen wichtigen, für eine Kostenkalkulation notwendigen Berechnungsgrundlagen. Schließen Sie die Tabelle, speichern Sie die Schweißbaugruppe und schließen Sie auch diese Datei.

13 PARAMETRISCHE ABHÄNGIGKEITEN

13.1 Parameter - Grundlagen

Alle bisher erzeugten Skizzen, Bauteile und Baugruppen wurden mit festen Werten (Konstanten) bemaßt. Eine andere Möglichkeit der Konstruktion ist das Arbeiten mit Parametern. Wenn konstante Maße durch Gleichungen (Variablen) ersetzt werden, entstehen kleine Prozessketten. Diese können verwendet werden, um z. B. wiederkehrende logische Schritte vom Programm automatisch berechnen zu lassen.

In der folgenden Übung soll eine Basisskizze mit einigen Konturen und konstanten Bemaßungen parametrisiert werden. Diese Konturen sollen aus der Skizze heraus exportiert und in eigenständige Bauteile konvertiert werden. Hier soll die Möglichkeit aufgezeigt werden, verschiedene Bauteile aus einer Skizze heraus zu steuern.

13.2 Parametrisieren und Ableiten von Konturen einer Skizze
13.2.1 Basisskizze

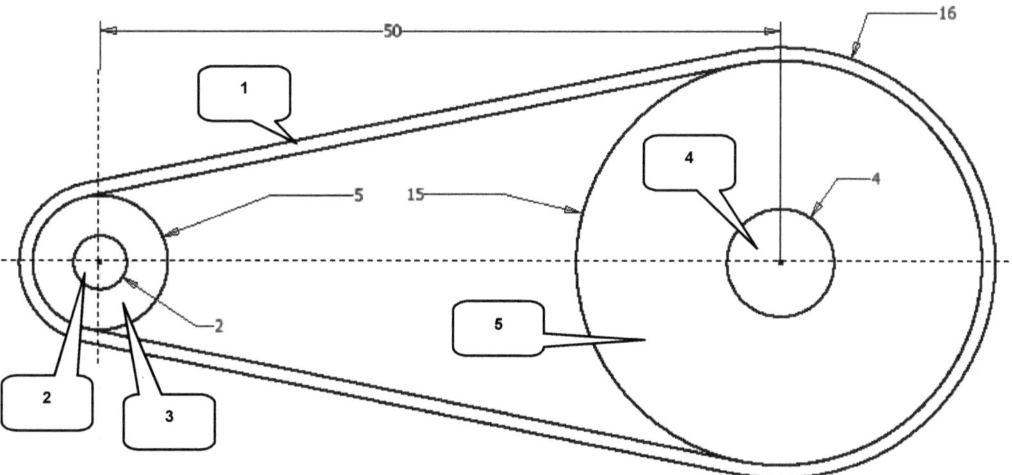

1) Riemen   2) Antriebswelle   3) Antriebsrad   4) Abtriebswelle   5) Abtriebsrad

Öffnen Sie die Datei **Parameter-Basisskizze.ipt**. Sie enthält eine Skizze mit einem vereinfacht dargestellten Riementrieb, bestehend aus Antriebswelle, Antriebsrad, Riemen, Abtriebsrad und Abtriebswelle. Die bereits vorhandenen Maße sollen jetzt durch Gleichungen ersetzt werden.

13.2.2 Parameter bearbeiten

Starten Sie den Befehl f_x **Parameter** (2). In der ersten Spalte (Parametername) finden Sie die Modellparameter. Hier wurde vom Programm jedem Skizzenmaß eine Kurzbezeichnung zugewiesen (d2...d11), die zuerst geändert werden müssen. In der dritten Spalte (Gleichung) finden Sie die zugeordneten Bemaßungen, die durch Gleichungen zu ersetzen sind.

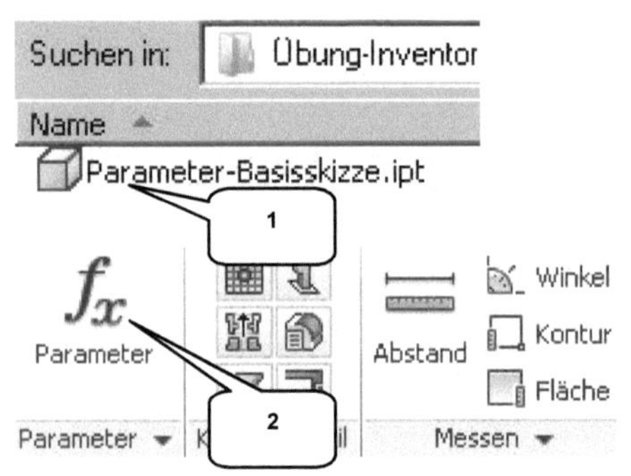

> 📂 **Öffnen**
> Auswahl: Parameter-Basisskizze.ipt (1)
> Öffnen **Öffnen**

> f_x **Parameter** (2)
> **Parameternamen** (d2...d11) der ersten Spalte ändern wie in der folgenden Tabelle dargestellt:

Parametername (ALT) (3)	Parametername (NEU) (4)
d2	Abstand
d7	Radius_Riemen
d8	Radius_Abtriebsrad
d9	Radius_Antriebsrad
d10	Radius_Antriebswelle
d11	Radius_Abtriebswelle

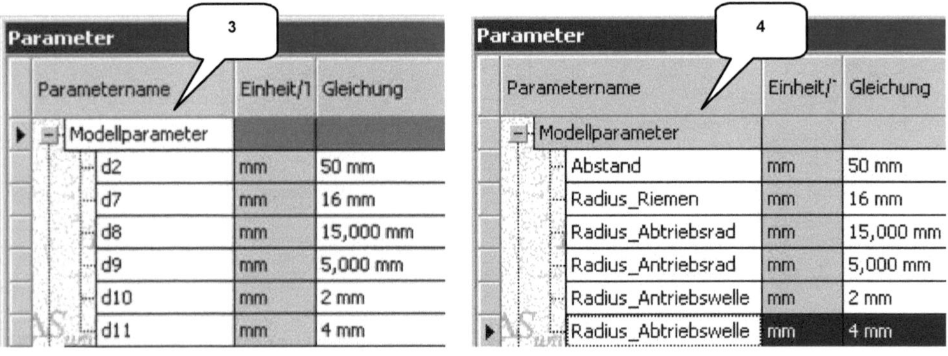

Fügen Sie jetzt drei **Benutzerparameter** hinzu. Diese werden benötigt, um auch im späteren Modellbereich parametrische Abhängigkeiten erzeugen zu können. Sie dienen als Schnittstelle zwischen Skizzen- und Modellbereich.

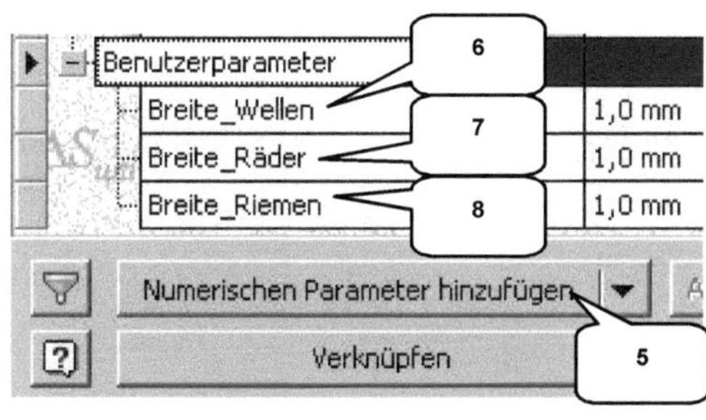

- ➤ ***Numerischen Parameter...*** (5)
- ➤ Name: [Breite_Wellen] (6)
- ➤ Taste: **ENTER**
- ➤ ***Numerischen Parameter...*** (5)
- ➤ Name: [Breite_Räder] (7)
- ➤ Taste: **ENTER**
- ➤ ***Numerischen Parameter...*** (5)
- ➤ Name: [Breite_Riemen] (8)
- ➤ Taste: **ENTER**

Die Werte der Spalte *Gleichung* sind zu ändern, wie in der folgenden Tabelle dargestellt:

Parametername	Gleichung *(NEU)* (9)
Abstand	10 oE * Radius_Antriebsrad
Radius_Riemen	(0,5 oE * Radius_Abtriebswelle) + Radius_Abtriebsrad
Radius_Abtriebsrad	2,5 oE * Radius_Abtriebswelle
Radius_Antriebsrad	2,5 oE * Radius_Antriebswelle
Radius_Antriebswelle	2 mm
Radius_Abtriebswelle	2 oE * Radius_Antriebswelle
Breite_Wellen	Radius_Abtriebsrad * 2 oE
Breite_Räder	Radius_Abtriebsrad
Breite_Riemen	Radius_Abtriebsrad - 1 mm

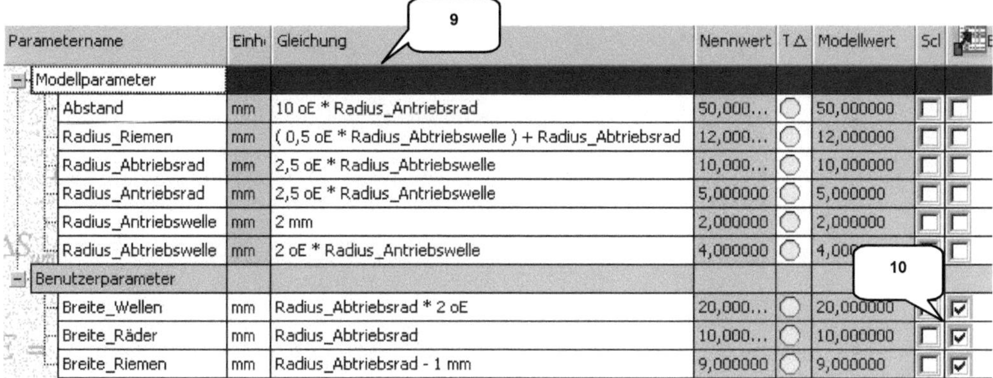

Parametername	Einh	Gleichung	Nennwert	T△	Modellwert	Scl	
Modellparameter							
Abstand	mm	10 oE * Radius_Antriebsrad	50,000...	○	50,000000	☐	☐
Radius_Riemen	mm	(0,5 oE * Radius_Abtriebswelle) + Radius_Abtriebsrad	12,000...	○	12,000000	☐	☐
Radius_Abtriebsrad	mm	2,5 oE * Radius_Abtriebswelle	10,000...	○	10,000000	☐	☐
Radius_Antriebsrad	mm	2,5 oE * Radius_Antriebswelle	5,000000	○	5,000000	☐	☐
Radius_Antriebswelle	mm	2 mm	2,000000	○	2,000000	☐	☐
Radius_Abtriebswelle	mm	2 oE * Radius_Antriebswelle	4,000000	○	4,000...		☐
Benutzerparameter							
Breite_Wellen	mm	Radius_Abtriebsrad * 2 oE	20,000...	○	20,000000	☐	☑
Breite_Räder	mm	Radius_Abtriebsrad	10,000...	○	10,000000	☐	☑
Breite_Riemen	mm	Radius_Abtriebsrad - 1 mm	9,000000	○	9,000000	☐	☑

Sobald die Werte der Spalte *Gleichung* geändert wurden, sind die letzten drei Benutzerparameter als 📷 ***Exportparameter*** zu markieren, indem in der entsprechenden Spalte (10) die Haken gesetzt werden. Beenden Sie die Bearbeitung der Parameter anschließend mit 🔲 Fertig ***Fertig***.

13.2.3 Bauteile aus der Basisskizze heraus exportieren

In der folgenden Übung soll die Skizze exportiert werden. Dieser Vorgang soll insgesamt drei Mal durchgeführt und die drei resultierenden Bauteile zeitgleich in einer gemeinsamen Baugruppe platziert werden.

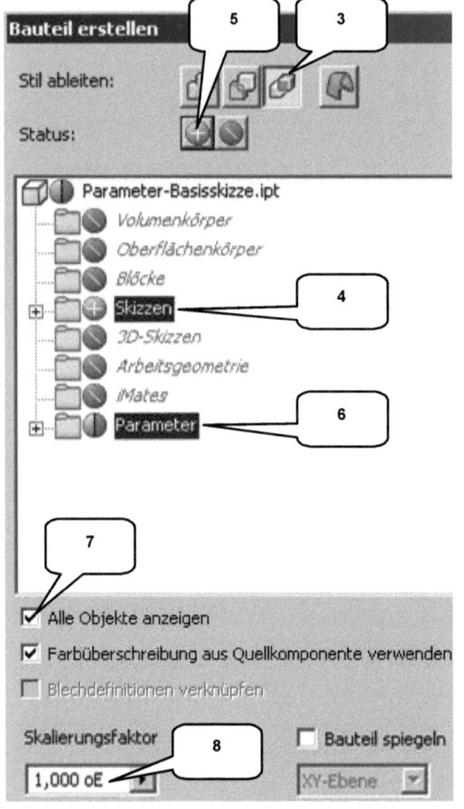

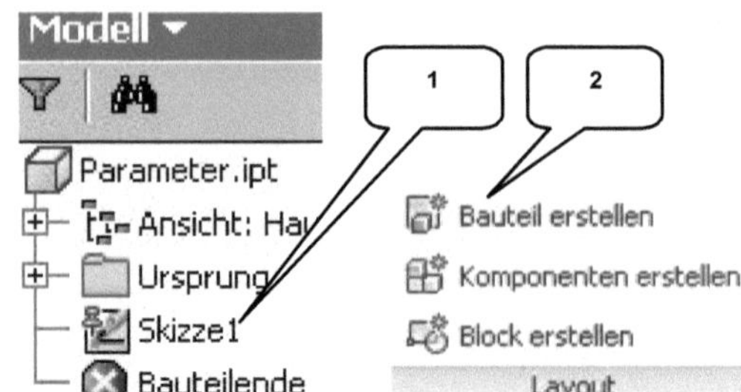

> **Skizze1** im Modellbaum doppelklicken (1)

> **Bauteil erstellen** (2)
> (Befehlsgruppe: Layout)
> Stil: Jeden Volumenkörper... (3)
> Markieren: Skizzen (4)
> Ableiten (5)
> Markieren: Parameter (6)
> Ableiten (5)

Die Zwischenabfrage kann mit **OK** bestätigt werden.

> Aktivieren: Alle Objekte anzeigen, Farbüberschreibung (7)
> Skalierungsfaktor: [1] (8)

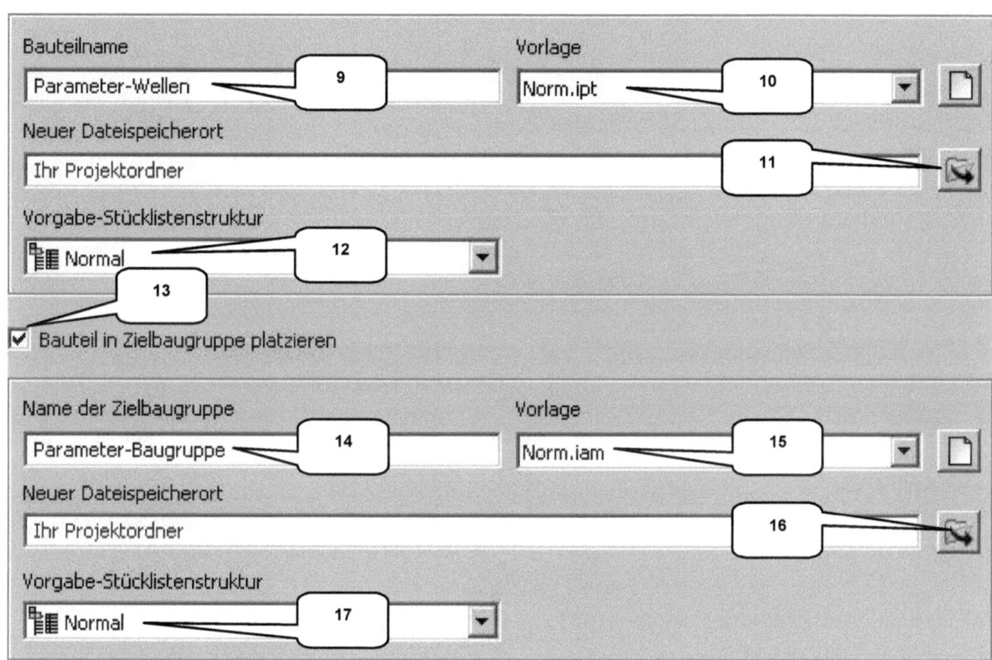

> Bauteilname: [Parameter-Wellen] (9)
> Vorlage: Norm.ipt (10)
> Speicherort: (Ihr Projektordner) (11)
> Stücklistenstruktur: Normal (12)
> Aktivieren: Bauteil in Zielbaugruppe platzieren (13)

> Name der Zielbaugruppe: [Parameter-Baugruppe] (14)
> Vorlage: Norm.iam (15)
> Speicherort: (Ihr Projektordner) (16)
> Stücklistenstruktur: Normal (17)
> Anwenden **Anwenden** (<u>nicht</u> **OK**!)

Wiederholen Sie diese Prozedur zwei weitere Male. Der Befehl darf erst <u>nach dem letzten Schritt</u> durch OK **OK** beendet werden!

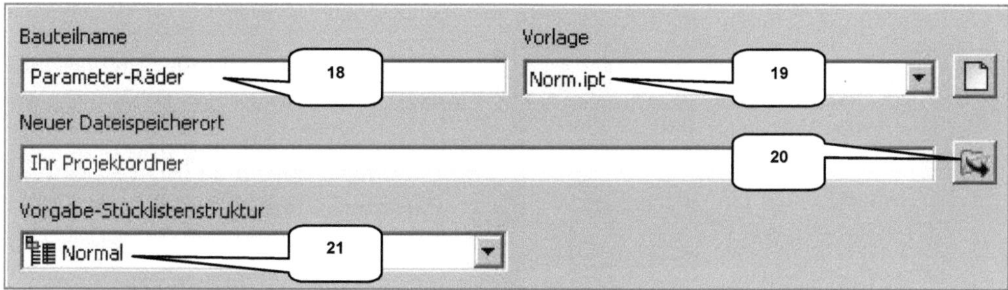

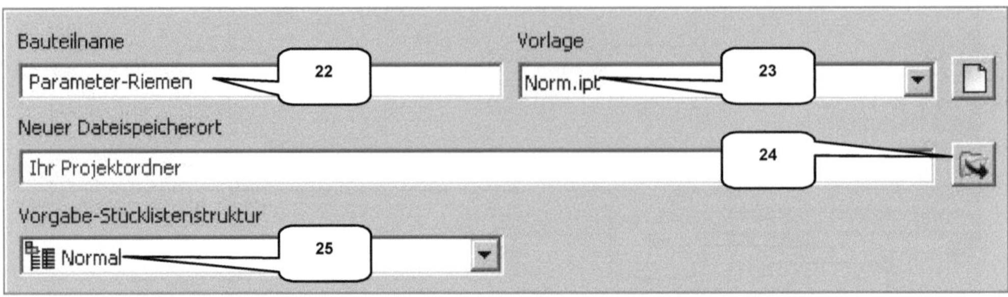

> Stil: Jeden Volumenkörper... (3)
> Markieren: Skizzen (4)
> Ableiten (5)
> Markieren: Parameter (6)
> Ableiten (5)
> Aktivieren: Alle Objekte anzeigen (7)
> Skalierungsfaktor: [1] (8)

> Bauteilname: [Parameter-Räder] (18)
> Vorlage: Norm.ipt (19)
> Speicherort: (Ihr Projektordner) (20)
> Stücklistenstruktur: Normal (21)
> **Anwenden**

> Stil: Jeden Volumenkörper... (3)
> Markieren: Skizzen (4)
> Ableiten (5)
> Markieren: Parameter (6)
> Ableiten (5)
> Aktivieren: Alle Objekte anzeigen (7)
> Skalierungsfaktor: [1] (8)

> Bauteilname: [Parameter-Riemen] (22)
> Vorlage: Norm.ipt (23)
> Speicherort: (Ihr Projektordner) (24)
> Stücklistenstruktur: Normal (25)
> **OK**

Das Programm eröffnet im Hintergrund die neue Baugruppe ***Parameter-Baugruppe.iam***, die im unteren Bereich des Zeichnungsfensters angezeigt wird (26). Wechseln Sie über diese Registerkarte in die neue Baugruppe.

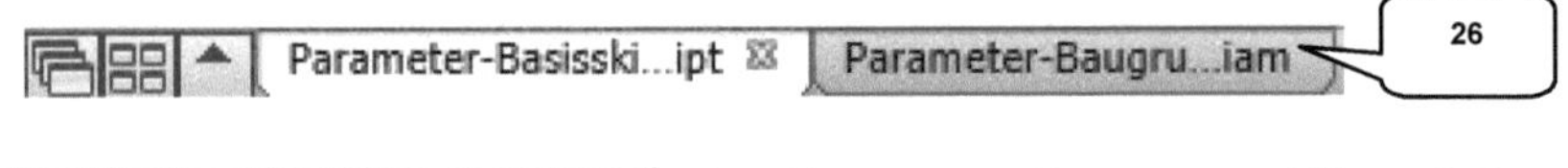

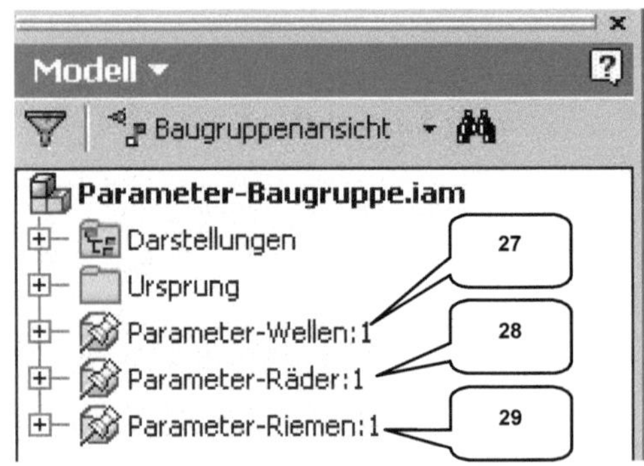

> ***Parameter-Baugruppe*** öffnen (26)

Hier finden Sie im Modellbaum die drei Bauteile:

> ***Parameter-Wellen.ipt*** (27)
> ***Parameter-Räder.ipt*** (28)
> ***Parameter-Riemen.ipt*** (29)

13.3 Parametrische Extrusion der Bauteile

Doppelklicken Sie im Modellbaum das Bauteil **Parameter-Wellen.ipt** und extrudieren Sie die Wellen.

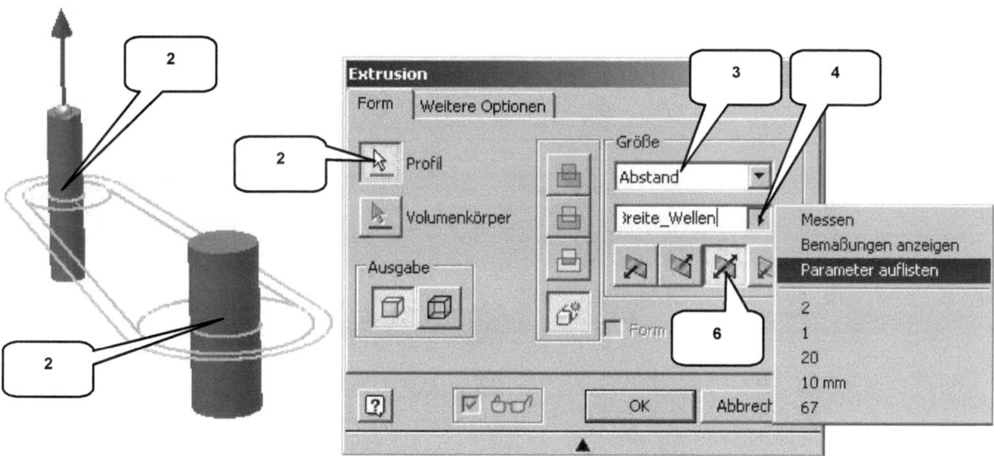

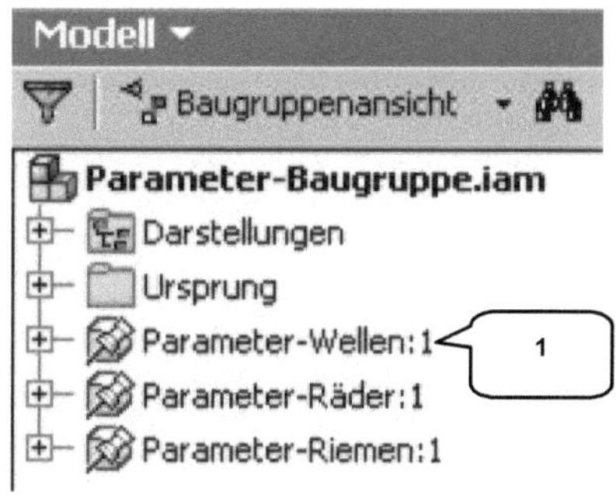

> Doppelklick auf **Parameter-Wellen.ipt** im Modellbaum (1)

> Extrusion
> Profil: Beide Kreise wählen (2)
> Verfahren: (Automatisch)
> Größe: Abstand (3)
> Auswahl erweitern (4)
> Option: Parameter auflisten
> Parameter: Breite_Wellen (5)
> Richtung: Symmetrisch (6)
> OK **OK**

> Zurück (Modellbereich verlassen)

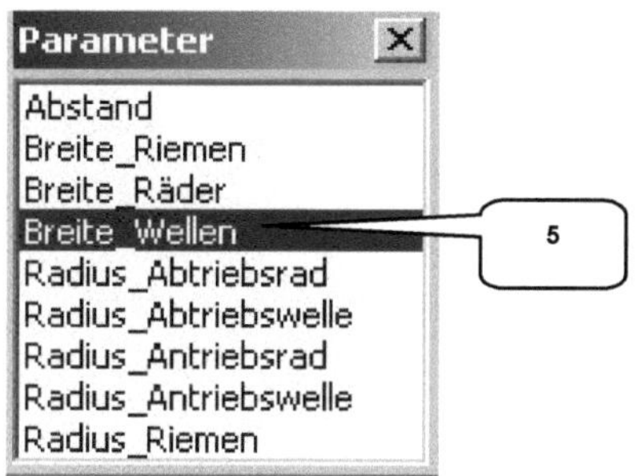

Zurück in der Baugruppe, kann im Modellbaum das Bauteil *Parameter-Räder.ipt* per Doppelklick geöffnet und bearbeitet werden.

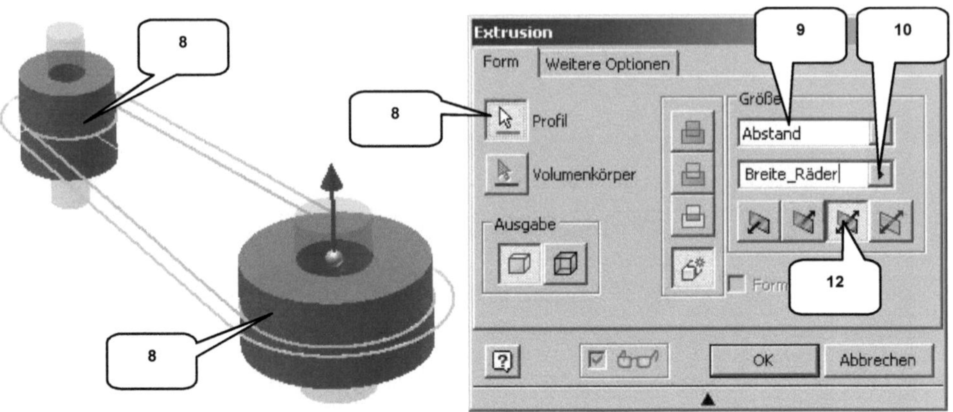

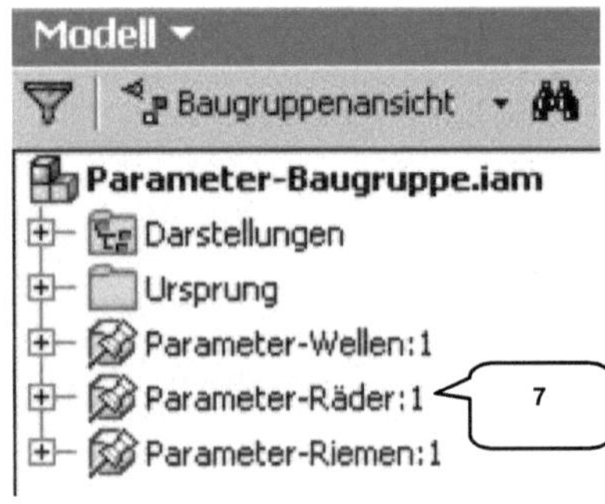

> Doppelklick auf *Parameter-Räder.ipt* im Modellbaum (7)

> Extrusion
> Profil: Beide Kreisringe wählen (8)
> Verfahren: (Automatisch)
> Größe: Abstand (9)
> Auswahl erweitern (10)
> Option: Parameter auflisten
> Parameter: Breite_Räder (11)
> Richtung: Symmetrisch (12)
> OK   *OK*

> Zurück (Modellbereich verlassen)

Im Anschluss daran ist das Bauteil *Parameter-Riemen.ipt* zu bearbeiten.

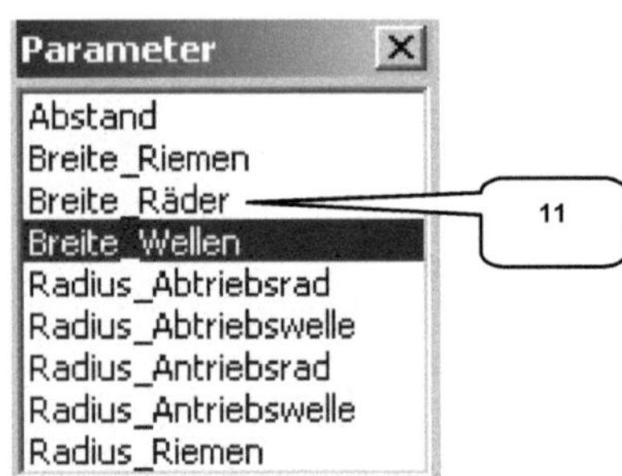

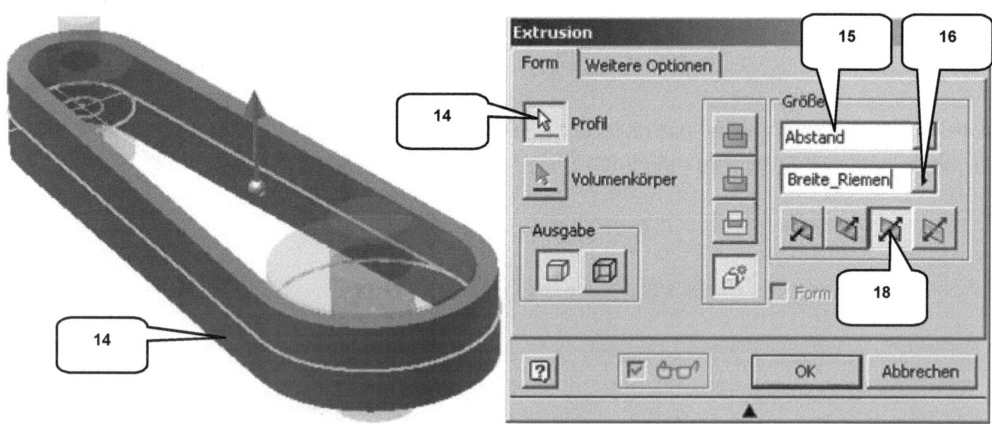

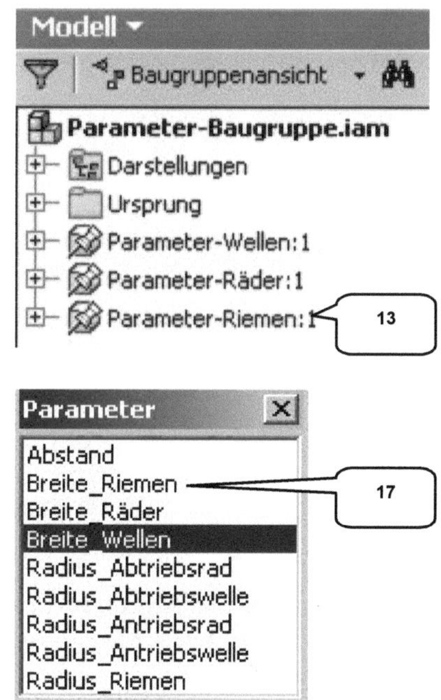

> Doppelklick auf **Parameter-Riemen.ipt** im Modellbaum (13)

> **Extrusion**
> Profil: Riemenkontur (14)
> Verfahren: (Automatisch)
> Größe: Abstand (15)
> Auswahl erweitern (16)
> Option: Parameter auflisten
> Parameter: Breite_Riemen (17)
> Richtung: Symmetrisch (18)
> **OK**

> **Zurück** (Modellbereich verlassen)
> **Speichern** (Baugruppe)

Da die Skizzen der drei Bauteile und auch die jeweiligen Extrusionshöhen von der Basisskizze des Bauteils **Parameter-Basisskizze.ipt** abhängig sind, wird jede Änderung in der Basisskizze auch auf die drei Bauteile übertragen.

In der folgenden Übung sollen das Bauteil **Parameter-Basisskizze.ipt** und die drei von ihm abhängigen Bauteile von einer externen Tabelle gesteuert werden.

13.4 Parametrische Steuerung der Baugruppe
13.4.1 Materialien zuweisen

Um die Auswirkungen der parametrischen Änderungen besser sichtbar zu machen, sollten Wellen, Räder und Riemen mit einem Material versehen werden.

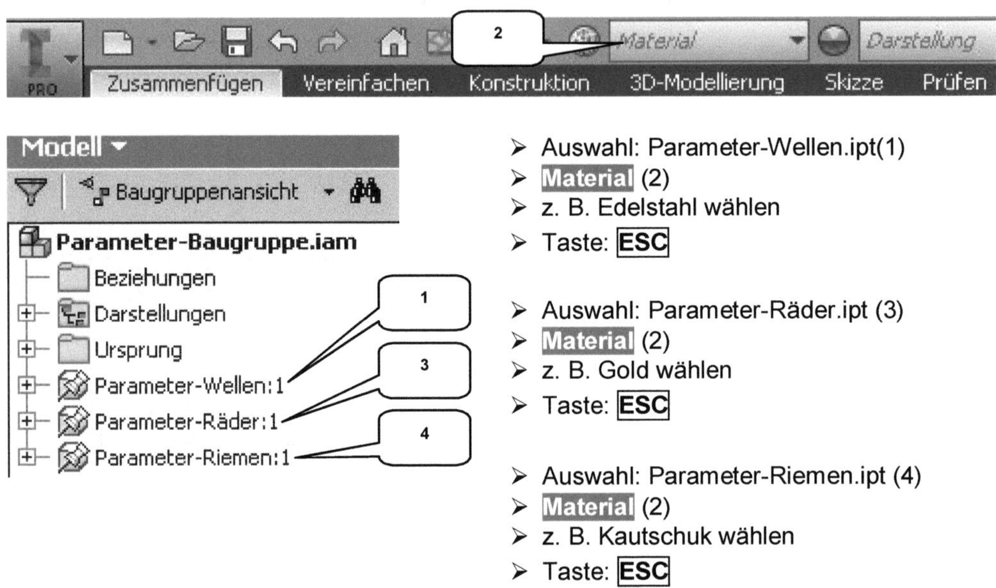

> Auswahl: Parameter-Wellen.ipt(1)
> Material (2)
> z. B. Edelstahl wählen
> Taste: ESC

> Auswahl: Parameter-Räder.ipt (3)
> Material (2)
> z. B. Gold wählen
> Taste: ESC

> Auswahl: Parameter-Riemen.ipt (4)
> Material (2)
> z. B. Kautschuk wählen
> Taste: ESC

13.4.2 Fenster nebeneinander anordnen

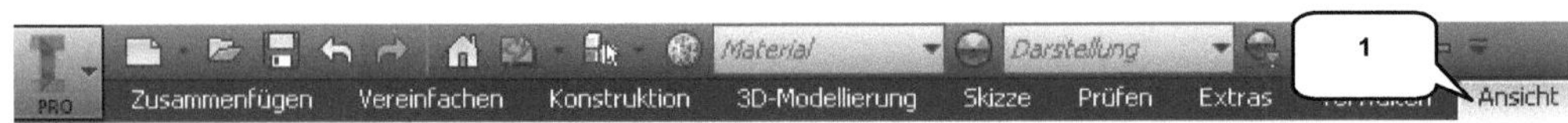

Das Bauteil *Parameter-Basisskizze.ipt* und die Baugruppe *Parameter-Baugruppe.iam*, welche beide noch immer geöffnet sein sollten, sind jetzt zur bessere Übersicht nebeneinander anzuordnen. Wechseln Sie ins Register: *Ansicht* (1) und eröffnen Sie ein weiteres Ansichtsfenster.

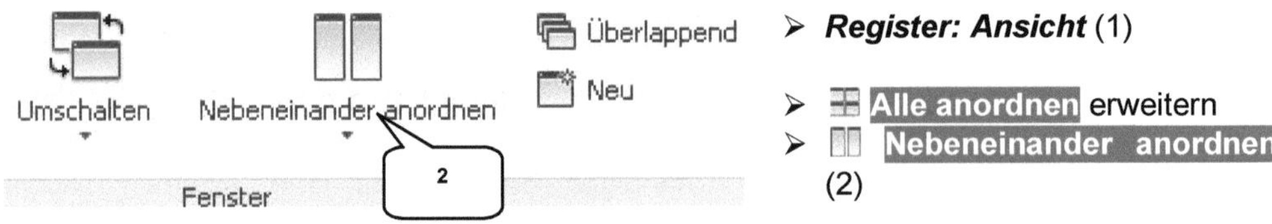

> *Register: Ansicht* (1)

> Alle anordnen erweitern
> Nebeneinander anordnen (2)

13.4.3 Ändern des Ausgangswertes

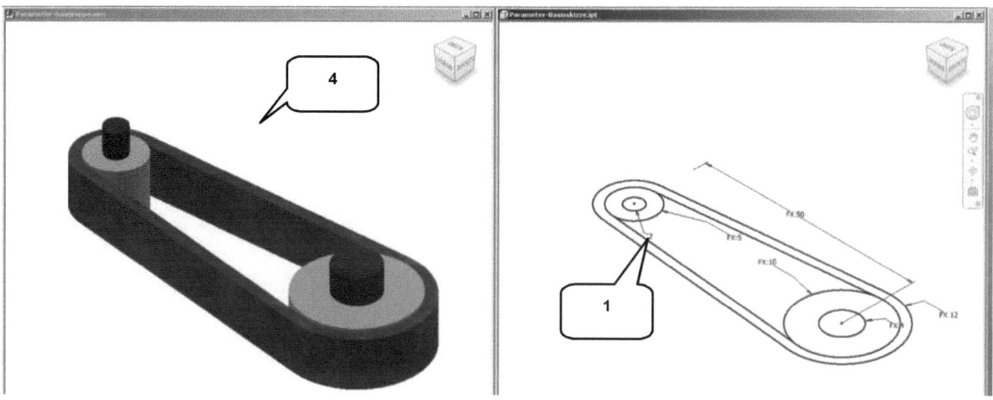

Doppelklicken Sie im Zeichenbereich des Bauteils *Parameter-Basisskizze.ipt* auf das Maß **2 mm** (1) und ändern Sie den Wert auf **5 mm** (2). Nachdem die Änderung ✔ *bestätigt* wurde (3), aktualisiert sich die Skizze automatisch.

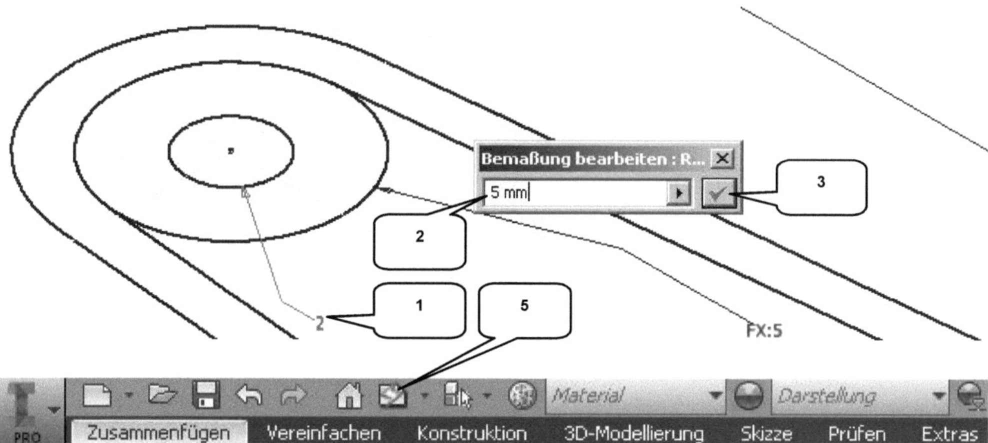

Klicken Sie anschließend mit der linken Maustaste einmal in den Zeichenbereich der Baugruppe *Parameter-Baugruppe.iam* (4) um diese zu aktivieren. Die Änderung in der Basisskizze des Bauteils wird unter Umständen nicht automatisch in die Baugruppe übernommen, sodass eine manuelle Aktualisierung erforderlich ist. Dies wird durch ein kleines Blitzsymbol (⚡ **Lokale Aktualisierung**) in der oberen Befehlsleiste (5) angezeigt. Klicken Sie darauf, und die Baugruppe passt sich den Änderungen der referenzierten Basisskizze an.

Wiederholen Sie diese Übung mit den Werten: **10 mm**, **20 mm** und **30 mm**.

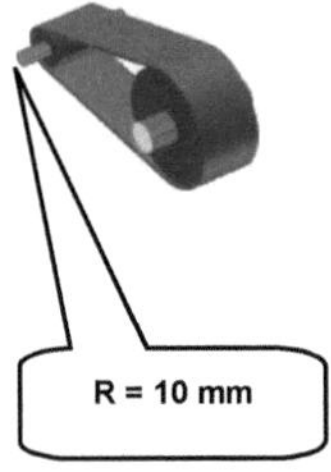

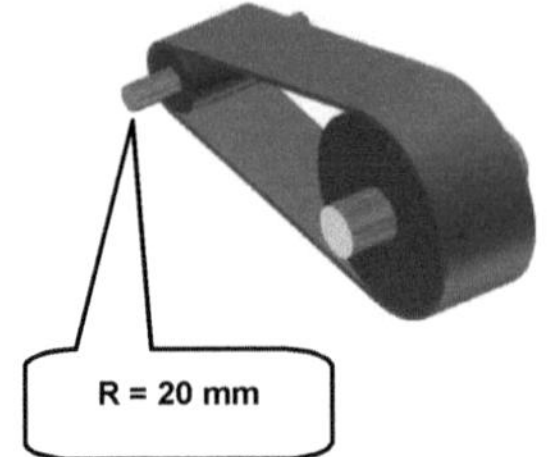

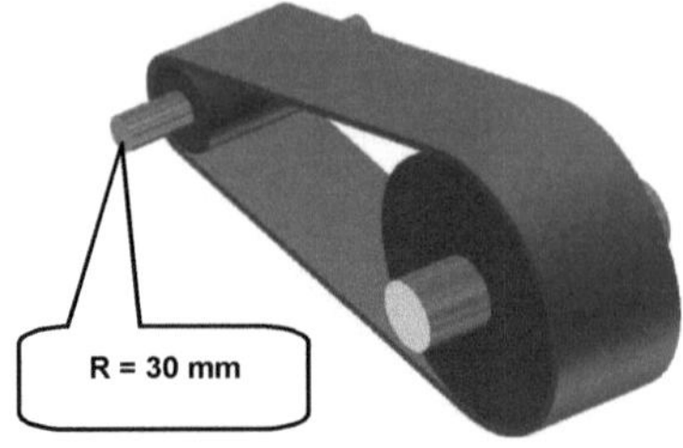

13.5 Parametrische Steuerung mit externen Datenquellen

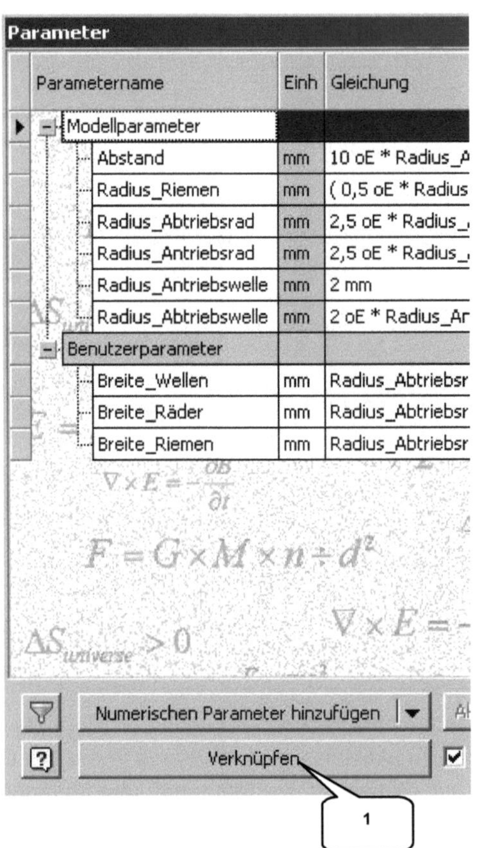

Die gesamte Baugruppe ist jetzt von einem einzigen Wert abhängig: dem Radius der Antriebswelle. Dieser soll zusätzlich durch eine externe Tabelle gesteuert werden.

Das Programm bietet die Möglichkeit, parametrische Werte mit einer externen Datei (Inventor[®]-Datei oder MS-Excel-Tabelle) zu verknüpfen.

Klicken Sie mit der linken Maustaste in den Zeichenbereich des Bauteils **Parameter-Basisskizze.ipt**, starten Sie den Befehl f_x **Parameter** und klicken Sie auf den Button **Verknüpfen** (1).

Wählen Sie die Tabelle **Parameter.xls** aus, die sich im Projektordner befindet. Tragen Sie in die Startzelle den Wert **A1** ein und aktivieren Sie die Option **Verknüpfen**. Die Eingaben sind abschließend mit **Öffnen** zu bestätigen.

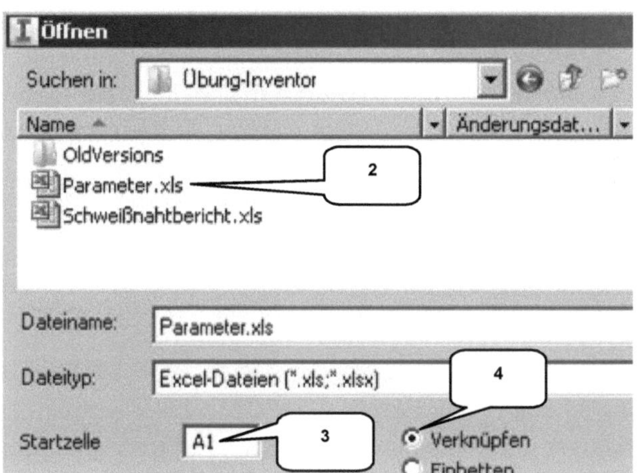

> Fenster aktivieren:
> **_Parameter-Basisskizze.ipt_**

> f_x **Parameter**
> Option: Verknüpfen (1)

> <u>Fenster: Öffnen</u>
> Auswahl: Parameter.xls (2)
> Startzelle: [A1] eintragen (3)
> Aktivieren: Verknüpfen (4)
> Öffnen **_Öffnen_**

HINWEIS: Wenn eine Inventor®-Datei mit einer Excel-Tabelle verknüpft wird, sollte möglichst die Option **_Verknüpfen_** (4) verwendet werden. Dadurch wird sichergestellt, dass auch spätere Änderungen an der Tabelle kontinuierlich ins Programm übertragen werden. Mit der Option **_Einbetten_** werden Daten hingegen nur einmalig übernommen.

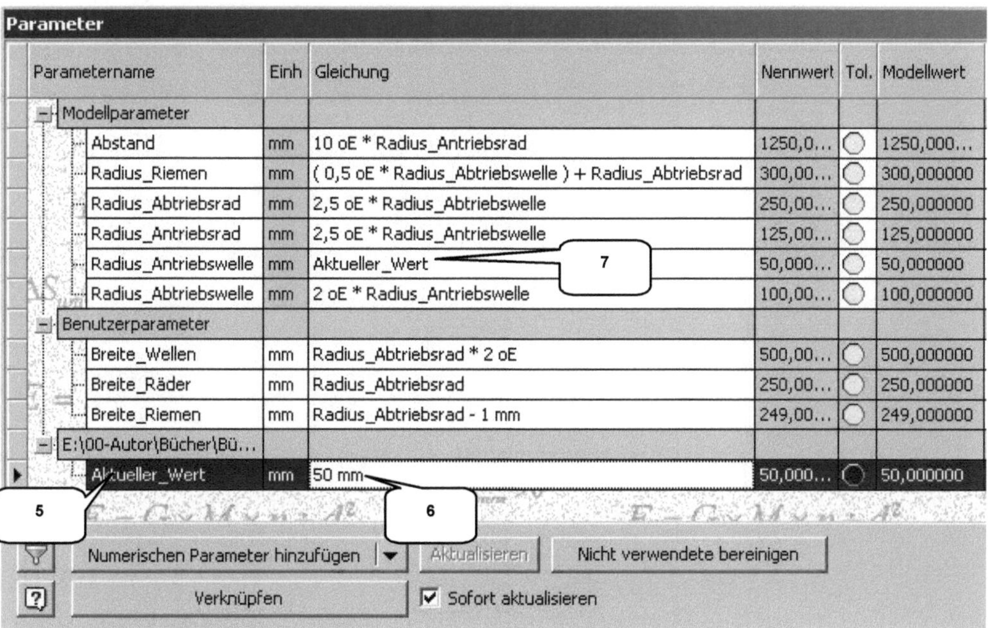

Parametername	Einh	Gleichung	Nennwert	Tol.	Modellwert
− Modellparameter					
Abstand	mm	10 oE * Radius_Antriebsrad	1250,0...	◯	1250,000...
Radius_Riemen	mm	(0,5 oE * Radius_Abtriebswelle) + Radius_Abtriebsrad	300,00...	◯	300,000000
Radius_Abtriebsrad	mm	2,5 oE * Radius_Abtriebswelle	250,00...	◯	250,000000
Radius_Antriebsrad	mm	2,5 oE * Radius_Antriebswelle	125,00...	◯	125,000000
Radius_Antriebswelle	mm	Aktueller_Wert	50,000...	◯	50,000000
Radius_Abtriebswelle	mm	2 oE * Radius_Antriebswelle	100,00...	◯	100,000000
− Benutzerparameter					
Breite_Wellen	mm	Radius_Abtriebsrad * 2 oE	500,00...	◯	500,000000
Breite_Räder	mm	Radius_Abtriebsrad	250,00...	◯	250,000000
Breite_Riemen	mm	Radius_Abtriebsrad - 1 mm	249,00...	◯	249,000000
− E:\00-Autor\Bücher\Bü...					
Aktueller_Wert	mm	50 mm	50,000...	◯	50,000000

Zurück im Eingabefenster der Parameter finden Sie im unteren Bereich der Tabelle die neue Zeile **Aktueller_Wert** (5). Diese Bezeichnung bezieht das Programm aus der verknüpften Tabelle (Zelle A1), ebenso den Wert **35 mm** (6). Um die Skizzengeometrie durch die Tabelle steuern zu können, muss die Gleichung des Modellparameters **Radius_Antriebswelle** auf den Parameter der Tabelle (**Aktueller_Wert**) ausgerichtet werden.

Parametername	Gleichung *(NEU)* (7)
Radius_Antriebswelle	Aktueller_Wert

Starten Sie Ihren Windows-Explorer (Arbeitsplatz) und öffnen Sie die MS-Excel-Tabelle **Parameter.xls** (im Projektordner) mit einem geeigneten Tabellenbearbeitungsprogramm. Ändern Sie den Wert der Zelle **A2** auf **50 mm** und speichern Sie die Tabelle. Wechseln Sie zu Inventor®, um dort zu **aktualisieren**; die Änderungen sollten dann übernommen werden. Die Skizze des Bauteils Parameter-Basisskizze.ipt, die drei Bauteile Parameter-Wellen.ipt, Parameter-Räder.ipt und Parameter-Riemen.ipt und auch die Baugruppe Parameter-Baugruppe.iam werden jetzt von der Tabelle gesteuert.

13.5.1 Speichern mehrerer Dateien

Um alle derzeit geöffneten Dateien im Programm gleichzeitig zu schließen, öffnen Sie das **Hauptmenü** und wählen dort in der erweiterten Auswahl des Befehls **Speichern** den Befehl **Alle speichern**. Das Programm sichert alle derzeit geöffneten Dateien. Verwenden Sie den Befehl **Alle schließen**, um auch alle offenen Dateien in einem Schritt zu schließen.

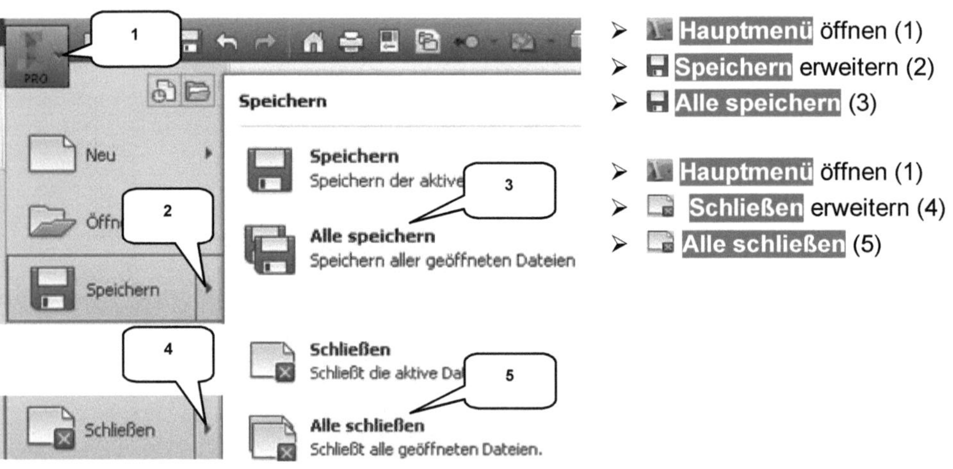

14 Archivierung mit dem Befehl PACK AND GO

Das gesamte Projekt *4-Takt-Motor* soll in der letzten Übung als komplettes Paket gespeichert werden. Hier bietet das Programm die Möglichkeit, alle Baugruppen, Bauteile, Normteile, Texturen und Abhängigkeiten eines Projekts in einem einzigen Schritt zu sammeln und in einem Ordner zu sichern.

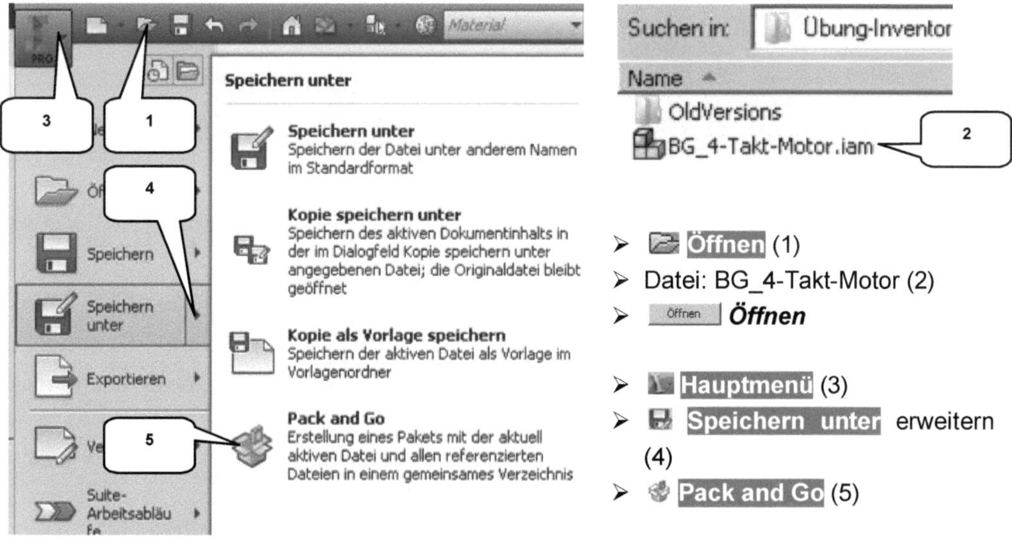

> Öffnen (1)
> Datei: BG_4-Takt-Motor (2)
> Öffnen **Öffnen**

> **Hauptmenü** (3)
> **Speichern unter** erweitern (4)
> **Pack and Go** (5)

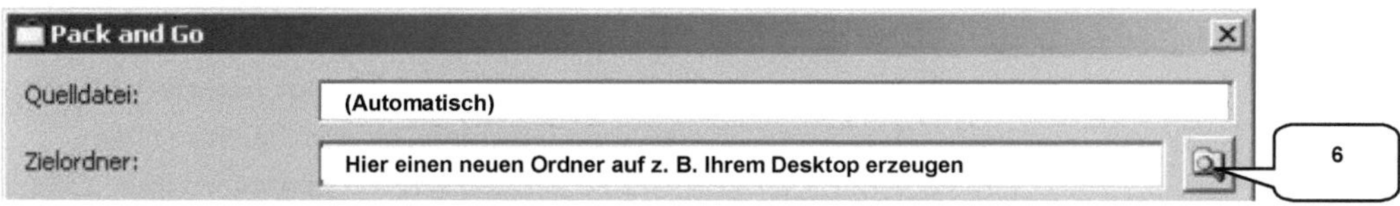

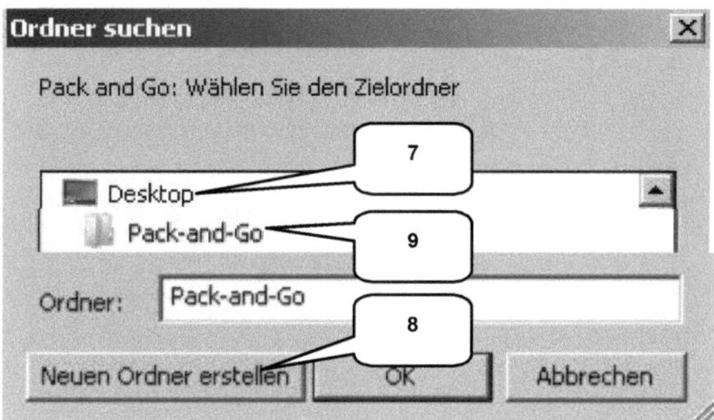

> Ordnersymbol anklicken (6)
> Desktop wählen (7)
> Neuen Order erstellen (8)
> Name: [Pack-and-Go] (9)
> OK **OK**

HINWEIS: Der Zielordner (6) darf nicht innerhalb des aktuellen Projektordners liegen!

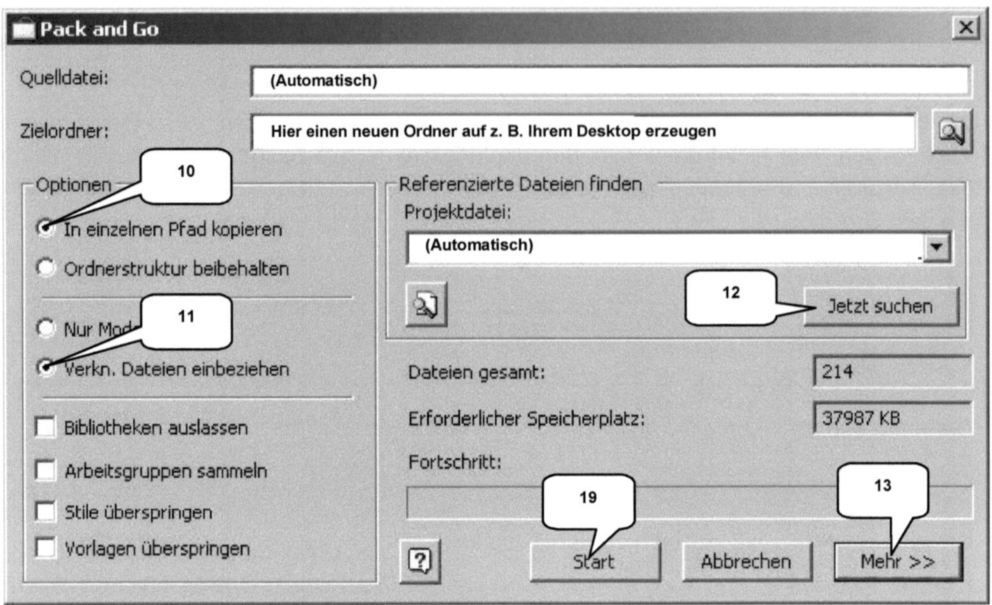

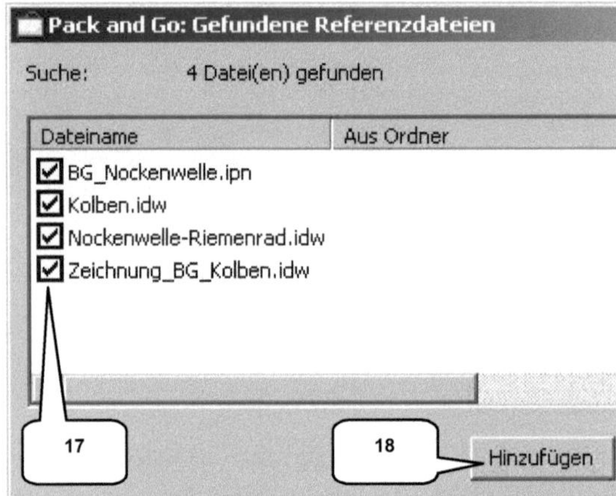

> Aktivieren: In einzelnen Pfad kopieren (10)
> Aktivieren: Verknüpfte Dateien einbeziehen (11)
> Jetzt suchen *Jetzt suchen* (12)

> Mehr >> *Mehr* (13)
> Aktivieren: Speicherorte der Projektdateien durchsuchen (14)
> Aktivieren: Untergeordnete Ordner einbeziehen (15)
> Jetzt suchen *Jetzt suchen* (16)

> Alle Dateien im neuen Fenster aktivieren (17)
> Hinzufügen *Hinzufügen* (18)
> Start *Start* (19)

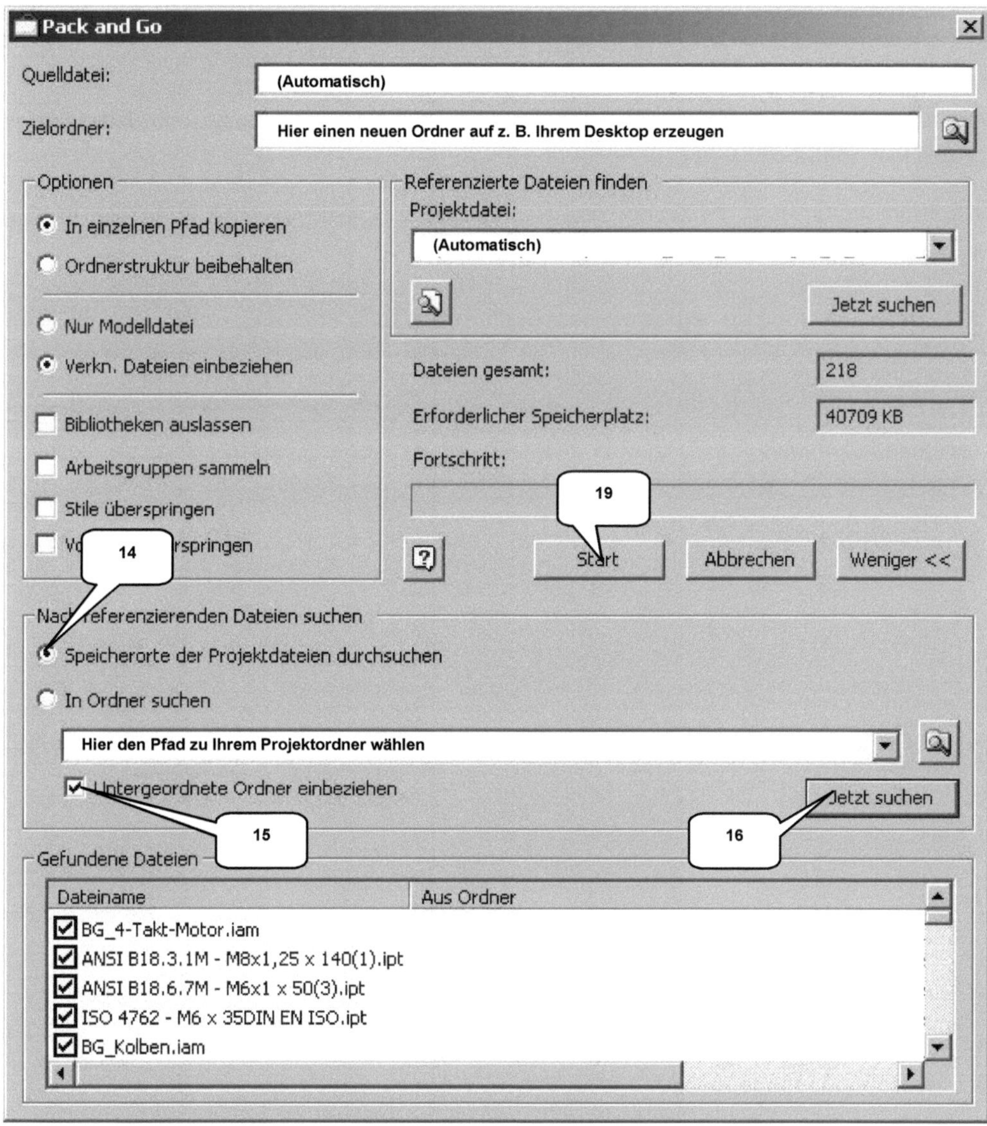

Öffnen Sie den Ordner **Pack-and-Go** auf Ihrem Desktop. Darin finden Sie alle Bauteile, Normteile, Baugruppen, die Zeichnungsableitung und die Präsentation.

HINWEIS: Der Ordner **Pack-and-Go** kann jetzt auf jeden beliebigen PC mit installiertem Inventor® 2016 kopiert werden. Um die Baugruppe auch dort vollständig öffnen zu können, ist nach Programmstart die im Pack-and-Go-Ordner enthaltene Projektdatei zu aktivieren.

Der Autor des Buches hofft, dass Sie bei der Arbeit mit dem Programm und dem Übungsprojekt viel Spaß hatten.

Der Inhalt des Buches wurde sorgfältig geprüft. Leider können Fehler nicht ausgeschlossen werden.

Wenn Ihnen während der Arbeit mit dem Buch Fehler auffallen sollten, oder wenn Sie Ideen zur Verbesserung des Inhaltes haben, ist Ihnen der Autor für jeden Hinweis per E-Mail dankbar.

Konstruktive Anmerkungen können jederzeit an *schlieder@cad-trainings.de* gesendet werden.

Vielen Dank.

Die folgenden Seiten zeigen Auszüge aus dem Buch:

> **Autodesk® Inventor® 2016 - Aufbaukurs KONSTRUKTION**

Inventor® verfügt im Baugruppenbereich über einen Reiter **Konstruktion** welcher im Grundlagenbuch nicht behandelt wird.

Die Befehle hier wurden an die speziellen Bedürfnisse der Konstruktion im Maschinenbau angepasst. Sie sind teilweise sehr komplex und erfordern ein gewisses Grundwissen zum Programm.

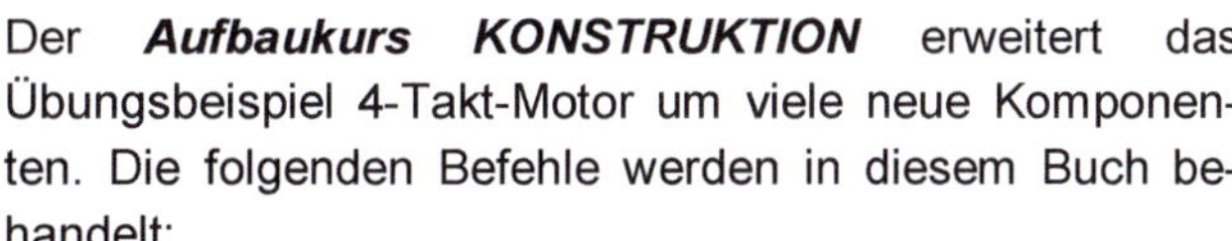

Der **Aufbaukurs KONSTRUKTION** erweitert das Übungsbeispiel 4-Takt-Motor um viele neue Komponenten. Die folgenden Befehle werden in diesem Buch behandelt:

> **Druckfeder-Generator**
> **Gehrungen erzeugen**
> **Gestell-Generator**
> **Kegelräder-Generator**
> **Keilwellen-Generator**
> **Lager-Generator**
> **Rollenketten-Generator**
> **Schraubenverbindungs-Generator**
> **Stirnräder-Generator**
> **Wellen-Generator**
> **Zahnriemen-Generator**
> **Zugfeder-Generator**

Weitere Informationen zu diesem und anderen Büchern erhalten Sie auf der Webseite:

> **http://www.cad-trainings.de/**

INHALTSVERZEICHNIS

1 Grundlegendes zum Buch

1.1 Zielgruppe & Aufbau des Buches

Dieses Buch ist ein Aufbaukurs für Fortgeschrittene, die mit den Grundlagen von **Autodesk® Inventor® 2016** bereits vertraut sind. Das Programm verfügt im Baugruppenbereich über ein Register **Konstruktion** welches zur Berechnung und Konstruktion, speziell im Maschinenbau verwendeter Komponenten dient. In einem komplexen Übungsbeispiel wird der Leser theoretische Grundlagen einiger Befehle aus diesem Register erlernen und anschließend praktisch umsetzen.

Das verwendete Übungsbeispiel baut auf das Grundlagenbuch **Autodesk® Inventor® 2016 – Grundlagen in Theorie und Praxis** auf, in welchem ein vereinfachter 4-Takt-Motor erstellt wurde. Dieser Motor wird im vorliegenden Buch um ein Getriebe erweitert.

In diesem Buch werden die folgenden Befehle des Registers **Konstruktion** behandelt:

➢ **Druckfeder-Generator**	➢ **Rollenketten-Generator**
➢ **Gehrungen erzeugen**	➢ **Schraubenverbindungs-Generator**
➢ **Gestell-Generator**	➢ **Stirnräder-Generator**
➢ **Kegelräder-Generator**	➢ **Wellen-Generator**
➢ **Keilwellen-Generator**	➢ **Zahnriemen-Generator**
➢ **Lager-Generator**	➢ **Zugfeder-Generator**

Das Übungsbeispiel bietet genügend Möglichkeiten, die Befehlsketten sporadisch zu verlassen und eigene Versuche mit den Befehlen zu starten.

1.2   Erzeugen des Projektordners/ Herunterladen der Übungsdateien

Bevor Sie mit der Umsetzung des Projekts beginnen, sollten die folgenden Arbeiten erledigt werden:

Erzeugen eines neuen Projektordners

Erstellen Sie auf Ihrem PC an geeigneter Stelle einen neuen Ordner:

> ***Inventor-2016-Übung-Konstruktion***

Herunterladen der Übungsdateien

Besuchen Sie im Internet die folgende Website:

> ***http://www.cad-trainings.de/html/Download.html***

Suchen Sie das passende Buch und klicken Sie auf den nebenstehenden Link, um die zum Buch gehörende Übungsdatei (ZIP-Format) auf Ihrem PC zu speichern. Speichern Sie die Datei in dem vorher erzeugten Projektordner ***Inventor-2016-Übung-Konstruktion*** und entpacken Sie die Datei dort hinein. Die darin enthaltenen Dateien werden später benötigt.

5 Aktivierung des Einzelbenutzerprojekts

Inventor® arbeitet grundsätzlich in Projekten, was die Koordination zusammenhängender Dateien und Einstellungen vereinfacht. Eine Projektdatei (*.ipj) sichert alle Informationen und Querverweise eines Projekts. Das ist wichtig, wenn später komplexe Baugruppen archiviert oder von einem PC auf einen anderen übertragen werden sollen.

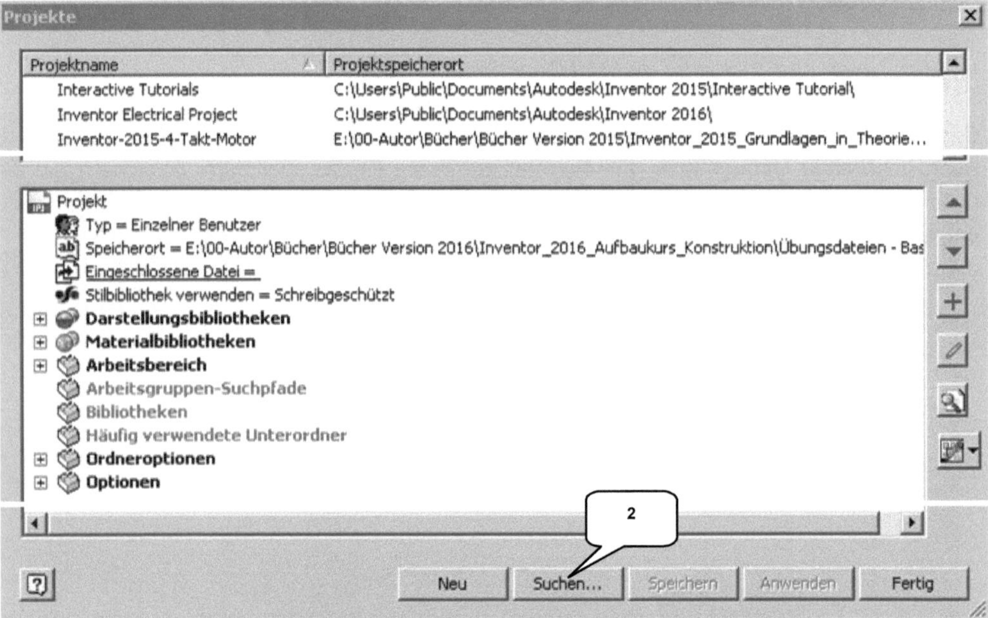

Starten Sie im Register *Erste Schritte* (Befehlsgruppe *Starten*) den Befehl Projekte (1). Mit der Option *Suchen* (2) soll in Ihrem Projektordner die Projektdatei *Übung-Konstruktion-2016.ipj* (3) aktiviert werden, welche sich bereits bei den extrahierten Dateien befindet (siehe Kapitel *1.2 Erzeugen des Projektordners/ Herunterladen der Übungsdateien*).

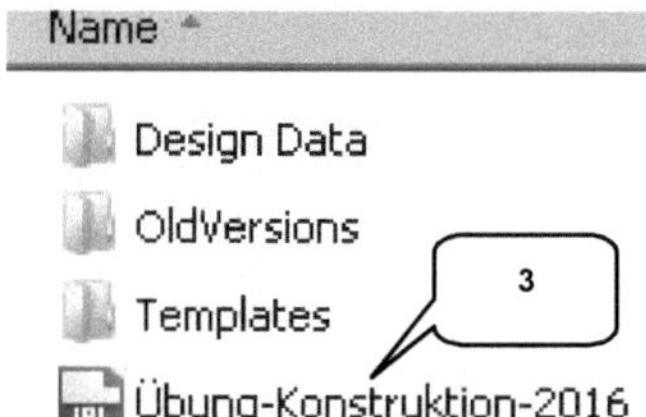

Das neue Projekt wird automatisch aktiviert, was durch einen kleinen Haken in der entsprechenden Zeile (4) signalisiert wird. Auch bei der späteren Arbeit mit dem Programm, sollte das jeweils aktive Projekt nach Programmstart stets kontrolliert werden.

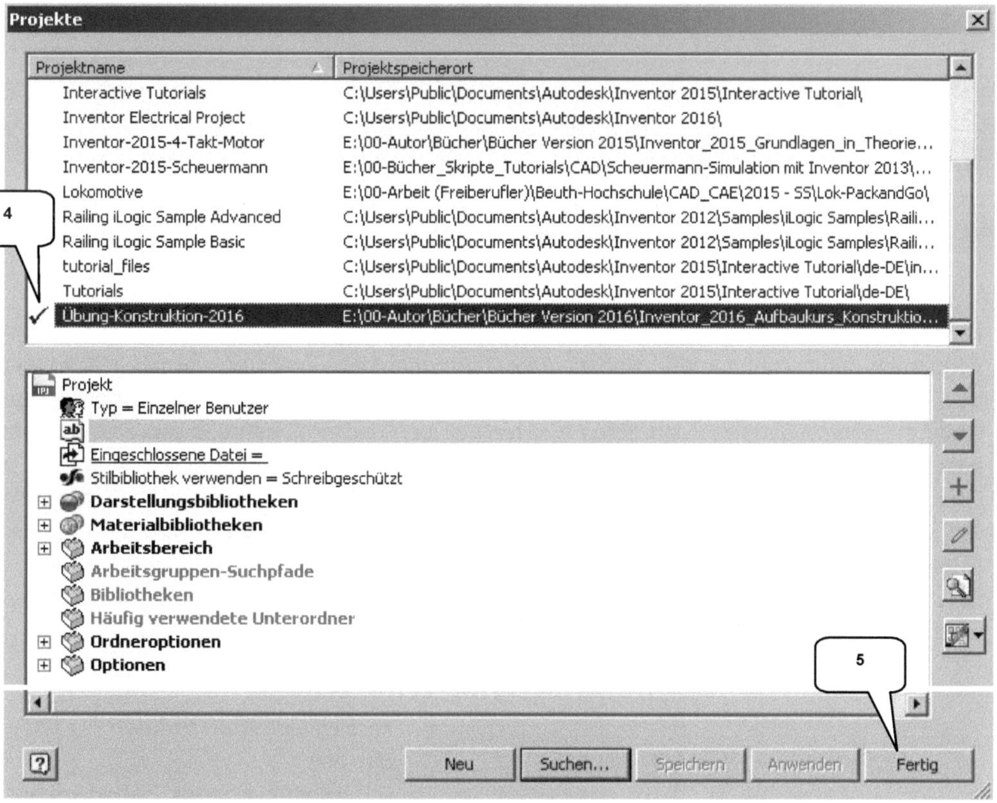

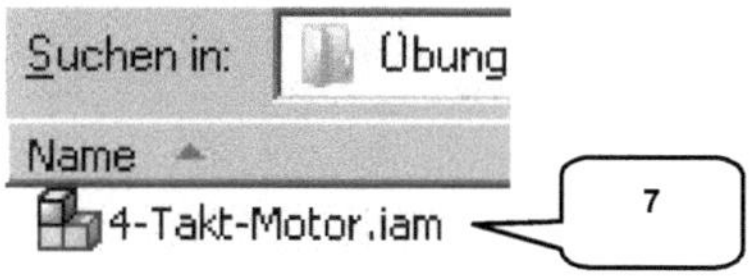

So kann vermieden werden, dass Dateien unbeabsichtigt einem anderen Projekt zugeordnet werden. **Fertig** (5) beendet den Befehl.

Öffnen (6) Sie die vorhandene Baugruppe **4-Takt-Motor.iam** (7).

6 Komplettierung des Kurbeltriebes

6.1 Theoretische Grundlagen zum Zahnriemenantrieb

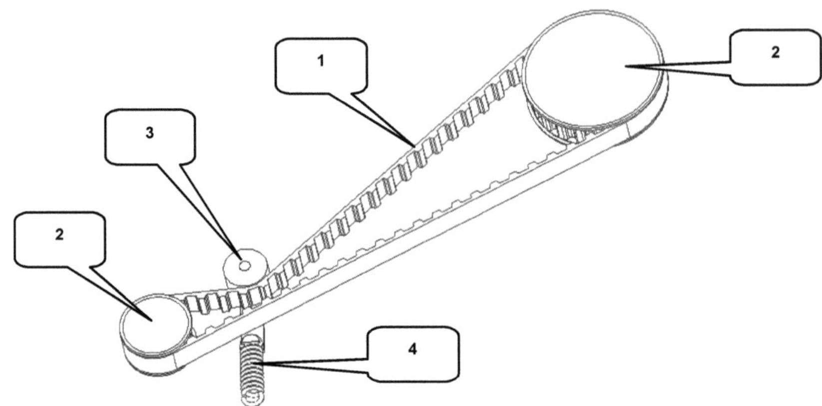

Die Nockenwelle des Motors soll durch die Kurbelwelle angetrieben werden. Diese Verbindung kann durch Zahnriemen-, Ketten- oder Zahnradantriebe realisiert werden. Häufig werden Zahnriemenantriebe verwendet. Diese sind, bedingt durch ihren Aufbau (Kunststoffgewebe mit innenliegenden Zugdrähten aus Metall), geräuscharm während des Betriebs und kostengünstig in ihrer Herstellung. Der Zahnriemen (1) wird über Zahnräder geführt (2). Um ihn konstant auf Spannung zu halten, wird er mit einer zusätzlichen Spannrolle (3) bestückt, welche von einer Zugfeder (4) gespannt wird. Zahnriemenantriebe sind wartungsfrei, unterliegen allerdings regelmäßigen Austausch-Intervallen.

6.2 Konstruktion eines Zahnriemenantriebes
6.2.1 Befehlsgrundlagen ZAHNRIEMEN-GENERATOR

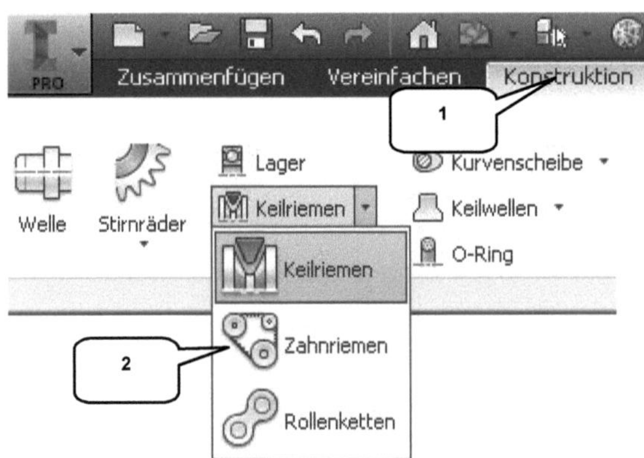

Im Register **Konstruktion** (1) finden Sie den **Zahnriemen-Generator** (2). Hiermit können Zahnriemenantriebe (bestehend aus Zahnriemen, Riemenscheiben und Spannrollen) berechnet und konstruiert werden.

Im Inhaltscenter finden Sie eine Auswahl an Zahnriemen, welche entsprechend der zugehörigen Norm bearbeitet werden können. Der Zahnriemenantrieb kann auf bereits vorhandene geometrische Elemente bezogen werden, die Darstellung kann als Skizze, als Volumenkörper oder auch detailliert erfolgen.

6.2.1.1 Register KONSTRUKTION

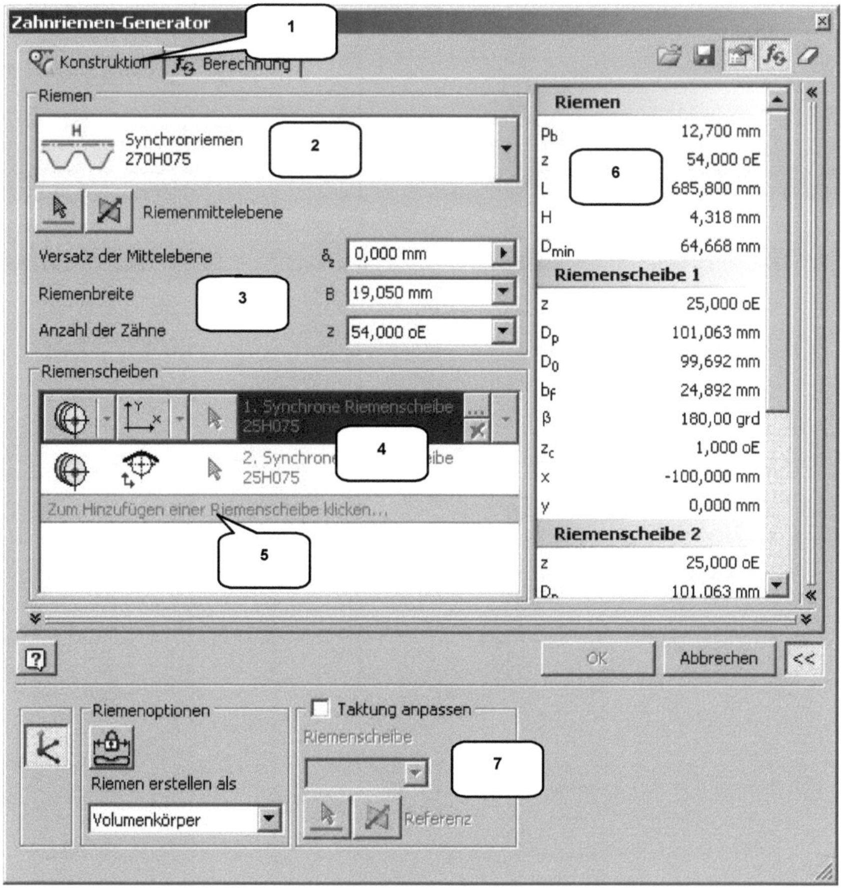

Das Register **Konstruktion** ermöglicht die Auswahl eines vordefinierten Zahnriemens aus dem Inhaltscenter, welcher anschließend bearbeitet werden kann. Riemenscheiben und Spannrollen können hinzugefügt oder bearbeitet werden, die Zusammenstellung kann als Vorlage exportiert werden, eine bereits vorhandene Vorlage kann importiert werden.

OPTIONEN

<table>
<tr><td>

1) Register: Konstruktion/ Berechnung

2) Riementyp auswählen

3) Riemenmittelebene, Versatz der Mittelebene, Riemenbreite und Anzahl der Zähne

4) Riemenscheiben/ Spannrollen bearbeiten

</td><td>

5) Riemenscheiben/ Spannrollen hinzufügen

6) Berechnungsergebnisse

7) Riementrieb als Skizze, Volumenkörper oder detailliert darstellen

</td></tr>
</table>

6.2.1.2   Register BERECHNUNG

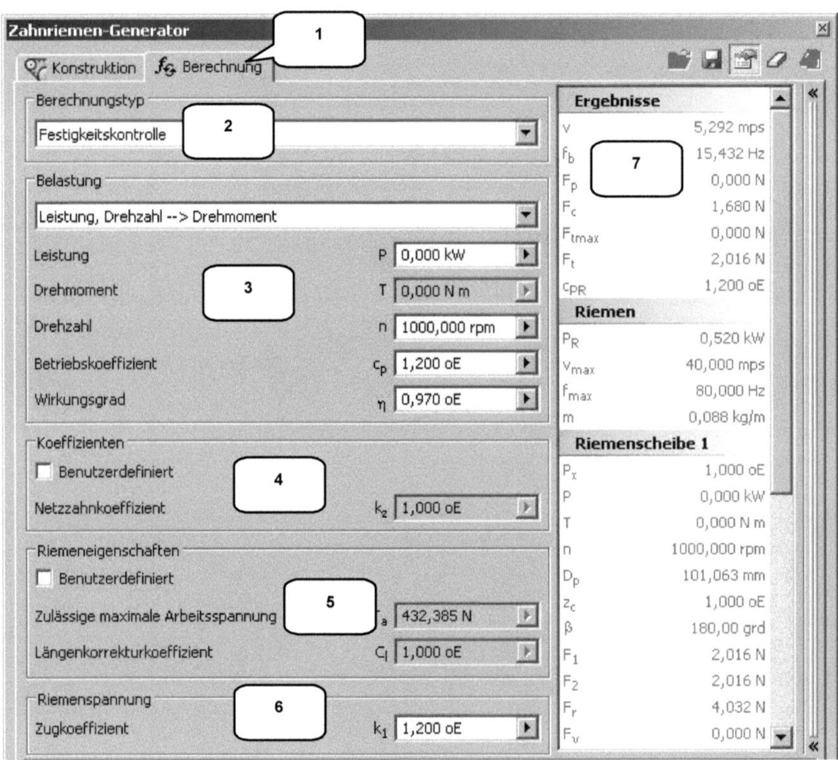

INHALT

Das Register **Berechnung** ermöglicht die Auswahl von Berechnungstyp, Belastung, Koeffizienten, Riemeneigenschaften und Riemenspannung.

1) Register: Konstruktion/ Berechnung	5) Riemeneigenschaften
2) Berechnungstyp	6) Riemenspannung
3) Belastung	7) Berechnungsergebnisse
4) Koeffizienten	

6.2.2 Zahnriemenantrieb zwischen Nocken-und Kurbelwelle erzeugen

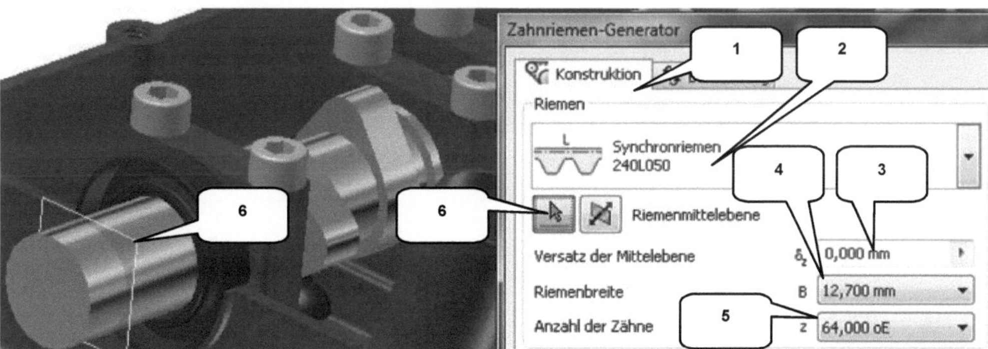

Ändern Sie im Register ⚙ *Konstruktion* (1) die Form des Riemens auf *Synchronriemen L* (hierfür bitte auf das 〜 *Riemensymbol* (2) klicken), wählen Sie einen Versatz von *0 mm* (3) eine Riemenbreite von *12,7 mm* (4) und *64* Zähne (5). Der Zahnriemen-Generator bietet die Möglichkeit, Riemen und Riemenscheiben auf bereits vorhandene geometrische Elemente der Baugruppe zu platzieren, was in unserem Übungsbeispiel durch die Verwendung von Nockenwelle und Kurbelwelle realisiert werden soll. Vorab muss allerdings eine ▷ *Refe-renzebene* zugewiesen werden. Wählen Sie hierfür die Ebene (6), welche sich auf der No-ckenwelle befindet.

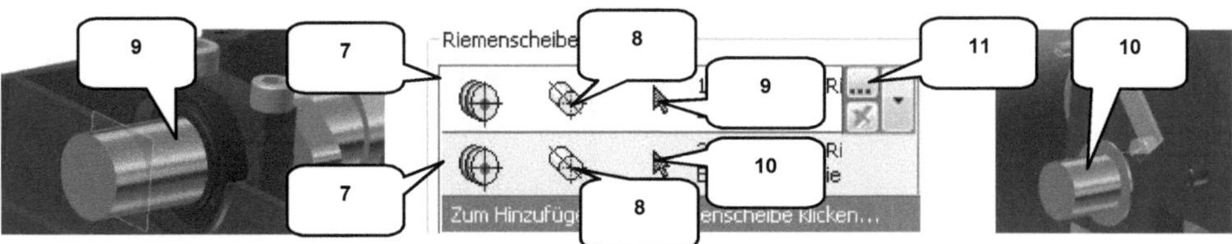

Nach der Definition der Mittelebene können die Riemenscheiben referenziert werden. Im Auswahlfeld *Riemenscheiben* sollten bereits zwei Riemenscheiben voreingestellt sein. Achten Sie darauf, dass bei beiden die Optionen ⊕ Komponente *Komponente* (7) und ⊗ Feste Position *Feste Position über ausgewählte Geometrie* (8) aktiviert sein sollte. Andernfalls ist dies nachzuholen.

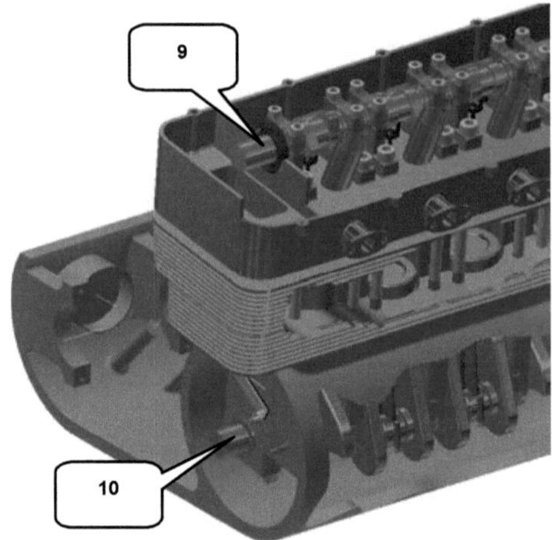

Weisen Sie der ersten Riemenscheibe die Zylinderfläche der Nockenwelle (9) und der zweiten Riemenscheibe die Zylinderfläche der Kurbelwelle (10) zu.

HINWEIS: Sollte es Probleme dabei geben die Referenzen der Riemenscheiben auszuwählen (der ⟍ *Pfeil* bleibt grau hinterlegt und lässt sich nicht aktivieren), aktivieren Sie zuerst die Option ⊕ Vorhanden *Vorhanden*, wählen dann die Referenzen und aktivieren im Anschluss daran die Option ⊕ Komponente *Komponente*.

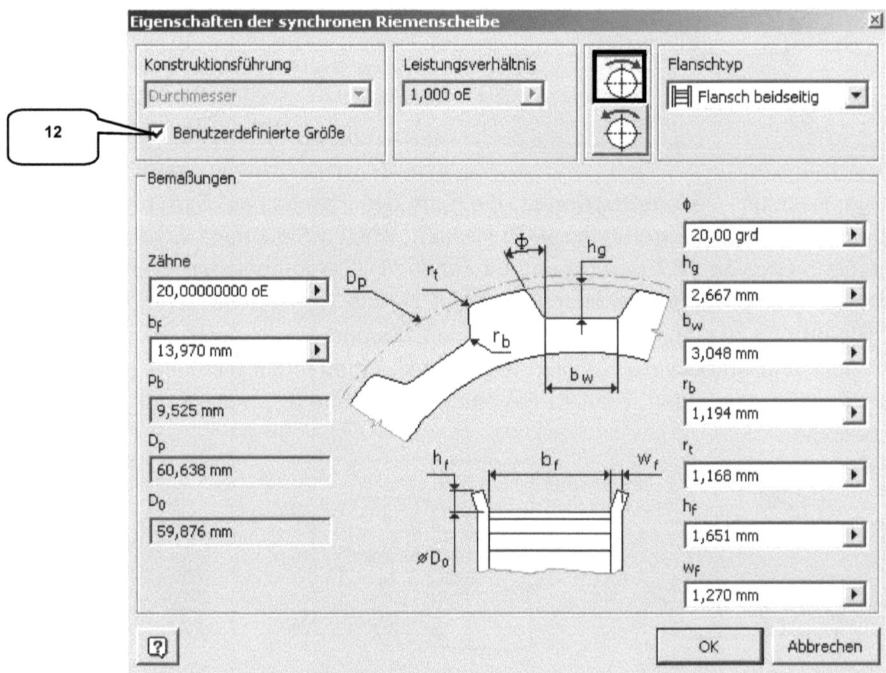

Klicken Sie auf die Zeile des ersten Riemenrades und öffnen Sie die ▦ *Eigenschaften* (11). Aktivieren Sie die *Benutzerdefinierte Größe* (12) und übernehmen Sie die Einstellungen und Werte der oberen Abbildung. Beenden Sie den Befehl abschließend mit ▭ OK *OK*.

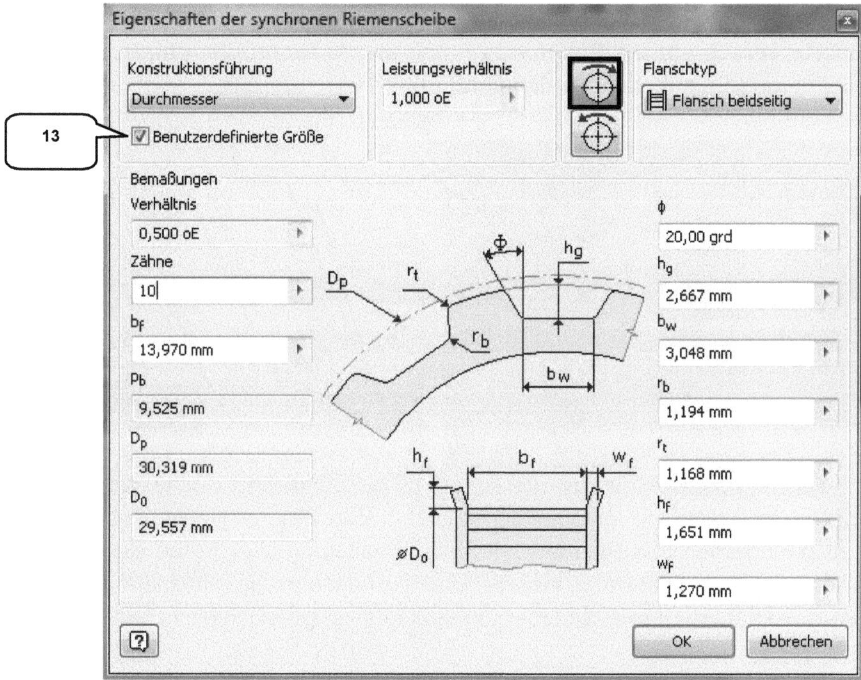

Im Anschluss daran sind die **Eigenschaften** der zweiten Riemenscheibe zu bearbeiten. Aktivieren Sie die **Benutzerdefinierte Größe** (13) und übernehmen Sie auch hier alle in der oberen Abbildung dargestellten Einstellungen und Werte.

Aufgrund der Materialeigenschaften eines Zahnriemens, kann sich dieser mit der Zeit längen, was im schlimmsten Fall ein Rutschen des Riemens über die Zähne des Zahnrades zur Folge haben kann. Um den Zahnriemen dauerhaft zu spannen, werden automatische Riemenspanner verwendet. Im folgenden Schritt soll eine Spannrolle als flache Riemenscheibe hinzugefügt werden. Klicken Sie hierfür auf das Feld **Zum Hinzufügen einer Riemenscheibe klicken...** (14) und wählen Sie die **Flache Riemenscheibe (metrisch)** (15).

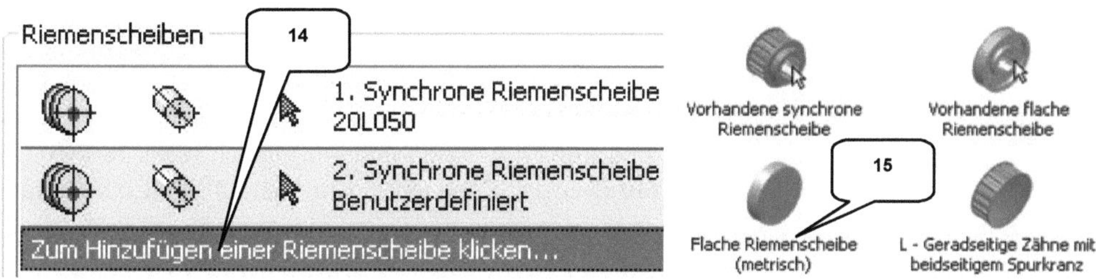

Aktivieren Sie in der neuen Zeile die Optionen ⊕ Komponente **Komponente** (16) sowie ✼ **Richtungsorientierte verschiebbare Position** (17) und als ▸ **Richtungsreferenz** die Ebene (18) (Bauteil: Führung-Spannrolle-Zahnriemen).

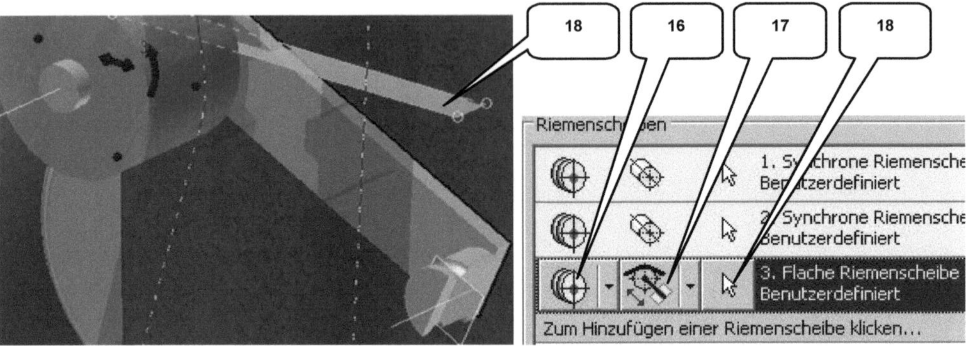

HINWEIS: Zahnriemenantriebe unterliegen strengen Berechnungsvorschriften. Um dem Programm zu ermöglichen, die Riemenlänge unter Beachtung aller Parameter korrekt errechnen zu können, ist es notwendig, eine der drei Riemenscheiben mit einem zusätzlichen Freiheitsgrad zu versehen. Dieser soll eine Korrektur des Längenausgleichs ermöglichen.

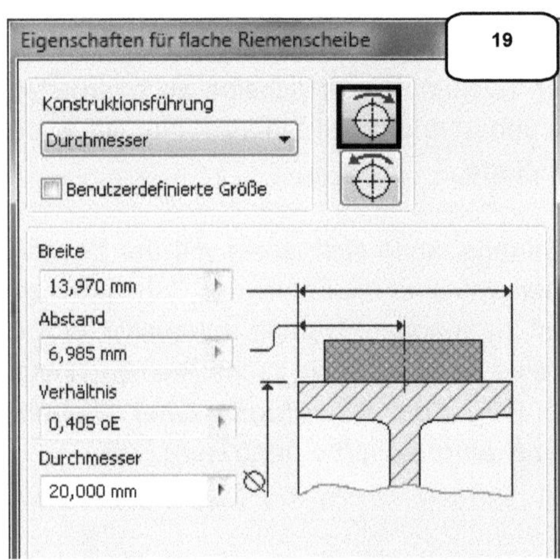

Die Option ✼ **Richtungsorientierte verschiebbare Position** gibt der Riemenscheibe die Möglichkeit, sich auf einer definierten Ebene frei bewegen zu können. Hierdurch kann die Position der Riemenscheibe auf der Ebene frei verschoben, die Zahnriemenlänge korrekt berechnet und der Zahnriemenantrieb fehlerfrei erzeugt werden.

Öffnen Sie die ⋯ **Eigenschaften** der flachen Riemenscheibe und übernehmen Sie die Einstellungen der linken Abbildung (19).

Derzeit verläuft der Zahnriemen (20) links neben der Spannrolle, was aufgrund der konstruktiven Eigenschaften des Zahnriemens (außen glatt, innen gezahnt) falsch wäre. Klicken Sie zur Korrektur auf den **gebogenen Pfeil** (21) der Spannrolle. Der Verlauf des Zahnriemens wird geändert und der Zahnriemen wird rechts neben der Spannrolle entlanggeführt (22).

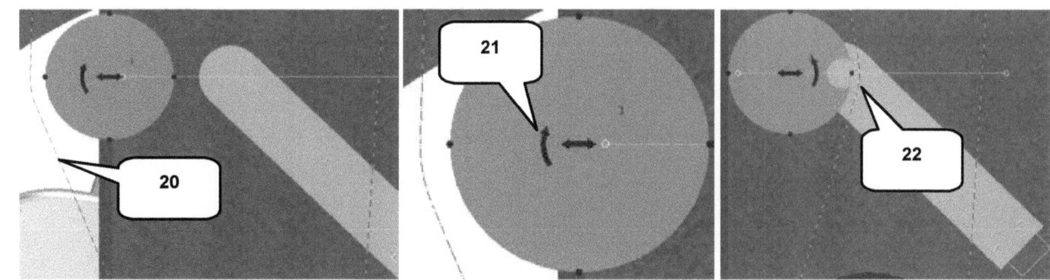

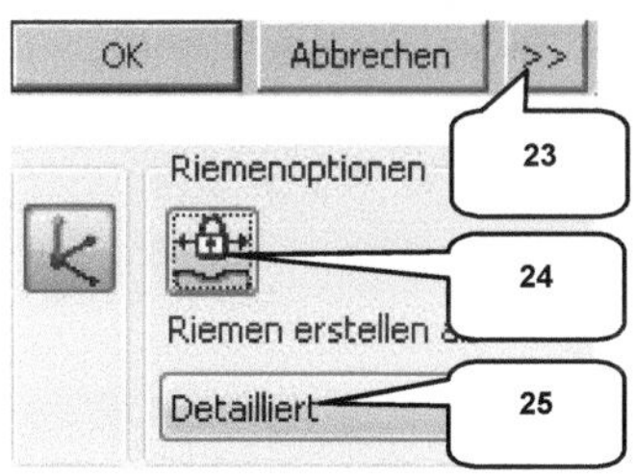

Das korrigierte Ergebnis ist in der oberen, rechten Abbildung zu sehen. Abschließend kann der Riementrieb berechnet werden. >> *Erweitern* (23) Sie das Befehlsfenster, deaktivieren Sie im unteren Bereich des Zahnriemen-Generators die *Riemenlängensperre* (24) und stellen Sie die Option *Detailliert* (25) ein. Wechseln Sie ins Register f_G Berechnung *Berechnung*, starten Sie hier den Befehl Berechnen *Berechnen* und bestätigen Sie die Eingaben mit OK *OK*.

HINWEIS: Sollten nach der Berechnung Fehlermeldungen angezeigt werden, bestätigen Sie diese und berechnen den Riemen trotzdem. Leider reagiert das Programm auf kleine Abweichungen oft sehr sensibel. Die Berechnung erfolgt trotzdem.

Die Abfrage nach dem Speicherort der neuen Komponenten (Zahnriemen, Riemenräder, Spannrolle) kann durch OK *OK* bestätigt werden. Ein weiterer Ordner *Konstruktions-Assistent* wird automatisch innerhalb des Projektordners erzeugt, worin die neuen Komponenten gesichert werden. *Speichern* Sie die gesamte Baugruppe und achten Sie darauf, die Option Ja für alle *Ja für alle* zu aktivieren.

HINWEIS: Um ein Konstruktionselement aus dem Register *Konstruktion* zu bearbeiten, klicken Sie mit der *rechten Maustaste* darauf und wählen dann die Option *Mit Konstruktions-Assistent bearbeiten*. Um es zu löschen, muss die Option *Konstruktions-Assistent-Komponente löschen* verwendet werden.

6.2.3   Befehlsgrundlagen ZUGFEDER-KOMPONENTEN-GENERATOR

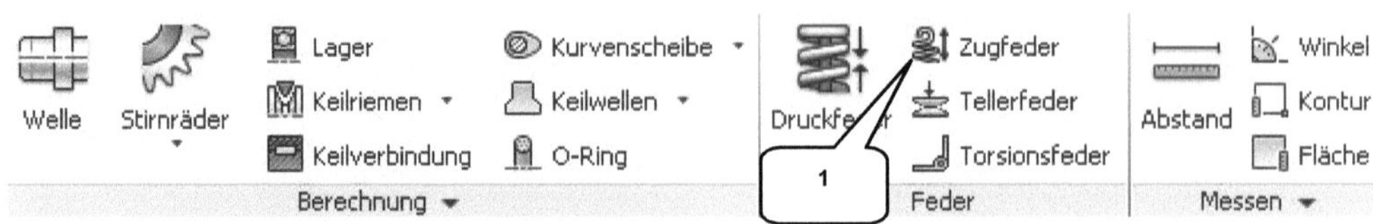

Der 🔧 **Zugfeder-Komponenten-Generator** (1) dient zur Berechnung und zur Konstruktion von Zugfedern. Im Gegensatz zum vorherigen Befehl, kann die Feder nicht auf bereits vorhandene geometrische Elemente der Baugruppe bezogen werden, sondern muss zur Positionierung manuell mit Abhängigkeiten versehen werden.

6.2.3.1   Register KONSTRUKTION

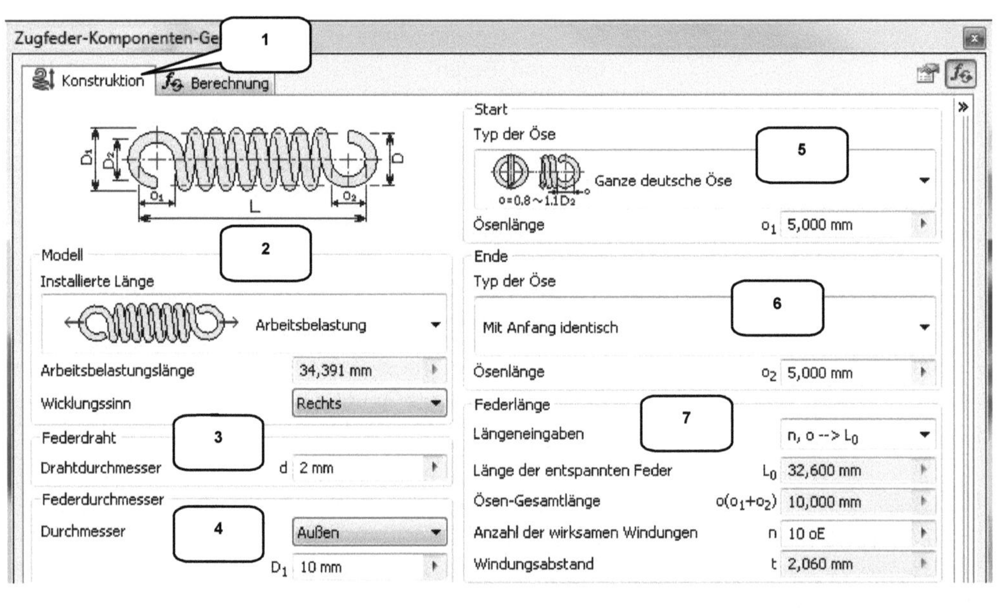

Im Register **Konstruktion** können Federform, Drahtdurchmesser, Typ der Öse und Federlänge definiert werden.

OPTIONEN

1) Register: Konstruktion/ Berechnung	5) Typ der ersten Öse
2) Darzustellende Belastung	6) Typ der zweiten Öse
3) Durchmesser Federdraht	7) Federlänge
4) Durchmesser Feder	

6.2.3.2 Register BERECHNUNG

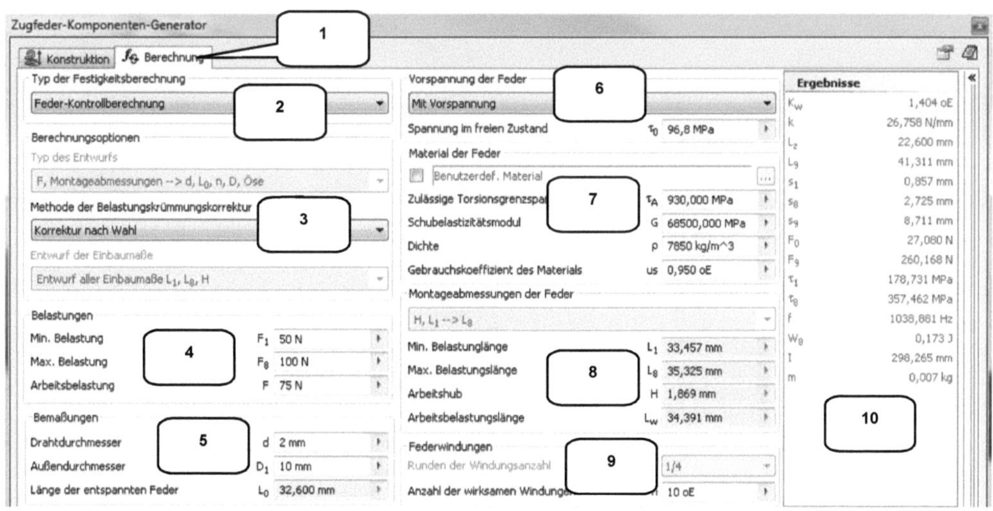

INHALT

Im Register **Berechnung** werden der Typ der Festigkeitsberechnung definiert (Zugfeder-entwurf, Feder-Kontrollberechnung, Berechnung der Arbeitskräfte), sowie Belastungen, Bemaßungen, Vorspannungen, Material, Windungen und Montageabmessungen festgelegt.

OPTIONEN

1) Register: Konstruktion/ Berechnung	6) Vorspannung der Feder
2) Typ der Festigkeitsberechnung	7) Federmaterial
3) Berechnungsoptionen	8) Montageabmessungen der Feder
4) Belastungen	9) Federwindungen
5) Bemaßungen	10) Berechnungsergebnisse

6.2.4 Spannrolle des Zahnriemens mit einer Zugfeder beaufschlagen

Der Zahnriemen in unserem Übungsbeispiel wird durch eine flache Spannrolle gespannt, um ein Springen des Zahnriemens über die Zähne der Zahnräder zu verhindern. Diese Spannrolle muss zusätzlich mit einer Zugfeder versehen werden, um Sie mit einer konstanten Zugkraft gegen den Riemen zu pressen.

Übernehmen Sie alle Werte und Einstellungen aus den folgenden beiden Abbildungen.

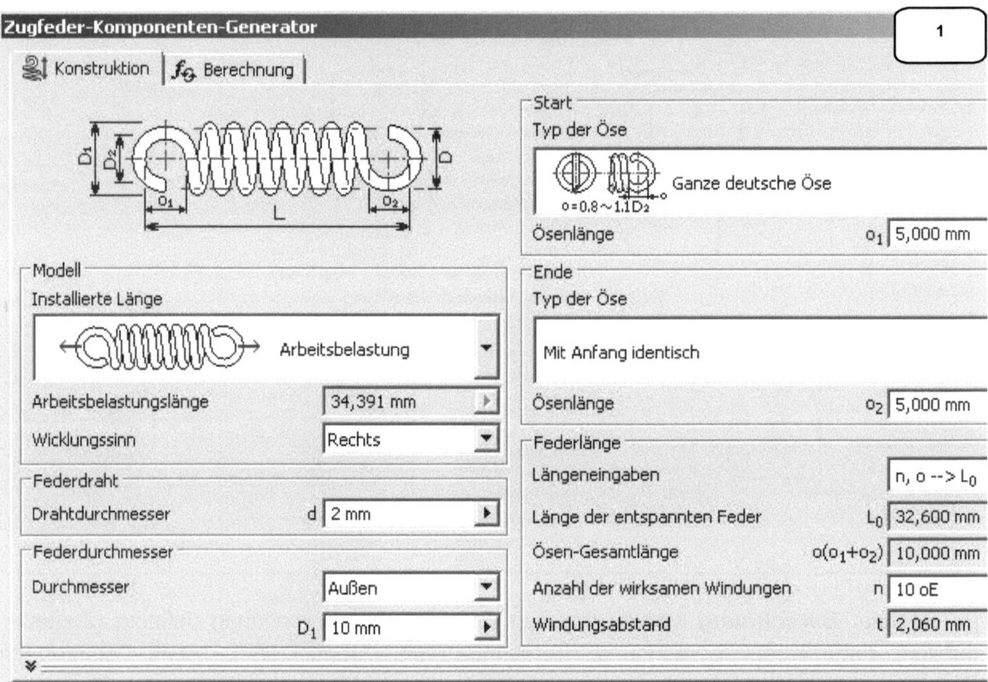

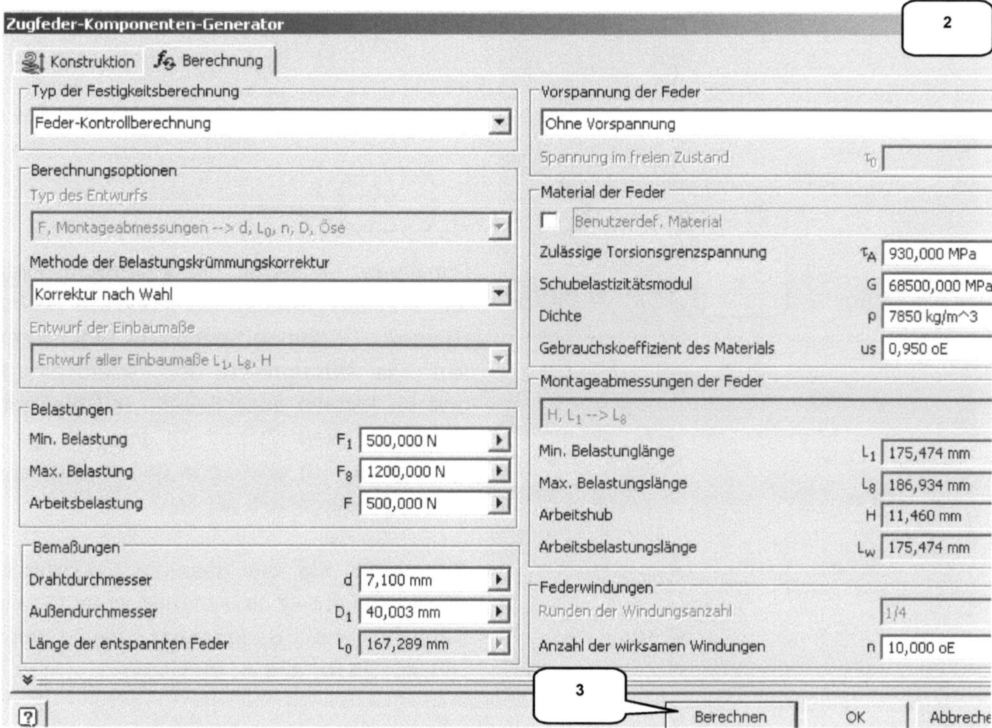

Die Feder kann jetzt frei im Zeichenbereich abgelegt werden. Verwenden Sie die folgenden drei Abhängigkeiten (Register **Zusammenfügen**, Befehl *Abhängig machen*), um die Feder zu positionieren.

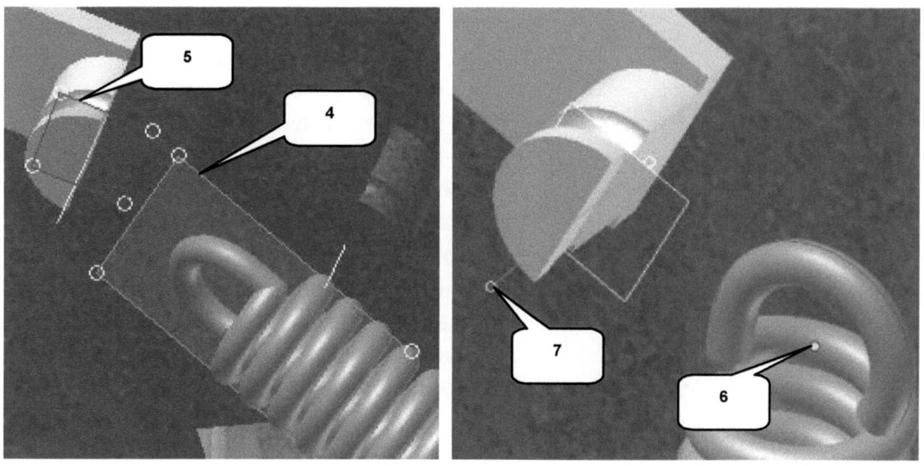

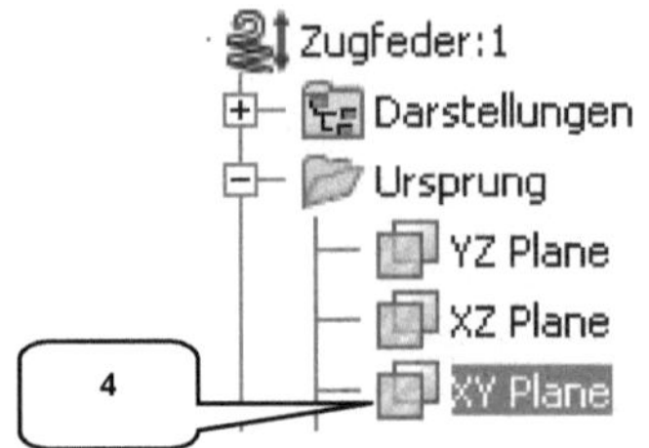

Platzieren Sie hierfür die **XY-Ebene** (Bauteil: Zugfeder) (4) auf die markierte **Ebene** (Bauteil: Führung-Spannrolle-Zahnriemen (5)). Die **Mittelpunkte** der Federösen (6) und (8) können anschließend auf die markierten **Achsen** (7) und (9) gelegt werden. In Position (10) sind Lage und Ausrichtung der Feder dargestellt worden.

Speichern Sie die gesamte Baugruppe. Achten Sie darauf, im Abfragefenster für alle Bauteile und Baugruppen die Option _Ja für alle_ **Ja für alle** zu aktivieren.

6.3 Konstruktion einer Druckfeder
6.3.1 Erzeugen einer geschnitten dargestellten Ansicht

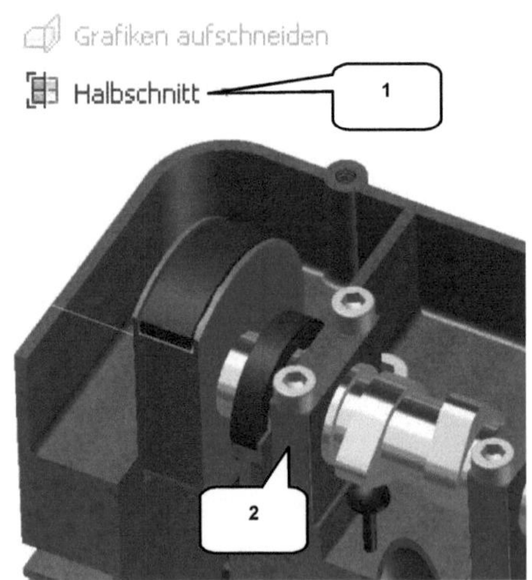

In der folgenden Übung soll zwischen den beiden Bauteilen Ventil und Zylinderkopf eine Druckfeder konstruiert werden, welche das Ventil konstant gegen die Nockenwelle presst. Zur besseren Ansicht soll die Baugruppe geschnitten dargestellt werden.

Wechseln Sie hierfür ins Register **Ansicht**, starten Sie den Befehl **Halbschnitt** (1) in der Befehlsgruppe **Darstellung** und wählen Sie die markierte Seitenfläche (2) des Nockenwellenhalters. Bestätigen Sie die Auswahl mit **OK** und kehren Sie ins Register **Konstruktion** zurück.

6.3.2 Befehlsgrundlagen DRUCKFEDER-GENERATOR

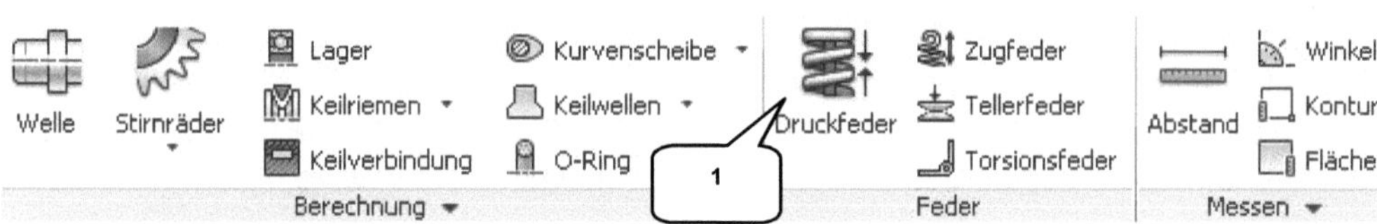

Der ≣ **Druckfeder-Generator** (1) berechnet und konstruiert Druckfedern. Im Gegensatz zum Zugfeder-Komponenten-Generator kann die Druckfeder bereits während des Befehls auf vorhandene geometrische Elemente der Baugruppe platziert werden. Eine nachträgliche, manuelle Platzierung ist daher nicht erforderlich.

6.3.2.1 Register KONSTRUKTION

INHALT

Das Register **Konstruktion** bietet eine Platzierung der Druckfeder, die Auswahl der installierten Länge und die Definition der geometrischen Federeigenschaften (Federanfang, Federende, Federlänge und Federdurchmesser) an.

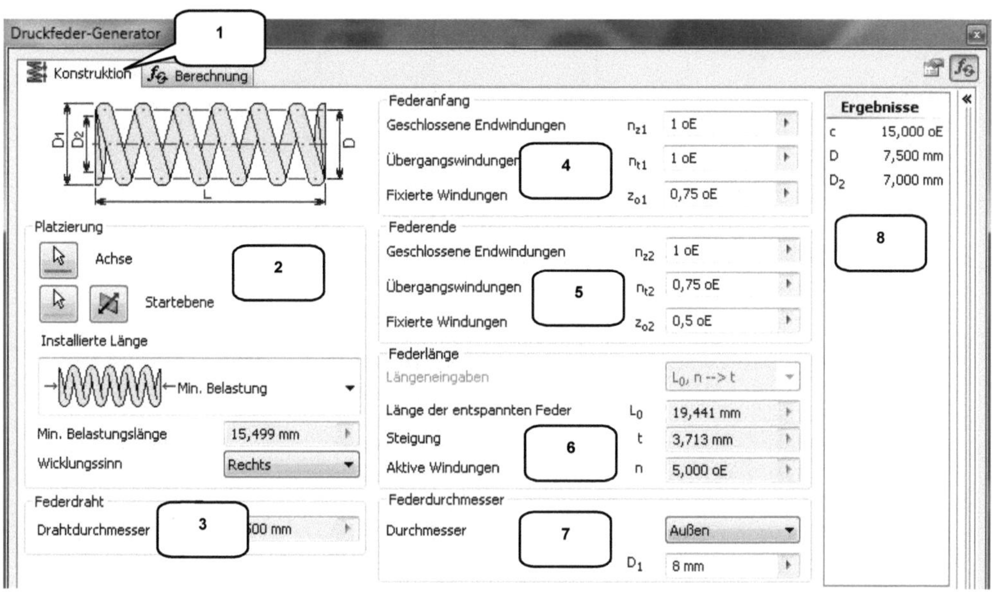

OPTIONEN

1) Register: Konstruktion/ Berechnung
2) Platzierung (Achse, Ebene), Federbelastung
3) Federdrahtdurchmesser
4) Federanfang

5) Federende
6) Federlänge
7) Federdurchmesser
8) Berechnungsergebnisse

6.3.2.2 Register BERECHNUNG

INHALT

Im Register **Berechnung** werden Berechnungstyp, Berechnungsoptionen, Federmaterial und Federbelastung festgelegt.

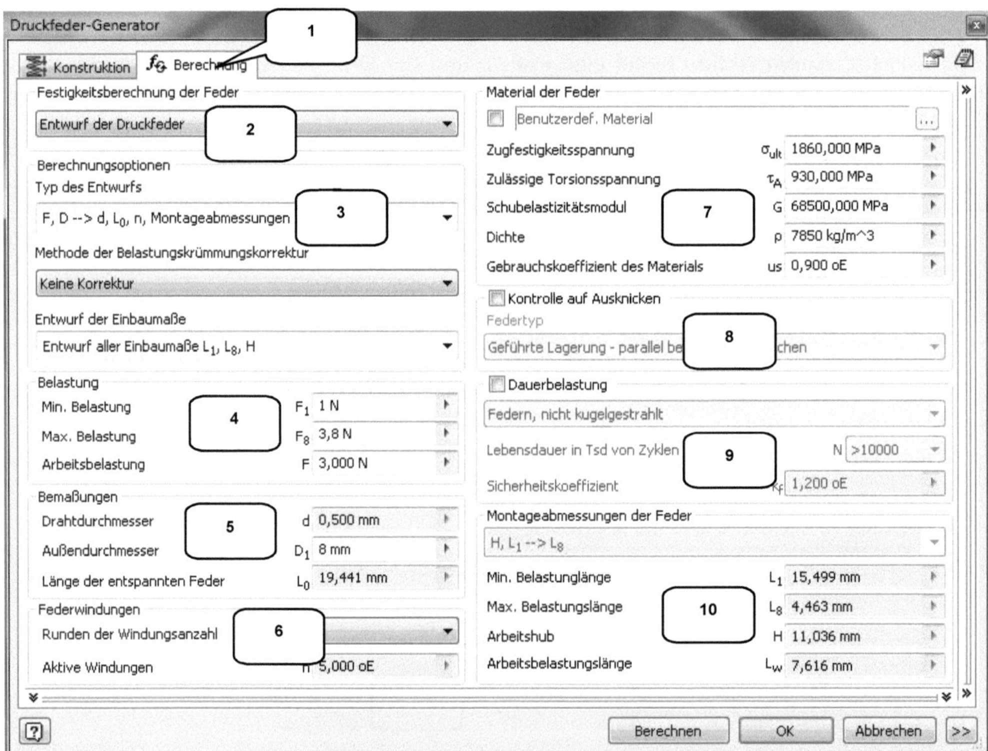

OPTIONEN

1) Register: Konstruktion/ Berechnung	6) Windungen
2) Berechnungstyp	7) Federmaterial
3) Berechnungsoptionen	8) Kontrolle auf Ausknicken
4) Belastung	9) Dauerbelastung
5) Bemaßungen	10) Montageabmessungen der Feder

6.3.3 Druckfeder zwischen Ventil und Zylinderkopf erzeugen

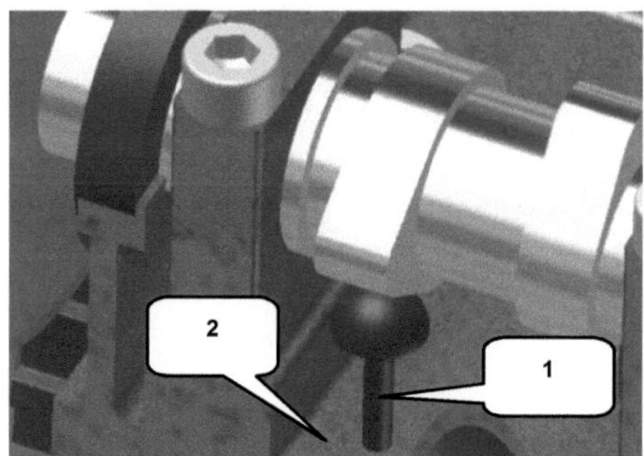

Im Register **Konstruktion** soll als *Achse* die Zylinderfläche des Ventils (1) gewählt werden. Als *Startebene* ist die Oberfläche des Zylinderkopfes (2) zu wählen. Übernehmen Sie auch die restlichen Werte und Einstellungen der beiden Register **Konstruktion** (3) und **Berechnung** (4) aus den folgenden Abbildungen:

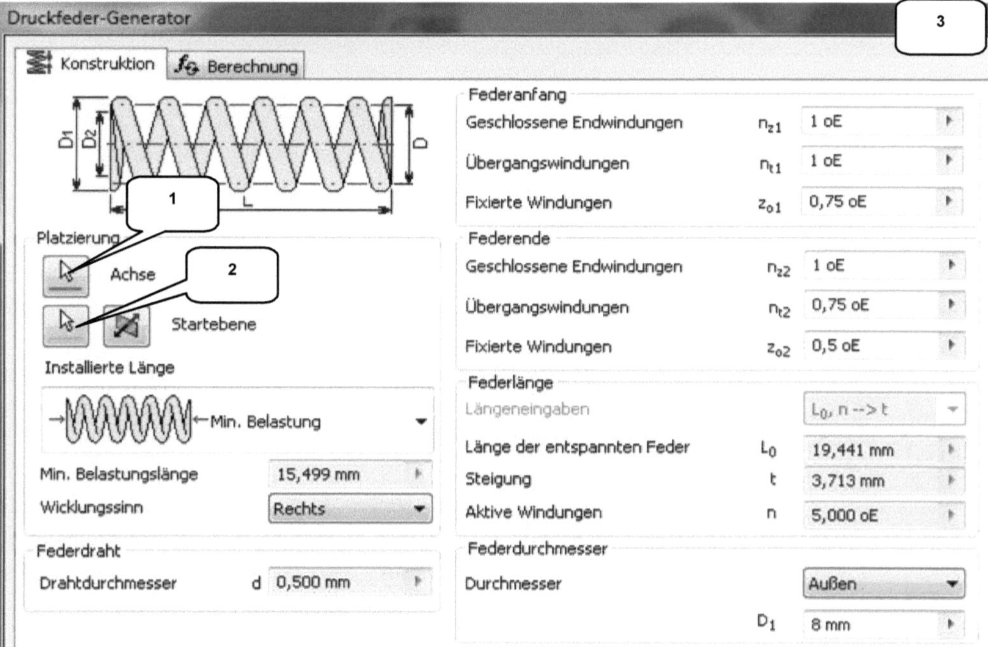

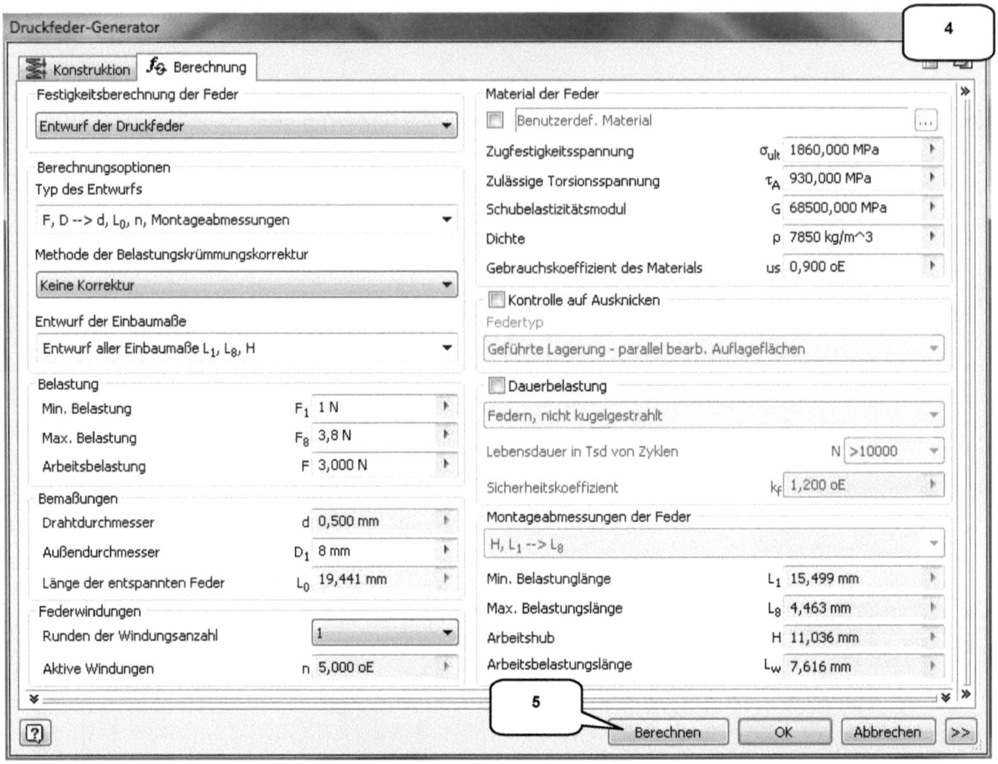

Druckfeder-Generator

4

Konstruktion f_G Berechnung

Festigkeitsberechnung der Feder

Entwurf der Druckfeder

Berechnungsoptionen

Typ des Entwurfs

F, D --> d, L₀, n, Montageabmessungen

Methode der Belastungskrümmungskorrektur

Keine Korrektur

Entwurf der Einbaumaße

Entwurf aller Einbaumaße L_1, L_8, H

Belastung

Min. Belastung	F_1	1 N
Max. Belastung	F_8	3,8 N
Arbeitsbelastung	F	3,000 N

Bemaßungen

Drahtdurchmesser	d	0,500 mm
Außendurchmesser	D_1	8 mm
Länge der entspannten Feder	L_0	19,441 mm

Federwindungen

| Runden der Windungsanzahl | 1 |
| Aktive Windungen | n | 5,000 oE |

Material der Feder

Benutzerdef. Material

Zugfestigkeitsspannung	σ_{ult}	1860,000 MPa
Zulässige Torsionsspannung	τ_A	930,000 MPa
Schubelastizitätsmodul	G	68500,000 MPa
Dichte	ρ	7850 kg/m^3
Gebrauchskoeffizient des Materials	us	0,900 oE

Kontrolle auf Ausknicken

Federtyp

Geführte Lagerung - parallel bearb. Auflageflächen

Dauerbelastung

Federn, nicht kugelgestrahlt

| Lebensdauer in Tsd von Zyklen | N | >10000 |
| Sicherheitskoeffizient | k_F | 1,200 oE |

Montageabmessungen der Feder

H, L_1 --> L_8

Min. Belastunglänge	L_1	15,499 mm
Max. Belastungslänge	L_8	4,463 mm
Arbeitshub	H	11,036 mm
Arbeitsbelastungslänge	L_W	7,616 mm

5

Berechnen   OK   Abbrechen   >>

HINWEIS: Der Wert für die **_minimale Belastungslänge_** errechnet sich automatisch anhand der restlichen Eingaben.

Nachdem alle Werte übernommen wurden, kann die [Berechnen] **_Berechnung_** (5) gestartet und der Befehl mit [OK] **_OK_** beendet werden. Die Schnittansicht (Register **_Ansicht_**) ist wieder zu beenden (Schnitt beenden **_Schnitt beenden_**). Wiederholen Sie diesen Schritt, bis alle 8 Ventile jeweils mit einer Feder versehen wurden.

Speichern Sie die gesamte Baugruppe. Achten Sie darauf, im Abfragefenster für alle Bauteile und Baugruppen die Option [Ja für alle] **_Ja für alle_** zu aktivieren.